JISUANJI WANGLUO JISHU

计算机网络技术

危光辉　彭丽娟　编　彭克发　主审

内 容 提 要

我国信息化建设急需大批的具有计算机网络建设和管理知识的专业人才，本书是结合实际网络工程的需要和高职教育的特点而编写的专业技术教材，其内容包括计算机网络概述、网络体系结构、IP地址、局域网技术、Windows服务配置、广域网与接入网、Internet应用、网络互联设备、网络故障排查和网络工程案例。

本书采用通俗易懂的语言，结合大量的图片和表格，力求生动形象地塑造出网络的真实模型，并结合大量的实例，将理论知识落实到网络的具体应用环境上，以便读者快速掌握关键技术，从而直接在网络工程中运用。

本书主要作为全国各高职院校的计算机专业网络课程教材，也可作为网络培训班教材和本行业网络工程人员的参考书。

图书在版编目（CIP）数据

计算机网络技术/危光辉，彭丽娟编．—北京：中国电力出版社，2013.5

ISBN 978-7-5123-4416-7

Ⅰ．①计…　Ⅱ．①危…　②彭…　Ⅲ．①计算机网络-高等职业教育-教材
Ⅳ．①TP393

中国版本图书馆CIP数据核字（2013）第089270号

中国电力出版社出版发行
北京市东城区北京站西街19号　100005　http://www.cepp.sgcc.com.cn
责任编辑：杨淑玲　责任印制：蔺义舟　责任校对：王开云
航远印刷有限公司印刷·各地新华书店经售
2013年6月第1版·第1次印刷
787mm×1092mm　1/16·19.5印张·473千字
定价：**39.80**元

前　言

随着社会信息化的发展，各类信息资源的共享需求日盛，我国信息化建设急需大批的具有计算机网络建设和管理的专业人才，本书正是为了满足这样的需求而编写。通过对本书各章节理论的学习，以及各章节的实训课题的训练，可以使读者在掌握网络基本知识的基础上，对网络技术有一个全面清晰的认识，达到独立组建网络工程项目的能力。

本书由拥有从事网络工程一线工作16年经验、具有国家网络规划设计师资格和丰富教学经验的教师精心编写，是一本易学、实用的教材，具有以下特点：

（1）条理清晰，采用通俗易懂的语言，结合大量的图片和表格，力求生动形象地塑造出网络的真实模型，并结合大量的实例，将本书各章节中讲述的理论知识落实到网络的具体应用环境上。

（2）作为高职高专规划教材，它与本科教材的区别是：本科教材注重的是纯理论的教育，而对实际工程应用涉及较少。而本书则是以应用型技术为主，以指导工程实践为主要目标。计算机网络是一门包含了很深很广理论知识和应用知识的学科，一本书不可能面面俱到，必须在讲述内容上有所取舍。本书在对理论知识的讲解上，只进行了适当的原理性讲解，对于现代网络中基本不用的知识和技术，只进行了简单介绍。本书中所讲述的理论都是为工程案例服务所必需的，因此摈弃了太过抽象的网络理论知识和复杂的过程推导，从更为通俗易懂的角度，结合网络工程实例进行知识讲解，以便于读者花较少的时间，学习到更多有实用价值的知识，从而直接在网络工程中运用。

（3）采用了基础理论与应用实验相结合的内容体系，使读者能在学习基础理论的同时，即可通过案例讲解、章节实训以及课后练习，加深对知识点的理解与掌握，明确理论知识在实际工程中的应用环境，从而消除了基础理论与实际应用相脱节的问题。

（4）方便教学。全书各章后均附有相应习题，有利于教学之后学习效果的测试；全书附有PPT，有利于教学的方便；全书各章均配有“本章实验”环节，可用于实训教学和自学；全书包含大量的操作界面截图，使学习实际操作更加方便明确。

全书共有10章内容：第1章计算机网络概述，主要讲了网络的基本概念、发展、功能、分类、拓扑结构、传输介质以及相关实验等内容；第2章网络体系结构，主要讲了网络协议、OSI参考模型及各层的功能特点、TCP/IP协议、OSI与TCP/IP的比较以及本章实验等内容；第3章IP地址，主要讲了各种进制、进制转换、IPv4地址、IPv6地址、地址分配与地址计算以及本章实验等内容；第4章局域网技术，主要讲了局域网拓扑、IEEE 802标准、以太网、快速以太网、高速以太网、万兆以太网、虚拟局域网、无线局域网以及本章的实验等内容；第5章Windows服务配置，主要讲了Windows Server 2003安装、活动目录、账户管理、文件与磁盘管理、网络服务配置（包括FTP、DNS、DHCP、IIS和邮件服务等）以及本章实验等内容；第6章广域网与接入网，主要讲了广域网概述、X.25、帧中继、ISDN、ATM、HFC、xDSL、光纤接入以及本章实验等内容；第7章Internet应用，主要讲了域名系统、WWW万维网、文件传输、电子邮件、远程登录、网络新闻组与BBS以及本章实验等内容；第8章网络互联设备，主要讲了网卡、调制解调器、中继器、集线器、网桥、交换机、路由器、网关、防火墙以及本章实验等内容；第 9 章网络故障排查，主要讲了网络故障排查基础、网络故障案例分析以及本章实验等内容；第 10 章网络工程案例，主要讲了网络工程建设的需求分析、方案设计、网络设备配置、服务器配置以及本章实验等内容。全书最后附有各章习题答案。

本书由重庆电子工程职业学院的危光辉老师和彭丽娟老师编写，其中第 1、3、4、5、7 章由彭丽娟编写，第 2、6、8、9、10 章由危光辉编写。全书由彭克发教授统稿并主审。

本书在编写过程中，参考了大量同类书籍以及互联网资源等的相关资料，吸取了很多朋友和同仁的宝贵建议，在此向对本书编写过程中提供过帮助的朋友和同行们表示衷心的感谢。本书为了力求对网络技术中各种名词术语和网络技术表述的准确性以及案例的实用性，在编写过程花了大量时间进行了考证和实验工作，但鉴于编者水平有限，书中难免还会有疏漏和不妥之处，恳请各位同仁以及读者批评指正。

本书可作为高职院校的网络技术课程教材和网络培训班教材，对计算机相关工程技术人员也具有很高的实用参考价值。

编　者

2013 年 5 月于重庆

目　录

第 1 章　计算机网络概述

自 20 世纪 60 年代出现计算机网络以来，至今已有近 50 年的历史。计算机网络的应用已深入到人类生活的方方面面，计算机网络对整个信息社会有着极其深刻的影响，使得人们对之产生了极大兴趣，并引起了广泛而高度的重视。本章将对计算机网络的基础知识作一个总的概述。

学习目标

（1）了解计算机网络的基本概念、发展历程。

（2）了解计算机网络的功能和分类方法。

（3）了解和掌握计算机网络的拓扑结构，以及各种拓扑的特点和应用情况。

（4）掌握计算机网络各种传输介质的分类，以及各种传输介质特点和应用情况。

（5）通过实训项目，掌握动手制作双绞线的方法和连通性测试方法。

教学重点

网络拓扑结构的分类与特点；网络传输介质的特点和应用；双绞线的制作与测试。

教学难点

双绞线的制作与测试。

1.1　计算机网络的发展

1.1.1　计算机网络的概念

计算机网络是随着计算机技术和通信技术的发展及相互渗透而形成的，通信领域利用计算机技术，可以提高通信系统性能；同时通信技术的发展又为计算机之间快速传输信息提供了必要的通信手段。计算机网络在当今信息时代对信息的收集、传输、存储和处理起着非常重要的作用，其应用领域已渗透到现代社会的各个领域。

计算机网络，是指将地理位置不同的具有独立功能的多台计算机及其外围设备，通过通信线路、通信设备连接起来，在网络操作系统，网络管理软件及网络通信协议的管理和协调下，实现软硬件资源共享和信息传递的通信系统。

举个例子来帮助理解计算机网络的概念：在一个做建筑装饰效果图的公司中，完成一张效果图设计大致需要这样几个阶段：平面设计、建模、贴图、灯光、渲染、后期处理，每个阶段由专人负责，在每个人做完自己的任务之后，他所产生的图形文件需要向下一位设计人员的电脑传递，以继续进行下一个阶段设计，这就可以采用网络来传输此文件。如果采用其他方式来传递，如 U 盘来复制，可以想象，会产生以下几个方面的问题：

问题一：如果前一个人的方案需要多次改动，则需用 U 盘多次复制，然后需要人员来回在两台电脑间多次奔走。

问题二：如果完成设计图的每个人相距较远，则用 U 盘方式传递会显得非常麻烦。

问题三：如果每个阶段的设计需要打印输出，如果不采用网络来完成打印功能，要么需要为每个设计人员都配备打印机，要么每个设计人员都用U盘拷贝设计结果去打印，这两种方式都有明显的不足，前一种是浪费打印机这种硬件设备，后一种是浪费了人力成本。

由此可见，如果采用计算机网络，只需要使用通信线路——网线和通信设备——交换机等，将该公司的电脑相互连接起来，在需要进行文件传输和文件打印时，只需鼠标点击几下即可完成。

网络的用途是非常广阔的，上面仅仅是一个非常简单的网络应用。

1.1.2 计算机网络的发展简述

计算机网络的理论基础可以追溯到20世纪50年代末，那时人们开始将彼此独立发展的计算机技术与通信技术结合起来，完成了数据通信与计算机通信网络的研究，为计算机网络的出现做好了技术准备，奠定了理论基础。

1. Internet的形成与初步发展阶段

在20世纪60年代，美苏冷战期间，DoD（美国国防部）领导的ARPA（美国国防部高级研究计划署）提出要研制一种崭新的网络对付来自前苏联的核攻击威胁。当时，传统的电路交换的电信网虽然已经四通八达，但战争期间，一旦正在通信的电路有一个交换机或链路被毁，则整个通信电路就要中断，如要立即改用其他迂回电路，还必须重新拨号建立连接，这将会产生时间上的延误。

由ARPA研究产生的这个网络被称为ARPAnet，通常叫做ARPA网，ARPA网的研究成果对推动计算机网络的发展意义是深远的，在它的基础上，20世纪70年代和80年代计算机网络的发展十分迅速，在全世界范围内，出现了大量的计算机网络。

1983年，ARPAnet分裂为两部分，ARPAnet和纯军事用的MILnet。同时，局域网和广域网的产生和蓬勃发展对 Internet 的进一步发展起了重要的作用。其中最引人注目的是美国国家科学基金会ASF（National Science Foundation）建立的NSFnet。NSF在全美国建立了按地区划分的计算机广域网并将这些地区网络和超级计算机中心互联起来。NFSnet于1990年6月彻底取代了ARPAnet而成为Internet的主干网。

2. Internet的高速发展阶段

Internet的飞跃归功于Internet的商业化，商业机构一踏入Internet这一陌生世界，很快发现了它在通信、资料检索、客户服务等方面的巨大潜力。于是世界各地的无数企业纷纷涌入Internet，带来了Internet发展史上的一个新的飞跃。

Internet网的结构是一种多级结构，这种多级结构的发展是从1993年开始，美国政府资助的 NSFnet 就逐渐被若干个商用的因特网主干网替代，这种主干网也叫因特网服务提供者（ISP），考虑到因特网商用化后可能出现很多的ISP，为了使不同ISP经营的网络能够互通，在1994创建了4个NAP（网络接入点）分别由4个电信公司经营，到本世纪，美国的NAP达到了十几个。NAP是最高级的接入点，它主要是向不同的ISP提供交换设备，使它们相互通信。现在的因特网已经很难对其网络结构给出很精细的描述，但大致可分为五个接入级：网络接入点 NAP，多个公司经营的国家主干网，地区 ISP，本地 ISP，校园网、企业或家庭PC机上网用户。

现在，Internet是覆盖全球的信息基础设施，对于用户来说，它像是一个庞大的资源获取与交换的信息库，可以实现全球范围内电子邮件、信息传输、信息查询、语音及视频等的通信功能。

3. 局域网的发展

在广域网研究发展的同时，人们对局部区域网络的需求也日益强烈，在 20 世纪 70 年代初，一些大学和研究所就开始了局部计算机网络的研究。IBM 公司、DEC 公司以及 UNIVAC 公司等，分别提出了自己的网络体系结构和网络协议。这些局域网的研究成果为 ISO（国际标准化组织）制定统一的局域网标准（OSI/RM）作了很大贡献，OSI/RM 就是 ISO 通过吸收和修改这些大公司的网络协议而形成的。OSI/RM 的产生使局域网的发展走上了标准化道路，使得局域网进入了高速的发展期。

在 20 世纪 80 年代至 90 年代，局域网技术取得了很大的进展。在 90 年代，以太网、令牌总线和令牌环这三种局域网应用最为广泛。随着数据通信技术的发展，在以太网中采用非屏蔽双绞线以星型连接方式，是网络结构化布线技术所要求的，因此使得以太网在局域网环境中得到了最为广泛的应用。现在的局域网主干的构建基本上都是千兆或万兆以太网。

1.1.3　计算机网络在我国的发展概况

我国的 Internet 的发展以 1987 年通过中国学术网 CANET 向世界发出第一封 E-mail 为标志。经过几十年的发展，形成了四大主流网络体系，即中科院的科学技术网 CSTNET；国家教育部的教育和科研网 CERNET；原邮电部的 CHINANET 和原电子部的金桥网 CHINAGBN。

Internet 在中国的发展历程可以大略地划分为三个阶段：

第一阶段为 1987—1993 年，这是研究试验阶段。在此期间中国一些科研部门和高等院校开始研究 Internet 技术，并开展了科研课题和科技合作工作，但这个阶段的网络应用仅限于小范围内的电子邮件服务。

第二阶段为 1994 年至 1996 年，这是起步阶段。1994 年 4 月，中关村地区教育与科研示范网络工程进入 Internet，从此中国被国际上正式承认为有 Internet 的国家。之后，中国公用计算机互联网 CHINANET、中国教育科研计算机网 CERNET、中国科学技术网 CSTNET、中国金桥网 CHINAGBN 等多个 Internet 网络项目在全国范围相继启动，Internet 开始进入公众生活，并在中国得到了迅速的发展。至 1996 年底，中国 Internet 用户数已达 20 万，利用 Internet 开展的业务与应用逐步增多。

第三阶段从 1997 年至今，是 Internet 在我国快速最为快速的阶段。国内 Internet 用户数保持着极快的增长速度。到今天，我国上网用户已超过四亿人。

中国目前有五家具有独立国际出入口线路的商用性 Internet 骨干单位，还有面向教育、科技、经贸等领域的非营利性 Internet 骨干单位。现在有 600 多家网络接入服务提供商（ISP），其中跨省经营的有 140 家。

随着网络基础的改善，用户接入方面新技术的采用，接入方式的多样化和运营商服务能力的提高，接入网速率慢形成的瓶颈问题正在得到进一步改善，上网速度更快，上网费用更低，从而促进更多的应用在网上实现。现在，很多 ISP 都在向广大用户提升他们的网速，降低了收费价格，如中国联通、中国移动等，对普通家庭用户上网已由 2011 年的 2M 带宽升级到 2012 年的 4M 或 8M 带宽，并且收费更低。

1.2 计算机网络的功能与分类

1.2.1 计算机网络的功能

计算机网络的功能主要体现在资源共享、信息交换、提高系统的可靠性和分布式网络处理及负载均衡四个方面。

1. 资源共享

资源共享包括硬件资源和软件资源的共享。硬件资源共享，可以在全网范围内提供对处理资源、存储资源、输入输出资源等昂贵设备的共享，使用户节省投资和便于集中管理；软件资源共享，允许互联网上的用户远程访问各类大型数据库，可以得到网络文件传送服务、远地进程管理服务和远程文件访问服务，从而避免软件研制上的重复劳动以及数据资源的重复存贮，同时也便于集中管理。

2. 信息交换

计算机网络为分布在各地的用户提供了强有力的通信手段，计算机网络中的计算机之间或计算机与终端之间，可以快速可靠地相互传递数据、程序或文件，用户可以通过计算机网络传送电子邮件、发布新闻消息和进行电子商务活动。

3. 提高系统的可靠性

在一些用于计算机实时控制和要求高可靠性的场合，通过计算机网络实现备份技术可以提高计算机系统的可靠性。计算机网络对提高系统可靠性是最初美国的 ARPA（美国国防部高级研究计划署）研究计算机网络的初衷。

4. 分布式网络处理及负载均衡

对于大型的、复杂的、多头绪的任务，在使得网络中某台计算机的任务负荷太重时，可将任务分散到网络中的各台计算机上进行，或由网络中比较空闲的计算机分担负荷，这样可以充分利用网络资源，扩大计算机的处理能力，增加实用性和实时性，这种协同工作方式，使得整个系统的性能得到大大增强。

现在，计算机网络的应用已经深入到人类生活的各个领域，如办公自动化的应用，信息交换方面的应用，如运输、金融、海关、国防、贸易、日常生活、现在远程教育等诸多方面都有着广泛的应用。

1.2.2 计算机网络的分类

计算机网络的应用十分广泛，现在世界上已有多种计算机网络，计算机网络从不同的角度，根据不同的分类方法可以有以下的分类方式。

1. 按网络的作用范围分

网络中计算机设备之间的距离可近可远，即网络覆盖地域面积可大可小。按照联网的计算机之间的距离和网络覆盖面的不同可将网络分为局域网、城域网和广域网。

（1）局域网（Local Area Network，LAN）。局域网的覆盖范围通常是几米到几千米范围内，它一般是在一个单位内，将一栋大楼、一个工厂、一个学校的有限范围内的计算机、外部设备等通过通信线路和通信设备连接起来。局域网是计算机网络中发展最迅速、应用最广泛、传输速度最快的网络，是因特网的组成部分。一个小型的局域网如图 1–1 所示。

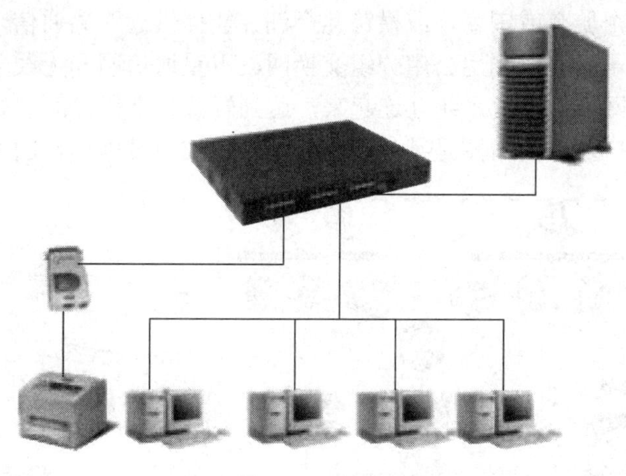

图 1–1　局域网

（2）城域网（Metropolitan Area Network，MAN）。城域网是在一个城市范围内所建立的计算机通信网，简称 MAN，属局域网范畴。由于采用具有有源交换元件的局域网技术，网中传输时延较小，它的传输媒介主要采用光缆，传输速率在 100Mbit/s 以上。MAN 的一个重要用途是用作骨干网，通过它将位于同城市内不同地点的主机、数据库，以及 LAN 等互相连接起来，这与 WAN 的作用有相似之处，但两者在实现方法与性能上有很大差别。城域网如图 1–2 所示（本图引用××公司构建××市广电城域网）。

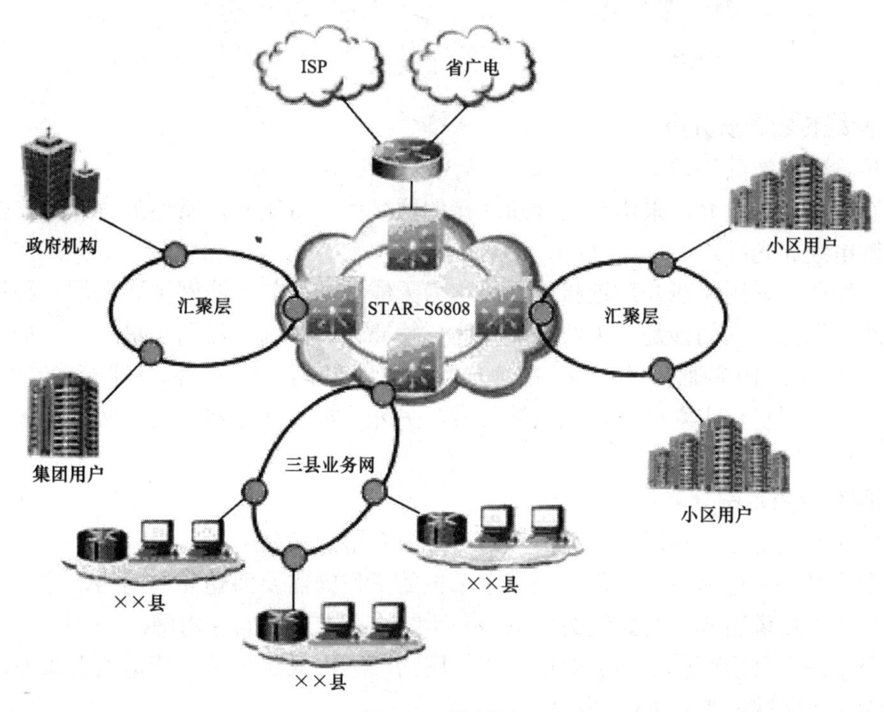

图 1–2　城域网

（3）广域网（Wide Area Network，WAN）。广域网也称远程网，覆盖的范围比局域网

（LAN）和城域网（MAN）都广，通常跨接很大的物理范围，所覆盖的范围从几十公里到几千公里，它能连接多个城市或国家，或横跨几个洲并能提供远距离通信，形成国际性的远程网络。广域网的通信子网可以利用公用分组交换网、卫星通信网和无线分组交换网，它将分布在不同地区的局域网或计算机系统互连起来，达到资源共享的目的。如 Internet 就属于广域网。如图 1–3 所示广域网，本图是某集团公司利用广域网设施建设的 VPN。

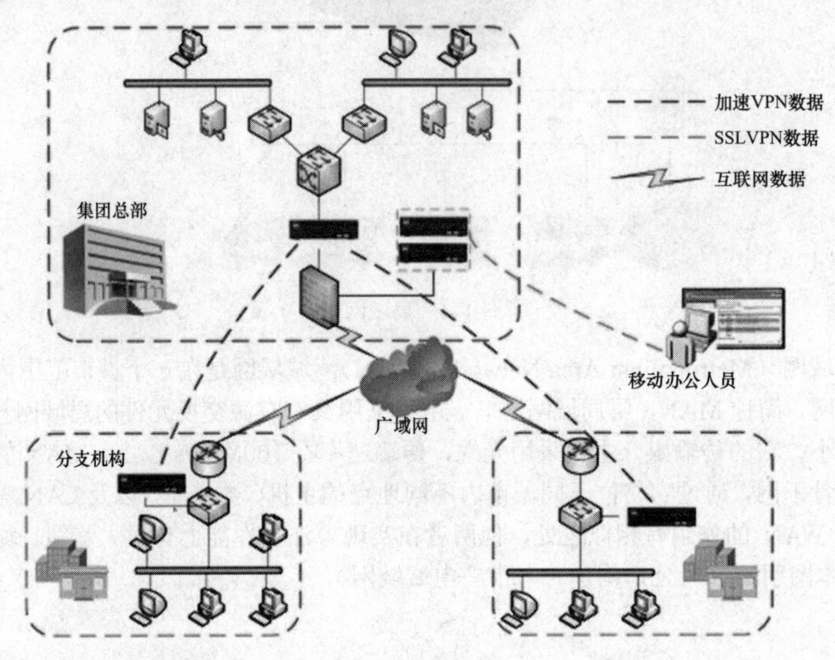

图 1–3 广域网

2. 按网络传输介质分类

网络传输介质按其物理形态可以划分为有线和无线两大类。

（1）有线网。传输介质采用有线介质连接的网络称为有线网，常用的有线传输介质有双绞线、同轴电缆和光纤。

（2）无线网。采用无线介质连接的网络称为无线网。目前无线网主要采用三种技术：微波、红外线和激光。它们都是以无线电波作为传输介质。其中微波用途最广，例如 2011 年 12 月我国已发射的 10 颗称为“北斗”的地球同步卫星通信网就是一种特殊形式的微波通信，它利用“北斗”卫星作中继站来转发微波信号，另外手机、笔记本无线上网也是采用微波通信方式。

3. 按网络应用范围分类

根据网络应用范围的不同，计算机网络可分为专用网和公用网。

（1）专用网。专用网是某个部门或某个单位的工作的需要而建立的网络，这种网络不向本单位以外的人提供服务。例如铁路，电力等系统均有本系统的专用网。

（2）公用网。公用网就是为公众所使用的网络，它不只是为某一特定人群服务，比如为大家所熟知的因特网就是最大的公用网。

4. 按网络拓扑结构分类

这是一种重要的划分网络类型的方法，在下一节讲述。

1.3　网络拓扑结构与传输介质

计算机网络的拓扑结构，是指网络中计算机和各种网络设备与传输介质所形成的结点与线路的物理构成方式。网络的结点有两类：一类是转换和交换信息的转接结点，包括路由器，交换机，集线器和终端控制器等；另一类是访问结点，包括计算机主机和终端等。传输介质则是代表各种传输媒介，包括有线传输介质和无线传输介质两类。

1.3.1　计算机网络的拓扑结构

计算机网络的拓扑结构主要有：总线型拓扑、星形拓扑、环形拓扑、树形拓扑、网状拓扑、混合型拓扑和无线网络。

1. 星形拓扑

星形拓扑是指网络中的各结点设备通过一个网络集中设备（如集线器或交换机）连接在一起，各结点呈星状分布的网络连接方式。这种拓扑结构主要应用于 IEEE 802.2、IEEE 802.3 标准的以太网中。星形网络拓扑如图 1–4 所示。

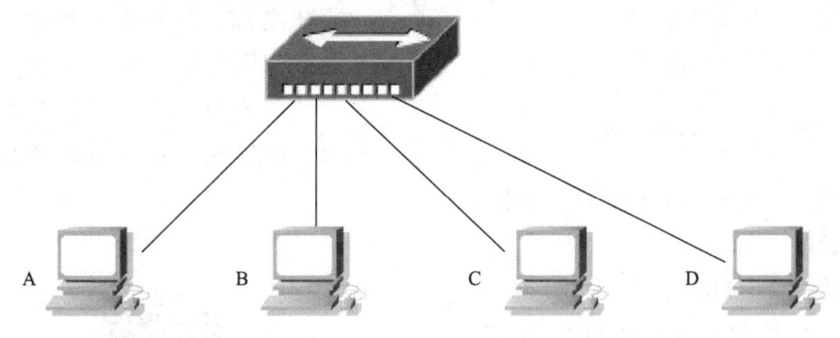

图 1–4　星形网络拓扑

星形拓扑的优点有：容易安装和维护，星形拓扑的安装和故障排查比较容易；节点扩展、移动方便，节点扩展时只需要从集线器或交换机等集中设备中拉一条电缆即可，而要移动一个节点只需要把相应节点设备移到新节点即可；故障诊断和隔离容易，一个结点出现故障不会影响其他结点的连接，可任意拆走故障节点。

缺点是：中央结点的负担较重，易形成瓶颈，中央结点一旦发生故障，则整个网络都受到影响；成本较大，它所采用的传输介质一般都是采用通用的双绞线或同轴电缆，每个结点都要和中央网络集中设备直接连接，需要耗费大量的线缆。

从物理连接方面来看，星形拓扑是现在使用最普遍的一种网络，它广泛应用于各企业组建的局域网中。

2. 总线型拓扑

总线型结构由一条高速公用主干电缆即总线连接若干个结点构成网络。网络中所有的结点通过总线进行信息的传输。

总线型网络拓扑如图 1–5 所示。

这种结构的优点是结构简单灵活，建网容易，使用方便，性能好。

缺点是主干总线对网络起决定性作用，任何一个工作站故障或总线故障都将影响整个网络。

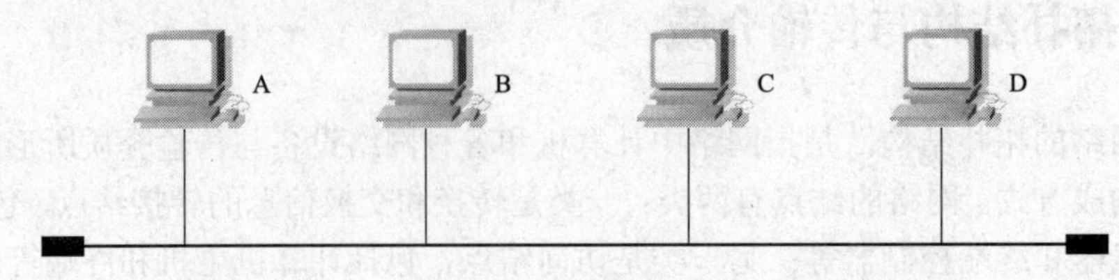

图 1–5　总线型网络拓扑

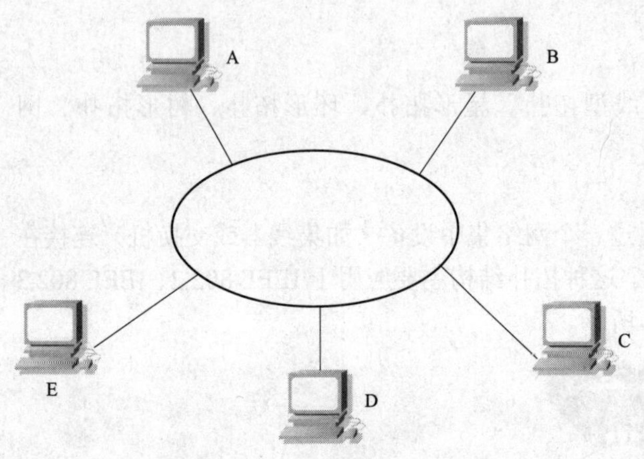

图 1–6　环形网络拓扑

3. 环形拓扑

环形拓扑由各结点首尾相连形成一个闭合环形线路。环形网络中的信息传送是单向的，即沿一个方向从一个结点传到另一个结点；每个结点需安装收发器，以接收、放大、发送信号。环形网络拓扑如图 1–6 所示。

这种结构的优点是电缆长度短，传输速率高，网络性能稳定，并且结构简单，建网容易，便于管理。

缺点是当某结点发生故障会导致全网故障，结点的加入和撤出过程复杂，并且结点过多时，将影响传输效率，不利于扩充。

4. 树形拓扑

树形拓扑是一种分级结构。在树形结构的网络中，任意两个结点之间不产生回路，每条通路都支持双向传输。树形网络拓扑如图 1–7 所示。

这种结构的优点：连接简单，维护方便，适用于汇集信息的应用要求。

缺点是除了叶结点及其相连的线路外，其他任一结点或其相连的线路故障都会使系统受到较大影响；所有结点对根的依赖性大，若根结点发生故障，则全网不能工作。

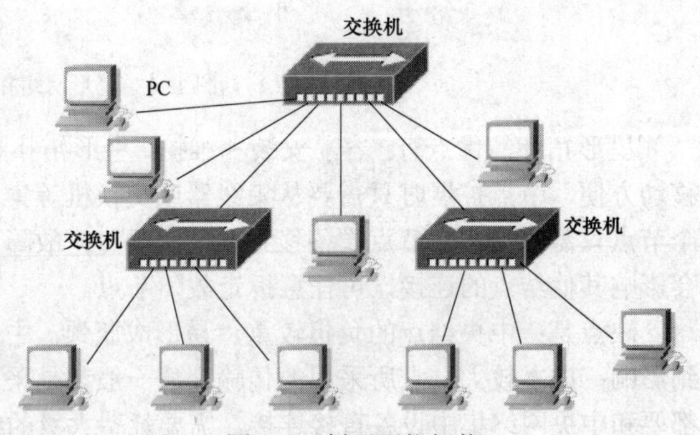

图 1–7　树形网络拓扑

5. 网状形拓扑

网状形拓扑又称为无规则结构，结点之间的联结是任意的，没有规律。主要用于广域网，由于结点之间有多条线路相连，所以网络的可靠性较高。目前广域网基本上采用网状拓扑结构。网状形网络拓扑如图 1–8 所示。

网状拓扑结构的优点：系统可靠性高，比较容易扩展。

缺点是由于结构比较复杂，建设成本较高，每一结点都与多点进行连结，因此必须采用路由算法和流量控制方法。

6. 混合型拓扑

混合型拓扑结构是由星形结构和总线型结构的网络结合在一起形成的网络拓扑结构，这样的拓扑结构更能满足较大网络的需求，解决星形网络在传输距离上的局限，而同时又解决了总线型网络在连接用户数量的限制。这种网络拓扑结构同时兼顾了星形网与总线型网络的优点，在缺点方面得到了一定的弥补。混合型网络拓扑如图 1–9 所示。

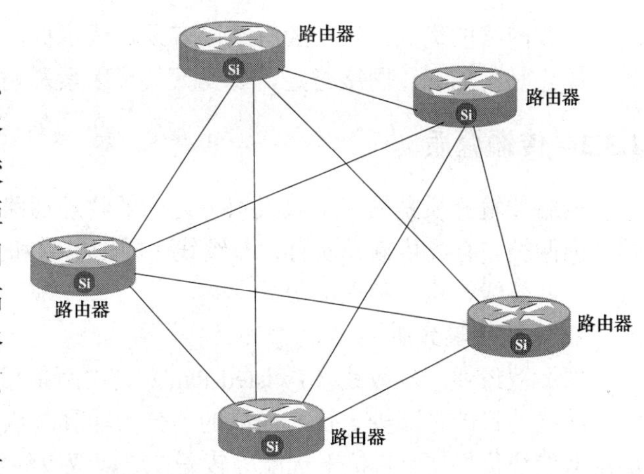

图 1–8　网状形网络拓扑

混合型拓扑的优点：应用相当广泛，解决了星形和总线型拓扑结构的不足，满足了大公司组网的实际需求，扩展灵活，速度较快。

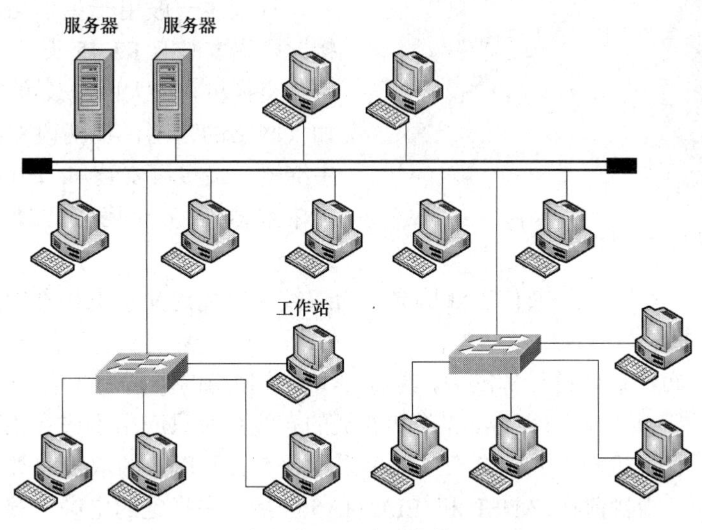

图 1–9　混合型拓扑

缺点是会随着用户的增多而下降的弱点；较难维护，这主要受到总线型网络拓扑结构的制约，如果总线断，则整个网络也就瘫痪了，但是如果是分支网段出了故障，则仍不影响整个网络的正常运作；整个网络非常复杂，维护起来不容易。

7. 无线网络

无线网络技术已相当成熟，现在已经广泛应用于各种军事、民用领域。现在的无线网络在性能、距离、价格上完全可以和有线网相媲美，甚至在某些方面超过有线网络。实施无线网络主要是对有线网络进行补充，而不是取代有线网络。无线网络拓扑如图 1–10 所示。

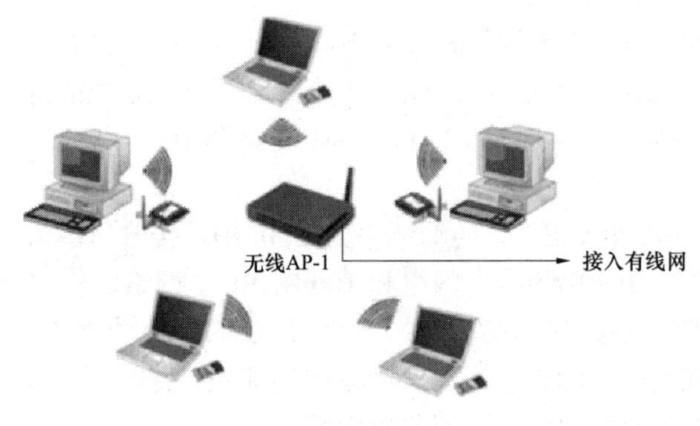

图 1–10　无线网络拓扑

无线网络的优点：组网较有线网容易，成本低，易维护，组网灵活，可扩展性强等。

缺点是不如有线网络稳定，易受天气等因素影响。

1.3.2 传输介质

网络传输介质是网络中收发双方之间的物理通路。传输介质分为有线传输介质和无线传输介质两类。有线传输介质有：双绞线、同轴电缆和光缆，无线传输介质包括：短波、微波、蓝牙、红外线、激光和卫星等。

1. 有线传输介质

（1）双绞线。双绞线（Twisted Pair）是由两条相互绝缘的铜导线按照一定的规则互相缠绕（缠绕的目的是减少干扰）而成的，分为非屏蔽双绞线（UTP）和屏蔽双绞线（STP）。非屏蔽双绞线价格便宜，抗干扰能力较差；屏蔽双绞线抗干扰能力较好，具有更高的传输速度，但价格相对较贵。现在UTP使用得更为普遍。双绞线如图1–11所示。

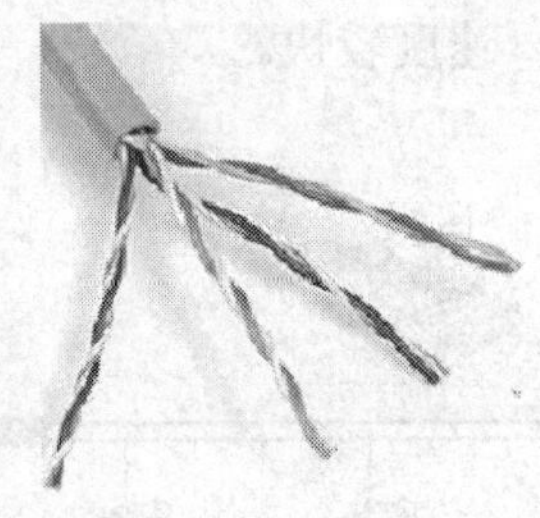

图1–11 双绞线

双绞线一般用于星形拓扑网络的布线连接，两端安装有RJ-45头（水晶头），连接网卡与交换机，最大网线长度为100m，如果要加大网络的范围，在两段双绞线之间可安装中继器，最多可安装4个中继器，如安装4个中继器连5个网段，最大传输范围可达500m。

EIA/TIA（电子工业协会/通信工业协会）为双绞线电缆定义了七种不同质量的型号，从1类（CAT-1）到7类（CAT-7）。

在我国的综合布线最新设计标准中，铜缆布线系统使用的类别是3类、5/5e类（超5类）、6类、7类布线系统，并能向下兼容。3类和5类的布线系统只应用于语音主干布线的大对数电缆及配线设备，计算机网络的综合布线大多采用超5类及以上的双绞线类型。

3类（CAT-3）：指目前在 ANSI 和 EIA/TIA568 标准中指定的电缆。该电缆的传输频率为16MHz，用于语音传输及最高传输速率为10Mbit/s的数据传输，主要用于10BASE-T网络。

5类（CAT-5）：该类电缆增加了绕线密度，外套一种高质量的绝缘材料，传输频率为100MHz，用于语音传输和最高传输速率为 100Mbit/s 的数据传输，5 类双绞线主要用于100BASE-T，还可用于ATM（155Mbit/s）和1000BASE-T 网络。

超5类（CAT-5e）：传输速度可达155Mbit/s，超5类具有衰减小，串扰少，并且具有更高的衰减与串扰的比值（ACR）和信噪比（Structural Return Loss）、更小的时延误差，性能得到很大提高。超5类双绞线主要用于100BASE-T，还可用于ATM（155Mbit/s）和1000BASE-T网络。

6类（CAT-6）：10BASE-T/100BASE-T/1000BASE-T。传输频率为 250MHz 传输速率为1Gbit/s，标准外径6mm，6类双绞线主要用于1000BASE-T 网络和100 BASE-T网络。

7类（CAT-7）：七类线是一种全新的标准，其接口方式有两种，一种是传统的RJ类接口，优点是可兼容低级别的设备，但不能达到 600MHz 的带宽；另一种是采用非 RJ 类接口，传输频率为600MHz，传输速率为10Gbit/s，7类双绞线可用于万兆以太网。

（2）同轴电缆。由一根空心的外圆柱导体和一根位于中心轴线的内导线组成，内导线和圆柱导体及外界之间用绝缘材料隔开。同轴电缆具有抗干扰能力强，连接简单等特点。

同轴电缆按直径的不同，可分为粗缆和细缆两种。同轴电缆如图 1–12 所示。

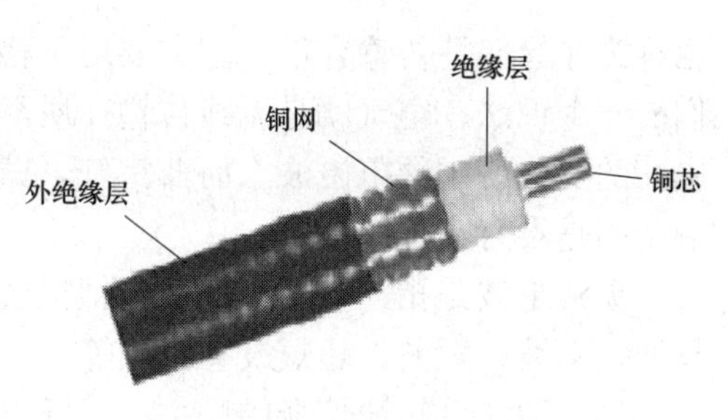

图 1–12　同轴电缆

粗缆：传输距离长，性能好但成本高、网络安装、维护困难，一般用于大型局域网的干线，连接时两端需终接器。收发器与网卡之间用 AUI 电缆相连，每段最长为 500m，每段最多可接 100 个用户，再加上 4 个中继器后可达 2500m，收发器之间最小 2.5m，收发器电缆最长为 50m。

细缆：细缆安装较容易，造价较低，但日常维护不方便，一旦一个用户出故障，便会影响其他用户的正常工作。两端装 50Ω的终端电阻。采用 T 型头与电脑的 BNC 网卡相连，T 型头之间最小 0.5m，细缆网络每段干线长度最大为 185m，每段干线最多接入 30 个用户。如采用 4 个中继器连接 5 个网段，网络最大距离可达 925m。

在现在的网络工程中，同轴电缆已经很少被使用了。

（3）光缆。光缆主要是由光导纤维和塑料保护套管及塑料外皮构成，采用一定数量的光纤按照一定方式组成缆心，外包有护套，有的还包覆外护层，用以实现光信号传输的一种通信线路。由于光缆由光纤组成，因此一般将光缆也称作光纤。光缆如图 1–13 所示。

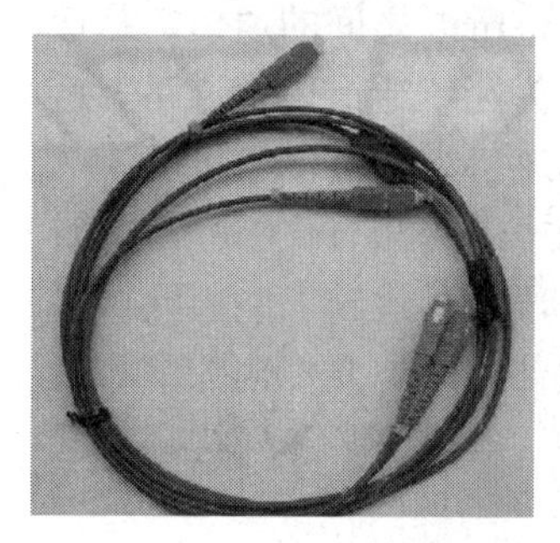
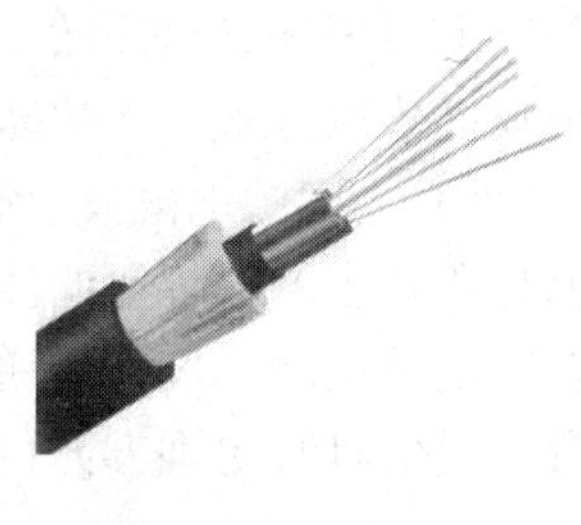

图 1–13　光缆

光纤有多种分类方式。按传输模式不同，可分为多模光纤和单模光纤；按制作材料不同，可分为石英光纤、塑料光纤和玻璃光纤等；按纤芯折射率不同，可分为突变型光纤和渐变型光纤；根据工作波长不同，光纤可分为短波光纤、长波光纤和超长波长光纤。

最为常见的分类方式是按传输模式来划分：单模光纤和多模光纤。

单模光纤：中心玻璃芯很细（芯径一般为 8μm 或 10μm），只能传一种模式的光，所以传输频带宽，传输容量大，单模光纤使用的通信信号是激光，激光光源包含在发送方发送接口中，由于带宽很大，模间色散很小，适用于远程高速传输。

多模光纤：是在给定的工作波长上，能以多个模式同时传输的光纤，因为其可用的带宽小，光源较弱，所以在传输距离上没有单模光纤远。多模光纤使用的光源是 LED。

单模光纤相比于多模光纤可支持更长传输距离，以 1000MB 以太网为例来说明：单模光纤都可支持超过 3000m 的传输距离，而多模光纤最高可支持 550m 的传输距离。

光纤作为传输介质有以下的优点：光纤的通信频带很宽，理论可达 3×10^{10}MHz；传输距离长；不受电磁场和电磁辐射的影响；重量轻，体积小；制作光纤的资源丰富；抗化学腐蚀，使用寿命长。

2. 无线传输介质

无线传输介质是指使用无线电波作为传输介质，无线传输介质由于其传输方向不固定，也称为非导向性传输介质。它主要用于移动通信和难以铺设有线通信的场合。这里需注意人们的一个说法：空气就是无线传输介质。这种说法是错误的，无线传输介质是一种由电流或电荷的变化产生的电磁波，而非空气。试想人造卫星能从月球向地球传回照片，其大部分传输空间是没有空气的。

无线电波是指在自由空间（包括空气和真空）传播的射频频段的电磁波。无线电波分为长波、中波、短波、超短波和微波等。

（1）短波。短波信号的频率一般低于 300MHz，它主要靠电离层的反射来进行通信，但由于受气候等因素的影响非常明显，因此短波通信的质量不能保证，一般只用于低速通信。

（2）微波。微波通信在无线通信中占有极其重要的地位，其频率范围在 300MHz～300GHz。微波通信主要有两种方式：地面微波接力通信和卫星通信。

微波在空间主要是直线传播，并且能穿透电离层进入宇宙空间，它不像短波那样经电离层会反射回地面。由于地球表面是不规则的曲面，微波的传播距离会因地面的阻挡而受到限制，一般只有 50km 左右。长距离传送微波信号需建立多个中继站进行接力传输，如果中继站越高，可使接力距离更远，如 100m 高的中继站可使两站距离达到 100km。

（3）蓝牙。蓝牙技术使用的是符合 IEEE 802.15.1 规范的微波，工作频率 2.4GHz，即波长 0.125m，属于 ISM 频段。因为平时使用的蓝牙辐射功率很低，所以有效通信距离只有 10m 左右，如果换成商用的大功率蓝牙设备，可以达到 100m。

利用“蓝牙”技术，能够有效地简化掌上电脑、笔记本电脑和移动电话手机等移动通信终端设备之间的通信，也能够成功地简化以上这些设备与因特网 Internet 之间的通信，从而使这些现代通信设备与因特网之间的数据传输变得更加迅速高效，为无线通信拓宽道路。蓝牙通信支持点对点及点对多点通信，采用全双工传输方式，其数据速率为 1Mbit/s。

（4）红外线。红外线是波长介乎微波与可见光之间的电磁波，波长在 770nm～1mm 之间，是波长比红光长的非可见光。覆盖室温下物体所发出的热辐射的波段。透过云雾能力比可见光强。在通信、探测、医疗、军事等方面有广泛的用途。红外线通信就是把要传输的信号转换成红外光信号在空间中直线传输，它比微波通信具有更强方向性，难以窃听和干扰。其缺点是受天气影响非常大。

（5）激光。激光通信是利用激光传输信息的通信方式。激光是一种新型光源，具有亮度高、方向性强、单色性好、相干性强等特征。激光通信可传输语言、文字、数据、图像等信息。它具有通信容量大、不受电磁干扰、保密性强、设备轻便、机动性好等优点，但使用时光学收发天线相互对准困难，通信距离在几千米到几十千米内，易受气候影响，在恶劣气候条件下甚至会造成通信中断。

（6）卫星。卫星通信就是利用位于地球上的无线电通信站间利用卫星作为中继而进行的通信。卫星通信系统由卫星和地球站两部分组成。

卫星通信的特点是：通信范围大，只要在卫星发射的电波所覆盖的范围内，从任何两点之间都可进行通信；可靠性高，不易受陆地灾害的影响，误码率小；卫星通信频带宽，通信容量大；缺点是传播延时长。

在卫星通信中，还有一种称为 VSAT 卫星通信系统，VSAT 就是“甚小口径天线终端系统”，其组网方式多为星形网，是以一个大型卫星地球站作为业务主站，以发散形式通过卫星连接各 VSAT 小站。VSAT 卫星通信能单向或双向进行信息传输：包括文字、语音、图像、视频等业务。其优点是设备间单，体积小，组网灵活，通信效率高，适合大量分散的业务量小的用户共享主站。VSAT 多用于在企业中建设内部专用网。

1.4　本章实验

非屏蔽双绞线的制作

1. 基础知识

（1）双绞线的线序。在 EIA/TIA 中规定了双绞线的线序标准有两种：EIA/TIA 568A 和 EIA/TIA 568B，简称 568A、568B 标准。这两种标准的线序排列见表 1–1。

表 1–1　　568A 标准和 568B 标准线序

标准	线序号							
	1	2	3	4	5	6	7	8
568A 标准	绿白	绿	橙白	蓝	蓝白	橙	棕白	棕
568B 标准	橙白	橙	绿白	蓝	蓝白	绿	棕白	棕

如果双绞线的两端都采用相同的标准来制作，则这种双绞线称为直通线，如果一端采用 568A，另一端采用 568B，则这种双绞线称为交叉线。

直通线和交叉线如图 1–14 所示。从图中可以看出，直通线两端线序是一样的，按相同的标准来制作，而交叉线则是两端采用不同的线序，即将线序的 1 和 3，2 和 6 对调。

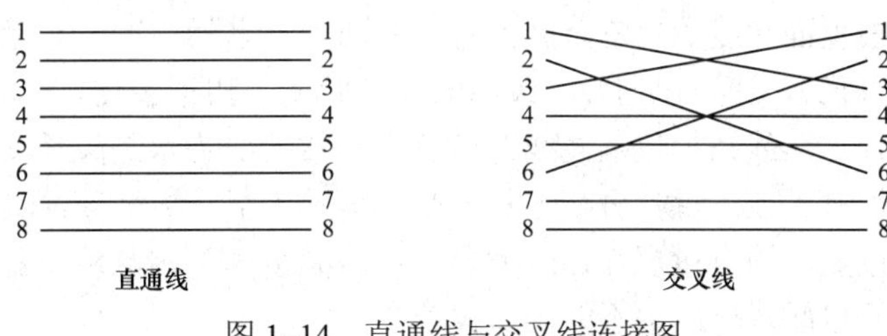

图 1–14　直通线与交叉线连接图

在网络设备间互联时，应该采用哪一种类型的双绞线呢？下面我们来看直通线和交叉线的用途。

直通线：用于连接路由器的以太网端口与电脑网卡相连，路由器与交换机或集线器相连，交换机或集线器与电脑相连等。在网络工程中，通常采用的直通线是按 568B 标准制作的。

交叉线：两台路由器以太网口相连，两台交换机相连，两台电脑的网卡相连，一台交换机与一台集线器相连。

针对交叉线和直通线的用途，可以这样理解：直通线连接的是两台不同类型的设备，如路由器与交换机，路由器与集线器，路由器与电脑之间等需用直通线；交叉线连接是的两台同种类型的设备，如两电脑，两交换机，两集线器，一交换机与一集线器（都是用来扩展联网端口的）等。

另外还有一种双绞线，称为“反转线”，反转线就只有一个用途，用于将网络设备（路由器或交换机）的 Console 端口与电脑的 COM 口相连进行初始配置。反转线就是一端采用 568A 或 568B 做线标准，另一端把 568A 或 568B 的顺序刚好从第一根到最后一根反过来。

（2）制作工具与材料。制作双绞线需要的材料有网线钳、水晶头、双绞线和测线仪，如图 1–15 所示。

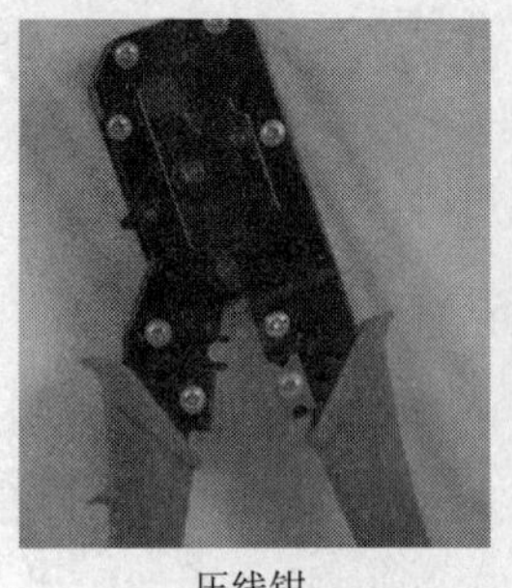
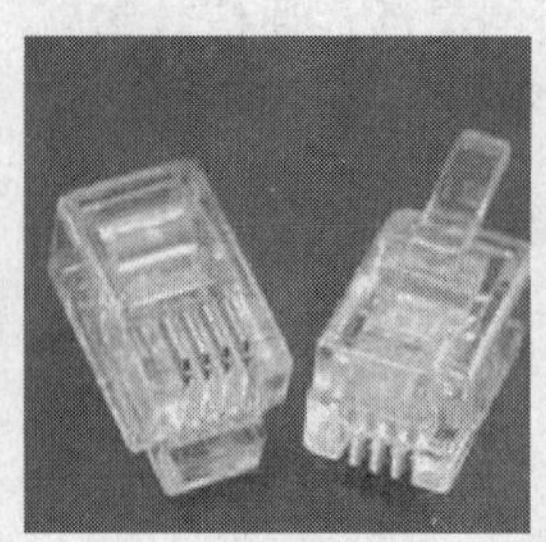

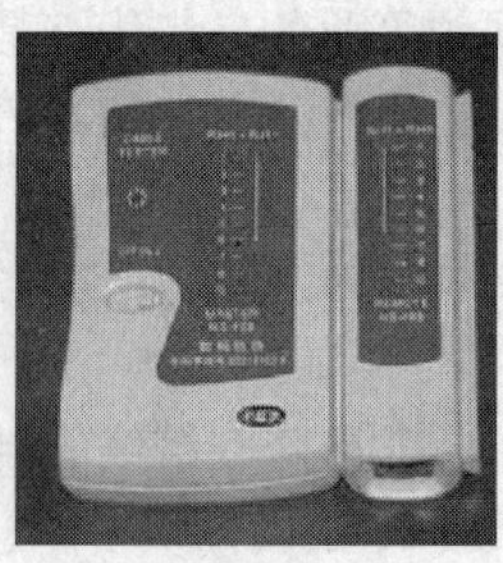
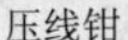

压线钳　　水晶头　　双绞线　　测线仪

图 1–15　双绞线制作工具与材料

2. 实验目的

（1）了解两种双绞线的线序。

（2）掌握制作非屏蔽双绞线的方法。

3. 实验步骤

（1）直通线的制作。

第 1 步：剪线。

先剪一段符合布线长度要求的网线，然后用双绞线压线钳（当然也可以用其他剪线工具）把五类双绞线的一端剪齐，然后把剪齐的一端插入到压线钳用于剥线的缺口中，注意网线不能弯，直插进去，直到顶住后面的挡位，稍微握紧压线钳慢慢旋转一圈（不用担心会损坏网线里面芯线的包皮，因为剥线的两刀片之间留有一定距离，这距离通常就是里面 4 对芯线的直径），让刀口划开双绞线的保护胶皮，拔下胶皮。

压线钳挡位离剥线刀口长度通常恰好为水晶头长度，大约是 2cm，这样可以有效避免剥线过长或过短。剥线过长一则不美观，另一方面因网线不能被水晶头卡住，容易松动；剥线过短，因有包皮存在，太厚，不能完全插到水晶头底部，造成水晶头插针不能与网线芯线完好接触，当然也不能制作成功了。

第 2 步：理线。

剥除外包皮后即可见到双绞线网线的 4 对 8 条芯线，并且可以看到每对的颜色都不同。每对缠绕的两根芯线是由一种染有相应颜色的芯线加上一条只染有少许相应颜色的白色相间芯线组成。四条全色线芯的颜色为：棕色、橙色、绿色、蓝色。

先把 4 对线芯一字并排排列，然后再把每对芯线分开，理顺，捋直，然后按 568B 的线序进行排列整齐。线芯的排列顺序及握法如图 1–16 所示。

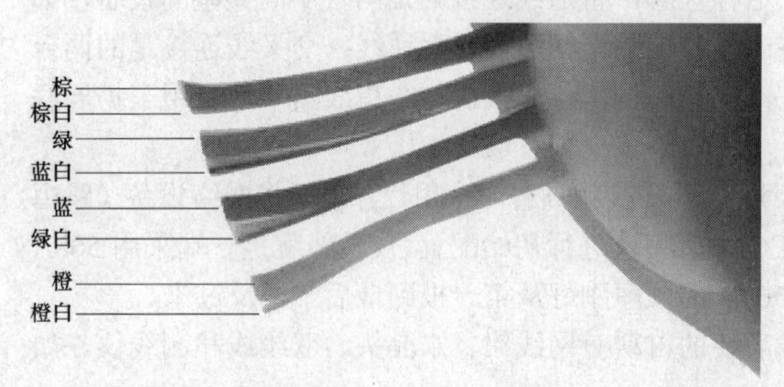

图 1–16　线芯的排列顺序及握法

第 3 步：插入水晶头。

左手水平握住水晶头（塑料扣的一面朝下，开口朝右），然后把剪齐、并列排列的 8 条芯线对准水晶头开口并排插入水晶头中，注意一定要使各条芯线都插到水晶头的底部，不能弯曲（因为水晶头是透明的，所以可以从水晶头有卡位的一面可以清楚地看到每条芯线所插入的位置）。水晶头的方向及线芯插入的方向如图 1–17 所示。

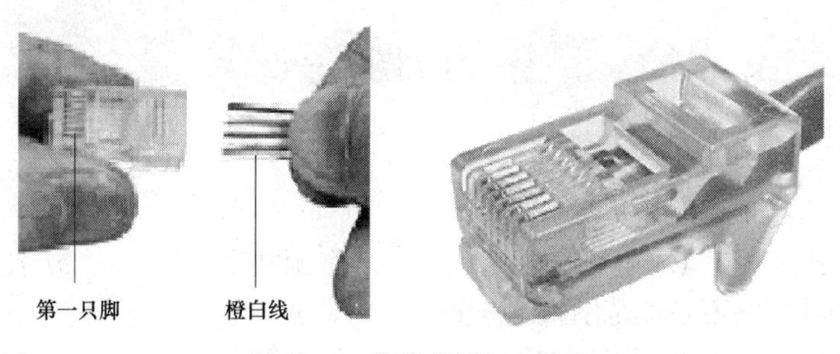

图 1–17　将线芯插入水晶头

第 4 步：压线。

确认所有芯线都插到水晶头底部后，即可将插入网线的水晶头放入压线钳压线缺口中，如图 1–18 所示。因缺口结构与水晶头结构一样，一定要正确放入才能使后面压下网线钳手柄时所压位置正确。水晶头放好后即可压下压线钳手柄，一定要使劲，使水晶头的插针都能插入到网线芯线之中，与之接触良好。然后再用手轻轻拉一下网线与水晶头，看是否压紧，最好多压一次，最重要的是要注意所压位置一定要正确。

至此，这个 RJ-45 头就压接好了。按照相同的方法制作双绞线的另一端水晶头，要注意的是芯线排列顺序一定要与另一端的顺序完全一样，这样整条网线的制作就算完成了。

第 5 步：测试连通性。

两端都做好水晶头后即可用网线测试仪进行测试，测试时将双绞线的水晶头两端分别插入测试仪的 RJ-45 接口中，如图 1–19 所示。

图 1–18　压线

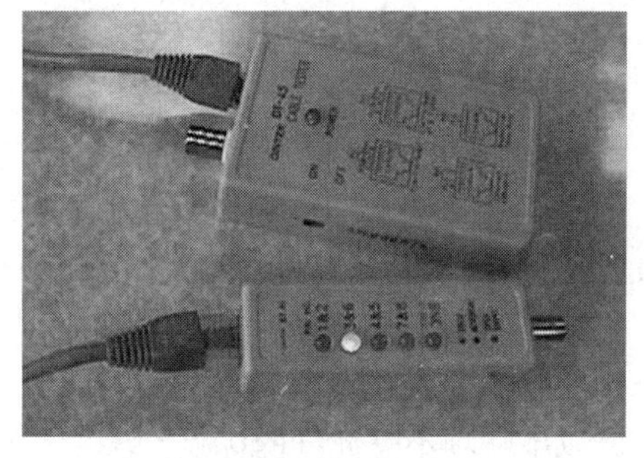

图 1–19　测试双绞线的连通性

如果测试仪上 8 个指示灯都依次为绿色闪过，证明网线制作成功。如果出现任何一个灯为红灯或黄灯，都证明存在断路或者接触不良现象，此时最好先对两端水晶头再用压线钳压一次，再测，如果故障依旧，再检查一下两端芯线的排列顺序是否一样，如果不一样，剪掉一端重新按另一端芯线排列顺序制作水晶头。如果芯线顺序一样，但测试仪在重压后仍显示红色灯或黄色灯，则表明其中肯定存在对应芯线接触不好。此时没办法了，只好先剪掉一端按另一端芯线顺序重做一个水晶头了，再测，如果故障消失，则不必重做另一端水晶头，否则还得把原来的另一端水晶头也剪掉重做。直到测试全为绿色指示灯闪过为止。

（2）交叉线的制作。

制作交叉线的步骤与制作直通线一样，其制作过程可参照上面讲的直通线的方法，只是交叉线的一端采用 568A 标准制作，另一端采用 568B 标准制作。

习 题 一

一、选择题

1. 计算机网络的主要功能是（　　）。

A. 数据通信　　B. 电子邮件　　C. 资源共享　　D. 打印机共享

2. 下列哪一种网络不是按范围来划分的（　　）。

A. 局域网　　B. 星形网　　C. 城域网　　D. 广域网

3. 用于将两台电脑直接相连的双绞线是（　　）。

A. 直通线　　B. 交叉线　　C. 反转线　　D. 电话线

4. 现阶段在局域网中使用最多的传输介质是（　　）。

A. 双绞线　　B. 粗同轴电缆　　C. 光纤　　D. 细同轴电缆

5. 在制作交叉线时，将其一端的线序编号为 1、2、3、4、5、6、7、8，另一端的线序编号应为（　　）。

A. 1、2、3、4、5、6、7、8　　B. 3、6、1、4、5、2、7、8

C. 8、7、6、5、4、3、2、1　　D. 3、1、6、2、4、5、7、8

6. 以下哪一项不属于卫星通信的特点？（　　）

A. 通信范围大　　B. 可靠性高　　C. 误码率小　　D. 传播延时小

7. 下面哪一项不属于星形拓扑的特点？（　　）。

A. 容易安装和维护　　B. 成本低

C. 节点扩展、移动方便　　D. 故障排查比较容易

8. 下列说法不正确的是（　　）。

A. WAN 的地址范围比 MAN 大　　B. LAN 的速率比 WAN 小

C. 由一个企业组成的网络属于 LAN　　D. Internet 属于广域网

9. 以下哪项不是计算机网络的功能？（　　）

A. 提高计算机运算速度　　B. 资源共享和信息交换

C. 提高系统的可靠性　　D. 分布式网络处理和负载均衡

10. 以下哪项不是光纤的优点？（　　）

A. 通信频带宽　　B. 传输距离长

C. 易受电磁场和电磁辐射的影响　　D. 抗化学腐蚀，使用寿命长

二、填空题

1. 计算机网络是_____________技术与_____________技术相结合的产物。

2. Internet 是由_____________发展和演变而来。

3. 计算机网络最主要的功能是_____________。

4. 计算机网络按作用范围分为_____________、_____________和广域网。

5. 一个工作站出现故障将会影响整个网络的拓扑结构是_____________。

6. 5 类 UTP 可用来支持带宽为_____________的应用。

7. 双绞线分为_____________和 STP 两种。

8. 光纤按传输模式来划分可分为____________和____________。____________更适合于远程高速传输。

9. OSI/RM 的汉语意思是____________。

10. 计算机网络是指将____________不同的具有独立功能的多台计算机及其外部设备，通过通信线路和____________连接起来，在网络操作系统，网络管理软件及网络通信协议的管理和协调下，实现软硬件____________和信息传递的通信系统。

三、问答题

1. 计算机网络的定义是什么？其主要功能有哪些？
2. 5 类双绞线与超 5 类双绞线的区别是什么？
3. 局域网与广域网的区别是什么？
4. 星形拓扑结构的优缺点是什么？
5. 简述交叉线的制作步骤和测试方法。
6. 双绞线的交叉线、直通线和反转线分别用于什么场合？
7. 计算机网络的功能有哪些？
8. 光纤的优点有哪些？单模光纤和多模光纤的区别是什么？

第 2 章　网 络 体 系 结 构

网络体系结构是指通信系统的整体设计，它为网络硬件、软件、协议、存取控制和拓扑提供标准。它广泛采用的是国际标准化组织（ISO）在 1979 年提出的开放系统互联（OSI——Open System Interconnection）的参考模型。

OSI 是传统的开放式系统互联参考模型，是一种通信协议的 7 层抽象的参考模型，其中每一层执行某一特定任务。该模型的目的是使各种硬件在相同的层次上相互通信。而 TCP/IP 协议并不完全符合 OSI 的七层参考模型，TCP/IP 协议采用了 4 层的层级结构，每一层都使用它的下一层所提供的服务来完成自己需求，TCP/IP 协议是现在互联网采用的事实上的标准协议。本章主要讲述了 OSI 协议和 TCP/IP 协议的作用、特点及其异同。

学习目标

（1）了解网络协议的功能及组成要素。

（2）了解 OSI/RM 协议的生产意义。

（3）理解 OSI/RM 协议各层的功能特点。

（4）理解 TCP/IP 协议各层的功能特点。

（5）了解 OSI/RM 与 TCP/IP 协议的异同。

（6）掌握 Ethereal 协议分析程序的用法。

教学重点

OSI/RM 协议各层的功能特点、TCP/IP 协议各层的功能特点和 Ethereal 协议分析程序的用法。

教学难点

Ethereal 协议分析程序的用法。

2.1　网络协议

网络上的计算机之间又是如何交换信息的呢？就像我们说话用某种语言一样，在网络上的各台计算机之间也有一种语言，这就是网络协议，不同的计算机之间必须使用相同的网络协议才能进行通信。在计算机网络中，两个相互通信的实体处在不同的地理位置，实体中的两个进程相互通信，需要通过交换信息来协调它们的动作和达到同步，而信息的交换必须按照预先共同约定好的通信规则来进行。

网络协议就是用来描述计算机网络中通信双方在信息交换时共同遵守的通信规则。

网络协议三要素：语法、语义和时序。

语法：是用来规定信息格式，数据及控制信息的格式、编码及信号电平等。

语义：是用来说明通信双方应当怎么做，用于协调与差错处理的控制信息。

时序：又称为同步，定义了事件实现的顺序，以及什么时候完成。

网络协议是网络上所有设备（网络服务器、计算机及交换机、路由器、防火墙等）之间通信规则的集合，它规定了通信时信息必须采用的格式和这些格式的意义。大多数网络都采用分层的体系结构，每一层都建立在它的下层之上，向它的上一层提供一定的服务，而把如何实现这一服务的细节对上一层加以屏蔽。

一台设备上的第 *n* 层与另一台设备上的第 *n* 层进行通信的规则就是第 *n* 层协议。在网络的各层中存在着许多协议，接收方和发送方同层的协议必须一致，否则一方将无法识别另一方发出的信息。网络协议使网络上各种设备能够相互交换信息。常见的协议有：TCP/IP 协议、IPX/SPX 协议、NetBEUI 协议等。

网络上的计算机之间又是如何交换信息的呢？就像我们说话用某种语言一样，在网络上的各台计算机之间也有一种语言，这就是网络协议，不同的计算机之间必须使用相同的网络协议才能进行通信。网络协议也有很多种，具体选择哪一种协议则要看情况而定。Internet 上的计算机使用的是 TCP/IP 协议。

为了使不同计算机厂家生产的计算机能够相互通信，以便在更大的范围内建立计算机网络，国际标准化组织（ISO）提出了“开放系统互联参考模型”，即著名的 OSI/RM 模型（Open System Interconnection/Reference Model）。它将计算机网络体系结构的通信协议划分为七层，自下而上依次为：物理层（Physics Layer）、数据链路层（Data Link Layer）、网络层（Network Layer）、传输层（Transport Layer）、会话层（Session Layer）、表示层（Presentation Layer）、应用层（Application Layer）。

Internet 网由最初的 ARPAnet 网演变成来，ARPAnet 网成功的主要原因是因为它使用了 TCP/IP 标准网络协议，TCP/IP（Transmission Control Protocol/Internet Protocol 传输控制协议/网际协议）是 Internet 采用的一种标准网络协议。它是由 ARPA 于 1977 年到 1979 年推出的一种网络体系结构和协议规范。随着 Internet 网的发展，TCP/IP 也得到进一步的研究开发和推广应用，成为 Internet 的通用协议。

2.2 OSI 参考模型

OSI/RM（Open system interconnection/Reference Model，开放式系统互联参考模型）是国际标准化组织 ISO（Internet Standard Organization）于 1984 年提出的一种标准参考模型，它将网络以开放通信的方式，分为七层功能结构，解决了异种网络互连所遇到的兼容性问题。

OSI/RM 在实际工作中的应用意义不大，主要是用于教学中理解网络协议的应用，读者也可以通过对 OSI/RM 基础知识的理解，把这些知识应用到实际的协议中使排除故障更加容易。

在 OSI/RM 提出之前，人们平常使用的计算机网络中存在众多体系结构，如 IBM 公司的 SNA（系统网络体系结构）和 DEC 公司的 DNA（Digital Network Architecture 数字网络体系结构）等。这些由不同公司所制定的体系结构基本上互不兼容，都只为本公司的网络设备服务，这给用户选购和使用产品时带来了极大的约束或不便。为了能够解决不同网络体系之间的互联问题，国际标准化组织于 1984 年在综合了 SNA 和 DNA 等体系结构的优点基础上，制定了 OSI/RM。OSI/RM 将网络结构分为七层，由低到高依次为物理层、数据链路层、网络层、传输层、会话层、表示层和应用层。

采用OSI/RM七层模型的发送端向接收端的数据传输过程如图2–1所示。

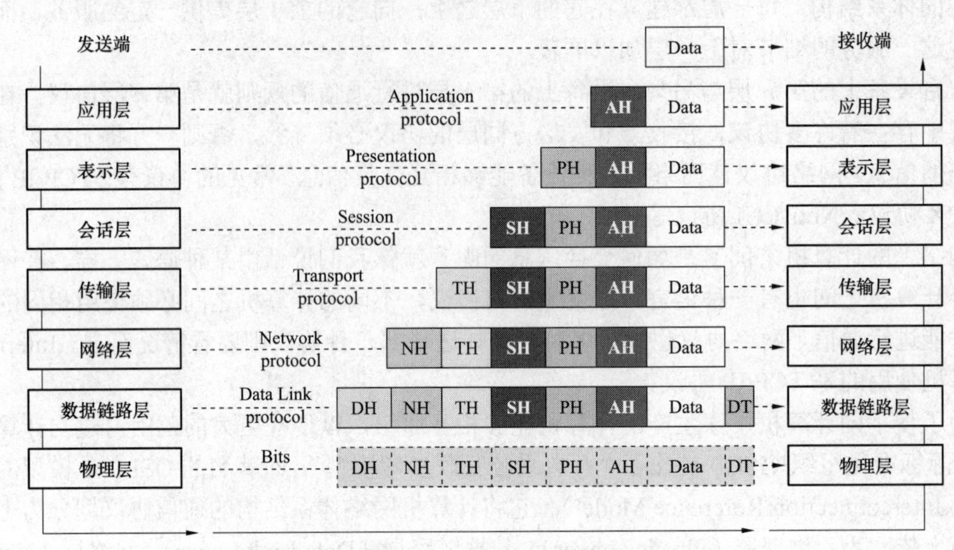

图2–1 OSI/RM七层模型的数据传输过程

在图2–1中可见，发送端需要发送的用户数据（data），在发送端内部的处理过程是这样的：

（1）欲发送的用户数据（data）被送到应用层，应用层协议就在用户数据（data）外面包装上应用层的相关协议信息（Application Head，AH）后形成应用层数据，即应用层数据=data+AH。然后将应用层数据经过应用层与表示层接口传送到表示层。

（2）表示层协议则把所收到的所有信息（data+AH）外面包装上表示层相关的协议信息（称为SH，Session），形成表示层数据，即表示层数据=AH+AH+data。然后向会话层传递。

（3）同应用层、表示层一样，直到数据链路层，每层都加上本层的相关协议信息后向下传递。最后数据链路层把本层的数据信息发送到物理层，而物理层上则不会添加任何协议信息，而只是把所收到的数据转变成0、1的二进制形式，经过发送端与接收端间的通信线路发送到接收端，在接收端的物理层把收到二进制数据提交给数据链路层，然后各层都把对应层上的封装协议信息去除后传向上一层，即“用户数据的处理就是在收发两端对等层上进行的”。以接收端的网络层为例：在接收端的网络层把它从数据链路层收到的信息：NH+TH+SH+PH+AH+data中的NH（发送端在网络层上所包装上去的网络层协议信息）剥离（或者说是去除）后提交给上层——传输层，这样传输层所接收到的信息就是TH+SH+PH+AH+data。最后是应用层（收到的信息是AH+data）把AH去剥离后向用户提交有用数据data。

由上可见，OSI/RM的各层之间具有很强的独立性，网络互联的复杂过程被划分为更简单的、独立的功能来分别实现，降低了网络体系结构的复杂程度，一旦网络发生故障，可迅速定位故障所在的层次，提高了查找和纠错的方便性，并且当其中某一层提供的功能有变化时，它不会影响其他层，这就是OSI/RM的最大优点。

2.2.1 物理层

物理层（Physical Layer）实现了如何将计算机处理的二进制信号转换成物理层信号，它通过规定了激活、维持、关闭通信端点之间的四个特性：机械特性、电气特性、功能特性和规程特性来实现此功能。例如：传输介质是双绞线，物理层定义使用不同的高低电平来表示二进制中的 0 和 1；如传输介质是光纤，物理层定义使有不同的光频率来表示二进制中的 0 和 1，物理层中所传输的数据就是这种 0 和 1 所组成的 bit 流的形式进行传送。

物理层主要由 DTE（数据终端设备）和 DCE（数据通信设备）组成，DTE 的基本功能是处理数据和收发数据，如用户使用的电脑就属于 DTE，由于 DTE 之间不能长距离数据传输，就采用了 DCE，DCE 就是为使两个相距较远的 DTE 设备间实现数据传输而在两 DTE 间加的中间设备，例如在拨号上网时使用的调制解调器就属于 DCE。

DTE 和 DCE 之间的连接如图 2–2 所示。

图 2–2 DTE/DCE 连接图

机械特性：机械特性规定了 DTE 和 DCE 间的物理连接，DTE 和 DCE 属于独立的两种设备，需要采用接插件来将这两种设备互联。机械特性规定了接插件的形状、数目、大小、排序方式等，例如 EIA RS-232C 规定的 D 型 25 针插座的相关特性。概括地说，机械特性定义了物理接口的形状、尺寸的大小、引脚的数目和排列方式等。

电气特性：接口规定信号的电压和电流及阻抗大小、波形、数据编码方式、速率匹配、距离限制以及平衡特性等。

功能特性：定义了接口的引脚的意义和作用，如引脚用于数据、定时、接地、控制等功能。

规程特性：定义 DTE 和 DCE 间各线路上的动作序列和规范，确定数据位流的传输方式，如：单工、半双工或全双工，为实现建立、维持、释放线路连接等过程所要求各控制信号变化的相互协调。

在物理层上定义的典型规范有：RJ-45，EIA/TIA RS-232、EIA/TIA RS-449、V.35、FDDI 等。工作于此层的网络设备有中继器，集线器。

建议学习时可结合最常见的物理层规范：RJ-45 接口，以帮助理解和把握以上四个物理层特性。

注意：在理解物理层的概念时，不要误认为像中继器、集线器、传输介质就是物理层，物理层只是一个功能模型，是一种对信号进行发送和接收的一种机制，而非某个具体的实物，因此，只能这样说：中继器、集线器是工作于物理层上的设备。

常用的物理层标准有 EIA-232，RS-449 和 X.21 建议书，下面以 EIA RS-232 为例来说明物理层的功能。

EIA RS-232 的主要特性：机械特性方面，它采用 25 根引脚的 DB-25 插头，引脚分为两排，分别有 12 和 13 根针脚；电气特性方面，EIA RS-232 采用负逻辑，用+5V～+15V 来表示信号 0，用–5V～–15V 来表示信号的 1，在连接线小于 15m 时，允许数据传输率不超过 20kbit/s；规程特性则定义了 DTE 和 DCE 间通信时各引脚所产生的工作顺序。

功能特性则定义了各引脚的功能作用，如图 2–3 所示。

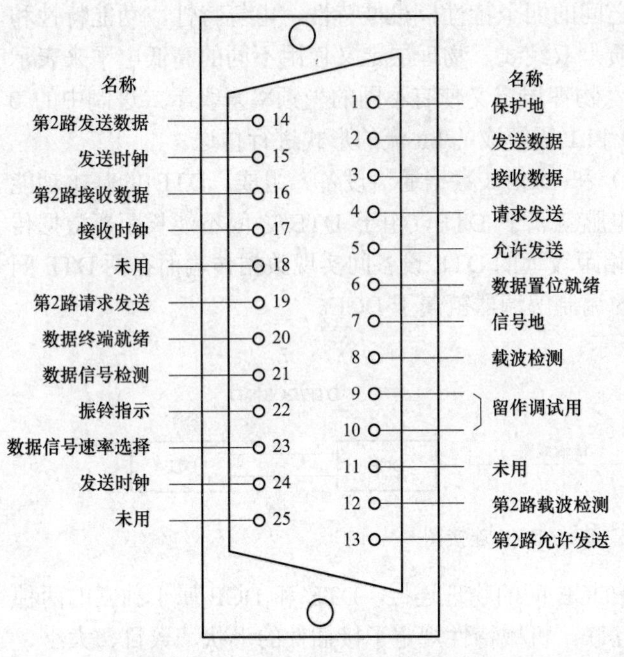

图 2–3 EIA RS-232 各引脚的功能

2.2.2 数据链路层

数据链路层（Data Link Layer）的功能：定义了 MAC（Medium Access Control，媒体访问控制）地址；定义了如何将网络层协议封装到数据帧中，并定义了第 2 层的帧格式；提供了流量控制，数据检错、重发等机制，从而保证了在不可靠的物理介质上提供可靠的传输；提供了无连接和面向连接的服务。其中“链路”是指提供数据通信的信道。

1. MAC 地址

数据链路层使用 MAC 地址进行通信，MAC 地址对相互连接的各设备或接口作为唯一的标识。在数据链路层中，传输的数据单位称之为帧，每个帧都包含有两个 MAC 地址：一是源 MAC 地址，用于指明此帧由哪个接口所发送；二是目的地址，用于指明此帧要送的下一个接口。

MAC 地址的组成：MAC 地址长度一共是 48bit，常用十六进制表示，如 00:23:8B:73:DA:CD。MAC 地址的前 6 个十六进制数与网卡的厂商有关，如 00:23:8B 部分，被称为“组织唯一标识符（Organizationally Unique Identifier，OUI）”，这是网卡生产厂商向 IEEE（电气和电子工程师协会）申请的一段标识符；MAC 地址的后 6 个十六进制数由生产厂商唯一指定，与 OUI 一起被固化到网卡内，作为网卡的唯一标识。因此，理论上，世界上的网卡间的 MAC 地址都不相同。

注意：上述的“网卡”的含义也包括各网络设备的接口，如路由器、交换机的接口。

2. 帧（Frame）

在物理层中，数据以 bit 为单位进行传送，在数据链路层上，则把数据组织成一定大小的数据块，称为“帧”来进行传送。帧是数据链路层传输数据的单位，它用于确保数据可以安全地通过本地网络传到目的接口。其帧格式如图 2–4 所示。

前同步	目的MAC地址	源MAC地址	长度/类型

IEEE 802.2 LLC封装帧	FCS

图 2–4 帧格式

在上述帧格式中：

前同步：表示一帧开始的同步信号。

然后指明目的、源 MAC 地址。

由于以太网的帧格式有两种类型：一是 802.3 以太网帧格式，采用长度字段指明从长度字段起到 FCS 完的帧的长度，二是 Ethernet II 帧格式，采用类型字段指明数据字段中的上层协议。

然后是使用 802.2 LLC 封装的帧，也就是本帧的数据部分。

最后是帧校验序列 FCS，采用循环冗余校验 CRC，用于确保目的端口收到的帧的正确性。

3. 可靠的传输机制

数据链路层工作在 OSI/RM 的第二层，它控制网络层与物理层之间的通信。它如何在不可靠的物理线路上进行数据的可靠的数据传递？为了保证传输，从网络层接收到的数据被分割成特定的可被物理层传输的帧，从上面的帧结构可见在帧中，不仅包括原始数据，还包括：

同步机制：用于使收发双方准确对时，明确帧从什么时候开始传输。

发送方和接收方接口的 MAC 地址，确定了帧从什么接口发出，将发送到什么接口。

差错校验：可以确保帧无差错到达目的接口。

响应机制：在每个数据帧完整地被目标接口所接收时，源接口必须收到来自目标接口的响应，对没收到响应的帧进行重发。

工作于数据链路层协议常用的有：HDLC（High-Level Data Link Control 高级数据链路按制规程）；PPP（Point to Point Protocol 点对点协议）；FR（Frame-relay 帧中继）等。这些协议在后面的章节中具体讲解。

工作于此层的网络设备主要有：网桥，二层交换机。

2.2.3 网络层

网络层（Network Layer）的功能：将上层数据按一定长度进行分段后形成数据分组，对子网间的分组进行路由选择，定义了网络层的逻辑地址，拥塞控制和流量控制，协议转换。

1. IP 地址

在网络层上，有很多种地址方案，如 IP、IPX、AppleTalk 等，其中 IP 地址方案是最常用、最复杂的一种方案，它是相互联网的主机或设备间相互识别的网络标识，它包含两个组成部分：网络地址和主机地址。具体内容我们将在下一章专门讲述。

2. 数据分组

在网络层，将从传输层收到的数据分成一定长度的分组，并为每个分组加上源 IP 地址和目的 IP 地址，这些分组到达目标主机后按分组次序重新组装后向上提交给传输层。

3. 路由选择

这是网络层的核心功能，网络层根据分组中的 IP 地址来获得从源到目的的路径。路由器是工作于网络层的设备，它根据自身的路由算法产生一个包含路由信息的路由表，在路由表中记录了到达目标网络的最佳路由，当路由器收到一个分组时，就会查看分组头中的目的 IP 地址，从而根据路由表决定应该从哪个端口转发出去。关于路由器的更多工作机制，将在第 8 章中讲述。

4. 拥塞控制和流量控制

网络层通过综合考虑发送优先权、网络拥塞程度、服务质量以及可选路由的开销来决定从一个网络到另一个网络的最佳路径。

5. 协议转换

在网络互联时，可能两个网络使用的协议不同，网络层必须解决协议转换的问题，实现异种网络的互联。

2.2.4 传输层

传输层（Transport Layer）的功能：提供端到端的服务，分段和重组报文，流量控制，提供面向连接和无连接的数据传输。

1. 端到端的服务

在数据传输的两个主机间，源主机上的某个应用程序使用传输层上的控制信息实现与目的主机上对应的应用程序对话，因此“端到端服务”也称之为“主机到主机的服务”。

2. 分段与重组报文

这是传输层的一个基本功能，分段指它将从会话层接收到的数据分成较小的数据段，并传递给网络层，重组指它收到从网络层提交上来的数据段重新组装成数据向上层传递。

3. 流量控制

传输层同数据链路层和网络层一样，也采用了一种调节通信量的机制，使高速的主机不至于过快的速度向低速主机传输数据。

4. 提供面向连接和无连接的数据传输

传输层根据会话层请求建立传输连接的类别，使用该层的两个协议 TCP 和 UDP 来建立面向连接或是无连接的数据传输服务。

5. 端口号

传输层使用一个称为“端口号”来区分不同的连接进程。在网络层，使用 IP 地址为不同的主机提供逻辑通信，传输层则为不同主机上运行的进程提供逻辑通信。

IP 地址与端口号功能的区别：它们都提供了逻辑通信，网络层使用 IP 地址在位于不同网络的主机间传递信息，它并不关心所传信息是什么，而传输层则关心信息的内容，它将不同的应用进程的信息使用不同的端口号进行区分，但它不涉及消息是如何在网络之间传送的过程。例如，一个主机上使用一个 IP 地址可能同时访问多种网络服务，如 Web、电子邮件，它们都使用同一个 IP 地址来传递，在到本机后，使用端口号来区分不同的服务，然后送到高层处理后，最终提供给用户不同的服务。

2.2.5 会话层

会话层（Session Layer）的功能：建立、维持和终止会话，会话管理。

1. 建立、维持和终止会话

在不同主机上的用户间建立会话关系，例如，使用 telnet 进行远程登录或客户机登录到服务器的过程，就是会话建立的过程，然后一直维持这个会话，到用户退出登录时，利用会话终止结束会话。

2. 会话管理

由会话层负责协商两主机间数据传输的双工模式，在采用半双工时决定应由哪一方收发数据；另外，在数据传输中发生了网络故障导致数据中断，会话层提供了一种在数据中插入检查点的机制，可使数据重传时只需传检查点后的数据，提高了传输的效率。

2.2.6 表示层

表示层（Presentation Layer）的功能：数据的压缩与解压缩，数据编码格式的转换，数据加密与解密。

表示层主要用于处理应用程序间交换的信息的表示方法：对数据进行压缩变换，代码格式变换，不同的文件格式间的转换，对数据进行加密和解密等操作均在这一层完成。该层为应用层提供服务，定义了信息是如何从底层的二进制形式，利用该层表示之后，通过用户应用程序界面呈现给用户：是以文本方式、以图形方式、还是以视频、音频等方式。例如：JPEG、BMP、GIF 等是一种文件格式，它就是表示层所使用的一种标准。又如：用户上网查询自己的银行账户信息，你所输入的账户数据在发送前表示层将对其加密，在服务器端，表示层将对接收到的数据解密。

2.2.7 应用层

应用层（Application Layer）的功能：为应用程序与操作系统提供访问网络的接口。

应用层提供了用户与应用程序交互的界面，包含了用户应用程序执行任务所使用的协议。例如：在不同的文件系统中有不同的文件命名规则，不同的系统间传输文件需要处理兼容性问题，在应用层上使用 FTP 协议就可以处理该问题。

注意，应用层并不是指运行在网络中的某个应用程序，它通过本层提供的协议来完成应用程序对网络服务的使用。因此，不能说 Web 浏览器就是应用层，而是说 Web 浏览器工作在应用层上。

2.2.8 协议数据单元

在 OSI/RM 中，各层都使用了自己的特殊术语来描述本层传送的数据，协议数据单元（Protocol Data Unit，PDU）就是用于描述各层的数据及其控制信息的，它可理解成各层所表示的信息的名称。其中有一个“封装”的概念。

封装：指信息在从高层向低层传输的过程中，每层都将上层传来信息作为本层的数据，然后加上本层的控制信息，就是报头和（或）报尾。

表 2–1 列出了各层的 PDU 术语。

表 2–1　　各层的 PDU 术语

OSI/RM 的层	PDU 名称	OSI/RM 的层	PDU 名称
应用层、表示层、会话层	数据（data）	数据链路层	帧（frame）
传输层	数据段（segment）	物理层	比特（bit）
网络层	分组（packet）		

2.3 TCP/IP 协议

TCP/IP（Transmission Control Protocol/Internet Protocol，传输控制协议/网际协议）由 20 世纪 70 年代美国 DARPA（Defense Advanced Research Protects Agency，国防部高级计划研究局）为其研究性网络 ARPANET 开发的网络体系结构。最初是为美国军事和政府开发的，但后来逐步发展成为公众网络。如前所述，OSI 的七层体系结构非常复杂，其理论结构只适用于研究和学习网络使用，TCP/IP 协议现在得到了广泛的使用，现在互联网络体系结构的标准是 TCP/IP。

TCP/IP 协议将网络体系结构按实用原则划分为四层，从低到高依次为：网络接口层，网际层，运输层，应用层。下面分别概述这四层结构。

注意，TCP/IP 协议并非是一个单独的协议，而是一个包含了大量协议的协议簇，只是在 TCP/IP 协议簇中，TCP 协议和 IP 协议是两个最重要的协议，因此大家都以“TCP/IP 协议”这种说法来代替 TCP/IP 协议簇；在 TCP/IP 协议中，“网际层”和“运输层”在很多时候都按 OSI/RM 中的说法，称之为“网络层”和“传输层”。

2.3.1 网络接口层

网络接口层（Network Interface Layer）的功能：

（1）负责接收从网络层传来的 IP 数据报，并将 IP 数据报封装成适合在物理网络上传输的帧格式后，通过网络接口发送出去。

（2）将从物理网络接收到的帧解封装后，取出 IP 数据报向上提交给网络层。

在 TCP/IP 中并没有对网络体系结构的底层特别的定义，而是沿用了 OSI/RM 体系结构中的数据链路层和物理层，只是将之合称这网络接口层。网络接口层上实现的标准有：Ethernet、IEEE 802.3 的 CSMA/CD、IEEE 802.4 的 Token Bus、IEEE 802.5 的 Token Ring，FDDI 以及一个设备的驱动程序等。

2.3.2 网络层

网络层（Internet Layer）也称这网络互联层或网际层，负责将主机之间的数据报独立地从源主机传送到目的主机，其中需要进行路由选择，拥塞控制等。本层是 TCP/IP 体系结构的核心层。本层所传送的数据可以称为：数据报，报文，分组。

网络层的功能：处理来自传输层的数据报，处理输入数据报，处理 ICMP 报文。

（1）处理来自传输层的数据段：对传输层传来的数据段进行分组，装入 IP 数据报，加上 IP 报头，然后将此数据报根据一定的路由选择规则发往适当的网络接口。

（2）处理输入的数据报：分为两种情况：如果是互联网络中的路由器等网络设备，则首先检查数据报的合法性，然后进行路由选择转发此报文；如果是该数据报的目的主机，则去掉 IP 报头，将数据信息向上交给传输层协议。

（3）处理 ICMP 报文：ICMP 报文用于传递路由选择信息、流量控制信息以及拥塞控制信息等，ICMP 报文就是被封装在 IP 报文中进行传输的。

2.3.3 运输层

运输层（Transport Layer）的功能：提供端到端的进程间的通信服务。

TCP/IP 中的运输层与 OSI/RM 中的传输层作用一样，提供端到端的进程间通信服务，在该层使用端口号来标识不同的进程，使同一个主机收到的不同应用程序传来的数据分别传到相应的应用程序进行处理，而不至于发生混乱。

在运输层定义了两个协议：TCP 协议和 UDP 协议。TCP 协议是可靠的、全双工的、面向连接的协议，缺点是开销大，连接速度慢，多用于大量数据的传输，如 Web、电子邮件、文件传输等；UDP 协议是无连接、不可靠的协议，多用于传送短的消息，如 SNMP 协议采用就采用 UDP 来传输管理信息。

2.3.4 应用层

应用层（Application Layer）的功能：为用户的应用进程提供服务。

在TCP/IP中，没有OSI/RM的会话层和表示层，而是将这两层功能合并到应用层。应用层是TCP/IP体系结构的最高层，它确定通信进程的性质并实现用户的服务请求。在应用层上包含了所有的高层协议：TELNET、FTP、SMTP、DNS、HTTP、NNTP等。例如，用于远程登录的TELNET协议，是一个虚拟终端协议，使用它允许一台计算机上的用户登录到远程服务器上并进行操作。

2.3.5 OSI/RM与TCP/IP的比较

这两种体系结构有下述差异：

（1）TCP/IP比OSI/RM更多地考虑到了异构网络的互联问题。

（2）TCP/IP同时强调了面向连接和无连接服务，而OSI/RM开始只强调面向连接服务。

（3）TCP/IP具有更强的管理功能。

（4）OSI/RM对网络中的各种概念区分更明确清晰，OSI/RM具有更强的通用性。

（5）TCP/IP比OSI/RM更适合于在上互联网上使用，TCP/IP是事实上的互联网标准。

（6）OSI/RM比TCP/IP更复杂，表2–2对这两种体系结构的层次作了对比。

表2–2 两种体系结构的对比

<table>
<tr><th>OSI/RM的体系结构</th><th>TCP/IP的体系结构</th></tr>
<tr><td>7 应用层</td><td rowspan="3">应用层</td></tr>
<tr><td>6 表示层</td></tr>
<tr><td>5 会话层</td></tr>
<tr><td>4 传输层</td><td>传输层</td></tr>
<tr><td>3 网络层</td><td>网络层</td></tr>
<tr><td>2 数据链路层</td><td rowspan="2">网络接口层</td></tr>
<tr><td>1 物理层</td></tr>
</table>

2.4 本章实验

1. 实验目的

（1）了解以太网的几种帧格式。

（2）学会使用Ethereal抓取数据包并分析。

（3）通过对抓到的包进行分析，分析和验证TCP/IP协议中数据包中各字段属性。

2. 实验环境

（1）安装有Windows XP的PC机一台。

（2）接入Internet。

（3）Ethereal 数据包分析软件。

3. 实验步骤

（1）运行 Ethereal，安装 Ethereal 协议分析程序。

（2）运行协议分析软件 Ethereal，打开捕获窗口进行数据捕获。

（3）抓取 TCP 包，然后对 TCP 包进行分析。

数据捕获界面如图 2–5 所示，对捕获的界面中的 TCP 协议进行分析见表 2–3。

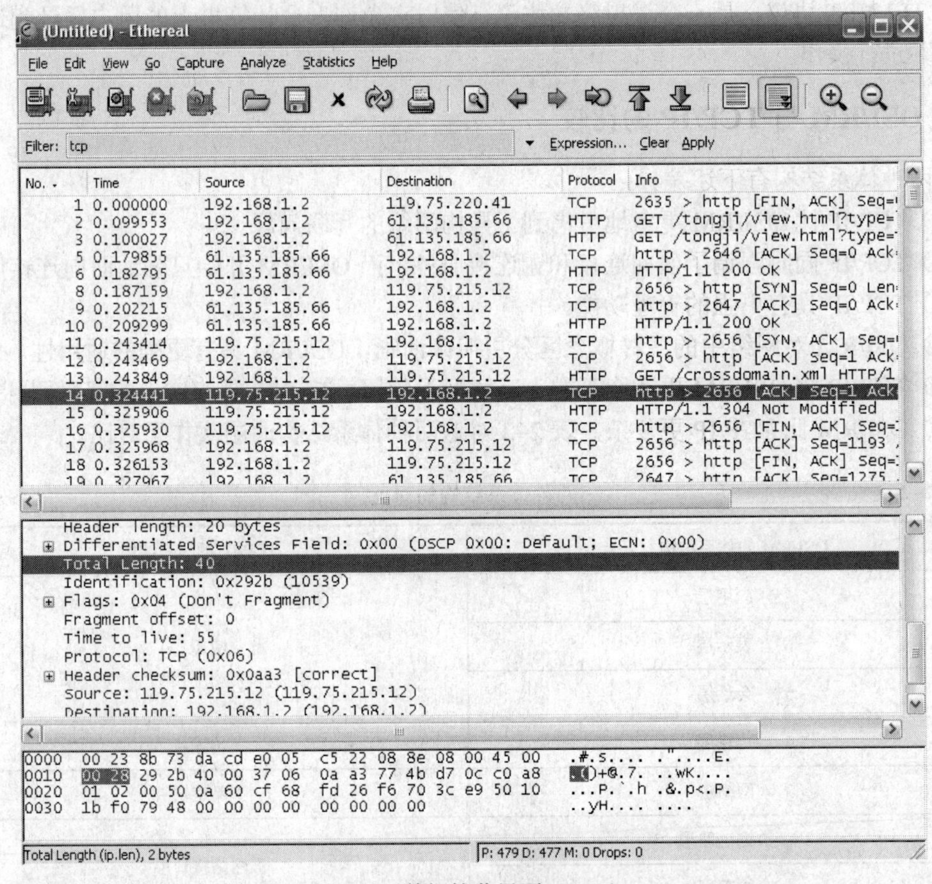

图 2–5 数据捕获界面（TCP）

表 2–3 **TCP 协议分析**

版本号：IPV4	头长度：20bytes	服务类型：0x00（DSCP 0x00:default;ECN：0x00）	
总长度：40	标识：0x6c32（27698）	标志：0x04	片偏移：0
生存时间：55	上层协议标识：TCP（0x06）	头部校验和：0x292b（10539）	
源 IP 地址：119.75.215.12			
目标 IP 地址：192.168.1.2			

（4）抓取 HTTP 包，然后对 HTTP 包进行分析。

数据捕获界面如图 2–6 所示，对捕获的界面中的 HTTP 协议进行分析见表 2–4。

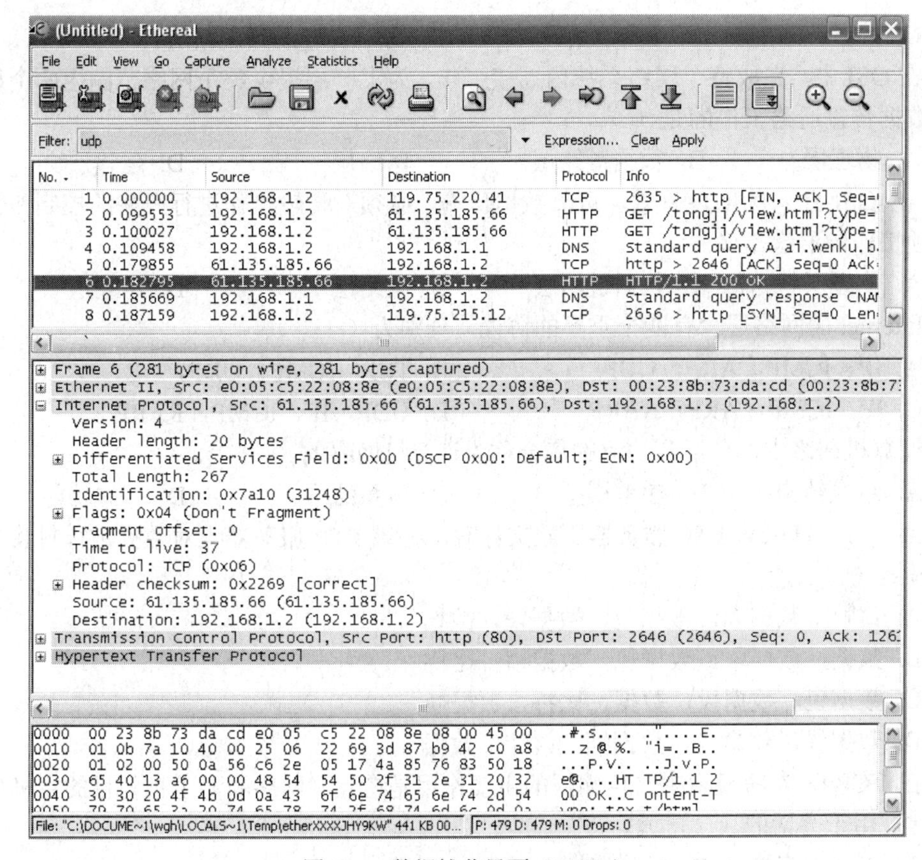

图 2–6 数据捕获界面（HTTP）

表 2–4 **HTTP 协议分析**

<table>
<tr><td>版本号：IPV4</td><td>头长度：20bytes</td><td colspan="3">服务类型：0x00（DSCP 0x00:default;ECN：0x00）</td></tr>
<tr><td>总长度：267</td><td>标识：0x7a10（31248）</td><td colspan="2">标志：0x04</td><td>片偏移：0</td></tr>
<tr><td>生存时间：37</td><td colspan="2">上层协议标识：TCP（0x06）</td><td colspan="2">头部校验和：0x2269[correct]</td></tr>
<tr><td colspan="5">源 IP 地址：61.135.185.66</td></tr>
<tr><td colspan="5">目标 IP 地址：192.168.1.2</td></tr>
</table>

习 题 二

一、选择题

1. ISO 提出 OSI 模型是为了（　　）。
   A. 建立一个设计任何网络结构都必须遵从的绝对标准
   B. 克服多厂商网络特有的通信问题
   C. 证明没有分层的网络结构是不可行的
   D. 上列叙述都不是
2. TCP/IP 参考模型中的主机-网络层对应于 OSI 中的（　　）。
   A. 网络层　　　　B. 物理层

C. 数据链路层　　D. 物理层与数据链路层

3. 在OSI中，完成整个网络系统内连接工作，为上一层提供整个网络范围内两个终端用户之间数据传输通路工作的是（　　）。

A. 物理层　　B. 数据链路层　　C. 网络层　　D. 运输层

4. 在OSI中，为实现有效、可靠数据传输，必须对传输操作进行严格的控制和管理，完成这项工作的层次是（　　）。

A. 物理层　　B. 数据链路层　　C. 网络层　　D. 运输层

5. Internet的网络层含有四个重要的协议，分别为（　　）。

A. IP，ICMP，ARP，UDP　　B. TCP，ICMP，UDP，ARP

C. IP，ICMP，ARP，RARP　　D. UDP，IP，ICMP，RARP

6. 计算机网络中，分层和协议的集合称为计算机网络的（　　）。

A. 组成结构　　B. 参考模型　　C. 体系结构　　D. 基本功能

7. 当一台计算机从FTP服务器下载文件时，在该FTP服务器上对数据进行封装的五个转换步骤是（　　）。

A. 比特，数据帧，数据包，数据段，数据

B. 数据，数据段，数据包，数据帧，比特

C. 数据包，数据段，数据，比特，数据帧

D. 数据段，数据包，数据帧，比特，数据

8. 在TCP/IP参考模型中，传输层的主要作用是在互联网络的源主机与目的主机对等实体之间建立用于会话的（　　）。

A. 点一点连接　　B. 操作连接　　C. 端一端连接　　D. 控制连接

9. 完成路径选择功能是在OSI模型的（　　）。

A. 物理层　　B. 数据链路层　　C. 网络层　　D. 运输层

10. 网络协议主要要素为（　　）。

A. 数据格式、编码、信号电平　　B. 数据格式、控制信息、速度匹配

C. 语法、语义、同步　　D. 编码、控制信息、同步

二、填空题

1. 相邻层间交换的数据单元称之为服务数据单元，其英文缩写为________。

2. 对等层间交换的数据单元称之为协议数据单元，其英文缩写为________。

3. 在OSI模型中，NIC属于________层。

4. TCP/IP协议簇的层次中，解决计算机之间通信问题是在________。

5. 在OSI中，为网络用户间的通信提供专用程序的层次是________。

三、问答题

1. 计算机网络采用层次结构模型有什么好处？

2. TCP/IP协议的主要特点是什么？

3. TCP/IP协议与OSI/RM的异同点有哪些？

4. OSI/RM中数据传输的基本过程是什么？

5. 协议的三要素是什么，分别的作用是什么？

6. 计算机网络协议体系结构的思想是什么？

第3章　IP　地　址

在网络中，为使相互通信的主机间能相互区分和识别，需要为这些主机指定一个唯一的编号，这个编号就是IP地址。在网络技术这门课程中，IP地址非常重要。因此本书单独采用一章来对此进行详解。

学习目标

（1）熟练掌握二进制、十进制和十六进制，以及相互转换方法。

（2）熟练掌握IPv4地址的分类方法及各类的特点。

（3）熟练掌握IPv4地址的分配方法。

（4）熟练掌握子网掩码的用法。

（5）熟练掌握IPv6地址的特点及其配置方法。

学习重点

二进制、十进制和十六进制以及相互转换方法、IPv4和IPv6地址的分类方法及各类的特点；IPv4和IPv6地址的配置方法以及子网掩码的用法。

学习难点

IPv4和IPv6地址的分类方法及各类的特点；IPv4和IPv6地址的配置方法以及子网掩码的用法。

3.1　二进制

有人说，在我们的电脑上填写IP地址时，都填的是十进制数，为什么还要掌握二进制呢？

如果你学习的目标不是只想成为一个普通的网络用户，而是成为一个能为普通网络用户服务的网络工程、网络维护、网络设计人员，那么就必须非常熟练地掌握二进制。平常用户所看到的十进制数的IP地址，是通过二进制的IP地址转换出来的，在各种网络设备中的IP地址，以十进制数表示是为了记忆和使用的方便，作为有更深追求的人，应该从如何规划设计IP地址的角度，也就是从二进制的角度去开始学习。在设计网络时，规划IP地址都是以二进制作为根本开始的，只是最终为了便于记忆，将二进制转化为十进制表现出来。

3.1.1　二进制的理解

“二进制”，顾名思义，就是逢二进一。为了各位能迅速直观理解二进制的表示方式，现使用大家熟悉的十进制来帮助理解。下面我们进行对比理解：

（1）各位数字的组成：在十进制中，组成十进制的各位数字是0，1，2，3，4，5，6，7，8，9这十个数字中的一个，共有十种数字供选择，如3609这个数字，每一位的数字都在0～9的范围内；对应于二进制，组成二进制的各位数字是0，1，意思是二进制数的每一位只能从0和1中选一个，如10011010这就是个二进制，而如10280这样的数就不是二进制数，因为其中的 2，8 两个数字不能用来组成二进制数。

（2）进制：这里涉及一个“权”的概念：可直观理解，权就是权力的大小。在数字中，如十进制的 3609，既然称为十进制，那么数中的前一位上的权都比后一位大 10 倍，如 9 这一位上的权为 1，0 这一位的权为 10，6 这一位上的权为 100，3 这一位中的权为 1000，3*1000+6*100+0*10+9*1=3609；对应于 10011010 这个二进制数，就应该是：“前一数位上的权比后一数位上的权大 2 倍”，因此二进制数 10011010 中各位的权见表 3–1。

表 3–1　　　　二 进 制 的 权

二进制中的每一位数字	1	0	0	1	1	0	1	0
用十进制数表示所对应的权	128	64	32	16	8	4	2	1

此二进制数对应的十进制数就是 0*1+1*2+0*4+1*8+1*16+0*32+0*64+1*128=154。

3.1.2　二进制与十进制间的转换

在计算机网络中，我们非常需要熟练地在二进制和十进制间进行转换，下面讲快速转换技巧。

1. 二进制向十进制的转换

在网络的 IP 地址中，需要将二进制向十进制转换的位数最多就是八位二进制组，如 11100101，在转换时，要做到心中有上面那张表的形式就可以了：其中凡是有 1 的那一位，就加上对应的权值，凡是为 0 的位，不去理它。在这个过程中，你从最后一位开始往前做权值的加法：1+4=>5+32=>37+64=>101+128=>229。

2. 十进制向二进制的转换

在网络的 IP 地址中，最多就是一个不大于 255 的数字需要转换为八位二进制，为了达到快速转换，应该先记住八位二进制数每位的权值：从高到低为 128，64，32，16，8，4，2，1（依次从 128 开始的减半），可以用“扣减法”快速完成转换：如将十进制的 186 转为二进制：首先看这个数里有没有包含一个 128，如果有，则最高位二进制上记 1，这里是 186，大于 128，肯定能包含 128，所以在纸上记上 1；然后用 186 去减 128，等于 58，再看这 58 里有没有包含 64，没有，在纸上 1 的后面记 0（注意，这里不能写 1，因为这里写上 1，后面的数字无论是什么都将使所得的八位二进制数大于 186），再看 58 里有没有包含 32，有，在纸上的 10 后记 1，用 58 去减 32 得 26，看 26 里有没有 16，有，在纸上的 101 后记 1，用 26 减 16 得 10，看 10 里有没有 8，有，在纸上的 1011 后记 1，用 10 去减 8 得 2，里面没有包含 4，在纸上的 10111 后记 0，最后两位就应该是 10，所以完成后就是 10111010 这个二进制数。

上面这个方法比使用如短除法更快捷，基本上不需要草稿纸就可以完成。

3.2　十六进制

十六进制是下一代 IPv6 的表示形式，对于学习网络互联来说，掌握十六进制也是必须要求的。

3.2.1　十六进制的理解

与十进制和二进制的原理类似，十六进制是满十六则进位。在十六进制中，前一位数字的权是后一位数字的十六倍。我们知道，组成二进制的每一位数字的取值为 0 和 1，组成十进制的各位数字为 0～9 中的一个数，而十六进制数由哪些数字来组成呢？

十六进制由 0～9 十个数字和 A，B，C，D，E，F 六个英文字母组成。我们下面用表 3–2 来对照二进制、十进制和十六进制。

表 3–2　　二进制，十进制和十六进制对照关系

十进制	二进制	十六进制	十进制	二进制	十六进制
0	0000	0	8	1000	8
1	0001	1	9	1001	9
2	0010	2	10	1010	A
3	0011	3	11	1011	B
4	0100	4	12	1100	C
5	0101	5	13	1101	D
6	0110	6	14	1110	E
7	0111	7	15	1111	F

3.2.2　十六进制与十进制，二进制之间的转换

下面介绍的是最简单和直接的转换方法：

1. 十六进制向十进制的转换

方法是用这个十六进制数的每个位所对应的十进制大小与权值相乘后相加。

例　将十六进制的 FA7 转换成十进制：$(FA7)_{16}$=15*256+10*16+7*1=4007。

2. 十六进制向二进制的转换

方法是每个十六进制数按表 3–2 那样直接地写成四位二进制，按先后顺序组合在一起。

例　将十六进制的 D85F 转换成二进制：由于 D=>1101　8=>1000　5=>0101 F=>1111

因此，D85F 对应的二进制为 1101100001011111，在转换时，直接按顺序写就行了。

3. 二进制向十六进制的转换

方法：与十六进制向二进制的方向相反，将二进制从后往前，每四位分隔为一组，将每组转换成十六进制数后组成起来。

例　将 101110011011011 转换成十六进制。

第一步，分组：101，1100，1101，1011；//分组一定是从后面开始每四位为一组。

第二步，转换：5，C，D，B。

第三步，组合：5CDB，这就是对应的二进制的十六进制。

4. 十进制向十六进制的转换

方法：先将十进制转换成二进制，再转换成十六进制。这实际上就是前面讲的方法的组合使用。

例 将十进制 149 转换成十六进制。

第一步：转成二进制：149=128+16+4+1=>10010101。

第二步：转成十六进制：1001 0101=>95，因此十进制的 149 的十六进制数为 95。

注意：这里的 95 是十六进制的，在读的时候不要读为九十五，可以这样说“十六进制的九五”，写的时候可表达为：0x95，这样别人就不会误认为是九十五了。

3.3 IPv4 地址

TCP/IP 有两个不同的版本，IPv4 和 IPv6，我们先讲 IPv4 地址，IPv4 地址是现阶段正在大量使用的主流 IP 地址，是要求网络工程人员必须深入掌握的。在本书中，为了叙述方便，我们沿用通俗的称呼方法，用“IP 地址”表示“IPv4 地址”。

3.3.1 IP 地址的组成

我们常用的 IP 地址是第四版的 IPv4 地址，它是由 32 位二进制数组成，如：10010010001000100100000100000010，显然，这一串数字很难记，因此就用点按每八位为一组分隔开：10010010.00100010.01000001.00000010，为了书写记忆更加方便，按每八位为一组转换成为 146.34.65.2，这就是我们平常所见的 IP 地址的形式，我们称之为“点分十进制”形式的 IP 地址，如图 3-1 所示。

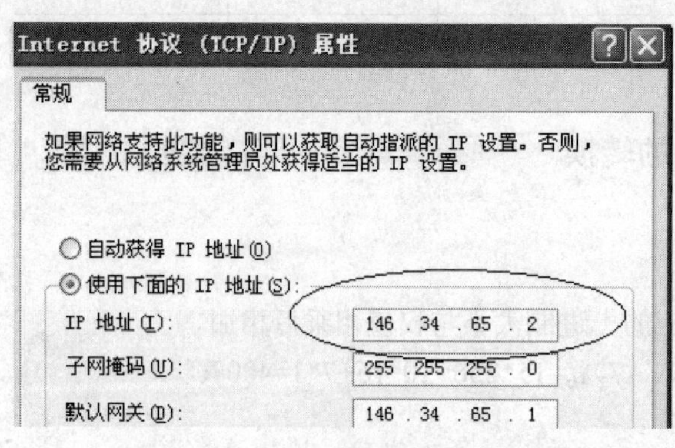

图 3-1 “点分十进制”形式的 IP 地址

3.3.2 IP 地址的分类

为什么要对 IP 地址分类？简单地说，就是为了管理方便。由于对不同的组织（公司、企业、单位、学校等），对 IP 地址的需求量可能不同，有的组织大，包含的主机数量多，对 IP 地址需求量就大，因此，为了满足不同组组对 IP 地址的不同需求量，IANA（因特网号码分配管理委员会）对 IP 地址进行了分类，分为 A、B、C、D、E 五类。

其中 A B C 三类 IP 地址称为主类地址，是我们正在大量使用的 IP 地址，而 D 类地址和 E 类地址没有直接分配使用，D 类地址主要是作为广播地址，E 类地址作为保留地址，主要用于研究使用，如下一代的 IPv6 地址，就是通过在 E 类地址基础上研究出来的。在本书中主要讨论的是 A、B、C 三类地址，这三类地址分别适应于大、中、小型的网络。

IP 地址的组成：IP 地址=网络号+主机号（或 IP 地址=网络地址+主机地址），网络号用于标识网络中的某个网段，主机号唯一地标识网段上的某台主机。网络号和主机号在使用时的规则：

网络号不能全 0 和全 1：全 0 全 1 的网络号保留，未分配使用；

主机号不能全 0 和全 1：主机号部分全 0 的表示某个网络，全 1 的主机号表示广播地址，不能作为一个主机地址分配。

A、B、C、D、E 五类 IP 地址就是根据不同的网络号来划分的。下面分别对 A、B、C

三类地址的特征进行讨论。

1. A 类 IP 地址

由于 IP 地址由 32 位二进制组成，我们在表达 IP 地址时，可使用 4 个字节的二进制来表示，如图 3–2 所示。

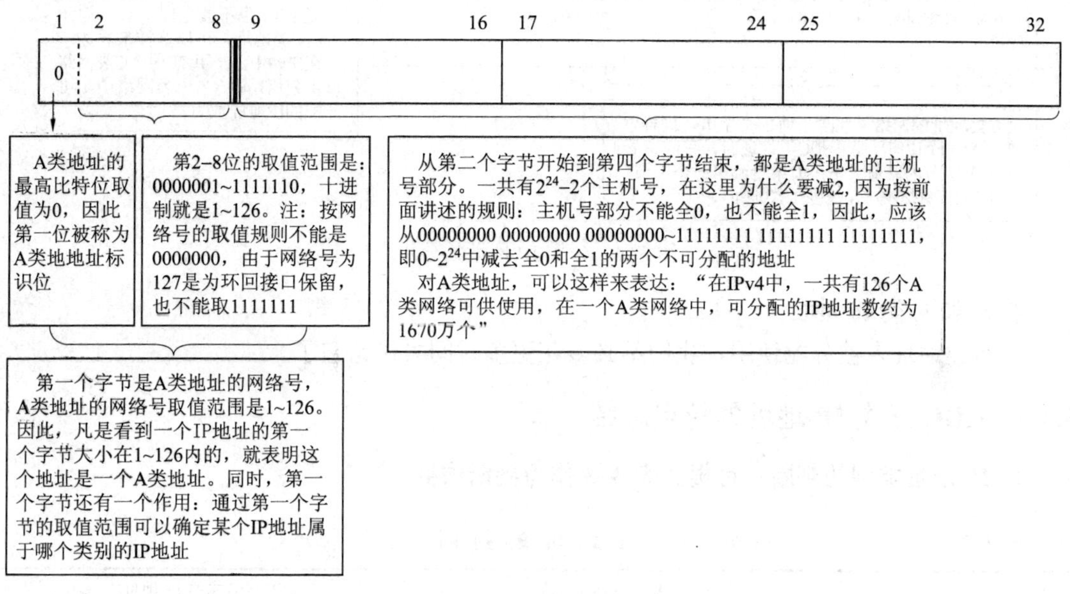

图 3–2　A 类 IP 地址分析

2. B 类 IP 地址

同 A 类地址一样，B 类地址也由四个字节构成，其结构如图 3–3 所示。

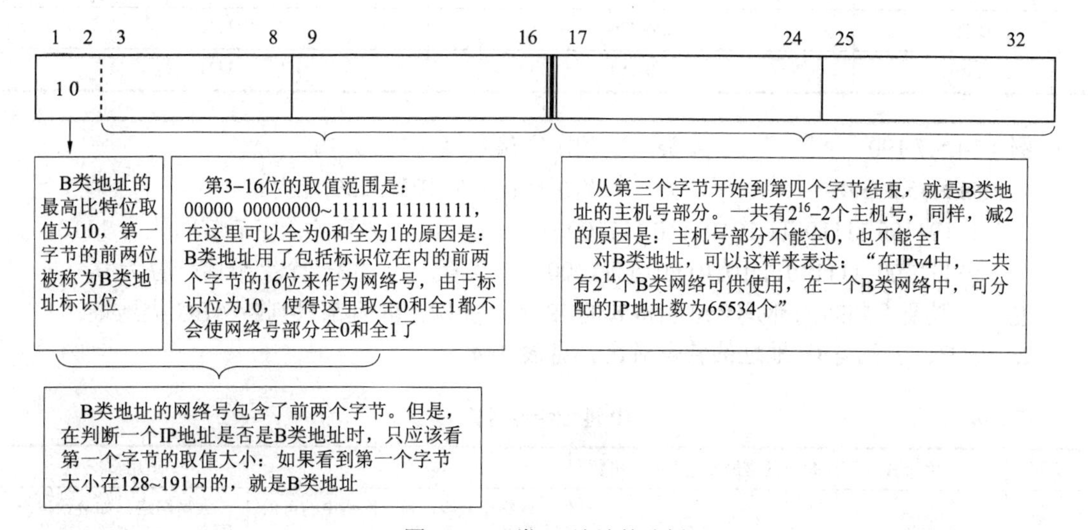

图 3–3　B 类 IP 地址的分析

3. C 类 IP 地址

对 C 类 IP 地址特性的分析，如图 3–4 所示。

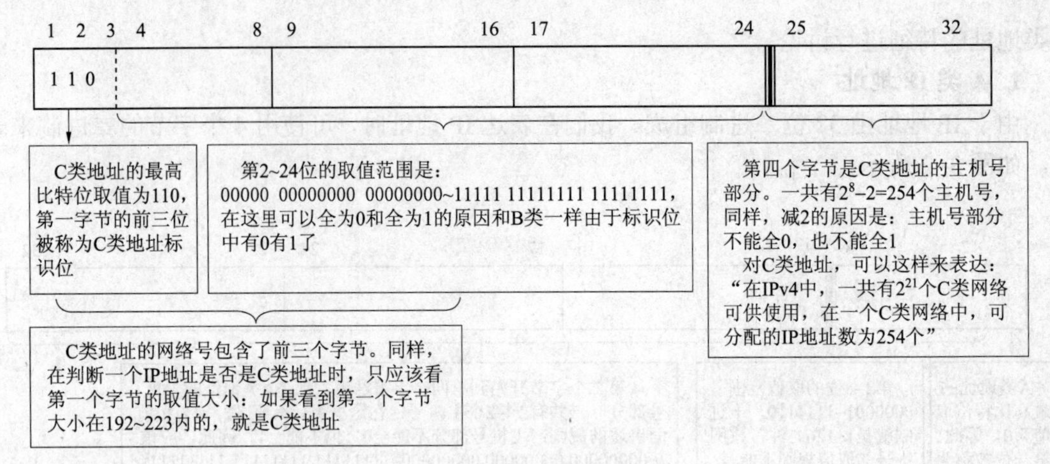

图 3–4 C 类 IP 地址的分析

4. D 和 E 类 IP 地址

这两类地址未被分配使用，我们不必多花更多时间去讨论它了。

3.3.3 ABC 三类 IP 地址的特点总结

1. IP 地址类别的判断：可根据表 3–3 作为判断依据

表 3–3 IP 地 址 的 判 断

地址类别	十进制格式的 IP 地址：第一个十进制数	二进制格式的 IP 地址：第一个字节的前 n 位二进制位
A 类	1-126	0
B 类	128-191	10
C 类	193-223	110
D 类	224-239	1110
E 类	240-254	1111

例 14.5.7.190　　A 类　　//由于 14 在 1～126 之内。

199.45.233.43　　C 类　　//由于 199 在 193～239 之内。

11101100.11110011.10101110.11110001　　D 类　　//第一个字节前四位为 1110。

01111100. 11110011.10101110.11110001　　A 类　　//第一个字节前一位为 0。

注：一般要求判断的都是十进制格式的 IP 地址类别，并且都只判断 ABC 类地址。

2. A、B、C 三类 IP 地址的特点对比，见表 3–4

表 3–4 IP 地址特点对比

类别	网络个数	每个网络最多包含的主机数	特　点	适用情况
A 类	126	$2^{24}-2=16777214$	网络个数少，每个网络中的可供分配的 IP 地址数多	大型网络，如分给一个国家，一个跨国大公司
B 类	$2^{14}=16384$	$2^{16}-2=65534$	介于 A 类和 C 类之间	中等规模的网络
C 类	$2^{21}=2097152$	$2^{8}-2=254$	网络个数多，每个网络中可供分配的 IP 地址数少	小型网络

3. 保留地址

为了满足组织内网需求，将 A、B、C 类 IP 地址中的一部分不在公网上使用，这些未在公网上使用的地址被称为私有地址，或保留地址。这些地址可以在一个组织内部分配使用，但不能使用这些私有地址直接访问 Internet，要访问 Internet 需要进行地址转换。

这些私有地址是通过 RFC 1918 所指定的，见表 3–5。

表 3–5　　私 有 地 址 范 围

类别	IP 地址范围	网络号	网络数/个
A	10.0.0.0～10.255.255.255	10	1
B	172.16.0.0～172.31.255.255	172.16～172.31	16
C	192.168.0.0～192.168.255.255	192.168.0～192.168.255	256

例如：用户经常在单位的电脑上或是在很多参考书、教材上举例时所看到形如 192.168.1.56，或 172.16.2.14 等等这样的 IP 地址，就是属于在私网中使用的 IP 地址。如图 3–5 所示。

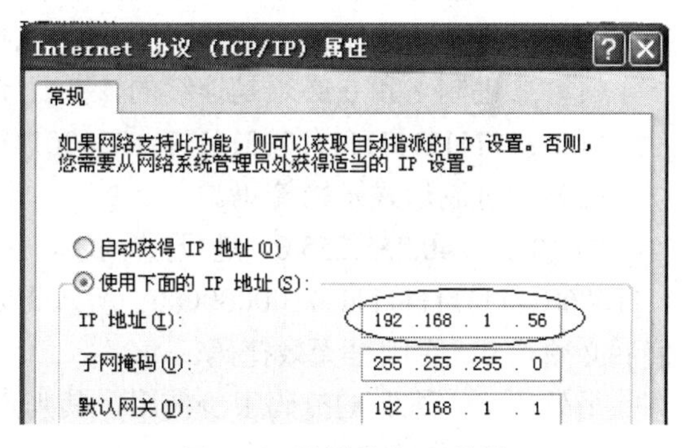

图 3–5　配置私有 IP 地址

3.3.4　划分子网

如前所述，一个 A 类网络，能够分配的 IP 地址数多达 1670 多万个，但很少有这么大一个组织需要这么多的 IP 地址，即使是一个 B 类网络也有 6 万多个 IP 地址，因此地址的使用效率是一个问题。

什么是划分子网？就是将一个 A 类、B 类、甚至是 C 类网络，利用其**主机号**部分的高比特位作为子网号来创建更多更小的网络，这种经重新划分过的网络就称之为子网。

划分子网之后形成的更小的网络根据需要分配给不同的组织，就可以减少 IP 地址的浪费，从而更高效的利用 IP 地址。

3.3.5　子网掩码

子网掩码的功能：区分 IP 地址的网络号和主机号。

子网掩码的长度是 32 位，一个 IP 地址的子网掩码的比特位为 1 所对应的位为网络号部分，比特位为 0 所对应的位为主机号部分。在表 3–6 中，列出了标准的 A、B、C 类 IP 地址的子网掩码。

表 3–6　　**A、B、C 类 IP 地址的子网掩码**

类别	二进制方式子网掩码	十进制方式子网掩码	掩码长度
A	11111111 00000000 00000000 00000000	255.0.0.0	8
B	11111111 11111111 00000000 00000000	255.255.0.0	16
C	11111111 11111111 11111111 00000000	255.255.255.0	24

例：子网掩码的表示方法：对 IP 地址 192.168.0.2 表示其子网掩码。

第一种方式：十六进制表示：192.168.0.2　0xFFFFFF00。

第二种方式：二进制表示：　192.168.0.2　11111111111111111111111100000000。

第三种方式：点分十进制表示 192.168.0.2　255.255.255.0。

第四种方式：比特数表示：　192.168.0.2/24。

在上面四种方式中，最后两种表示方式最常见，最常用。子网掩码在用户的电脑配置如上图 3–5 所示。

3.3.6　子网掩码值

子网掩码由 32 个二进制比特位组成，但不是 32 个 1 和 0 比特位任意组合都是有效的。本节讲述什么样的子网掩码才是有效子网掩码。

注：为了叙述方便，本书后凡提及“长度为多少比特的子网掩码”都指的是子网掩码中 1 的个数。如：长度为 27bit 的子网掩码，就指前面 27 个 1，后面 5 个 0 的子网掩码。

（1）二进制 1 和 0 必须是连续的，并且 1 序列在前，0 序列在后。

例如：11111111111111000111111100000111 就不是有效的子网掩码：其中的 1 和 0 不连续。

（2）十进制形式子网掩码。

例如：240.255.255.0 是无效的，因为这个十进制形式转为二进制后为 11110000111111111111111100000000，所以无效。凡是在十进制掩码中，某个小于 255 的掩码值后必须是 0，否则是无效掩码。

另外，十六进制的掩码很少使用，其判定方法与十进制形式类似。

（3）针对一个具体网络的掩码长度，一定大于或等于其用于划分子网的网络的掩码长度。

在前面讲划分子网时讲过，“利用其**主机号**部分的高比特位作为子网号来创建更多更小的网络”，如何理解这句话？就是指子网是从主机号部分借位产生的，借了多少位来产生子网号，掩码长度就比原网络号多了多少位。

因此，按上述规则：

A 类网络：由于网络号有 8 位长，划分子网只能从后 24 位主机位中去划分，A 类网络的子网掩码长度至少是 8 位。

B 类网络：由于网络号有 16 位长，划分子网只能从后 16 位主机位中去划分，B 类网络的子网掩码长度至少是 16 位。

C 类网络：由于网络号有 24 位长，划分子网只能从后 8 位主机位中去划分，C 类网络的子网掩码长度至少是 24 位。

（4）子网掩码最多可以有多少位？

上面讨论了子网掩码的最少位数，那么其最长位数是多少？

举例说明：

例如：针对一个 C 类网络 199.3.4. 0，主机号为最后 8 位，因此，在划分子网时，就只能在最后 8 位中去划分，“针对 C 类网络，可以从主机号借位来产生子网号的位数是 0～6 位”。0 位表示不作划分，如果是 6 位，表示 8 位主机号中的前 6 位用作子网号了，一共就有 30 位网络号，可用于分配的主机号只剩下 2 位。199.3.4. 0 子网的主机位如图 3–6 所示。

1	24	25	30	31 32
1 0 0 0 0 1 1 1	0 0 0 0 0 0 1 1	0 0 0 0 0 1 0 0	0 0 0 0 0 0	× ×

图 3–6　199.3.4.1.0 子网的 2 位主机位

前在最后的 31，32 位上，可能产生的主机 ID 为 00，01，10，11，其中 00 表示某个子网号，11 表示某个子网的广播地址，真正可分配的 IP 地址在这个子网中就只有 2 个。为什么最大只能取 6 位作子网号，而不能是 7 位或 8 位呢？如果是 7 位作了子网号，如图 3–7 所示。

1	24	25	31	32
1 0 0 0 0 1 1 1	0 0 0 0 0 0 1 1	0 0 0 0 0 1 0 0	0 0 0 0 0 0 0	X

图 3–7　199.3.4.1.0 子网的 1 位主机位

在 32 位上只有两种取值：1 或 0。取 0 表示子网号，取 1 表示广播地址，就没有可用于分配给主机使用的 IP 地址了。因此不能为在 C 类网络的主机号中取 7 位作为子网号，同样，8 位也没有可分配的 IP 地址。

从上面这个例子的分析可见：在划分子网时，为使划分的子网有意义，至少要留两位给主机位。因此可以有表 3–7 的总结。

表 3–7　标准 ABC 类网络子网掩码长度范围

类别	子网掩码最少长度/位	子网掩码最大长度/位
A	8	30
B	16	30
C	24	30

3.3.7　可变长子网掩码

如前所述，IPv4 地址的长度是 32 位，最多可提供 40 多亿个 IP 地址，但事实上可用的 IP 地址并没有这么多。IPv4 是 20 世纪 70 年代创建的，当时并没有意识到 IPv4 会应用到因特网上，并且因特网会发展如此之快。IP 地址资源随着因特网的发展变得越来越紧张了。为了缓解 IPv4 地址资源短缺问题，产生了划分子网的 VLSM、CIDR、NAT、IPv6 这样一些解决方案。本节主要讨论的是 VLSM。

VLSM（Variable-Length Subnet Masking，可变长子网掩码）是一种产生不同大小的子网的网络划分方法。在前面讲述的“划分子网”技术，可以避免浪费大量的 IP 地址，在一定程度上缓解了 IPv4 地址的消耗速度，但这种方法可扩展性较差，仅产生了 IP 地址数相等的各个子网，仍然难以满足实际需求。VLSM 通过在相同有类地址空间提供不同的子网掩码长度，从而产生不同大小的子网来解决此问题。

在 VLSM 中，在 IP 地址后使用“/掩码长度”来表示，如 192.168.2.34/27，表示 IP 地址 192.168.2.34 属于一个长度为 27 位掩码的子网 192.168.2.32 内（192.168.2.32 是怎么得来的，

我们后面将举例说明）。

下面举例说明如何使用 VLSM。

（1）某企业有分属于远距离的四个分部，其中分部 1 有主机数为 120 台，分部 2 主机数为 50 台，分部 3、分部 4 的主机数均为 25 台，现申请到了一个 C 类网络：193.2.3.0，我们在设计时，需要建立 4 个子网。下面是采用 VLSM 划分子网的过程：

每一步：找出需求量最大的网段的主机数量：现在是 120 台。

第二步：计算出恰当的子网掩码：由于 $2^6<120<2^7$，则 120 台主机需要 7 位主机位，因此子网掩码长度应该是 25 位；25 位的掩码能产生的子网是 193.2.3.0/25 和 193.2.3.128/25，把这两个子网中的一个，如 192.2.3.0 分配给分部 1。

第三步：利用剩余的子网，从第一步开始，对剩余的几个分部分配子网：由于 25<50<26，因此分部 2 需要 6 位主机位，如将 193.2.3.128/26 分配给分部 2；同样的方法，可将 193.2.3.192/27，193.2.3.224/27 两个子网分配给分部 3 和分部 4。结果用表 3–8 总结。

表 3–8 划分子网结果

部门	子网号	可用 IP 地址范围	可容纳的主机数
部门 1	193.2.3.0/25	193.2.3.1-193.2.3.126	126
部门 2	193.2.3.128/26	193.2.3.129-193.2.3.190	62
部门 3	193.2.3.192/27	193.2.3.193-193.2.3.222	30
部门 4	193.2.3.224/27	193.2.3.225-193.2.3.254	30

在上表中，如 193.2.3.224/27 表示部门 3 的子网号，有 27 位掩码，最后 5 位是主机位，为了加深理解，我们把 193.2.3.224 转化为二进制形式观察：

11000001.00000010.00000011.111**00000**，可见最后 5 位主机位是 0，这就是一个子网号。（我们在称呼子网号和网络号时，不必区分太严格，子网也是一个网络，因此可以直接把子网号说成网络号）。为了能更加说明采用 VLSM 能节省 IP 地址，下面再举一例。

（2）表 3–9 所示与各路由器相连接的远程网络大小。

表 3–9 远程网络大小

路由器	A	B	C	D
主机数	120	60	30	10

在下面图 3–8 中可见，左图规划的网络没有采用 VLSM，而使用单一的子网掩码。根据上表中要求，最大网络需要 120 个主机地址，因此需要 25 位的掩码长度，这样将需要 4 个 C 类地址，这将浪费大量的 IP 地址。

在右图中，采用了 VLSM 规划 IP 地址，根据对 IP 地址量的不同需求，分别设计了不同长度的子网掩码，只需要一个 C 类地址即可。

注意，在路由器与路由器直接相连时，只需要 2 个 IP 地址，分别在每个路由器的端口上分配一个 IP 地址即可。因此，可使用的掩码长度为 30。

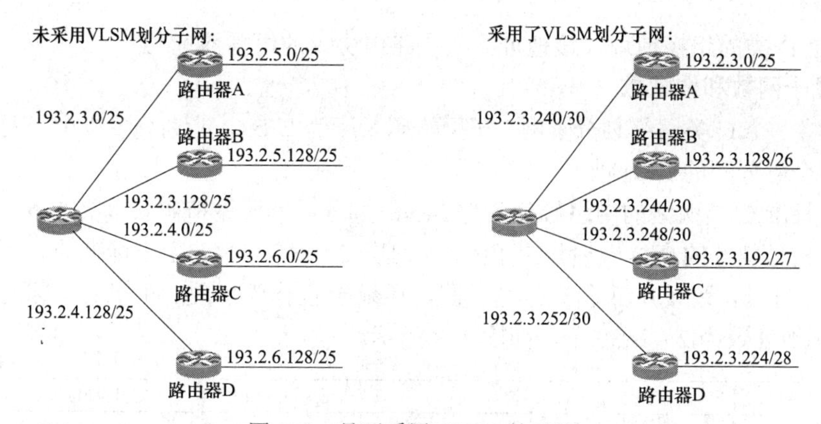

图 3–8 是否采用 VLSM 的对比

3.3.8 应用举例

说明：在本书的后面的所有举例中，针对全 0 和全 1 网段（指在划分子网中，借主机位产生的子网号部分全为 0 和全为 1 的两个网段，如 192.168.1.0/27 和 192.168.1.224/27 这两个网段），在 RFC1009 中规定不能使用，但在 CISCO 中默认是可以使用全 1 网段的，如果输入命令 IP subnet-zero 后，也允许使用全 0 网段。因此，本书为了让读者理解更方便，叙述更简洁，将全 0 和全 1 网段默认为是可以使用来讲解的。如果你在网络工程中碰到这个问题可根据具体要求来解决。

IP 地址非常重要，大家务必要理解透彻，在网络工程中，需要经常对 IP 地址的分配进行规划，下面通过例题的方式，从易到难来讲解有关 IP 地址方面的问题。

1. 判断 IP 地址是否可分配使用

例 1 以下哪一个是可分配的标准 B 类 IP 地址？

A. 1.1.1.1　B. 125.34.43.255　C. 222.2.255.255　D. 188.23.255.255

E. 136.258.23.64　F. 12.22.255.255　G. 224.0.0.5

方法 判断一个 IP 地址是可分配的标准的 B 类地址，必须满足：

（1）第一个十进制数的范围在 128-191 之间。

（2）标准 B 类 IP 地址前 16 位为网络号，后 16 位为主机号，要求满足网络号和主机号不能全 0 和全 1。

（3）要求每个十进制数的大小在 0-255 内。

从上面这些条件可知，只有 B 正确。

分析 答案 A，1.1.1.1 是一个合法的 A 类地址，不要误认为它各位全为 1，因为这是一个十进制形式的 IP 地址，如果用二进制表达，则为 00000001.00000001.00000001.00000001。答案 C，从第一个字节为 222 来看，应是一个 C 类地址，由于 C 类地址最后 8 位为主机位，该地址的最后一个数为 255，换为二进制为 11111111，因此，这是一个 C 类的广播地址，不能分配给主机使用。答案 D，从上面的分析可知，其主机号全为 1，因此是一个 B 类的广播地址，不能分配使用。答案 E，从上面分析可知，它里面有一个 258，超出了 255，因此它不是一个 IP 地址。答案 F，从第一个字节为 12 可知，应是 A 类地址，A 类地址前 8 位为网络号，后 8 位为主机号，都不全 0 全 1，因此是一个合法的 A 类地址。答案 G，第一个字节为

224，是一个 D 类的组播地址（该地址是一个路由协议的组播地址）。

2. 计算子网数和地址数

例 2 将一个 C 类网络划分子网，子网掩码长度为 27bit，能划分多少个子网？每个子网内能有多少个可分配的 IP 地址？

分析 标准 C 类网络的网络号部分为 24bit，划分后的子网掩码长度为 27bit，因此有 3bit 是使用了主机号部分的高位来划分的子网，可划分 $2^3=8$ 个子网；由于标准的 C 类网络，最后 8 位是主机号部分，现使用 3 位来划分子网，还余 5 位作为子网的主机号，因此每个子网内可分配的 IP 地址数为 $2^5-2=30$ 个，如图 3–9 所示。

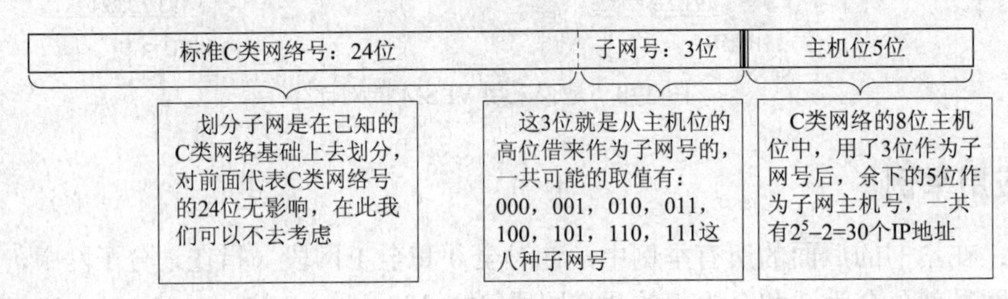

图 3–9 计算子网数和地址数

例 3 给定一个子网掩码为 255.255.248.0 的 A 类网络，问能划分多少个子网，每个子网内有多少个可分配的 IP 地址？

分析 思路同上，此掩码长度为 21，可划分的子网数为 $2^{21-8}=2^{13}$ 个，每个子网的主机位有 33–21=11 位，因此第个子网内可分配的 IP 数为 $2^{11}-2$ 个。

3. 判断两个 IP 地址是否在同一个子网内

例 4 判断 IP 地址 210.23.4.90/26 和 210.23.4.125/26 是否在同一个子网内。

分析 判断 IP 地址是否在同一个子网内，主要是看这两个 IP 地址的子网号是否相同。采用 26 位作为子网掩码长度，则每子网中主机位长度为 6 位，见表 3–10。

表 3–10 **采用（bit）位方式分析**

IP 地址	子网号部分 26 位	主机号部分 6 位
210.23.4.90	11010010.00010111.00000100.01	011010
210.23.4.125	11010010.00010111.00000100.01	111101

从上分析可见，这两个 IP 地址的子网号相同，因此在同一个子网内。

注：像这种采用位方式的分析速度太慢，可以在此原理的基础上使用一种更快的方法，见下面的例 5 和例 6 分析过程。

4. 计算一个 IP 地址的网络地址、广播地址、所在子网所能容纳的最大主机数

例 5 对 IP 地址：159.34.58.217/27，计算出它的网络地址、广播地址、所在子网所能容纳的最大主机数。

方法：

第一步：根据掩码长度，找出关键字节。

一个 IP 地址有四个字节，关键字节指掩码长度所落在的那一个字节，这里掩码长度为 27，落在第四字节，这样第四字节为关键字节，我们在计算时，就不必去理会前三个字节了，最后直接照写即可。

第二步：从这个 IP 地址的子网掩码，可以求出每个网段的最大地址容量作为步长。

这里是 27 位长的子网掩码，表示有 5 位主机位，最大主机容量 2^5=32 个（为了计算方便，不必去减 2），因此，这里的步长就是 32。

第三步：对最后一个字节按步长的整数倍分段：

从 0 开始，一直到 255，可分为 0～32～64～96～128～160～192～224～256。

第四步：将所求 IP 地址的关键字节的数值放到上面分段中，看它属于哪一段：显然这里它属于 192～224 段。

第五步：得出结论：

把 224 结合前三个字节，写成 159.34.58.192，这就是该 IP 地址的网络号。

需记住："下一个子网的网络号减 1 就是该 IP 地址所在子网的广播地址"。

（1）因此，159.34.58.223 就是该网段的广播地址。

（2）因为主机位为 5 位，所以最大主机数为 2^5−2=32−2=30。

例 6　对 IP 地址：159.34.58.217/20，计算出它的网络地址、广播地址、所在子网所能容纳的最大主机数。

步骤同上，只是现在关键字节为第三个，计算时只需针对第三字节计算即可，它的步长为：2^{24-20}=2^4=16，注意，由于掩码落在第三个字节内，计算步长时就用三个字节长度去减掩码长度。所以分段为：

0～16～32～48～64～80～96～112～128～144～160～176～192～208～224～240～256

这里关键字是 58，58 属于 48～64 段中，因此：

（1）该 IP 地址所在子网的网络地址为：159.34.48.0，这里应该知道，后面主机位为 0 才表示网络地址。

（2）该 IP 地址所在子网的广播地址为：159.34.63.255，这里为什么不是 159.34.63.0，因为下一个网络号为 159.34.64.0，它减 1 是在第四个字节减 1，所以是 159.34.63.255。

（3）该网络的主机位为 32−20=12 位，因此最大主机数为 2^{13}−2 个。

子网掩码长度在 8～16 之间的，计算方法与上述类似，在此不再赘述。

注：其实我们在分段时，在计算出每段大小之后，不必把每个分段都算出来。在本例中，可直接去找 58 附近的两个能整除 16 的数，一个数小于 58，另一个大于 58，这两个数为 48 和 64，58 就属于 48～64 段中，159.34.48.0 就是该 IP 地址的子网号，159.34.63.255 就是广播地址。

现在我们再反回去看例 4，可以知道采用 26 位的子网掩码，每段大小为 64，关键字节 90 和 125 均落在 64～128 段内，因此这两个 IP 属于同一个子网。这种方式可以一次判断多个 IP 地址是否落在同一个子网内。

5. IP 地址的分配设计

例 7　使用一个 C 类网络 192.168.0.0 划分四个不同的网段给一个企业的四个部门使用，要使每个部门得到的 IP 地址数相等，问应该如何进行子网划分？假设四个部门中有一个部门有 80 台主机，有一个部门有 50 台主机，有两个部门只需 20 台主机需要上网，这样划分能满足吗？应该如何划分子网？

分析　先看第一个问题：使四个部门的 IP 地址数相等，只需将 192.168.0.0 划分成四个相等大小的子网即可，由于划分子网是从主机号部分的高位进划分的，要划成四个子网，需使用 2 位，可产生：192.168.0.0/26，192.168.0.64/26，192.168.0.128/26，192.168.0.192/26 四个子网，每个子网中的主机号有 6 位，最多提供 $2^6-2=62$ 个 IP 地址。

第二个问题：能否满足要求关键要看需要 IP 地址最多的子网，至少要 80 个 IP 地址，显然不能满足要求，因此需采用 VLSM 来划分：其划分方法参见 2.3.7 可变长子网掩码一节。

例 8 将一个 B 类网络 172.16.0.0 划分子网，每个子网要求提供的 IP 地址数为 480 个，可以划分出多少个子网？每个子网的掩码长度是多少？

分析 要满足每个子网所需的地址数为 480 个，因为 $2^8<480<2^9$，因此需要主机位为 9 位，在 B 类网络中，后 16 位为主机位，因此，还有 16−9=7 位用于划分的子网号，可以划分出 $2^7=128$ 个子网，各子网掩码长度为 B 类的网络号 16 加上划分的子网号 7，即是 23 位作为各子网的掩码长度。

3.4 IPv6

在前面讲到过，IPv4 现在面临的最大问题是地址空间短缺，在 20 世纪 90 年代人们就意识到此问题的严重性，并开始了下一代 IP 地址的研究，这就是 IPv6。IPv4 采用了 32（比特）位来表达 IP 地址，在 IPv6 中，地址的长度是 128 位，可提供约 $3.4*10^{38}$ 个 IP 地址，可给地球上 65 亿人每个分配 $5*10^{28}$ 个地址，可给地球表面每平方米分配 6.65×10^{23} 个地址，因此，在可预计的时间内，IPv6 地址空间是十分充足的。

IPv6 的使用除了解决地址空间的问题，IPv6 还具有比 IPv4 更加高效（例如在 IPv4 中采用了 NAT 来缓解地址空间枯竭，但大大降低了网络传输的速度），更加安全（例如在 IPv6 中强制采用 IPSec），更好的 Qos 支持（IPv4 的 TOS 字段功能有限，而 IPv6 允许终端用户对通信质量提出要求）等等。IPv6 采用多级的地址层级结构，使得对寻址和路由层次的设计更具有灵活性，更好地反映现代 Internet 的拓扑结构。

3.4.1 IPv6 地址表示方法

1. IPv6 的地址表示

IPv6 地址是 128 位长的，使得人们在书写时，如果采用二进制格式，那复杂程度可想而知，因此，IPv6 在表示时也像 IPv4 一样，采用了替代方法，使用了 8 组用冒号分隔的 4 个十六进制数来表示一个 IPv6 地址。如：

2001：0da8：0202：1000：0000：0000：0000：0001

使用十六进制后的 IPv6 可以更加利于书写和阅读，但很多时候，在 IPv6 地址中，都有大量的一连串的 0 出现，像上面这个地址，可以：

（1）把每组中开头的 0 省略，把四个 0 写成一个 0，于是上面这个地址可写为：

2001：da8：202：1000：0：0：0：1

（2）还可以把连续为 0 的组使用双冒号代替，可写为：

2001：da8：202：1000：：1

注意：使用双冒号代替连续 0 的时候，为了避免混淆，一个 IPv6 地址中只能使用一次，如2001：0000：0000：f001：0000：0000：0000：0001，就不能写成这种形式：

2001：：f001：：1，而只能是2001：0000：0000：f001：：1或2001：：f001：0000：0000：0000：1

2. IPv6的掩码表示

在IPv4中，子网掩码可以有四种方法来表示，在IPv6中，就只有一种方式，就是采用斜线加前缀长度的方式来区分哪些位表示网络部分，哪些位是主机部分。例如：

2001：da8：202：：/48，就表示国内某高校分得的是48位的地址块的网络号，然后此高校可在此地址块中继续划分更小的地址分配给学校的各二级部门，如2001：da8：202：1000：：/56。这个过程类似于在IPv4中做子网划分。

3.4.2 IPv6地址的类型

IPv6地址有3种类型：单播地址，组播地址，任播地址。

（1）单播地址：这个概念与IPv4中的单播地址一样，它是分配给一台主机或一个接口上的一个IP地址，用于作为数据包的源IP地址或目的IP地址。

（2）组播地址：与IPv4一样，可以使用一个IPv6的组播地址将数据包发送到属于该组播组内的所有主机上。在IPv6中，组播地址始终是以前缀FF00：：/8开始的。对IPv4中的广播行为完全可以使用IPv6的组播来完成。

（3）任播地址：这种地址类型在IPv4中没有，它与IPv4的组播和广播都不一样。一个任播地址是分配给多台主机的单个地址，使用任播的结果是：将一个数据包发送出去之后，多台主机都可以收到，但只有最早收到的主机会接收该数据包，并产生回应，其余主机既不接收，也不响应。打个比方来说：某个人向人群中喊了一声，只有距离最近的那个人最早听到，并向他作了应答，其他人呢，虽然听到了，但不理睬他。

3.4.3 IPv6的过渡策略

由于现在的互联网上运行的协议是IPv4，大量的网络设备也只支持IPv4，要将整个互联网升级到IPv6需要花一段较长的时间，因此要求在使用IPv6的同时，仍然支持IPv4的功能。要将整个互联网从IPv4网迁移到IPv6网，要求IPv6必须能够支持并处理IPv4体系的遗留问题。分析主要的迁移技术，有下面3种：

（1）双栈机制：通过在一台设备上同时运行IPv4和IPv6协议使得设备能处理两种类型的协议，同时运行IPv4和IPv6协议栈并能发送和接收两种类型的数据包，而主机根据目的地址来决定采用IPv4还是IPv6协议，它的主要缺点是：在主机上增加了额外的负载，并且老式的网络设备可能不支持IPv6。

（2）隧道技术：利用这种技术可以通过现有的运行IPv4协议的Internet骨干网络将局部的IPv6网络连接起来，例如，在一个公司的两个分支机构中，都使用了IPv6网络，数据从其中一个分支机构传出来时，将被封装在一个IPv4的包中，通过运行IPv4的远程网络传到另一个分支机构时拆封并提交。采用隧道技术是IPv4向IPv6初期最易于采用的技术。

（3）网络地址转换/协议转换技术（NAT-PT）：这是一种纯IPv6节点和IPv4节点主机之间的互通方式，所有包括地址、协议在内的转换工作都由网络设备来完成。

3.4.4 IPv6 的新特性

IPv6 具有以下一些 IPv4 没有的主要特性：

（1）更大的地址空间：IPv4 的地址长度为 32 位，已于 2011 年 2 月全部分配完毕，而 IPv6 地址扩展到 128 位，这样存储空间没有人能预计出什么时候可以耗尽。

（2）更加高效：由于 IPv4 地址空间不够，采用如 VLSM、CIDR、NAT/PAT 等技术来缓解地址空间枯竭，但大大降低了网络传输的速度。

（3）更加安全：在 IPv4 的互联网中，存在如可信度问题，端到端连接遭受破坏问题，网络中没有强制采用 IPSec 而带来的安全性问题，而 IPv6 彻底解决目前互联网架构的弊端，提供高服务质量，充分考虑了网络安全问题，支持各种安全选项，包括数据完整性、审计功能、保密性验证等。

（4）ICMP 协议新增功能：使用 IPv6 的一台主机可以发送一个 ICMP 消息，以了解在到达目标节点之间的链路上最小的 MTU，然后该主机就以此 MTU 的大小进行分组后发送，此特性使得从源主机到目的主机中的路由器不必再进行分组以及对数据进行重组，大大提高了网络传输效率。

（5）固定报头：IPv6 具有固定长度的报头，为 40B，在 IPv4 报头中的大部分选项在 IPv6 中都没有，这样使得 IPv6 的执行速度加快。

3.4.5 IPv6 地址配置

在现在大量使用的电脑或网络设备上，大多需要安装 IPv6 协议栈或升级网络设备的 IOS 才能支持 IPv6。在这里，我们只介绍在用户常用的 Windows 系列主机上配置 IPv6 地址，而在网络设备上如何配置，在后面的章节中讲述 IP 地址配置时再讨论。

1. 配置 IPv6 协议栈

在 Windows 2003 中已内置了 IPv6 协议栈，因此不必再去安装。在 Windows XP 和 Windows 2000 中，需要安装 IPv6 协议栈。

（1）在 Windows XP 下：进入 cmd 命令提示符下：C:\>ipv6 install，如图 3–10 所示。

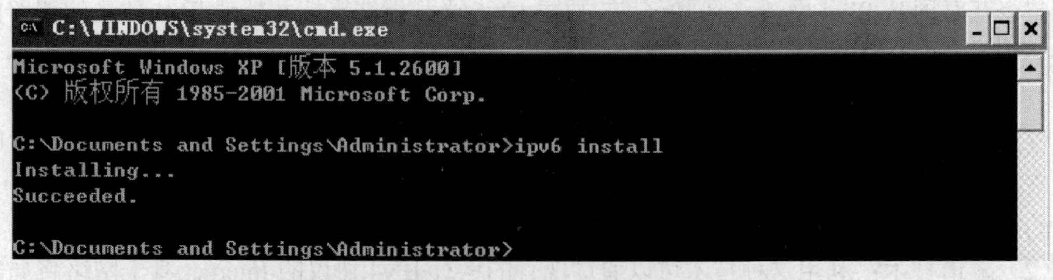

图 3–10 在 Windows XP 中 IPv6 协议栈的安装

安装完成后，可以在网上邻居上看到：如图 3–11 所示。

（2）卸载 IPv6 协议栈：

在 cmd 下，使用 C:\>IPv6 uninstall 可卸载 IPv6 协议栈。

（3）在 Windows 2000 中安装 IPv6 协议栈：

针对 sp1 的 Win2000 版本，使用 tpipv6-001205.exe 来安装 IPv6 协议栈。

针对 sp2/sp3 的 Win2000 版本，对 tpipv6-001205-SP3-IE6.zip 压缩包解压缩后，运行 hotfix.exe 来进行安装。

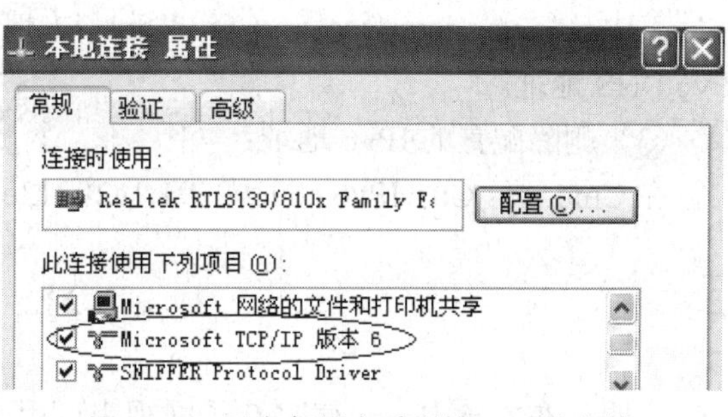

图 3–11　网上邻居上看到的 IPv6 协议栈

2. IPv6 地址的配置

在 Windows 系统中，有两种方法配置 IPv6 协议：一是 IPv6 命令，二是采用 netsh 命令，下面分别讲述。

（1）采用 IPv6 命令：

在 cmd 命令提示符下：

C:\> IPv6 adu 4/2291:1e2f:213e::1

本命令的功能：向索引号为 4 的网络连接接口配置 IPv6 地址 2291:1e2f:213e::1，在 IPv6 协议栈安装之后，一块物理网卡默认网络接口有 4 个：interface 1 用于回环接口，interface 2 用于自动隧道虚拟接口，intcrface 3 用于 6to4 隧道虚拟接口，interface 4 用于正常的网络连接接口，也就是 IPv6 地址的单播接口，如图 3–12 所示。

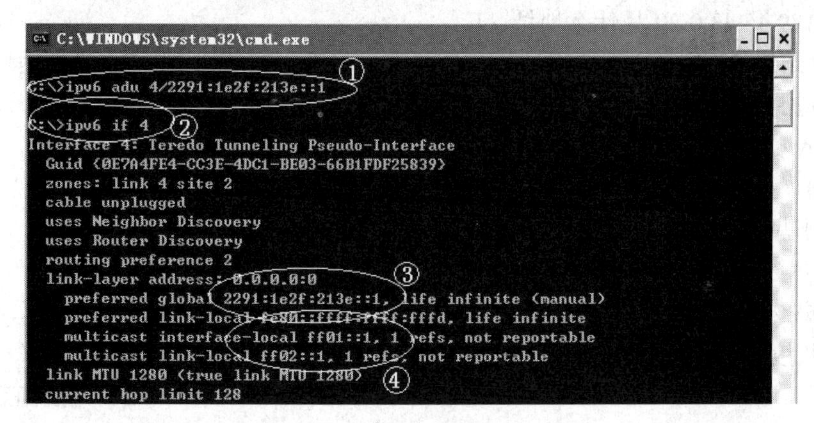

图 3–12　IPv6 地址的配置与查看

图 3–12 所示① 是配置 IPv6 地址；② 是显示所配置的 IPv6 地址的命令，③ 是显示的 IPv6 地址，④ 是 IPv6 的组播地址。

（2）采用 netsh 命令：

C:\>netsh

netsh>interface ipv6

netsh interface ipv6>add address "本地连接" fe80:a520:1314::1

如图 3–13 所示。

```
C:\WINDOWS\system32\cmd.exe - netsh
C:\>netsh
netsh>interface ipv6
netsh interface ipv6>add address "本地连接" fe80:a520:1314::1
确定。

netsh interface ipv6>add dns "本地连接" 2001:251:e101:0::2
确定。

netsh interface ipv6>_
```

图 3–13　IPv6 地址的手工配置

其中，“netsh interface ipv6>add dns "本地连接" 2001:251:e101:0::2”这一条命令是设定IPv6 DNS地址。

（3）删除配置的IPv6地址：

在Cmd下：C:\> IPv6 adu 4/2291:1e2f:213e::1 life 0即可删除IPv6地址。

习　题　三

说明：在本章中，一律将0子网视为可用子网。

一、选择、填空题

1. 判断以下哪些地址是合法的IP地址（　　）。（合法即指可分配使用）

A. 200.200.0.0　　B. 12.2.23.255
C. 43.12.0.0　　D. 123.123.123.255
E. 222.255.255.255　　F. 300.2.3.53
G. 55.55.255.255　　H. 1.1.1.0

2. 判断189.45.43.0/20是什么地址。（　　）

A. 网络地址　　B. 广播地址　　C. 单播地址　　D. 任播地址

3. 十进制569转换成十六进制等于______________。

4. 一个A类网络有多少个主机地址？（　　）

A. 24　　B. 2^8-2　　C. $2^{24}-2$　　D. 2^{24}

5. 以下哪些子网掩码是有效的？（　　）

A. 255.252.0.0　　B. 240.255.255.0
C. 255.255.248　　D. 255.255.255.242

6. 一个长度为28位的子网掩码，能将一个C类网络划分成多少个子网？（　　）

A. 4　　B. 8　　C. 16　　D. 无法确定

7. 一个子网掩码为255.255.224.0的B类网络，能有多少个子网？（　　）

A. 224　　B. $2^{24}-2$　　C. 2^{11}　　D. 2^3

8. 使用子网掩码为255.255.248.0对一个B类网络划分子网，每个子网包含的IP地址数是多少？（　　）

A. 2^3-2　　B. 2^5　　C. $2^{11}-2$　　D. 2^{11}

9. 要使每个子网中可用的IP地址数为580，对一个B类网应采用多少位长的子网掩码？（　　）

A. 20　　B. 25　　C. 22　　D. 23

10. IP地址159.24.48.123/27的子网地址是什么？（　　）

A. 159.24.48.64　　B. 159.24.48.128
C. 159.24.48.96　　D. 159.24.48.112

11. IP地址121.32.46.66/21所在子网的广播地址是什么？（　　）

A. 121.32.47.255　　B. 121.32.255.255
C. 121.32.46.255　　D. 121.32.47.255

12. 判断下列哪些IP地址与168.46.162.240/20是在同一个子网内？（　　）

A. 168.46.169.23/20　　B. 168.46.120.23/20
C. 168.47.169.120/20　　D. 168.48.169.23/20
E. 168.46.180.255/20　　F. 168.46.188.120/20
G. 168.47.180.240/20　　H. 168.46.177.0/20

13. 以下哪些是合法的 IPv6 地址？（　　）

A. 2001：da8：J202：1000：0：0：0：1
B. EF00：：90：：1
C. 3ed0：0：0：0：2000：：2
D. 4569：：34：1：1：0：1

14. 以下哪一种地址类型是 IPv6 中没有的类型？（　　）

A. 广播　　B. 单播　　C. 组播　　D. 任播

二、解答题

1. 现要对 C 类 192.168.10.0 网络划分 13 个子网，求各子网的子网掩码、网络地址、广播地址以及可容纳的最多主机数。

2. 一个子网 IP 地址为 10.32.0.0，子网掩码为 255.224.0.0 的网络，它允许的最大主机地址是什么？

3. 现对 192.168.0.0/24、192.168.1.0/24、192.168.2.0/24、192.168.3.0/24 进行子网聚合，求新网络的子网掩码。

4. 一个公司有五个部门，生产部有 120 个网络节点，工程部、财务部、市场部、行政部的网络节点数都在 30 个以内。现想用一个 192.168.1.0/24 网络进行划分。请给出相应的子网方案。

5. 192.168.2.16/28 子网中每个子网最多可以容纳多少台主机？

6. IP 地址是 202.112.14.137，子网掩码为 255.255.255.224 的网络地和广播地址分别是什么？

7. 请写出 172.16.22.38/27 地址的子网掩码、广播地址，以及该子网可容纳的主机数各是多少。

8. 把 A 类地址 10.10.1.0 网络划分成 16 个子网，求新子网的子网掩码、网络地址和广播地址，然后再把前面的 6 个新子网聚合成一个大的子网，求大子网的子网掩码。

第4章　局域网技术

局域网（Local Area Network，LAN）是指在某一组织机构内将各种计算机、外部设备和数据库等互相连接起来组成的计算机通信网，一般范围在几千米以内。局域网可以实现文件管理、应用软件共享、打印机共享、工作组内的日程安排、电子邮件和传真通信服务等功能。局域网是封闭型的，可以由办公室内的两台计算机组成，也可以由一个公司内上千台计算机组成。局域网技术是当前计算机网络研究与应用的一个热点问题，也是目前技术发展最快的领域之一。

学习目标

（1）了解局域网的特点、标准及分类。

（2）了解局域网的组成和工作模式。

（3）了解以太网的发展过程。

（4）理解共享式以太网与交换式以太网的异同。

（5）掌握虚拟局域网的功能、划分方法及配置方法。

（6）掌握无线局域网的功能、标准及组成。

学习重点

共享式以太网与交换式以太网的异同，虚拟局域网的功能及分类，无线局域网的功能、标准及组成。

学习难点

虚拟局域网的划分方法和配置方法。

4.1　局域网概述

4.1.1　局域网的拓扑结构

局域网的拓扑结构从物理上可分为星形结构、环形结构、总线型结构和树形结构，其拓扑结构图和相应的优缺点已在第一章讲述过，在此不再重复。

4.1.2　局域网的特点

局域网就是局部区域内的网络，它一般属于一个组织机构所独立拥有，这是将计算机使用各种通信设备互联在一起的用于资源共享的网络，它具有以下特点：

（1）网络所覆盖的地理范围比较小。通常不超过几十千米，甚至只在一个园区、一幢建筑或一个房间内。

（2）数据的传输速率比较高，从最初的 1Mbit/s 到后来的 10Mbit/s、100Mbit/s、155Mbit/s 和 622Mbit/s 现已达到 1000Mbit/s、10 000Mbit/s。

（3）具有对不同速率的适应能力，低速或高速设备均能接入。

（4）具有良好的兼容性和互操作性，不同厂商生产的不同型号的设备均能接入。

（5）具有优良的传输质量，较低的延迟和误码率，其误码率一般为 10^{-8}～10^{-11}。

（6）局域网络的经营权和管理权属于某个单位所有，能方便地共享局域网中的外部设备、主机以及软件、数据。

（7）局域网的结构简单，便于安装、维护和扩充，建网成本低、周期短。

（8）支持多种同轴电缆，双绞线，光纤和无线等多种传输介质。

由于局域网具有上述特点，使得其应用非常广泛，局域网技术发展也非常迅猛。生产局域网产品的商家众多，用户选择局域网产品的余地也很广。在局域网络发展的早期阶段，曾出现了不同公司产品不兼容，不能互联工作。因此如果用户在购买了某一公司的网络产品后就不能购买其他公司的网络产品，这就严重制约了局域网应用的发展。

IEEE（电气和电子工程师协会）于 1980 年 2 月成立了局域网标准委员会，简称为 IEEE 802 委员会，专门从事局域网标准化工作，制定了关于局域网的标准，也称为 IEEE 802 标准。IEEE 802 标准已被 ANSI（美国国家标准协会）采纳为美国国家标准，并被 ISO（国际标准化组织）作为国际标准，称为 ISO8802 标准。

4.1.3　IEEE 802 标准

IEEE 802 标准定义了网卡如何访问传输介质（如光缆、双绞线、无线等），以及如何在传输介质上传输数据的方法，还定义了传输信息的网络设备之间连接建立、维护和拆除的途径。

（1）IEEE 802 标准主要包括表 4–1 所列内容。

表 4–1　　IEEE 802 标准

标准	功能	标准	功能
IEEE 802.1A	局域网体系结构	IEEE 802.8	FDDI 访问控制方法与物理层规范
IEEE 802.1B	寻址、网络互联与网络管理	IEEE 802.9	综合数据话音网络
IEEE 802.2	逻辑链路控制（LLC）	IEEE 802.10	网络安全与保密
IEEE 802.3	CSMA/CD 访问控制方法与物理层规范	IEEE 802.11	无线局域网访问控制方法与物理层规范
IEEE 802.3i	10BASE-T 访问控制方法与物理层规范	IEEE 802.12	100VG-AnyLAN 访问控制方法与物理层规范
IEEE 802.3u	100BASE-T 访问控制方法与物理层规范	IEEE 802.14	协调混合光纤同轴（HFC）网络的前端和用户站点间数据通信的协议
IEEE 802.3ab	1000BASE-T 访问控制方法与物理层规范	IEEE 802.15	无线个人网技术标准
IEEE 802.3x	全双工以太网数据链路层的流控方法	IEEE 802.16	宽带无线 MAN 标准 － WiMAX
IEEE 802.3z	1000BASE-SX 和 1000BASE-LX 访问控制方法与物理层规范	IEEE 802.17	弹性分组环（RRR）工作组
IEEE 802.4	Token Bus 访问控制方法与物理层规范	IEEE 802.18	宽带无线局域网技术咨询组（Radio Regulatory）
IEEE 802.5	Token Ring 访问控制方法	IEEE 802.19	多重虚拟局域网共存技术咨询组
IEEE 802.6	城域网访问控制方法与物理层规范	IEEE 802.20	移动宽带无线接入（MBWA）工作组
IEEE 802.7	宽带局域网访问控制方法与物理层规范		

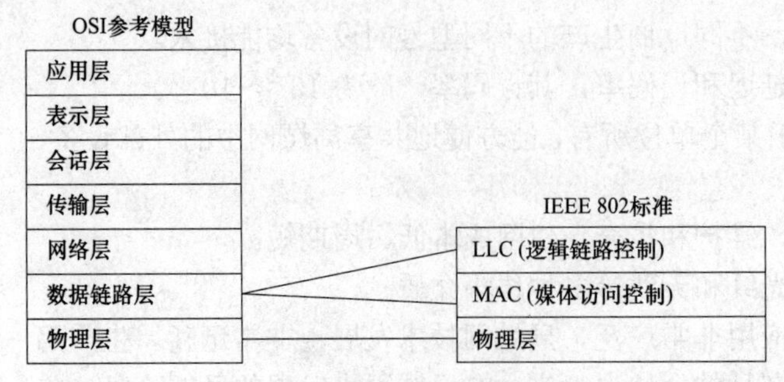

图 4–1 ISO 参考模型与 IEEE 802 标准的对应关系

（2）IEEE 802 局域网模型。

IEEE 802 标准定义了 OSI 模型的物理层和数据链路层，这两种网络模型的对应关系如图 4–1 所示。

IEEE 802 局域网模型具有如下特点：

1）不设置网络层。由于局域网的地址范围较小，任意两个站点间只有一条链路，无需路径选择，通信控制简单，因此把网络层的部分功能纳入了数据链路层，不单独设置网络层。当有网络互联时，此时须专门设置一个层次来完成网络层功能，这个层次被 IEEE 802 标准称为网际层。

2）数据链路层。IEEE 802 标准将 ISO 的数据链路层划分为两个子层，即逻辑链路控制（LLC）子层和媒体访问控制 MAC 子层。

逻辑链路控制 LLC 子层：该层集中了与媒体接入无关的功能，它向上层提供面向联接和无联接服务，对所有局域网，这一子层都是相同的。LLC 子层的主要功能是：建立和释放数据链路层的逻辑联接；提供与上层的接口（即服务访问点）；给 LLC 帧加上序号；帧的发送与接收；流量与差错控制。

介质访问控制 MAC 子层：它与物理层连接，负责解决与媒体接入有关的问题和在物理层的基础上进行无差错的传输。MAC 子层的主要功能是：发送时将上层交下来的数据封装成帧进行发送，接收时对帧进行拆卸，将数据交给上层；实现和维护 MAC 协议；进行比特差错检查与寻址。

在 MAC 子层中规定了多种不同网络拓扑的传输介质访问控制方法，形成了多种 LAN 的接入标准。因为有了 MAC 子层，IEEE 802 标准具有可扩充性，有利于实现多种传输介质的网络接入。不同类型的局域网，经 MAC 子层上就屏蔽了异构局域网接入的差异，局域网对 LLC 子层透明，在 LLC 子层上面是看不到具体的局域网类型（如总线网、令牌环网等）。

3）物理层。物理层包括物理介质、物理介质连接设备（PMA）、连接单元（AUI）和物理收发信号格式（PLS）。

物理层为数据链路层提供服务，它描述和规定了所有与传输接口的特性：机械特性、电气特性、功能特性和规程特性。物理层的主要功能有：实现比特流的传输和接收；为进行同步用的前同步码的产生和删除；信号的编码与译码；规定了拓扑结构和传输速率。

4.1.4 局域网的类型

局域网的主要类型有：令牌环网、以太网、ATM 网和 FDDI 网络几种。

1. 令牌环网

令牌环网是 IBM 公司于 20 世纪 70 年代开始发展的，现在这种网络已比较少见。老式的令牌环网的数据传输速度为 4Mbit/s 或 16Mbit/s，新型的快速令牌环网速度可达 100Mbit/s。在令牌环网中传递有一个沿着节点计算机顺次传递的令牌，只有节点计算机收到空令牌后才能传递数据，这使得在使用共享介质的令牌环网中不会发生碰撞。

2. 以太网

以太网（Ethernet）指的是由 Xerox 公司创建并由 Xerox、Intel 和 DEC 公司联合开发的基带局域网规范，以太网是当前应用最普遍的局域网技术。它很大程度上取代了其他局域网标准（如令牌环、FDDI 和 ARCNET 等）。历经 100Mbit/s 以太网在 20 世纪末的飞速发展后，目前千兆以太网甚至 10Gbit/s 以太网正在国际组织的推动下不断拓展应用范围。为解决以太网采用共享总线型传输介质方式带来的数据帧碰撞问题，以太网络使用了 CSMA/CD（载波监听多路访问及冲突检测）技术。以太网按速率区分主要有：标准以太网、快速以太网、千兆以太网和万兆以太网几种。

3. ATM 网

ATM 的英文全称为“Asynchronous Transfer Mode”，中文名为“异步传输模式”，它的开发始于 20 世纪 70 年代后期。ATM 是一种较新型的信元交换技术，同以太网、令牌环网、FDDI 网络等使用可变长度数据包技术不同，ATM 使用 53 字节固定长度的信元进行交换。它是一种交换技术，它没有共享介质或包传递带来的延时，ATM 适合于局域网和广域网音频和视频数据的传输。

ATM 具有电信网所有特点，更适合于在广域网上使用，而在局域网上，可以说以太网的发展史就代表了计算机网络应用的发展史。随着网络应用的发展，以太网从 10Mbit/s 发展到 100Mbit/s 的快速以太网和千兆以太网，其应用具有很大的连续性。以太网技术具有廉价、简单、快速的特点，使得 ATM 网向局域网方向的使用受到极大制约，所以，ATM 网在局域网中使用得非常少。

4. FDDI 网络

光纤分布数据接口（FDDI）是局域网技术中的一种。它的传输速率为 100Mbit/s 的，该网络具有定时令牌协议的特性，支持多种拓扑结构，传输媒体为光纤。

FDDI 网络使用光纤作为传输媒体具有多种优点：

（1）较长的传输距离，相邻站间的最大长度可达 2km，最大站间距离为 200km。

（2）具有较大的带宽，FDDI 的设计带宽为 100Mbit/s。

（3）具有对电磁和射频干扰抑制能力，在传输过程中不受电磁和射频噪声的影响，也不影响其他设备。

（4）光纤可防止传输过程中被分接偷听，也杜绝了辐射波的窃听，因而是最安全的传输媒体。

光纤分布式数据接口 FDDI 是一种使用光纤作为传输介质的、高速的、通用的环形网络。它能以 100Mbit/s 的速率跨越长达 100km 的距离，连接多达 500 个设备，既可用于城域网络也可用于小范围局域网。

FDDI 采用令牌传递的方式解决共享信道冲突问题，与共享式以太网的 CSMA/CD 的效率相比在理论上要稍高一点，但仍远比不上交换式以太网，采用双环结构的 FDDI 还具有链路连接的冗余能力，因而非常适于做多个局域网络的主干。然而 FDDI 与以太网一样，其本质仍是介质共享、无连接的网络，这就意味着它仍然不能提供服务质量保证和更高的带宽利用率。

共享式 FDDI 网络可用在少量站点通信的网络环境中，它可达到比共享以太网稍高的通信效率，但随着站点的增多，效率会急剧下降，这时候无论从性能和价格都无法与交换式以太网、ATM 网相比。交换式 FDDI 会提高介质共享效率，但这一提高也是有限的，不能解决本质问题。

影响 FDDI 组网技术进一步推广的原因是建设成本高，并且由于网络半径和令牌长度的制约，现有条件下 FDDI 将不可能出现高出 100Mbit/s 的带宽。面对不断降低成本同时在技术上不断发展创新的交换以太网技术的激烈竞争，FDDI 网络的应用越来越少，并且以前组建的 FDDI 网络，也在向星形、交换式的以太网络过渡。

4.1.5 局域网介质访问控制

局域网传输一般采用共享介质方式，这样可以节省网络建设费用。但如何对共享介质网络进行控制，这就需要用到局域网的 MAC（媒体访问控制）协议。局域网介质访问控制方式主要解决传输介质使用权的问题，从而实现对网络传输信道的合理分配。

传统的局域网介质访问控制方式有三种：带有碰撞冲突检测的载波侦听多路访问（CSMA/CD，Carrier Sense Multiple Access with Collision Detection）、令牌环（Token Ring）和令牌总线（Token Bus），另外还有光纤分布式数据接口（FDDI）的访问控制方法。

1. 带有碰撞冲突检测的载波侦听多路访问（CSMA/CD）

CSMA/CD 是一种适用于共享总线结构的介质访问控制方法，是 IEEE 802.3 的核心协议，是一种典型的随机访问的争用型技术。它的工作过程分两部分。

（1）载波侦听总线。使用 CSMA/CD 方式时，总线上各结点都在侦听总线，即检测总线上是否有别的结点发送数据。如果发现总线是空闲的，即没有检测到有信号正在传送，则可立即发送数据。如果侦听到总线忙，即检测到总线上有数据正在传送，这时结点要持续等待直到监听到总线空闲时才能将数据发送出去，或等待一个随机时间，再重新监听总线，一直到总线空闲再发送数据。这一过程也叫做“先听后发”。

（2）总线冲突检测。经过前一过程后，可能会出现当两个或两个以上结点同时侦听到总线空闲，并都开始发送数据的情况，这就会发会碰撞，产生冲突。另外，传输延迟可能会使第一个结点发送的数据未到达目的结点，另一个要发送数据的结点就已监听到总线空闲，并开始发送数据，这也会导致冲突的产生。发生冲突时，所传输的数据会因碰撞而被破坏，产生碎片，使数据无法到达正确的目的结点。为确保数据的正确传输，每一结点在发送数据时要边发送边检测冲突。当检测到总线上发生冲突时，就立即取消传输数据，随后发送一个短的干扰信号 JAM（阻塞信号），以加强冲突信号，保证网络上所有结点都知道总线上已经发生了。在阻塞信号发送后，等待一个随机时间，然后再将要发送的数据发送一次。如果还有冲突发生，则重复监听、等待和重传的操作。CSMA/CD 介质控制方式的流程图如图 4–2 所示。

CSMA/CD 是一种争用协议，每一结点处于平等地位去传输介质，算法较简单，技术上易实现。但它不能提供优先级控制，不能提供急需数据的优先处理能力。此外，不确定的等待时间和延迟难以满足远程控制所需要的确定延时和绝对可靠性的要求。为克服 CSMA/CD 的不足，产生了许多 CSMA/CD 的改进方式，如带优先权的 CSMA/CD。

2. 令牌环访问控制（Token Ring）

令牌环技术是 1969 年由 IBM 提出来的。它适用于环形网络，并已成为流行的环访问技术。这种介质访问技术的基础是令牌。令牌是一种特殊的帧，用于控制网络结点的发送权，

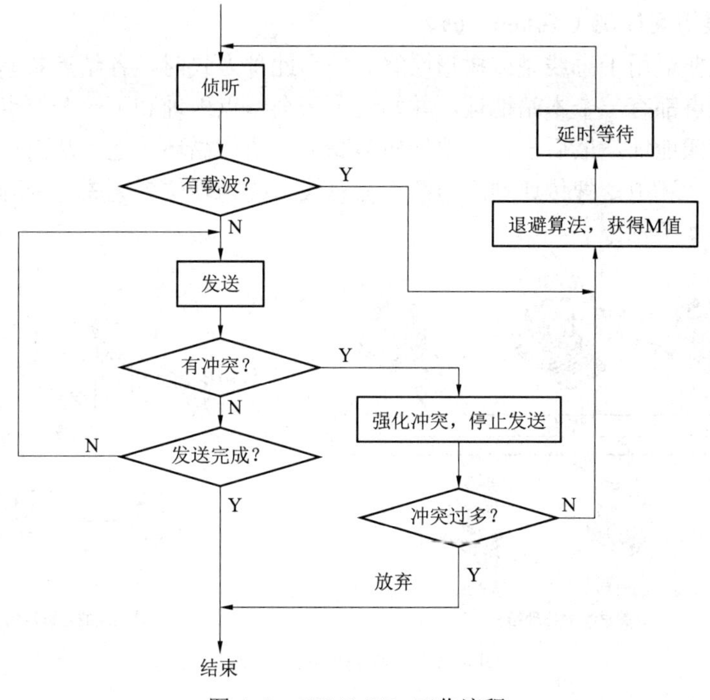

图 4–2　CSMA/CD 工作流程

只有持有令牌的结点才能发送数据。令牌实际上是一个特殊格式的帧，本身并不包含信息，仅控制信道的使用，确保在同一时刻只有一个节点能够独占信道。当环上节点都空闲时，令牌绕环行进。节点计算机只有取得令牌后才能发送数据帧，因此不会发生碰撞。由于令牌在网环上是按顺序依次传递的，因此对所有入网计算机而言，访问权是公平的。

令牌在工作中有“闲”和“忙”两种状态。“闲”表示令牌没有被占用，即网中没有计算机在传送信息；“忙”表示令牌已被占用，即网中有信息正在传送。希望传送数据的计算机必须首先检测到“闲”令牌，将它置为“忙”的状态，然后在该令牌后面传送数据。当所传数据被目的节点计算机接收后，数据被从网中除去，令牌被重新置为“闲”。令牌环网的缺点是需要维护令牌，一旦失去令牌就无法工作，需要选择专门的节点监视和管理令牌，当令牌丢失后，监视节点应在环路中插入一个空令牌，以保证环路中只有一个令牌绕行；另外当令牌重复时，监视节点则删除多余的令牌。

令牌环的主要优点在于其访问方式具有可调整性和确定性，且每个结点具有同等的介质访问权。同时，还提供优先权服务，具有很强的适用性。它的主要缺点是维护复杂，实现较困难。由于目前以太网技术发展迅速，令牌网存在固有缺点，令牌在整个计算机局域网已不多见。令牌环的基本工作过程如图 4–3 所示。

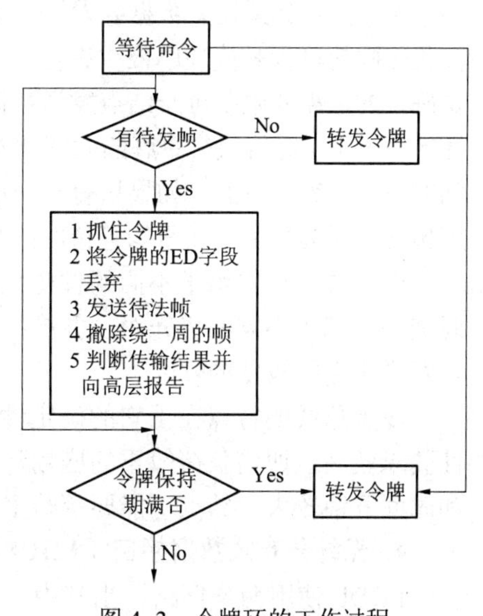

图 4–3　令牌环的工作过程

3. 令牌总线访问控制（Token Bus）

令牌总线主要适用于总线型或树形网络。采用此种方式时，各结点共享的传输介质是总线型的，每一结点都有一个本站地址，并知道上一个结点地址和下一个结点地址，令牌传递规定由高地址向低地址，最后由最低地址向最高地址依次循环传递，从而在一个物理总线上形成一个逻辑环。环中令牌传递顺序与结点在总线上的物理位置无关。令牌总线在稳态下的工作原理如图 4–4 所示。

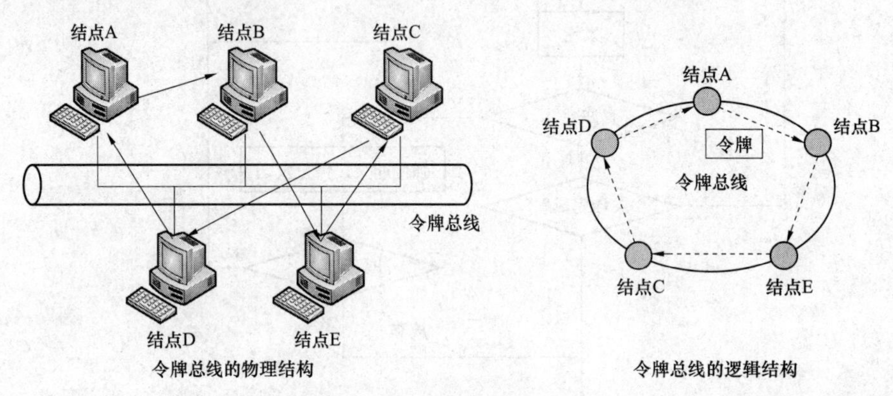

图 4–4　令牌总线的工作原理

所谓正常稳态，是指网络已完成初始化，各结点进入正常传递令牌与数据，并且没有结点要加入或撤出，没有发生令牌丢失或网络故障的正常工作状态。

与令牌环一致，只有获得令牌的结点才能发送数据。在正常工作时，当结点完成数据帧的发送后，将令牌传送给下一个结点。从逻辑上看，令牌是按地址的递减顺序传给下一个结点的。而从物理上看，带有地址字段的令牌帧广播到总线上的所有结点，只有结点地址和令牌帧的目的地址相符的结点才有权获得令牌。

获得令牌的结点，如果有数据要发送，则可立即传送数据帧，完成发送后再将令牌传送给下一个结点；如果没有数据要发送，则应立即将令牌传送给下一个结点。由于总线上每一结点接收令牌的过程是按顺序依次进行的，因此所有结点都有访问权。为了使结点等待令牌的时间是确定的，需要限制每一结点发送数据帧的最大长度。如果所有结点都有数据要发送，则在最坏的情况下，等待获得令牌的时间和发送数据的时间应该等于全部令牌传送时间和数据发送时间的总和。另一方面，如果只有一个结点有数据要发送，则在最坏的情况下，等待时间只是令牌传送时间的总和，而平均等待时间是它的一半，实际等待时间在这一区间范围内。

令牌总线还提供了不同的优先级机制。优先级机制的功能是将待发送的帧分成不同的访问类别，赋予不同的优先级，并把网络带宽分配给优先级较高的帧，而当有足够的带宽时，才发送优先级较低的帧。

令牌总线的特点在于它的确定性、可调整性及较好的吞吐能力，适用于对数据传输实时性要求较高或通信负荷较重的应用环境中，如生产过程控制领域。它的缺点在于它的复杂性和时间开销较大，结点可能要等待多次无效的令牌传送后才能获得令牌。

4. 光纤分布式数据接口（FDDI）的访问控制方法

FDDI 使用两条环路，当其中一条出现故障时，数据可以从另一条环路上到达目的地。连接到 FDDI 的结点主要有两类，即 A 类和 B 类。A 类结点与两个环路都有连接，由网络设备如集线器等组成，并具备重新配置环路结构以在网络崩溃时使用单个环路的能力；B 类结点通过 A 类结点的设备连接在 FDDI 网络上，B 类结点包括服务器或工作站等。

FDDI 的访问方法与令牌环网的访问方法类似，在网络通信中均采用“令牌”传递。它与标准的令牌环又有所不同，主要在于 FDDI 使用定时的令牌访问方法。FDDI 令牌沿网络环路从一个结点向另一个结点移动，如果某结点不需要传输数据，FDDI 将获取令牌并将其发送到下一个结点中。如果处理令牌的结点需要传输，那么在指定的称为“目标令牌循环时间”（Target Token Rotation Time，TTRT）的时间内，它可以按照用户的需求来发送尽可能多的帧。令牌接受了传送数据帧的任务以后，FDDI 令牌持有者可以立即释放令牌，把它传给环内的下一个站点，无需等待数据帧完成在环内的全部循环。这意味着，第一个站点发出的数据帧仍在环内循环的时候，下一个站点可以立即开始发送自己的数据。

5. CSMA/CD、Token Bus、Token Ring、FDDI 几种介质访问控制方法的特点对比

FDDI 与 Token Bus、Token Ring 一样使用了令牌传递来控制网络传输介质的使用，但它比 Token Bus、Token Ring 更为复杂。FDDI 和令牌环相同之处是，它也需在环内传递一个令牌，而且允许令牌的持有者发送 FDDI 帧。但它和令牌环不同的是 FDDI 网络可在环内同时传送几个帧，令牌持有者可以同时发出多个帧，而不用等到第一个帧完成环内的一圈循环后再发出第二个帧，这样提高了数据传输的效率。

在共享介质访问控制方法中，CSMA/CD 与 Token Bus、Token Ring 应用广泛。从网络拓扑结构看，CSMA/CD 与 Token Bus 都是针对总线拓扑的局域网设计的，而 Token Ring 是针对环形拓扑的局域网设计的。如果从介质访问控制方法性质的角度看，CSMA/CD 属于随机介质访问控制方法，而 Token Bus、Token Ring 则属于确定型介质访问控制方法。

与确定型介质访问控制方法比较，CSMA/CD 方法有以下几个特点：

（1）CSMA/CD 介质访问控制方法算法简单，易于实现。目前有多种 VLSI（Very Large Scale Integration）可以实现 CSMA/CD 方法，这对降低 Ethernet 成本，扩大应用范围是非常有利的。

（2）CSMA/CD 是一种用户访问总线时间不确定的随机竞争总线的方法，适用于办公自动化等对数据传输实时性要求不严格的应用环境。

（3）CSMA/CD 在网络通信负荷较低时表现出较好的吞吐率与延迟特性。但是，当网络通信负荷增大时，由于冲突增多，网络吞吐率下降、传输延迟增加，因此 CSMA/CD 方法一般用于通信负荷较轻的应用环境中。

与随机型介质访问控制方法比较，确定型介质访问控制方法 Token Bus、Token Ring 有以下几个特点：

（1）Token Bus、Token Ring 网中结点两次获得令牌之间的最大时间间隔是确定的，因而适用于对数据传输实时性要求较高的环境，如生产过程控制领域。

（2）Token Bus、Token Ring 在网络通信负荷较重时表现出很好的吞吐率与较低的传输延迟，因而适用于通信负荷较重的环境。

（3）Token Bus、Token Ring 的不足之处在于它们有需要复杂的环维护功能，实现较困难。

4.1.6 局域网的组成

典型的局域网通常由五个部分组成：网络中心设备、服务器，工作站，网卡和传输介质。

一个典型的局域网如图 4–5 所示。

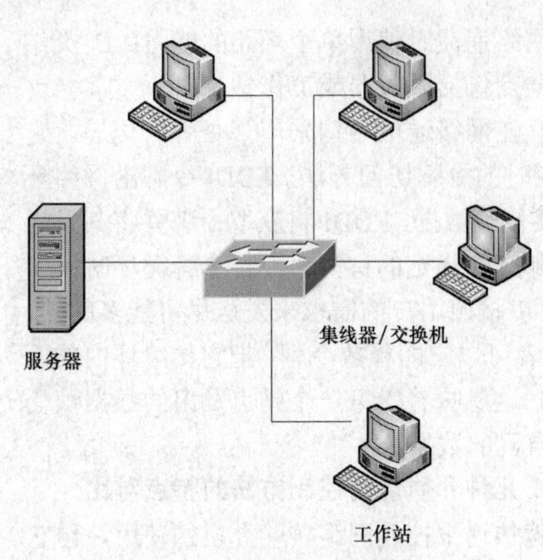

图 4–5 局域网组成示意图

1. 网络中心设备

如图 4–5 所示，这是一个由双绞线作为传输介质的 802.3 以太网，其网络的网络中心设备可由交换机、网桥、集线器等组成。网络中心设备具有多个 RJ-45 接口，能支持多个工作站和服务器等网络结点的连接，此设备还有级联端口，用于扩展组建更大规模的局域网。

2. 服务器

服务器上运行的是网络操作系统，并为用户提供硬盘、数据、软件及其他硬件的共享服务功能，它是网络控制的核心。

服务器按提供的服务内容不同，可分为文件服务器、数据库服务器、通信服务器、打印服务器等，在 Internet 中，还有 Web、FTP 和 E-mail 等服务器。文件服务器是局域网上最基本的服务器，用来管理局域网内的文件资源；打印服务器则为用户提供网络共享打印服务；通信服务器主要负责本地局域网与其他局域网、主机系统或远程工作站的通信；而数据库服务器则是为用户提供数据库检索、更新等服务。

服务器按上面安装的操作系统不同，分为 Windows、Unix/Linux 和 Netware 等服务器。

（1）Windows 服务器：现在应用于服务器的 Windows 服务器版本主要有 Windows Server 2003 和 Windows 2008。这是一种面向分布式图形界面的网络操作系统，其界面和操作风格与普通用户版本的 Windows 很相似，易于安装和管理，具有非常强大的网络管理功能，是中、小型局域网服务器操作系统的首选。

（2）Unix/Linux 服务器：安装 UNIX 操作系统的服务器主要应用于大、中型局域网或在互联网中作为网站服务器使用。其功能强大，具有非常高的稳定性和可靠性，但命令复杂，不易掌握，并且价格非常昂贵。针对高性能、安全性、稳定性要求高的场合下通常采用这类操作系统。

Linux 操作系统简化了的 Unix 操作系统，但同样具有很高的性能和安全性，它是一个开放源代码的操作系统，任何个人都可基本上免费使用。

（3）Netware 服务器：这类服务器对硬件要求低，其操作管理界面与 DOS 操作系统类似，支持多种工作站和协议，作为文件服务器和打印服务器性能较好，具有很高的稳定性，通常在于金融、证券行业中作为服务器使用。

3. 工作站

工作站（Workstation）也称为客户机（Clients），可以是一般的个人计算机，也可以是专用电脑，如图形工作站等。工作站可以有自已的操作系统，独立工作；通过运行工作站的网络软件可以访问服务器的共享资源，目前常见的工作站有 Windows 9X、Windows 2000、Windows XP、Vista、Windows 7 以及 Linux 工作站等。

工作站和服务器之间的连接通过传输介质和网络连接部件来实现，网络连接部件主要包括网卡、中继器、集线器和交换机等。

4. 网卡

网卡是工作站与网络的接口部件，它除了作为工作站连接入网的物理接口外，还控制数据帧的发送和接收，网卡工作在 OSI/RM 的物理层和数据链路层。

5. 传输介质

传输介质分为有线和无线两类，局域网上常用的有线传输介质有同轴电缆、双绞线、光缆等，可以将局域网分为同轴电缆局域网、双绞线局域网和光缆局域网。无线传输介质采用的是无线电波，微波等。

4.1.7 局域网的工作模式

局域网按照工作模式的划分可以分为专用服务器结构、客户机/服务器和对等网三种。

1. 专用服务器结构

专用服务器结构（Server-Based），又称为“工作站/文件服务器”结构，由多台微机工作站与一台或多台文件服务器通过通信线路连接起来组成工作站存取服务器文件，共享存储设备。

文件服务器是以共享磁盘文件为主要目的。对于一般的数据传递来说已经够用了，但是当数据库系统越来越复杂，网络中的用户越来越多时，服务器就不能承担共享文件的任务了，因为随着用户的增多，为每个用户服务的程序也会相应增多，每个程序都是独立运行的大文件，导致运行速度极慢，因此产生了客户机/服务器模式。

2. 客户机/服务器模式

客户机/服务器模式（Client/Server）简称 C/S 模式，其中一台或几台较大的计算机集中进行共享数据库的管理和存取，称为服务器，而将其他的应用处理工作分散到网络中其他微机上去做，构成分布式的处理系统，服务器控制管理数据的能力已由文件管理方式上升为数据库管理方式，因此，C/S 结构的服务器也称为数据库服务器，注重于数据定义、存取安全备份及还原，并发控制及事务管理，执行诸如选择检索和索引排序等数据库管理功能，它有足够的能力做到把通过其处理后用户所需的那一部分数据而不是整个文件通过网络传送到客户机去，减轻了网络的传输负荷。C/S 结构是数据库技术的发展和普遍应用与局域网技术发展相结合的结果。

浏览器/服务器（Browser/Server，B/S）是一种特殊形式的 C/S 模式，在这种模式中客户端为一种特殊的专用软件——浏览器。这种模式下由于对客户端的要求很少，不需要另外安装附加软件，在通用性和易维护性上具有突出的优点。这也是目前各种网络应用提供基于 Web 的管理方式的原因。

3. 对等网

对等网模式（Peer-to-Peer），与 C/S 模式不同的是，在对等式网络结构中，每一个节点之间的地位对等，没有专用的服务器，在需要的情况下每一个节点既可以起客户机的作用也可以起服务器的作用。对等网也常常被称作工作组。对等网络一般常采用星形网络拓扑结构，最简单的对等网络就是使用双绞线直接相连的两台计算机。一般是采用一个普通的集线器或交换机作为网络联接设备将各计算机相连，在对等网络中，计算机的数量通常不会超过 10 台，网络结构相对比较简单。对等网除了共享文件之外，还可以共享打印机以及其他网络设备。由于对等网的这些特点，使得它在家庭或者其他小型网络中应用得很广泛。

4.2 以太网

4.2.1 以太网的发展史

1. 以太网的起源（1968～1972 年）

以太网的核心思想是使用共享的公共传输信道。共享数据传输信道的思想来源于夏威夷大学。20 世纪 60 年代末，该校的 Norman Abramson 及其同事研制了一个名为 ALOHA 系统的无线电网络。这个地面无线电广播系统是为了把该校位于 Oahu 岛上的校园内的 IBM360 主机与分布在其他岛上和海洋船舶上的读卡机和终端连接起来而开发的。该系统的独特之处在于用“入境”（inbound）和“出境”（outbound）无线电信道作两路数据传输。出境无线电信道（从主机到远方的岛屿）相当简单明了，只要把终点地址放在传输的文电标题，然后由相应的接收站译码。入境无线电信道（从岛内或船舶发到主机）比较复杂，它是采用一种随机化的重传方法：副站（岛屿上的站）在操作员敲击 Return 键之后发出它的文电或信息包，然后该站等待主站发回确认文电；如果在一定的时限（200～1500ns）内，在出境信道上未返回确认文电，则远方站（副站）会认为两个站在企图同时传输，因而发生了碰撞冲突，使传输数据受破坏，此刻两个站都将再次选择一个随机时间，试图重发它们的信息包，这时成功的把握就非常大，这种类别的网络称谓争用型网络，因为不同的站都在争用相同的信道。使用该频道的站越多，发生碰撞的概率越高，从而导致传输延迟增加和信息流通量降低。

2. Xerox PARC 创建首台以太网（1972～1978 年）

1972 年底，Metcalfe 和 David Boggs 设计了一套网络，将不同的 ALTO 计算机连接起来，接着又把 NOVA 计算机连接到 EARS 激光打印机。在研制过程中，Metcalfe 把他命名为 ALTO ALOHA 网络，因为该网络是以 ALOHA 系统为基础的，而又连接了众多的 ALTO 计算机。这个世界上第一个个人计算机局域网络——ALTO ALOHA 网络首次在 1973 年 5 月 22 日开始运转。Metcalfe 称他已将该网络改名为以太网（Ethernet），其灵感来自于“电磁辐射是可以通过发光的以太来传播的这一想法”。最初的实验型 PARC 以太网以 2.94Mbit/s 的速度运行，以太网比初始的 ALOHA 网络有了巨大的改进，因为以太网是以载波监听为特色的，即每个站在要传输自己的数据流之前先要探听网络的动静，所以，一个改进的重传方案可使网络的利用率提高将近 100%。

到 1976 年、在 PARC 的实验型以太网中已经发展到 100 个节点，已在长 1000m 的粗同轴电缆上运行。Xerox 正急于将以太网转化为产品，因此将以太网改名为 Xerox Wire。但在 1979 年，DEC、Intel 和 Xerox 共同将此网络标准化时，该网络又恢复以太网这个名字。1977 年底，Metcalfe 和他的三位合作者获得了“具有冲突检测的多点数据通信系统”的专利，多点传输系统被称为 CSMA / CD（载波监听多路存取和冲突检测）。从此，以太网就正式诞生了。

3. 以太网标准化（1979～1983 年）

在 20 世纪 70 年代末，数十种局域网技术已经涌现出来，而以太网正是其中的一员。除了以太网外，当时最著名的网络有：数据通用公司的 MCA、网络系统公司的 Hyper channel、Data' Point 公司的 ARCnet 和 Corvus 公司的 Omninet。使以太网最终坐上局域网宝座的不是她的技术优势和速度，而是 Metcalfe 版的以太网已变成产业标准。

1979 年 DEC、英特尔和 Xerox 正式举行首次三方会议。1980 年 9 月 30 日，DEC、Intel 和 Xerox 公布了第三稿的以太网 1.0 版：一种局域网的数据链路层和物理层规范，这就是现在著名的以太网蓝皮书，也称为 DIX（取三家公司名字的第一个字母而组成的）版以太网 1.0 规范。最初的实验型以太网工作在 2.94Mbit/s，而 DIX 开始规定是在 20Mbit/s 下运行，最后降为 10Mbit/s。在以后两年里 DIX 重新定义该标准，并在 1982 年公布了以太网 2.0 版规范作为终结。

在 DIX 开展以太网标准化工作的同时，世界性专业组织——IEEE 组成一个定义与促进工业 LAN 标准的委员会，并以办公室环境为主要目标，该委员会名叫 802 工程。DIX 集团虽已推出以太网规范，但还不是国际公认的标准，所以在 1981 年 6 月，IEEE 802 工程决定组成 802.3 分委员会，以产生基于 DIX 工作成果的国际公认标准，一年半以后，即 1982 年 12 月 19 日，19 个公司宣布了新的 IEEE 802.3 草稿标准。1983 年该草稿最终以 IEEE 10BASE-5 面世。现在的以太网和 802.3 可以认为是同义词。在此期间，Xerox 已把它的 4 件以太网专利转交给 IEEE，因此现在任何人都可以用 1000 美元从 IEEE 得到以太网使用许可证。1984 年美国联邦政府以 FIPS PUB107 的名字采纳 802.3 标准。1989 年 ISO 以标准号 IS88023 采纳 802.3 以太网标准，至此，IEEE 标准 8O2.3 正式得到国际上的认可。

4. StarLAN 阶段（1984～1987 年）

1983 年 IEEE 802.3 工作组发布 10BASE-5“粗缆”以太网标准，这是最早的以太网标准。1986 年 IEEE 802.3 工作组发布 10BASE-2“细缆”以太网标准。同时，在 1983 年底，开始研究在无屏蔽双绞线（UTP）电话电缆上运行以太网。UTP 星形配置的优点是多方面的：便于安装、配置、管理和查找故障，而且成本较低；这种星形配置是一个突破，因为它允许采用结构化布线系统，它用单独一根线将每个节点连接到中央集线器，这对于安装、故障寻找和重新配置显然是一个明显的优点，可以大大降低整个网络的成本。

1984 年初又有 14 个公司参加到 UTP 以太网的研究活动中来，有过很多次讨论，主要都是围绕如何使快速以太网能运行在 UTP 线上。他们证实低速以太网（1～2Mbit/s）可以在 Category3 线上运行，并能满足电磁干扰规定和串扰方面的限制。

但某些经销商强烈反对将速度降到常规以太网速度的 10%，很快使不少人失去兴趣，其中也包括以太网的两位领头人 3Com 和 DEC 在内，同理一些客户和经销商把 1Mbit/s 以太网看作是一种后退行为。两年后，随着 Inter 公司推出的 80386 处理器，使得个人计算机的性能极大提高，网络应用日趋广泛，StarLAN 再也不可能获工业界和市场上的支持，并在 1987 年走向衰亡，此时 SynOptics 公司推出 LATTISNET 和提交在常规电话线上实现全速 10Mbit/s 以太网性能的产品。由 IEEE 按照双绞线以太网对 LATTISNET 进行标准化，同时定名为 10BASE-T。

StarLAN 在以太网的发展过程中，开拓了无屏蔽双绞线和星形以太网，对以太网的发展有着不可磨灭的意义。

5. 10BASE-T 阶段（1986～1994 年）

1986 年，SynOptics 开始进行在 UTP 电话线上运行 10Mbit/s 以太网的研究工作。名叫 LATTISNET 的第一个 SynOptics 产品于 1987 年 8 月 17 日正式投放市场。也就在同天，IEEE 802.3 工作组聚在一起讨论在 UTP 上实现 10Mbit/s 以太网的最好方法，后来被命名为

10BASE-T。除了 SynOptics LATTISENT 方案外，许多有竞争力的提案也纷纷飞向 IEEE，其中最著名的是 3Com、DEC 和 HP 的提案。1990 年，IEEE 同意以 HP 多端口中继器方案和改进型的 SynOptics LATTISNET 技术为基础进行标准化。

1990 年秋天，新 802.3i / 10BASE-T 标准正式通过。次年以太网的销售量将近翻一番，其吸引力是靠新的 10BASE-T 中继器、双绞线介质附属件（MAU）和 NIC 网络接口卡。星形布线结构的出现是以太网发展史上的伟大里程碑。10BASE-T 采用 CSMA/CD 协议来解决信息在共享介质上的冲突。

6. 高速以太网阶段（1995 年至今）

1995 年，IEEE 通过了 802.3u 标准，将以太网的带宽扩大为 100Mbit/s。对于无屏蔽双绞线的标准称为 100BASE-T。快速以太网（100Mbit/s 以太网）除了继续支持在共享介质上的半双工通信外，还支持在两个通道上进行的双工通信。双工通信进一步改善了以太网的传输性能。另外，100Mbit/s 以太网的网络设备的价格并不比 10Mbit/s 的设备贵多少。100BASE-T 以太网在近几年得到非常快速的发展。

工作站之间用 100Mbit/s 以太网连接后，对于主干网络的传输速度就会提出更高的要求，1996 年 7 月，IEEE 802.3 工作组成立了 802.3z 千兆以太网任务组，研究和制定千兆以太网的标准，这个标准满足以下要求：允许在 1000Mbit/s 速度下进行全双工和半双工通信；使用 802.3 以太网的帧格式；使用 CSMA/CD 访问控制方法来处理冲突问题；编址方式和 10BASE-T、100BASE-T 兼容，这些要求表明千兆以太网和以前的以太网完全兼容。

1997 年 3 月，又成立了另一个工作组 802.3ab 集中解决用五类线构造千兆以太网的标准问题，而 802.3z 任务组则集中制定使用光纤和对称屏蔽铜缆的千兆以太网标准。现在，802.3z 标准已在 1998 年 6 月由 IEEE 标准化委员会批准。802.3ab 标准计划已在 1999 年通过批准。

千兆以太网共支持 4 种物理介质，分别定义为 802.3 1000BASE-X 和 802.3ab 1000BASE-T。1000BASE-X 标准主要基于光纤信道的物理层。1000BASE-T 则是为使用 5 类非屏蔽双绞线的千兆以太网制定的标准，最大传输距离为 100m，可用于网络工作站之间的水平布线。

2002 年 6 月，IEEE 802.3ae 10Gbit/s 以太网标准发布，以太网的发展势头又得到了一次增强。

4.2.2 共享式以太网与交换式以太网

我们把以太网、令牌环网、令牌总线网等物理网络称为传统局域网，其中以太网由于其建设成本优势，成为最成功的局域网技术，得到了最为广泛的应用。以太网诞生之初，10Mbit/s 的传输速率远远超出了当时计算机的需求和性能，所以以太网采用了共享带宽传输技术，网络上的多个站点共享 10Mbit/s 带宽，在任意时刻最多只允许网络上两个站点之间通信，其他站点处于等待状态。由于共享带宽，每个站分到的平均带宽为 10Mbit/s/*N*（*N* 为网络站点数），再加上因冲突而重试，每个站分到的带宽就更少了。当这种共享式以太网阻碍了系统性能时，为了提升带宽，100Mbit/s 接口的以太网发展起来，称为快速以太网。快速以太网是在传统以太网基础上发展起来的，经历了一个从共享介质到专用介质，从集线器到交换机，从共享信道到专用信道，从 10Mbit/s 到 100Mbit/s 的历程。在实际应用时，两种网络可能混合存在于同一个网络系统中，即有的站点设备以 10Mbit/s 接入，而有的站点设备以 100Mbit/s 接入。

1. 共享式以太网

共享式以太网的典型代表是使用 10BASE-2/10BASE-5 的总线型网络和以集线器（Hub）为核心的星形网络。在使用集线器的以太网中，集线器将很多以太网设备集中到一台中心设备上，这些设备都连接到集线器中的同一物理总线结构中。从本质上讲，以集线器为核心的以太网同原先的总线型以太网无根本区别。

在第一章中已讲过集线器的相关特性，在局域网通信中，集线器并不处理或检查其上的通信量，仅通过将一个端口接收的信号重复分发给其他端口来扩展物理介质。所有连接到集线器的设备共享同一介质，其结果是它们也共享同一冲突域、同一个广播域和带宽。因此集线器和它所连接的设备组成了一个单一的冲突域。如果一个节点发出一个广播信息，集线器会将这个广播传播给所有同它相连的站点。

由集线器组建的局域网多是小规模的共享式以太网，共享式以太网存在的弊端是：由于所有的节点都接在同一冲突域中，不管一个帧从哪里来或到哪里去，所有的节点都能接受到这个帧。随着节点的增加，大量的冲突将导致网络性能急剧下降。

2. 交换式以太网

由于采用了像集线器这样的网络中心连接设备，使得以太网联网使用了以双绞线为主的专用传输介质，虽然使用集线器组建的局域网是共享带宽的，但专用传输介质以太网的产生为交换式以太网提供了必要的前提。

20 世纪 90 年代，由于计算能力特别是工作站的计算能力的增长，加上接入共享以太网的计算机数量的增加，通信信道的利用率增加了，信道发生拥塞的机会也大大增加了，共享 10Mbit/s 带宽的信道变成了制约局域网系统性能的主要因素。

以太网交换机的应用突破了传统以太网的限制，出现了交换式以太网。在交换式以太网中，计算机可以拥有自己的专用信道，而不像原来所有计算机必须共享信道。由共享信道发展为专用信道得益于专用介质以太网的首先出现，交换式以太网从交换机的角度来看，一定是星形结构，不可能是总线型结构。当然，以太网交换机的某个端口接入的可能不是一台计算机，而是一个传统的共享式以太网段，那么该网段上的计算机共享带宽，交换机在这里起到了隔离冲突域的功能。同一个冲突域中的站点竞争信道，不同冲突域中的站不会竞争公共信道。

交换式以太网给每个工作站带来了更大的带宽，它们不必再与其他用户共享一个信道。当然，局域网中的服务器仍然由许多用户共享。由于每个用户对拥有专用带宽越来越大，对服务器的带宽要求变得越来越高，于是以太网得到迅速发展，产生了快速以太网、高速以太网和万兆以太网。

4.2.3 标准以太网

最开始以太网只有 10Mbit/s 的吞吐量，它所使用的是 CSMA/CD（带有冲突检测的载波侦听多路访问）的访问控制方法，通常把这种最早期的 10Mbit/s 以太网称之为标准以太网或传统以太网。传统以太网主要有两种传输介质，那就是双绞线和同轴电缆。所有的传统以太网都遵循 IEEE 802.3 标准，下面列出是 IEEE 802.3 的一些以太网标准：

10BASE-5　　使用粗同轴电缆，最大网段长度为 500m，基带传输方法。

10BASE-2　　使用细同轴电缆，最大网段长度为 185m，基带传输方法。

10BASE-T　　使用双绞线电缆，最大网段长度为 100m。

10BASE-F　　使用光纤，传输速率为 10Mbit/s。

1. 标准以太网使用的网络设备

（1）中继器和集线器。在标准以太网中，最常用的网络中心设备是中继器和集线器，这两种设备可用于扩展以太网的网段长度，增加网络站点的数量。这两种设备的相关特点在第二章已讲述过，它们主要用于标准以太网中，在现在的高速以太网中已基本被淘汰了。

（2）网卡。在标准以太网上使用的网卡有三种：用于粗缆的 AUI 接口的网卡、用于细缆的 BNC 接口的网卡和用于双绞线的 RJ-45 网卡。随着网络技术的发展，网络传输速度的提高以及结构化布线的全面实施，网络传输介质中粗缆和细缆现已基本没有使用，因此 AUI 接口的网卡和 BNC 接口的网卡现在很少在以太网中使用。现在使用得最多的网络接口卡就是 RJ-45 接口的网卡。

在标准以太网中还有一种用于光纤以太网 10BASE–F 的光网卡，这种网卡的转发速率现在已发展到 1000Mbit/s 以上，主要用于增加网络接接的可靠性以及连接远距离的服务器。

（3）传输介质。以标准以太网上使用的传输介质有粗缆、细缆、双绞线和光纤，其中前面两种传输介质现已很少使用于以太网中，在现在组建的以太网中主要使用双绞线和光纤作为传输介质。

2. 标准以太网的网络结构

虽然标准以太网现在已基本不再使用，但现在的高速以太网也是在标准以太网的基础上发展起来的。下面我们了解一下标准备以太网的结构。

（1）粗缆以太网（10BASE-5）。第一个 IEEE 802.3 以太网标准是 10BASE-5 粗缆以太网。“10BASE-5”的含义：“10”表示数据在粗缆上的传输速率是 10Mbit/s，“BASE”表标传输模式是基带传输模式，“5”表示单段电缆的最大传输距离是 500m。10BASE-5 粗缆以太网使用的粗缆型号是 GR11，直径为 1cm，阻抗为 50Ω。

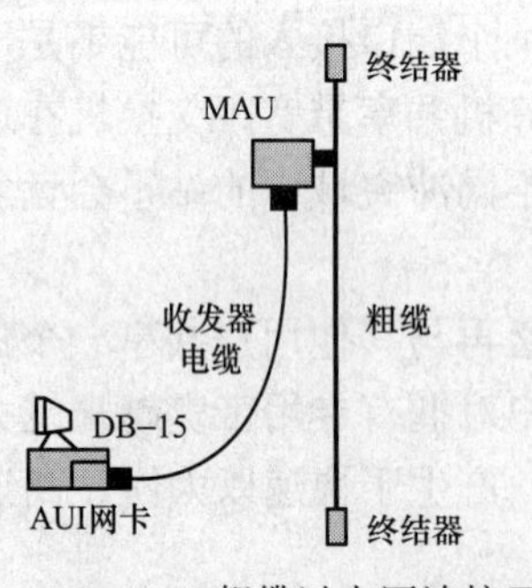

图 4–6　10BASE-5 粗缆以太网连接示意图

计算机接入粗缆以太网，需要使用收发器 MAU，收发器电缆和 AUI 网卡，如图 4–6 所示。

计算机通过 AUI 网卡与 DB-15 型连接器相连，连接到收到器电缆，收发器电缆再通过收发器 MAU 与粗缆相连。粗缆单段最大长度为 500m，每段可接 100 个站点；每个粗缆两端都有一个阻值为 50Ω的电阻，称为终结器，它用于避免反射信号对传输数据的干扰；为了延长粗缆以太网的物理距离，可以最多使用 4 个中继器，形成 5 个粗缆网段，其跨度可达 2500m。

粗缆以太网传输性能好，可靠性高，但价格贵，不易布线和安装，并且速度为 10Mbit/s，因此现已很少使用于以太局域网中。

（2）细缆以太网（10BASE-2）。为了降低以太网的安装成本和复杂性，出现了使用细同轴电缆组建的 10BASE-2 以太网。“10BASE-2”的含义：“10”表示数据在细缆上的传输速率是 10Mbit/s，“BASE”表标传输模式是基带传输模式，“2”表示单段电缆的最大传输距离接近 200m，事实上是 185m。

细缆以太网的组成如图 4–7 所示。

计算机的 BNC 网卡通过 BNC 型连接器与细缆相连。细缆以太网的单段最大长度为 185m，最多可连接 30 个站点，站点间最小距离为 0.5m。为了扩大细缆以太网的物理距离，可使用个中继器连接 5 段以太网，最大距离可达 925m。

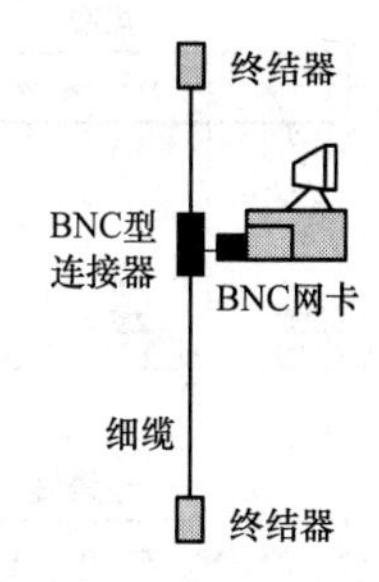

图 4–7 10BASE-5 细缆以太网连接示意图

细缆以太网比粗缆细，布线更容易，但每接入一台计算机，都需要切断电缆，这增加了电缆断路的可能性，并且只要某一个地方出现断路，则整个网络无法使用，因此可靠性很差。

（3）双绞线组建的以太网（10BASE-T）。1991 年，IEEE 推出了非屏蔽双绞线 UTP 作为传输介质的以太网标准 10BASE-T，“10BASE-T”中 10 和 BASE 与前面的含义相同，“T”指的是传输介质为双绞线。

双绞线组成的以太网如图 4–8 所示。

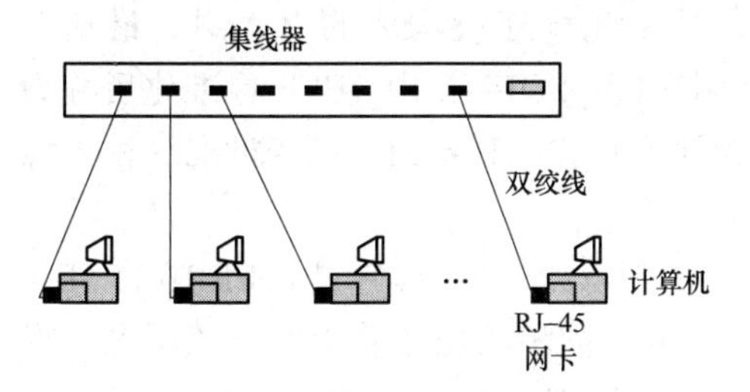

图 4–8 10BASE-T 使用双绞线与集线器组建的以太网连接示意图

用双绞线为传输介质组成的以太网，每段双绞线的最大长度为 100m，双绞线的两端使用水晶头制成连接端子，一端接入 RJ-45 的网卡与计算机相连，另一端可以与直接接入另一台计算机的网卡形成两台计算机相连的网络，但更一般是接入集线器或交换机组成更大的以太网。

标准以太网一般采用集线器作为网络的中心连接设备，集线器的每个端口通过双绞线与计算机相连，形成物理上的星形网络，但集线器相当于一根智能化的总线，因此在逻辑上也属于总线型，其智能化体现在当某个端口接入不良时，只会使与此端口相连的计算机不能与其他计算机通信而不像细缆以太网那样全网瘫痪，并且现在的高速以太网都在 10BASE-T 以太网的基础上发展起来的。

为了进一步扩大网络规模，还可以使用集线器的堆叠和级联两种方式，如图 4–9 和图 4–10 所示。

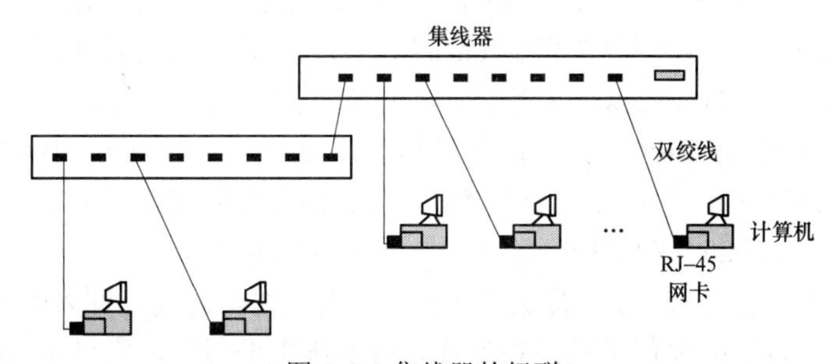

图 4–9 集线器的级联

集线器的级联是采用普通端口之间相连接，两集线器间最大距离可达 100m，这样扩大的网络的跨距以及扩大了入网的计算机数量，但是，级联数越多，越底层的集线器上所连接的计算机与其他集线器上所连接的计算机之间的传输带宽就越低，降低了通信的效率；集线器采用堆叠方式进行连接的端口不是集线器的普通端口，它要求集线器本身具有可堆叠端口。

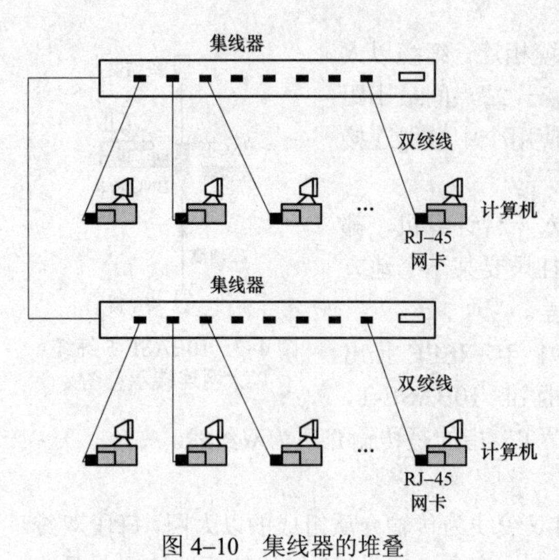

图 4–10　集线器的堆叠

采用堆叠方式不能扩大网络的跨越范围，一般的堆叠联线只有 1m 左右。采用堆叠方式的好处是不但可扩大计算机入网的数量，并且可把所有集线器看做是一台集线器连接到公共总线上，所有端口共享总线带宽，其数据传输效率不会像级联方式呈几何数量级的降低。

（4）光纤以太网（10BASE-F）。10BASE-F 是 1993 年推出的以光纤作为传输介质的 10Mbit/s 以太网标准，包括三种标准：10BASE-FL，10BASE-FB 和 10BASE-FP。

10BASE-FL：使用光纤做 10Mbit/s 的基频信号传输，传输距离为 2000m。10BASE-FL 用于两建筑物之间用光纤连接构成的以太网。最初在 DIX 规范中称为 FOIRL，由 IEEE 标准化后称为 10BASE-FL。支持可达 2km 的光缆主干以 10Mbit/s 的速度传输。TIA/EIA 已经批准这种光缆可以按照其商业建筑布线标准在校园建筑间交叉联接。

10BASE-FB：指的是使用光纤电缆连接的 10Mbit/s 基带以太网规范。它是 IEEE 10BASE-F 规范的一部分，不用于连接用户工作站，而是用于提供一个同步的信令骨干网，该网允许附加网段和中继器连接到网络上。10BASE-FB 的网段长度可达 2km。

10BASE-FP：使用光纤以 10Mbit/s 的传输速度来连接星形局域网中计算机，最大传输距离为 500m。

4.2.4　100Mbit/s 以太网

100Mbit/s 以太网又被称作快速以太网（Fast Ethernet）。随着网络的发展，传统标准的以太网技术已难以满足日益增长的网络数据流量速度需求。在 1993 年 10 月以前，能达到 100Mbit/s 速率的局域网，只有光纤分布式数据接口（FDDI），但它是一种价格非常昂贵的、基于 100Mbit/s 光缆的局域网。1993 年 10 月，Grand Junction 公司推出了世界上第一台快速以太网集线器 Fastch10/100 和网络接口卡 FastNIC100，快速以太网技术正式得以应用。随后 Intel、SynOptics、3COM、BayNetworks 等公司亦相继推出自己的快速以太网装置。与此同时，IEEE 802 工程组亦对 100Mbit/s 以太网的各种标准，如 100BASE-TX、100BASE-T4、MII、中继器、全双工等标准进行了研究。1995 年 3 月 IEEE 宣布了 IEEE 802.3u 100BASE-T 快速以太网标准（Fast Ethernet），就这样开始了快速以太网的时代。

快速以太网与原来在 100Mbit/s 带宽下工作的 FDDI 相比它具有许多的优点，最主要体现在快速以太网技术可以有效地保障用户在布线基础实施上的投资，它支持 3、4、5 类双绞线以及光纤的连接，能有效的利用现有的设施。其不足之处就是快速以太网仍是基于载波侦听多路访问和冲突检测（CSMA/CD）技术，当网络负载较重时，会造成效率的降低，当然这可以使用交换技术来弥补。

100Mbit/s 快速以太网标准主要又分为：100BASE-TX 、100BASE-FX、100BASE-T4 三个子类。

1. 100BASE-TX

这是一种使用5类无屏蔽双绞线或屏蔽双绞线的快速以太网技术。它使用两对双绞线，一对用于发送，一对用于接收数据。在传输中使用4B / 5B编码方式，信号频率为125MHz。符合EIA586的5类布线标准和IBM的SPT 1类布线标准。使用同100BASE-TX相同的RJ－45连接器。它的最大网段长度为100m。它支持全双工的数据传输。

2. 100BASE-FX

这是一种使用光缆的快速以太网技术，可使用单模和多模光纤（62.5和125um），多模光纤连接的最大距离为550m。单模光纤连接的最大距离为3000m。在传输中使用4B/5B编码方式，信号频率为125MHz。它使用MIC / FDDI连接器、ST连接器或SC连接器。它的最大网段长度为150m、412m、2000m或更长至10km，这与所使用的光纤类型和工作模式有关，它支持全双工的数据传输。100BASE-FX特别适合于有电气干扰的环境、较大距离连接、或高保密环境等情况下的适用。

3. 100BASE-T4

是一种可使用3、4、5类无屏蔽双绞线或屏蔽双绞线的快速以太网技术。它使用4对双绞线，3对用于传送数据，1对用于检测冲突信号。在传输中使用8B / 6T编码方式，信号频率为25MHz，符合EIA586结构化布线标准。它使用与10BASE-T相同的RJ-45连接器，最大网段长度为100m。

这三种技术中，由于100BASE-TX支持全双工，而100BASE-T4不支持全双工，使得100BASE-TX比100BASE-T4更为流行，100BASE-FX则主要用于远距离连接两个以太网。

另外还有两种100Mbit/s以太网标准：100BASE-VG和100BASE-T2，但由于100BASE-VG不能使用全双工，100BASE-T2的实现技术复杂，导致其不能广泛使用。

4.2.5 千兆以太网

千兆以太网技术仍然主要采用以太网技术，它与10Mbit/s以太网相同的帧格式、帧结构、网络协议、全/半双工工作方式、流控模式以及布线系统。由于该技术不改变传统以太网的桌面应用、操作系统，因此可与10Mbit/s或100Mbit/s的以太网很好地配合工作。升级到千兆以太网不必改变网络应用程序、网管部件和网络操作系统，能够最大限度地投资保护，因此该技术的市场前景十分看好。

千兆以太网也使用CSMA/CD介质访问控制机制，为了解决在半双工模式下提供足够大的网络直径，千兆位以太网系统需要增加时间的预算，802.3z委员会为千兆以太网重新定义了MAC层，采用载波扩展和帧组发来延长短帧在信道上的停留时间以达到扩大距离的方法，将短帧扩大到达512字节。这样二个站点直接连到千兆以太网中继器上时才能提供200m的总网络直径。但补充扩展位增加了网络上的额外的开销。在实际应用中，采用全双工模式时，不使用CSMA/CD机制。

1. 千兆以太网的技术标准

千兆以太网的技术标准有两个：IEEE 802.3z和IEEE 802.3ab。IEEE 802.3z制定了光纤和短程铜线连接方案的标准，IEEE 802.3ab制定了五类双绞线上较长距离连接方案的标准。

（1）IEEE 802.3z。IEEE 802.3z工作组负责制定光纤（单模或多模）和同轴电缆的全双工链路标准。IEEE 802.3z定义了基于光纤和短距离铜缆的1000BASE-X，采用8B/10B编码技术，信道传输速率为 1.25Gbit/s，去耦后实现 1000Mbit/s 传输速率。IEEE 802.3z 具有下列千兆以太网标准。

1）1000BASE-SX。就是针对工作于多模光纤上的短波长（850nm）激光收发器而制定的 IEEE 802.32 标准，当使用 62.5μm 的多模光纤时，连接距离可达 260m，当使用 50μm 的多模光纤时，连接距离可达 550m。

2）1000BASE-LX。就是针对工作于单模或多模光纤上的长波长（1300nm）激光收发器而制定的 IEEE 802.3z 标准，当使用 62.5μm 的多模光纤时，连接距离可达 440m，当使用 50μm 的多模光纤时，连接距离可达 550m；在使用单模光纤时，连接距离可达 3000m。

3）1000BASE-CX。就是针对低成本、优质的屏蔽绞合线或同轴电缆的短途铜线缆而制定的 IEEE 802.3z 标准，连接距离为 25m。

（2）IEEE 802.3ab。IEEE 802.3ab 工作组负责制定 1000BASE-T 千兆位以太网物理层标准，产生 IEEE 802.3ab 标准及协议。IEEE 802.3ab 定义基于 5 类 UTP 的 1000BASE-T 标准，其目的是在 5 类 UTP 上以 1000Mbit/s 速率传输 100m。1000BASE-T 标准规定了 100m 长的 4 对 Cat 5 非屏蔽绞合线缆的工作方式。

IEEE 802.3ab 标准的意义主要有以下两点：

（1）保护用户在 5 类 UTP 布线系统上的投资。

（2）1000BASE-T 是 100BASE-T 自然扩展，与 10BASE-T、100BASE-T 完全兼容。不过，在 5 类 UTP 上达到 1000Mbit/s 的传输速率需要解决 5 类 UTP 的串扰和衰减问题，因此，使得 IEEE 802.3ab 工作组的开发任务要比 IEEE 802.3z 复杂些。在从 10BASE-T、100BASE-T 升级为千兆位以太网时要按照它的技术规范，不能简单的加入千兆网设备或替换原以太网设备，这是在组网时需注意的。

2. 千兆以太网的特点

（1）经济性。千兆以太网提供完美无缺的迁移途径，充分保护在现有网络基础设施上的投资。千兆位以太网将保留 IEEE 802.3 和以太网帧格式以及 802.3 受管理的对象规格，从而使企业能够在升级至千兆性能的同时，保留现有的线缆、操作系统、协议、桌面应用程序和网络管理战略与工具。

（2）易用性。千兆位以太网相对于原有的快速以太网、FDDI、ATM 等主干网解决方案，提供了一条最佳的路径。至少在目前看来，是改善交换机与交换机之间骨干连接和交换机与服务器之间连接的可靠、经济的途径。网络设计人员能够建立有效使用高速、关键任务的应用程序和文件备份的高速基础设施。网络管理人员将为用户提供对 Internet、Intranet、城域网与广域网的更快速的访问。

（3）可扩展性。IEEE 802.3 工作组建立了 802.3z 和 802.3ab 千兆位以太网工作组，其任务是开发适应不同需求的千兆位以太网标准。该标准支持全双工和半双工 1000Mbit/s，相应的操作采用 IEEE 802.3 以太网的帧格式和 CSMA/CD 介质访问控制方法。千兆位以太网还要与 10BASE-T 和 100BASE-T 向后兼容。此外，IEEE 标准将支持最大距离为 550m 的多模光纤、最大距离为 70km 的单模光纤和最大距离为 100m 的铜轴电缆。千兆位以太网填补了 802.3 以太网/快速以太网标准的不足。

3. 升级至千兆以太网

千兆以太网是由千兆交换机，千兆网卡，千兆主干布线系统等组成，从以前的十兆、百兆以太网升级到千兆以太网，应该从这几个方面来考虑。图4–11为千兆以太网组网示意图。

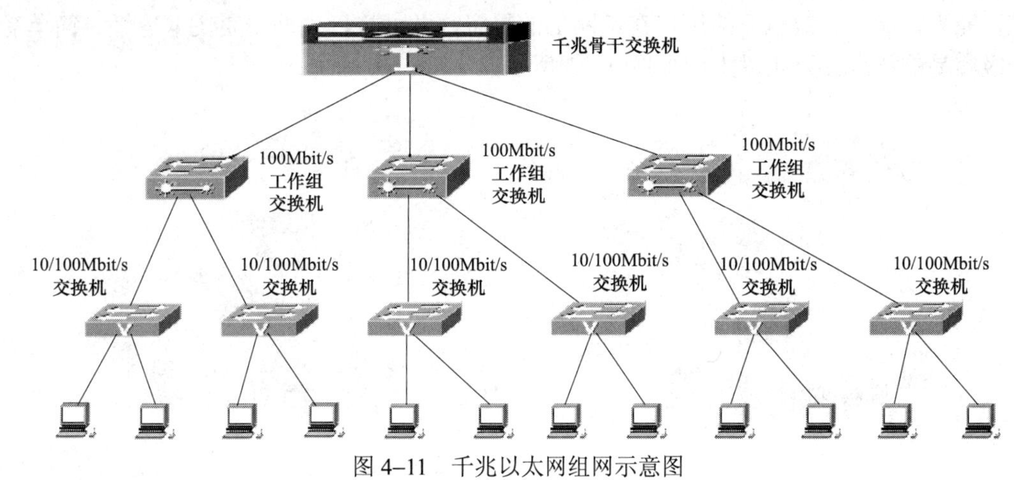

图4–11 千兆以太网组网示意图

（1）千兆以太网交换机。从以前的十兆、百兆以太网升级至千兆以太网，千兆以太网交换机必不可少，它用于网络主干，以提高网络主干所能承受的数据流量，以前的百兆交换机可以作为各分支交换机，而以前的十兆交换机或集线器等网络中心设备，则基本上需要被淘汰掉。

（2）综合布线。这是一个升级的主要条件之一，千兆以太网要求网络主干的带宽需要达到千兆，假如以前的主干布线采用的多模或单模光纤，它是能满足千兆主干的要求，可以不必重新布线，但是，如果是多模光纤，在传输距离已超过550m的情况下，则需要重新布置单模光纤才能满足千兆主干要求。

如果各网络节点与网络中心的距离不到100m，采用的是星形拓扑结构，并且原来使用了5类或以上的UTP，则可以不重新布线；如果各网络节点与网络中心的距离超过100m，或采用的是总线型布线系统，或者原布线系统达不到5类UTP要求，则必须重新布线。

（3）千兆网卡。如果网络的主干升级到千兆后，服务器的网卡仍停留在百兆速度，则服务器将会成为网络的瓶颈。服务器的必须使用千兆网卡才能消除此瓶颈。最好选择64位的PCI千兆网卡，其性能比普通的PCI千兆网卡高一些。

（4）网络分支。假如以前各网络节点安装的网卡为10/100Mbit/s自适应网卡，则可以不必升级，只需将此网卡与百兆交换机相连即可，如果以前使用的是10Mbit/s网卡，则需更换为10/100Mbit/s自适应网卡以提高工作站访问的速度。

4.2.6 万兆以太网

目前桌面接入以太网是100Mbit/s带宽。但以100Mbit/s带宽的以太网作为城域骨干网带宽显然不够。即使使用多个快速以太网链路绑定，对多媒体业务仍然是心有余而力不足。随着千兆以太网的标准化以及在生产实践中的广泛应用，以太网技术逐渐延伸到城域网的汇聚层。千兆以太网通常用作将小区用户汇聚到城域的POP点（网络服务提供点，也叫局端），或者将汇聚层设备连接到骨干层。但是在当前100Mbit/s带宽到用户的环境下，千兆以太网链路作为汇聚层已很紧张，要作为骨干层则明显带宽不够。虽然可以采用多链路聚合技术将多个千兆链路捆绑使用，但是考虑光纤资源以及波长资源，链路捆绑一般只用在POP点内或者短距离应用环境。这就要求使用更高的带宽的以太网络来作为城域骨干层网络。2002年7

月，10Gbit/s 以太网在 IEEE 通过，这便是万兆以太网。万兆以太网技术提供更加丰富的带宽和处理能力，能够有效地节约用户在链路上的投资，并保持以太网一贯的兼容性、简单易用和升级容易的特点。万兆以太网如图 4–12 所示。

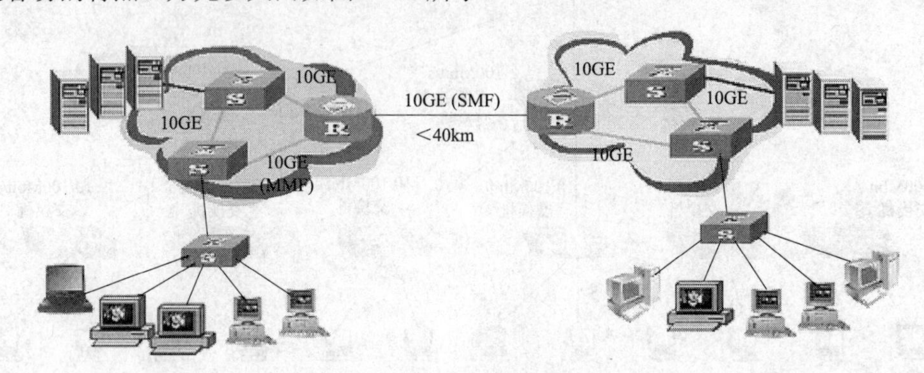

图 4–12 万兆以太网

10Gbit/s 以太网包括 10GBASE-CX4、10GBASE-LX4、10GBASE-R、10GBASE-W 以及 2006 年通过的基于铜缆的 10GBASE-T 等。

（1）10GBASE-CX4。这是短距离铜缆方案，用于 IniniBand 中的 4x 连接器和 CX4 电缆，最大长度 15m。

（2）10GBASE-LX4。使用波分复用，支持多模光纤，能达到 240～300m 的传输距离，当使用单模光纤时，能超过 10km。

（3）10GBASE-R。10GBASE-R 是面向局域网的通信标准，其传输速率是 10.3124Gbit/s，由于编码使用了 64B/66B 方式，实际的数据传输速率为 10Gbit/s。

10GBASE-R 又分为三种标准：10GBASE-SR，使用多模式光纤作为传输介质，根据线缆类型能达到 26～82m，使用新型 2GHz 多模光纤时，传输距离是 300m，用于短距传输；10GBASE-LR，采用单模式光纤作为传输介质，传输距离可达 10km，用于长距离传输通信；10GBASE-ER，与 10GBASE-LR 一样也是采用单模式光纤作为传输介质，传输距离可达 40km，用于超长距离的传输通信。

（4）10GBASE-W。10GBASE-W 是面向广域网的传输标准，其传输速率是 9.953 28Gbit/s，由于编码使用了 64B/66B 方式，实际的数据传输速率为 9.2942Gbit/s。传输速率不能够达到 10Gbit/s，是因为为了提高与面向 WAN 被广泛利用的光缆通信规格的 SONET/SDH 的兼容性，即适应了 SONET 的 OC-192 的传输速率。

10GBASE-W 又分为三种标准：10GBASE-SW，使用多模式光纤作为传输介质，传输距离是 300m，用于短距传输；10GBASE-LW，采用单模式光纤作为传输介质，传输距离可达 10km，用于长距离传输通信；10GBASE-EW，采用单模式光纤作为传输介质，传输距离可达 40km，用于超长距离的传输通信。

（5）10GBASE-T。10GBASE-T 是一种使用铜缆连接（6 类 UTP 和 7 类 STP）的以太网规范，有效带宽为 10Gbit/s，最远传输距离可达 100m。与 10GBASE-T 对应的 IEEE 标准是 802.3an—2006。2006 年 6 月，基于非屏蔽双绞线铜质电缆的 10Gbit/s 以太网 IEEE 802.3an 10GBASE-T 规范得以批准通过，该规范为网络管理员和 IT 专业人员构建数据中心和企业网络提供了两个重要的特性。一是它支持传统的铜质电缆，新装用户能够沿用原有的铜质电缆结构并支持 RJ-45 连接器和接插板。二是 10GBASE-T 通过支持高密度的 10Gbit/s 开关，实现了有史以来成本最低的 10Gbit/s 互联解决方案。

万兆以太网在设计之初就考虑城域骨干网需求。首先带宽 10Gbit/s 足够满足现阶段以及未来一段时间内城域骨干网带宽需求；其次万兆以太网最长传输距离可达 40km，且可以配合 10Gbit/s 传输通道使用，足够满足大多数城市城域网覆盖。10Gbit/s 以太网可以应用在校园网、城域网、企业网等中，但是，万兆以太网也存在着一些问题和不足。

首先，在价格方面，目前一个 10GE 端口的价格是 GE 端口的几十倍，尤其是在带宽得不到充分利用的情况下，会造成投资的极大浪费。

其次，万兆以太网继承了以太网一贯的弱 QoS 特点，如何进行有保障的区分业务承载的问题仍然没有解决，RPR、MPLS 等特性的支持尚不成熟。

另外，10GE 要求设备具有强大的处理能力，而目前业界有些厂商推出的 10GE 端口并达不到真正的线速处理，带宽优势大打折扣。

针对上述问题以及目前网络带宽需求不太迫切的情痾，建议网络建设侧重业务和性价比，网络核心仍采用 2.5GPOS 接口或 GE Trunk 方式，当万兆以太网在技术和成本方面得到重大进步之后，再平滑升级至万兆。

4.3 虚拟局域网

4.3.1 VLAN 的概念

虚拟局域网（Virtual Local Area Network，VLAN），是将局域网内的设备按逻辑关系划分多个网段，从而实现虚拟工作组的数据交换技术。虚拟局域网不考虑网络设备的物理位置，而根据用户的应用和需求，将局域网中的设备从逻辑上划分成为一个个功能相对独立的功能组，每个设备都连接在一个支持 VLAN 的交换机端口上。

在局域网中通过划分 VLAN，用户能方便地在网络中移动和快捷地组建网络，而无需改变任何硬件和通信线路。网络管理员能够从逻辑上对用户和网络资源进行分配，而无需考虑物理连接方式。VLAN 充分体现了现代网络技术的重要特征：高速、灵活、管理简便和扩展容易。是否具有 VLAN 功能是衡量局域网交换机的一项重要指标。网络的虚拟化是未来网络发展的潮流。

VLAN 与普通局域网从原理上讲没有什么不同，但从用户使用和网络管理的角度来看，VLAN 与普通局域网最基本的差异体现在：VLAN 并不局限于某一网络或物理范围，VLAN 中的用户可以位于一个园区的任意位置，甚至位于不同的国家。

VLAN 具有以下优点：

（1）控制网络的广播风暴：采用 VLAN 技术，可将某个交换端口划到某个 VLAN 中，而一个 VLAN 的广播不会影响其他 VLAN 的性能，也就是采用 VLAN 技术可以减少网络上不必要的流量，提高网络的性能。

（2）确保网络安全：共享式局域网之所以很难保证网络的安全性，是因为只要用户插入一个活动端口，就能访问网络。而 VLAN 能限制个别用户的访问，控制广播组的大小和位置，甚至能锁定某台设备的 MAC 地址，因此 VLAN 能确保网络的安全性。

（3）简化网络管理：网络管理员能借助于 VLAN 技术轻松管理整个网络。例如需要为完成某个项目建立一个工作组网络，其成员可能遍及全国或全世界，此时，网络管理员只需设置几条命令，就能在几分钟内建立该项目的 VLAN 网络，其成员使用 VLAN 网络，就像在本地使用局域网一样。

（4）增加了网络连接的灵活性。借助 VLAN 技术，能将不同地点、不同网络、不同用户组合在一起，形成一个虚拟的网络环境，就像使用本地 LAN 一样方便、灵活、有效。VLAN 可以降低移动或变更工作站地理位置的管理费用，特别是一些业务情况有经常性变动的公司使用了 VLAN 后，这部分管理费用大大降低。

划分 VLAN 所需的设备条件：VLAN 是建立在物理网络基础上的一种逻辑子网，建立 VLAN 需要相应支持 VLAN 技术的网络设备。当网络中的不同 VLAN 间进行相互通信时，需要路由的支持，这时就采用具有路由功能的设备。因此，要实现 VLAN 功能，可采用路由器来实现，也可以采用三层交换机来实现。

4.3.2 VLAN 的划分方法

VLAN 在交换机上的实现，有以下几种方法：

1. 根据交换机的端口来划分 VLAN

这种方式是在局域网中，将交换机的不同端口划分到不同的 VLAN 中。一个 VLAN 可以只位于一台交换机上，也可以跨越多台交换机。VLAN 的管理程序根据交换机的端口来标识不同的 VLAN，同一个 VLAN 中的所有站点可以直接通信，而不同的 VLAN 间的通信需要进行路由。基于端口方式划分 VLAN 如图 4–13 所示。

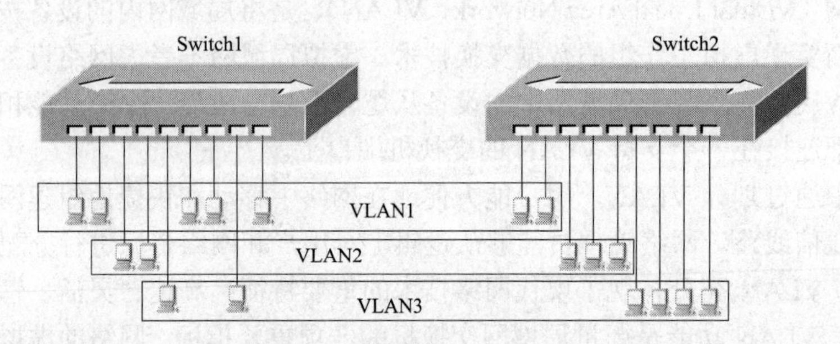

图 4–13 基于端口划分 VLAN

根据端口来划分 VLAN 的方式是所有划分 VLAN 方式中最常用的一种，IEEE 802.1Q 规定了根据以太网交换机的端口来划分 VLAN 的国际标准。这种划分 VLAN 方式的优点是：划分 VLAN 的方法简单，容易实现，只需将端口指定一下即可。缺点是各个端口在初始设置时都需要指定到某个 VLAN 中，工作量较大，并且当一用户从原来的端口移到另一个端口，则网管人员需要重新设置。

有的端口上所连接的设备，可能需要与多个 VLAN 中的设备进行信息传输，例如，网络中的服务器，网络打印机等。针对这种情况，许多交换机还支持将同一个端口划分到多个 VLAN 中，这样多个 VLAN 中的设备都可共享此端口上连接的共享资源。

2. 根据 MAC 地址划分 VLAN

这种划分 VLAN 的方法是根据每个主机的 MAC 地址来划分，即对每个 MAC 地址的主机都配置它属于哪个组。这种划分 VLAN 方法的最大优点就是当用户物理位置移动时，即从一个交换机换到其他的交换机时，VLAN 不用重新配置，所以，可以认为这种根据 MAC 地址的划分方法是基于用户的 VLAN，这种方法的缺点是初始化时，所有的用户都必须进行配置，如果有几百个甚至上千个用户的话，初始的配置工作是非常庞大的，并且这种划分的方法也导致了交换机执行效率的降低，因为在每一个交换机的端口都可能存在很多个 VLAN 组的成员，这样就无法限制广播包了。另外，对于使用笔记本电脑的用户来说，他们的网卡可能经常更换，这样，VLAN 就必须不停地配置。

3. 根据网络层划分 VLAN

这种划分 VLAN 的方法是根据每个主机的网络层地址或协议类型（如 TCP/IP，IPX/SPX）划分的，虽然这种划分方法是根据网络地址，比如 IP 地址，但它不是路由，与网络层的路由毫无关系。

这种方法的优点是用户的物理位置改变了，不需要重新配置所属的 VLAN，而且可以根据协议类型来划分 VLAN，这对网络管理者来说很重要，还有，这种方法不需要附加的帧标签来识别 VLAN，这样可以减少网络的通信量。

这种方法的缺点是相对于按端口划分和按 MAC 地址划分而言，其效率更低，因为检查每一个数据包的网络层地址需要消耗处理时间，一般的交换机芯片都可以自动检查网络上数据包的以太网帧头，但要让芯片能检查 IP 帧头，需要更高的技术，同时也更费时。

4. 根据 IP 组播划分 VLAN

IP 组播实际上也是一种 VLAN 的定义，即认为一个组播组就是一个 VLAN，这种划分的方法将 VLAN 扩大到了广域网，因此这种方法具有更大的灵活性，而且也很容易通过路由器进行扩展，当然这种方法不适合局域网，主要是效率不高。

5. 基于策略的 VLAN

也称为基于规则的 VLAN。这是最灵活的 VLAN 划分方法，具有自动配置的能力，能够把相关的用户连成一体，在逻辑划分上称为“关系网络”。网络管理员只需在网管软件中确定划分 VLAN 的规则，那么当一个站点加入网络中时，将会被“感知”，并被自动地包含进正确的 VLAN 中。同时，对站点的移动和改变也可自动识别和跟踪。

采用这种方法，整个网络可以非常方便地通过路由器扩展网络规模。有的产品还支持一个端口上的主机分别属于不同的 VLAN，这在交换机与共享式 Hub 共存的环境中显得尤为重要。自动配置 VLAN 时，交换机中软件自动检查进入交换机端口的广播信息的 IP 源地址，然后软件自动将这个端口分配给一个由 IP 子网映射成的 VLAN。

以上划分 VLAN 的方式中，基于端口的 VLAN 端口方式建立在物理层上；MAC 方式建立在数据链路层上；网络层和 IP 组播方式建立在第三层上，划分 VLAN 的依据的层次越高，所需检查的数据量越大，交换机的转发效率则越低。

4.3.3 VLAN 的应用举例

关于 VLAN 在实际工作中的应用，下面列举了一些不同形式的 VLAN 应用情况，以方便大家对 VLAN 应用的理解。

例 1 某公司有计算机 130 台左右，主要使用网络的部门有财务部 16 台，生产部 60 台，人事部 8 台，科研部 14 台，信息中心 10 台，另外还有若干台普通办公计算机。为了控制信息流量和信息的安全，以保证网络资源不被盗用可破坏，需要将不同部划分到不同的 VLAN 中，而普通办公计算机则划归为非 VLAN 用户。按端口划分 VLAN 如图 4–14 所示。

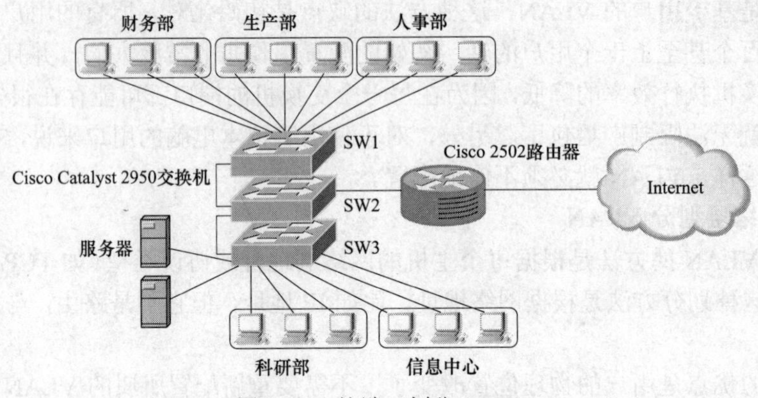

图 4–14 按端口划分 VLAN

网络基本结构为三台具有 48 个端口的 Catalyst 2950 交换机，分别命名为 SW1、SW2、SW3，另外还有一台 Cisco 2502 路由器，用于将公司网络与外部的 Internet 相连。

现把这五个部门按交换机的端口划分 VLAN，财务部、生产部、人事部、科研部和信息中心分别以应的 VLAN 取名为 Fina、Prod、Huma、Sci 和 Info。各 VLAN 所对应的网段见表 4–2。

表 4–2 **VLAN 端口划分**

VLAN 号	VLAN 名	端 口 号
2	Fina	SW1 2—17
3	Prod	SW1 18—42 SW2 2—36
4	Huma	SW2 37—45
5	Sci	SW3 2—15
6	Info	SW3 16—25

接下来就是对交换机进行配置，将各端口指定到划分的 VLAN 中即可。

例 2 某个公司的财务部门和人事部门的部分资料不能让其他部门的人员随便调阅。

VLAN 解决方法：通过把财务部门和人事部门的用户放到他自己的基于 MAC 地址的 VLAN 中。没有被指定到这个 VLAN 的网卡 MAC 是不能访问该 VLAN 的。任何其他用户都不能查看到该 VLAN 的内容，因为该 VLAN 的内容不会转发到其他的网段上去。另外，还有一种更加安全的方式，通过分配专用的端口给这两个部门的用户，为他产生一个基于端口的 VLAN。

例 3 销售部门的销售人员带的笔记本经常需要从外地进行拨号访问企业内的有关销售信息。

VLAN 解决方法：可以设置一个基于 IP 子网的 VLAN，使用 IP 地址来表示销售人员身份，这样无论销售人员处在何处都能进行网络访问。

例 4 某企业采用视频服务器对员工进行业务培训，但需要避免用户使用视频访问时占用太多的带宽。

VLAN 解决方法：根据 IP 组播来划分，产生一个组播地址的 VLAN。

4.4　无线局域网

4.4.1　无线局域网概述

无线局域网（Wireless Local Area Networks，WLAN）是利用射频技术取代传统的线缆传输所构成的局域网络。随着便携式笔记本、掌上电脑、智能手机等终端使用普及，以及互联网络的迅速发展，无线局域网的应用也越来越深入人们的生活和工作中。

无线网络的使用，可使用户摆脱线缆的束缚，实现自由的移动和漫游。无线局域网具有不受环境的局限，灵活便捷，组建无线局域网不会影响以前的建筑布局和装修，建网周期短，资金投入少等优点。与有线网络相比，无线网络的主要优点有以下几方面：

一是移动灵活。在无线局域网的服务范围内，无线用户可随时随地进行网络访问。

二是建网简单。组建无线局域网的设备安装简单灵活，并省去了比较复杂的布线过程，在有些不方便布置有线网络的地方，使用无线网络更显出独特的优势。

三是易于网络调整。对于有线网络来说，办公地点或网络拓扑的改变通常意味着重新建网。重新布线是一个昂贵、费时、浪费和琐碎的过程，无线局域网可以避免或减少以上情况的发生。

四是故障定位容易。有线网络一旦出现物理故障，尤其是由于线路连接不良而造成的网络中断，往往很难查明，而且检修线路需要付出很大的代价。无线网络则很容易定位故障，只需更换故障设备即可恢复网络连接。

五是易于扩展。无线局域网有多种配置方式，可以很快从只有几个用户的小型局域网扩展到上千用户的大型网络，并且能够提供节点间“漫游”等有线网络无法实现的特性。

由于无线局域网有以上诸多优点，因此其发展十分迅速。最近几年，无线局域网已经在企业、医院、商店、工厂和学校等场合得到了广泛的应用。其应用场合主要有这些：一是临时搭建的场所，如在一个城市广场的展销会中，架设有线网明显不可能，使用无线网络则显得非常合适；二是有线网络无法布线的场合；三是移动用户或无固定工作场所的用户；四是作为有线局域网的备用系统，在很多对网络需求高的地方，都采用了无线网络作为有线网络的备份。

无线网络主要包括无线个人网（WPAN）、无线局域网（WLAN）、无线局域网间网桥（LAN to LAN Bridge）、无线城域网（WMAN）和无线广域网（WWAN）。

无线个人网：主要用于个人用户工作空间，典型距离为 10m 以内，可以与计算机同步传输文件，如访问打印机等，目前主要技术包括蓝牙和红外线。

无线局域网：主要用于宽带家庭、大楼内部以及园区内部，典型距离为几米到几百米。

无线局域网间网桥：主要用于大楼之间的联网通信，典型距离为几千米。

无线城域网和无线广域网：覆盖城市和广域环境，用于城域网或广域网访问，带宽较低。

在以上无线网络中，使用最多的就是无线局域网，这也是我们讨论的重点。

4.4.2　无线局域网的拓扑结构

无线局域网分为两种拓扑结构，一是对等网络，二是结构化网络。

1. 对等网络（Peer to Peer）

对等网络也称为 Ad-hoc 网络，它覆盖的服务区称为独立基本服务区，用于一台计算机与其他计算机之间进行无线直接通信，该网络无法接入有线网络中，只能独立使用。对等网络如图 4–15 所示。

2. 结构化网络（Infrastructure）

结构化网络由无线访问点 AP（Access Point）、无线工作站 STA（Station）以及分布式系统（DSS）构成。覆盖的区域分为基本服务集 BSS（Basic Service Set）和扩展服务集 ESS（Extended Service Set）。无线访问点也称为无线路由器，用于在无线工作站和有线网络之间接收、缓存和转发数据。无线访问点一般能覆盖几十到上百个用户，半径可达百米。

基本服务集由一个无线访问点 AP 和与之相关联的无线工作站构成，其中只有一个无线访问点 AP，无线工作站与无线访问点的关联采用基本服务集标识符 BSSID 进行，这个 BSSID 就是 AP 的 MAC 地址。如图 4–16 所示。

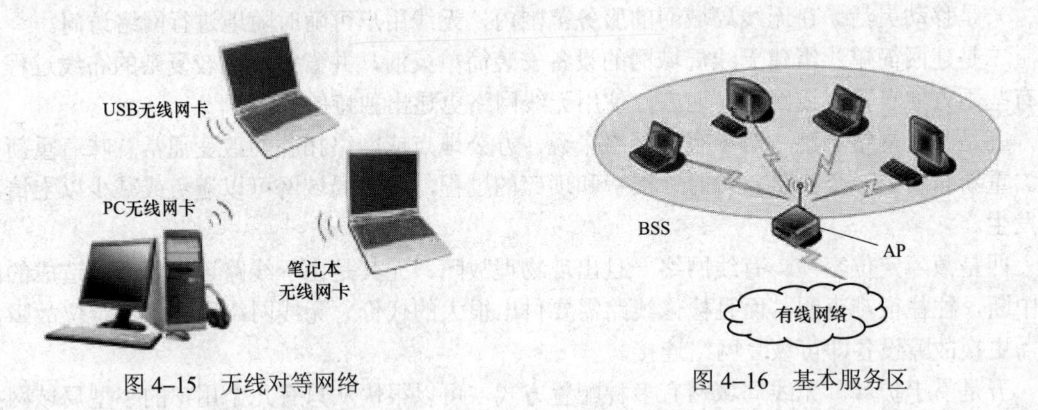

图 4–15 无线对等网络　　　　图 4–16 基本服务区

扩展服务集是指由多个 AP 以及连接它们的分布式系统组成的结构化网络，这多个 AP 必须共享同一个扩展服务集标识符 ESSID，可见，一个扩展服务集包含多个基本服务集。扩展服务集如图 4–17 所示。

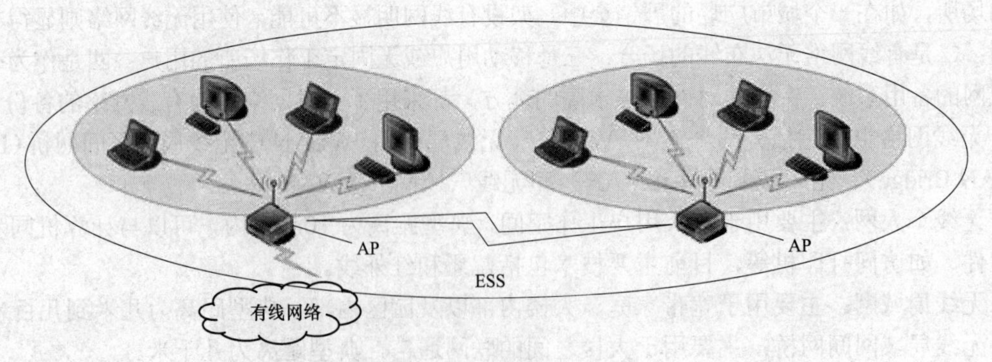

图 4–17 扩展服务集

4.4.3 无线局域网的标准与安全性

1. 无线局域网的标准

无线局域网的标准是 IEEE 802.11，IEEE 802.11 又分为 802.11、802.11a、802.11b、802.11g

几个标准，以及用于无线局域网安全和质量保证的802.11i和802.11e/f/h标准，另外还有欧洲电信标准化协会（ETSI）制定的HiperLAN标准。

（1）802.11。1990年IEEE 802标准化委员会成立IEEE 802.11 WLAN标准工作组。IEEE 802.11（别名：Wi-Fi——Wireless Fidelity无线保真）是在1997年6月由大量的局域网以及计算机专家审定通过的标准，该标准定义物理层和媒体访问控制（MAC）规范。物理层定义了数据传输的信号特征和调制，定义了两个RF传输方法和一个红外线传输方法，RF传输标准是跳频扩频和直接序列扩频，工作在2.400 0～2.4835GHz频段。IEEE 802.11是IEEE最初制定的一个无线局域网标准，主要用于解决办公室局域网和校园网中用户与用户终端的无线接入，业务主要限于数据访问，速率最高只能达到2Mbit/s。由于它在速率和传输距离上都不能满足人们的需要，所以IEEE 802.11标准被IEEE 802.11b所取代了。

（2）IEEE 802.11b。IEEE 802.11b规定WLAN工作频段在2.4～2.4835GHz，数据传输速率达到11Mbit/s，传输距离控制在15～45m。该标准是对IEEE 802.11的一个补充，采用点对点模式和基本模式两种运作模式，在数据传输速率方面可以根据实际情况在11Mbit/s、5.5Mbit/s、2Mbit/s、1Mbit/s的不同速率间自动切换，它改变了WLAN设计状况，扩大了WLAN的应用领域。

（3）IEEE 802.11a。1999年，IEEE 802.11a标准制定完成，该标准规定WLAN工作频段在5.15-5.825GHz，数据传输速率达到54Mbit/s/72Mbit/s（Turbo），传输距离控制在10～100m。该标准也是IEEE 802.11的一个补充，可提供25Mbit/s的无线ATM接口和10Mbit/s的以太网无线帧结构接口，支持多种业务如话音、数据和图像等，一个扇区可以接入多个用户，每个用户可带多个用户终端。IEEE 802.11a标准是IEEE 802.11b的后续标准，其设计初衷是取代802.11b标准，然而，工作于2.4GHz频带是不需要执照的，该频段属于工业、教育、医疗等专用频段，是公开的，工作于5.15～8.825GHz频带需要执照的。一些公司仍没有表示对802.11a标准的支持，一些公司更加看好最新混合标准——802.11g。

（4）IEEE 802.11g。IEEE推出的IEEE 802.11g标准，拥有IEEE 802.11a的传输速率，安全性较IEEE 802.11b好，做到与802.11a和802.11b兼容。虽然802.11a较适用于企业，但WLAN运营商为了兼顾现有802.11b设备投资，选用802.11g的可能性极大。

（5）IEEE 802.11i。IEEE 802.11i标准并不像前几种标准那样作为一般通信的标准，而是一个关于无线局域网信息传输安全方面的标准。它结合了IEEE 802.1x中的用户端口身份验证和设备验证，对WLANMAC层进行修改与整合，定义了严格的加密格式和鉴权机制，以改善WLAN的安全性。IEEE 802.11i新修订标准主要包括两项内容："Wi-Fi保护访问（Wi-Fi Protected Access：WPA）"技术和"强健安全网络（RSN）"。Wi-Fi联盟计划采用802.11i标准作为WPA的第二个版本，并于2004年初开始实行。IEEE 802.11i标准在WLAN网络建设中的是相当重要的，数据的安全性是WLAN设备制造商和WLAN网络运营商应该首先考虑的头等工作。

（6）IEEE 802.11e/f/h。IEEE 802.11e标准是关于无线网络传输质量方面的标准，它对WLAN的MAC层协议提出改进，以支持多媒体传输，以支持所有WLAN无线广播接口的服务质量保证QOS机制。IEEE 802.11f，定义访问节点之间的通信，支持IEEE 802.11的接入点互操作协议（IAPP）。IEEE 802.11h用于802.11a的频谱管理技术。

（7）HiperLAN。HiperLAN是欧洲电信标准化协会（ETSI）的宽带无线电接入网络（BRAN）

小组着手制定 Hiper（High Performance Radio）接入泛欧标准，已推出 HiperLAN1 和 HiperLAN2。HiperLAN1 推出时，数据速率较低，没有被人们重视，在 2000 年，HiperLAN2 标准制定完成，HiperLAN2 标准的最高数据速率能达到 54Mbit/s，HiperLAN2 标准详细定义了 WLAN 的检测功能和转换信令，用以支持许多无线网络，支持动态频率选择、无线信元转换、链路自适应、多束天线和功率控制等。该标准在 WLAN 性能、安全性、服务质量 QOS 等方面也给出了一些定义。HiperLAN1 对应 IEEE 802.11b，HiperLAN2 与 1EEE082.11a 具有相同的物理层，他们可以采用相同的部件，并且，HiperLAN2 强调与 3G 整合。HiperLAN2 标准也是目前较完善的 WLAN 协议。

2. 无线局域网的安全性

由于无线局域网采用无线传输方式，与有线方式不同，作何人都有可能窃听或干扰信息传输，因此，在无线局域网中，网络安全很重要，可采用以下一些方式来加强无线局域网的安全性。

（1）修改默认账号信息。一般的家庭无线网络都是通过一个无线路由器接入有线网络来实现的，通常这些路由器都内置有一个管理页面工具，利用它可以设置该设备的网络地址以及账号等信息。而通常该设备也设有登录界面，需要正确的账户才能登录。相同的无线路由器生产商，默认的登录账号一般都是一样的，如果不修改就使得别有用心的人有机可乘。因此注意修改默认登录账号是家庭使用无线网络首先要做的安全措施。

（2）设置加密口令。目前无线网络中已经有多种加密技术，比如 WEP、WEP2 等，为使别人不能轻易进入你的无线网络，需要为无线网络设置加密口令，WEP2 比 WEP 具有更高的安全性，WEP 加密只提供了 40 位的密钥，比较容易被破解，802.11i 标准提供的 WEP2 加密技术，能提供 128 位的密钥，保证了无线网络的安全性问题。

（3）关闭 SSID 广播功能。如果无线网络中开启了 SSID 广播功能，其路由设备会自动向其有效范围内的所有无线网络客户端广播自己的 SSID 号，无线网络客户端接收到这个 SSID 号后，就可利用这个 SSID 号访问到这个网络。可见此功能存在极大的安全隐患。一般在企业环境中，为了满足经常变动的无线网络接入端，才会开启此功能，而作为普通家庭无线网络来说，在相对固定的环境下没必要开启这项功能。

（4）采用静态 IP 地址。针对家庭无线网络用户，如果使用 DHCP 服务来为网络中的客户端动态分配 IP，这样配置存在着安全隐患，在成员很固定的家庭网络中，建议为网络成员设备分配固定的 IP 地址，然后再在无线路由器上设定允许接入设备的 IP 地址列表。但如果是企业中的无线局域网，由于其上网用户不固定，则一般不便于采用静态 IP 地址。

4.4.4 无线网络的连接

1. 无线网络设备

无线网络中主要用到有下面的一些的无线网络设备。

（1）无线网卡。无线网卡用于计算机收发无线信号，有三种类型的无线接口。

一是 PCI 接口的无线网卡，用于安装在普通台式机的 PCI 扩展槽内，如图 4–18 所示。

二是 PCMCIA 接口的无线网卡，这种网卡可插入笔记本电脑的 PC 卡插槽中，支持热插拔功能，如图 4–19 所示。

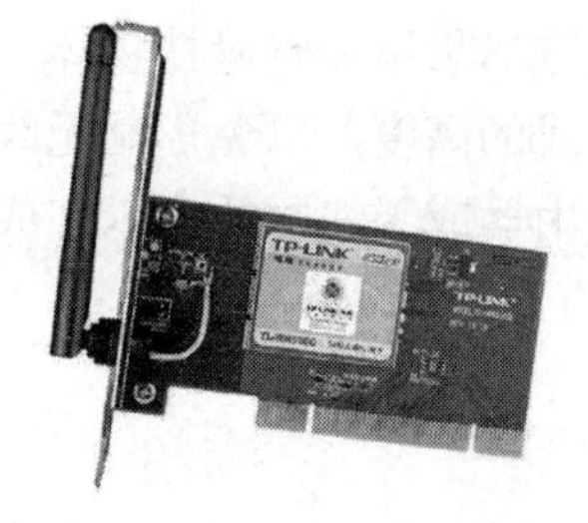

图 4–18 PCI 接口的无线网卡

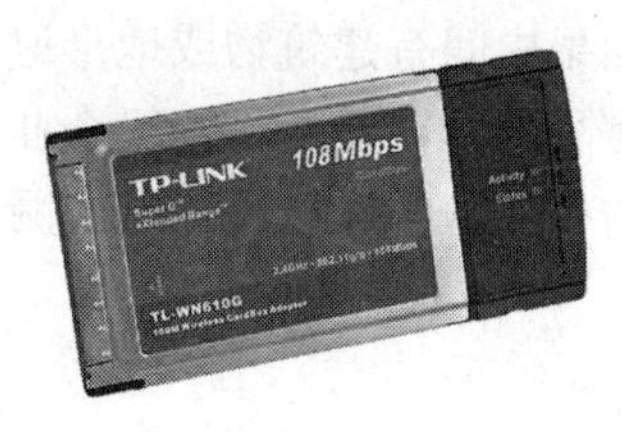

图 4–19 PCMCIA 接口的无线网卡

三是 USB 接口的无线网卡，这种网卡既可插入台式电脑使用，也可插入笔记本电脑使用，支持热插拔功能，如图 4–20 所示。

图 4–20 USB 接口的无线网卡

（2）无线网桥。无线网桥就是无线接入点 AP，用于将具有无线网卡的电脑连接起来，它还可以与有线网络连接，实现无线网络与有线网络的连接。无线网桥如图 2–21 所示。

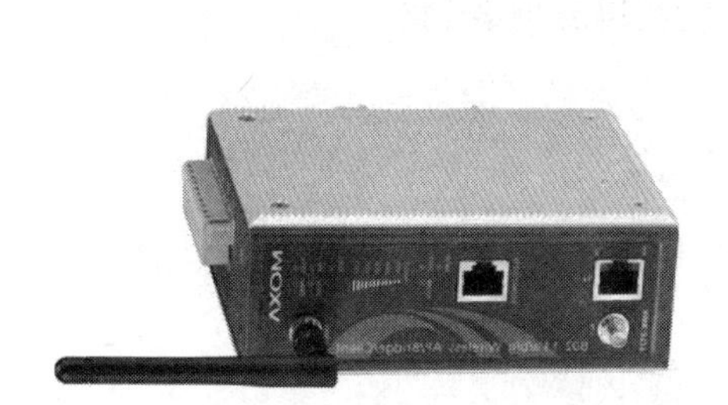

图 4–21 无线网桥

（3）室内外天线。采用室内外天线可以扩展无线局域网的覆盖范围。室内外天线分为定向天线和全向天线两种。室外定向天线可覆盖 80km 的半径范围，室外全向天线可覆盖 10km 的半径范围；室内定向天线最大可覆盖 100m 的范围，室内全向天线可覆盖 250m 的范围，并且电磁波能穿透几层墙或两层楼。

（4）无线路由器。无线路由器用于将用户接入 Internet，无线路由器如图 4–22 所示。

2. 无线网络的连接

针对个人用户采用无线网卡接入服务提供商的情况，只需像安装有线网卡那样把无线网卡插入电脑，安装好相应驱动程序，并进行无线网络设置即可。

针对企业的无线局域网的安装，除了需要安装无线网卡到电脑之外，还需要在进行无线设备的部署之前，首先勘察地形，注意安置位置

图 4–22 无线路由器

的材质状况，规划安放无线设备的位置，要求被无线网络覆盖的地方尽量不能有遮挡物体，如果中间有建筑物或地形遮挡，则需要增加中继点或是升高室外天线的高度，以免影响无线信号的传输质量。一般企业使用无线局域网都需要使用多个无线路由器或无线网桥，以完成与有线网的连接，并扩大网络的覆盖范围。如图 4–23 是一个校园的无线网络连接图示。

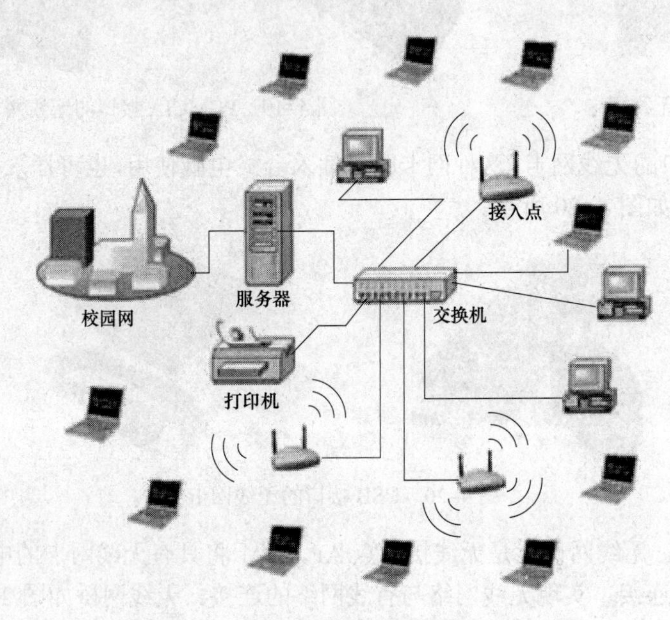

图 4–23 校园无线网络连接

4.5 本章实验

1. 实验目的

（1）了解交换机的基本配置。

（2）掌握 VLAN 的配置方法。

2. 实验要求

实验使用的拓扑图如图 4–24 所示。

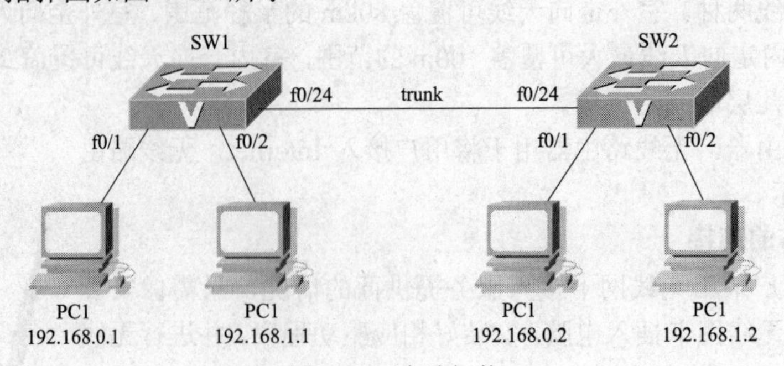

图 4–24 实验拓扑

要求实现在交换机 SW1 和 SW2 上配置 VLAN10 和 VLAN20，让 PC1 和 PC3 属于 VLAN10，PC2 和 PC4 属于 VLAN20，并能实现 PC1～PC4 间的互访。

3. 实验步骤

（1）SW1 的配置。

1）交换机 SW1 的基本配置。

```
Switch>enable                                                /*进入特权模式*/
Switch# configure terminal                                   /*进入全局配置模式*/
switch（config）# hostname SW1                               /*为左边台交换机命名为 SW1*/
SW1（config）# interface fastethernet 0/1                    /*进入交换机 F0/1 的接口模式*/
SW1（config-if）# speed 10                                   /*配置端口的速率为本 10M*/
SW1（config-if）# duplex half                                /*配置端口为半双工模式*/
SW1（config-if）# no shutdown                                /*打开端口*/
SW1（config）#interface vlan 1                               /*进入管理 VLAN */
SW1（config-if）#ip address 192.168.0.3 255.255.255.0        /*配置管理 VLAN IP*/
SW1（config-if）#no shut                                     /*激活管理 VLAN*/
SW1（config）#ip dcfault-gateway 192.168.0.254               /*配置默认网关地址*/
```

右边 SW2 交换机的基本配置与此类似。

2）创建 VLAN。

```
SW1#vlan database
SW1（vlan）#vlan 10
SW1（vlan）#vlan 20
```

3）将端口加入到 VLAN。

```
SW1（config）#interface f0/1
SW1（config-if）#switch access vlan 10
SW1（config）#interface f0/2
SW1（config-if）#switch access vlan 20
```

4）创建 TRUNK（干道端口）。

```
SW1（config）#interface f0/24
SW1（config-if）#switch mode trunk
```

5）开启三层交换路由功能。

```
SW1（config）#ip routing
```

6）启用 VTP 模式，配置 SW1 为 server 模式。

```
SW1（config）#vtp domain wgh
SW1（config）#vtp mode server
```

将 SW1 交换机设为 server 模式。

（2）SW2 的配置

1）交换机 SW2 的基本配置。

```
Switch>enable                                                /*进入特权模式*/
Switch# configure terminal                                   /*进入全局配置模式*/
switch（config）# hostname SW2                               /*为左边台交换机命名为 SW2*/
SW2（config）# interface fastethernet 0/1                    /*进入交换机 F0/1 的接口模式*/
```

```
SW2（config-if）# speed 100                            /*配置端口的速率为本100M*/
SW2（config-if）# duplex full                          /*配置端口为全双工模式*/
SW2（config-if）# no shutdown                          /*打开端口*/
SW2（config）#interface vlan 1                         /*进入管理 VLAN */
SW2（config-if）#ip address 192.168.0.4 255.255.255.0  /*配置管理 VLAN IP*/
SW2（config-if）#no shut                               /*激活管理 VLAN*/
SW2（config）#ip default-gateway 192.168.0.254         /*配置默认网关地址*/
```

2）启用 VTP 模式，配置 SW2 为 client 模式。

```
SW2（config）#vtp domain wgh
SW2（config）#vtp mode client
```

将 SW2 交换机设为 client 模式后，即可从作为 server 模式的 SW1 交换机上学习到 SW1 上所配置的 VLAN 信息，并且当 SW1 上的 VLAN 作了任何改动之后，SW2 交换机也可与之同步修改，这样便于提高交换机的配置与管理效率和准确性。

3）将端口加入到 VLAN。

```
SW2（config）#interface f0/1
SW2（config-if）#switch access vlan 10
SW2（config）#interface f0/2
SW2（config-if）#switch access vlan 20
```

4）创建 TRUNK（干道端口）。

```
SW2（config）#interface f0/24
SW2（config-if）#switch mode trunk
```

5）开启三层交换路由功能。

```
SW2（config）#ip routing
```

习 题 四

一、选择题

1. IEEE 802 工程标准中的 802.3 协议是（　　）。
   A. 局域网的载波侦听多路访问标准　　B. 局域网的令牌环网标准
   C. 局域网的令牌总线标准　　D. 局域网的互联标准
2. 在局域网中，价格低廉且可靠性高的传输介质是（　　）。
   A. 粗同轴电缆　　B. 细同轴电缆　　C. 双绞线　　D. 光缆
3. 以太网交换机可以堆叠主要是为了（　　）。
   A. 将几台交换机堆叠成一台交换机　　B. 增加端口数量
   C. 增加交换机的带宽　　D. 以上都是
4. 在 802.5 中定义的帧类型是（　　）。
   A. 10BASE-5　　B. 10BASE-T　　C. 令牌　　D. Ethernet
5. 网桥的功能是（　　）。
   A. 网络分段　　B. 隔离广播　　C. LAN 之间的互联　　D. 路径选择

6. 无线局域网 WLAN 传输介质是（　　）。

A. 无线电波　　B. 红外线　　C. 载波电流　　D. 卫星通信

7. IEEE 802.11b 射频调制使用（　　）调制技术，最高数据速率达（　　）。

A. 跳频扩频，5Mbit/s　　B. 跳频扩频，11Mbit/s

C. 直接序列扩频，5Mbit/s　　D. 直接序列扩频，11Mbit/s

8. 无线局域网的最初协议是（　　）。

A. IEEE 802.11　　B. IEEE 802.5　　C. IEEE 802.3　　D. IEEE 802.1

9. 802.11 协议定义了无线的（　　）。

A. 物理层和数据链路层　　B. 网络层和 MAC 层

C. 物理层和介质访问控制层　　D. 网络层和数据链路层

10. 802.11b 和 802.11a 的工作频段. 最高传输速率分别为（　　）。

A. 2.4GHz、11Mbit/s；2.4GHz、54Mbit/s

B. 5GHz、54Mbit/s；5GHz、11Mbit/s

C. 5GHz、54Mbit/s；2.4GHz、11Mbit/s

D. 2.4GHz、11Mbit/s；5GHz、54Mbit/s

二、填空题

1. 网络所覆盖的地理范围比较小。通常不超过____________m，甚至只在一个园区、一幢建筑或一个房间内。

2. IEEE 802 标准定义了 OSI 模型的物理层和____________层。

3. IEEE 802 标准将 ISO 的数据链路层划分为两个子层：___________子层和媒体访问控制 MAC 子层。

4. 物理层为数据链路层提供服务，它描述和规定了所有与传输接口的特性：机械特性、电气特性、功能特性和____________。

5. 光纤分布数据接口（FDDI）是局域网技术中的一种。它的传输速率为_________Mbit/s 的，该网络具有定时令牌协议的特性，支持多种拓扑结构，传输媒体为光纤。

6. 局域网按照工作模式的划分可以分为____________、客户机/服务器和对等网三种。

7. “10BASE-5”的含义：“10”表示数据在粗缆上的传输速度是 10Mbit/s，“BASE”表示传输模式是__________模式，“5”表示单段电缆的最大传输距离是 500m。

8. 千兆以太网的技术标准有两个：___________和 IEEE 802.3ab。

9. 10GBASE-T 是一种使用铜缆连接（6 类 UTP 和 7 类 STP）的以太网规范，有效带宽为 10GB/s，最远传输距离可达____________m。

10. ____________是将局域网内的设备按逻辑关系划分多个网段，从而实现虚拟工作组的数据交换技术。

11. 根据____________来划分 VLAN 的方式是所有划分 VLAN 方式中最常用的一种。

三、问答题

1. 100Mbit/s 快速以太网系统内的集线器是如何分类的？

2. 在局域网中，如何使用路由器实现网络互联？

3. 简述星形拓扑结构的特点。

4. 载波侦听多路访问（CSMA/CD）的工作过程是什么？

5. 划分 VLAN 的常用方法有哪几种？并说明各种方法的特点。

第 5 章　Windows 服务配置

在网络工程中，不仅要对各种网络设备进行安装和联接，而且网络服务器的安装和配置也是一个非常重要的项目。网络操作系统是计算机组网工程中的重要组成部分，负责管理和控制计算机网络系统中的软硬件资源。为网络用户提供一个功能强的、使用方便的网络操作系统是组网工程中所必需的。本章讲述的是在目前使用最为广泛的 Windows 服务器的配置：活动目录的配置、账户管理以及网络服务配置（包括 FTP 配置、DHCP 配置、DNS 配置、IIS 配置和邮件服务配置）。

学习目标

（1）了解和掌握活动目录的作用及安装活动目录的方法。

（2）掌握域和域组的创建与管理方法。

（3）掌握 FTP 服务器的配置与管理方法。

（4）掌握 DHCP 服务器的配置与管理方法。

（5）掌握 DNS 服务器的配置与管理方法。

（6）掌握 IIS 的配置及 Web 站点的配置管理方法。

（7）掌握邮件服务器的配置与管理方法。

学习重点

活动目录的配置、域账户管理以及网络服务配置，包括 FTP 配置、DHCP 配置、DNS 配置、IIS 配置和邮件服务配置。

学习难点

活动目录的配置与域账户管理。

5.1　活动目录

5.1.1　活动目录简介

活动目录（Active Directory）是面向 Windows Standard Server、Windows Enterprise Server 以及 Windows Datacenter Server 的目录服务（活动目录不能运行在 Windows Web Server 上，但是可以通过它对运行 Windows Web Server 的计算机进行管理）。活动目录存储了有关网络对象的信息，并且让管理员和用户能够轻松地查找和使用这些信息。活动目录使用了一种结构化的数据存储方式，并以此作为基础对目录信息进行合乎逻辑的分层组织。Microsoft Active Directory 服务是 Windows 平台的核心组件，它为用户管理网络环境各个组成要素的标识和关系提供了一种有力的手段。

活动目录是一个数据库，存放的是域中所有的用户的账号以及安全策略。活动体现了它是一个范围，可以放大和缩小，活动目录又简称域，域就是一个安全边界，其安全性体现在被域管理的范围内的计算机都必须遵循规定的安全策略。

活动目录是 Windows Server 2003 域环境中提供目录服务的组件。目录服务在微软平台上从 Windows Server 2000 开始引入，所以我们可以理解为活动目录是目录服务在微软平台的一种实现方式。当然目录服务在非微软平台上都有相应的实现。

Windows Server 2003 有两种网络环境：工作组和域，默认是工作组网络环境。但工作组网络环境下的网络用户不是能保证其数据安全性的。在局域网的组建中，为了保证整个网络中需要有更高安全措施保护的数据时，大多采用了域的形式来组织和管理网络。

域环境的应用是相当广泛的，例如微软服务器级别的产品 MOSS、Exchange 等都需要活动目录的支持，包括目前微软正在宣传的 UC 平台都离不开活动目录的支持。Windows Server 2003 的域环境与工作组环境最大的不同是，域内所有的计算机共享一个集中式的目录数据库（又称为活动目录数据库），它包含着整个域内的对象（用户账户、计算机账户、打印机、共享文件等）和安全信息等，而活动目录负责目录数据库的添加、修改、更新和删除。所以我们要在 Windows Server 2003 上实现域环境，其实就是要安装活动目录。活动目录为我们实现了目录服务，提供对企业网络环境的集中式管理。

5.1.2　安装活动目录

1. 在安装过程中涉及的相关概念

（1）域、域树、林和组织单元。域（Domain）就是一个安全边界，在安全性体现在被域管理的范围内的计算机都必须遵循规定的安全策略。

域树（Domain Tree）是由一组具有连续命名空间的域组成。域树内的所有域共享一个活动目录，这个活动目录内的数据分散地存储在各个域内，且每一个域只存储该域内的数据，如该域内的用户账户，计算机账户等。Windows Server 2003 将存储在各个域内的对象总称为 Active Directory。

林（Forest）是由一棵或多棵域树组成的，每棵域树独享连续的命名空间，不同域树之间没有命名空间的连续性。林中第一棵域树的根域也是整个林的根域，同时也是林的名称。

组织单元（Organization Unit，OU）是一种容器，它里面可以包含对象（用户账户，计算机账户等），也可以包含其他的组织单元。

（2）命名空间。命名空间是一个区域。而 Windows Server 2003 的活动目录就是一个命名空间，通过活动目录里的对象的名称就可以找到与这个对象相关的信息。活动目录的命名空间采用 DNS 的命名规则，我们可以把域名命名为 win2003.com、win.com 等。

（3）域控制器和站点。活动目录的组织结构由域控制器和站点组成。

域控制器（Domain Controller）是活动目录存储的地方，也就是说活动目录存储在域控制器内，安装了活动目录的计算机就称为域控制器。当一台域控制器的活动目录数据库发生改动时，这些改动的数据将会复制到其他域控制器的活动目录数据库内。

站点（Site）一般与地理位置相对应，它由一个或几个物理子网组成。创建站点的目的是为了优化 DC 之间的复制。活动目录允许一个站点有多个域，一个域也可以属于多个站点。

2. 活动目录的安装条件

（1）需要在 DNS 服务器上安装（DNS 服务的安装在本章后面讲述）。

（2）需要在 NTFS 分区中安装。

（3）需要指定本机静态 IP 地址和 DNS 服务器 IP 地址，由于大多数情况下，活动目录与 DNS 在同一台服务器中安装，因此在这里指定的 IP 地址均为 192.168.1.2。

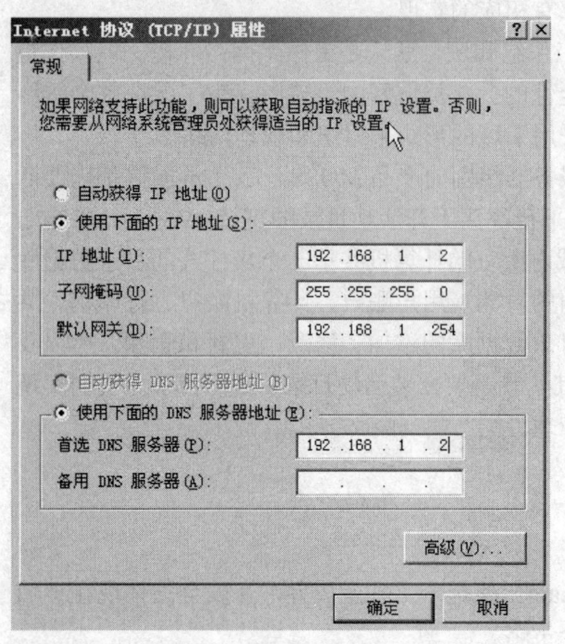

图 5–1 设置静态 IP 地址和 DNS 的 IP 地址

3. 活动目录的安装过程

（1）在一台安装了 Windows Server 2003 企业版的、名为 computer 的计算机上，设置计算机的静态 IP 为 192.168.1.2，并把 DNS 服务器的 IP 地址指向自己，也设为 192.168.1.2，如图 5–1 所示。

（2）选择“开始”“运行”，在图 5–2 中输入“dcpromo”命令，启动 Active Directory 安装向导。

图 5–2 输入“dcpromo”启动安装向导

（3）然后一直单击“下一步”按钮，直到出现如图 5–3 所示界面，在图 5–3 中，由于这是第一次创建域环境，所以必须选择“新域的域控制器”项，然后单击“下一步”按钮。

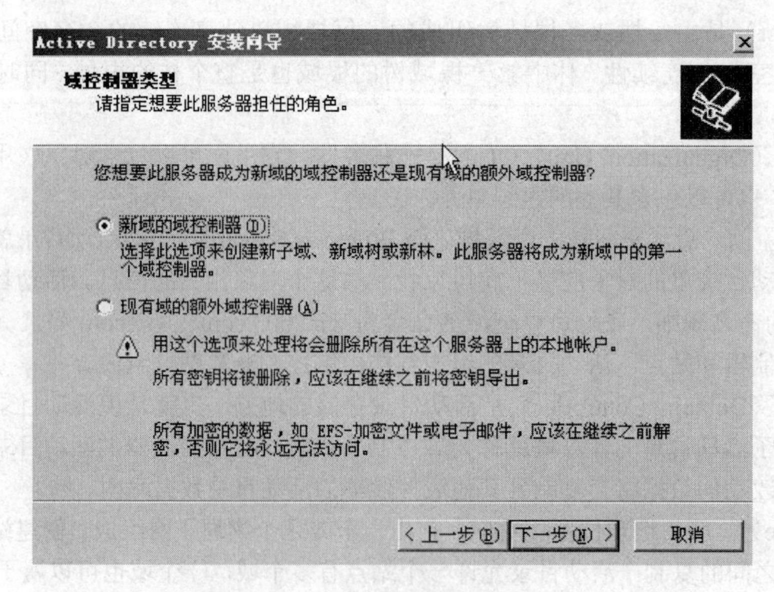

图 5–3 选择“新域的域控制器”

（4）在如图 5–4 所示的对话框中，选择“在新林中的域”，然后单击“下一步”按钮。

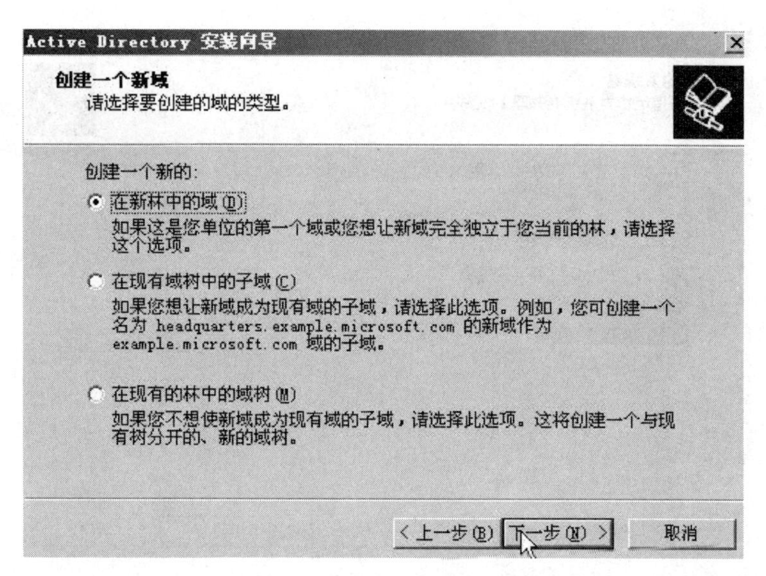

图 5–4　选择“在新林中的域”

（5）在出现的如图 5–5 所示界面的对话框中输入新域的域名，这个域名是在网上申请注册的域名，这里假设注册的域名为 win2003.com，则在此输入“win2003.com”。然后单击“下一步”按钮。

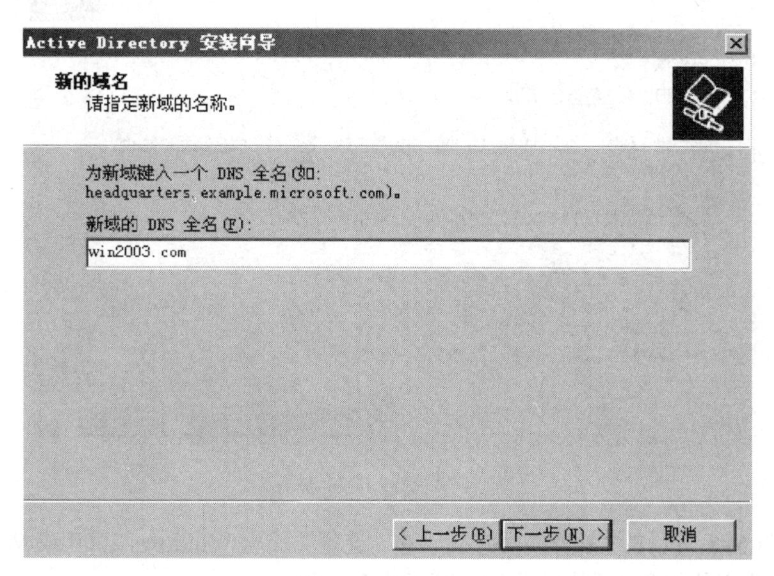

图 5–5　输入域名

（6）一直单击“下一步”按钮，直到出现如图 5–6 所示界面，在图 5–6 中，选择 SYSVOL 文件夹的存放位置，此文件夹必须放在使用了 NTFS 磁盘分区中，这里使用的是默认值。然后单击“下一步”按钮。

（7）由于本机还没有安装 DNS 服务，因此必须在安装活动目录的过程中安装 DNS 服务，如图 5–7 所示，然后单击“下一步”按钮。

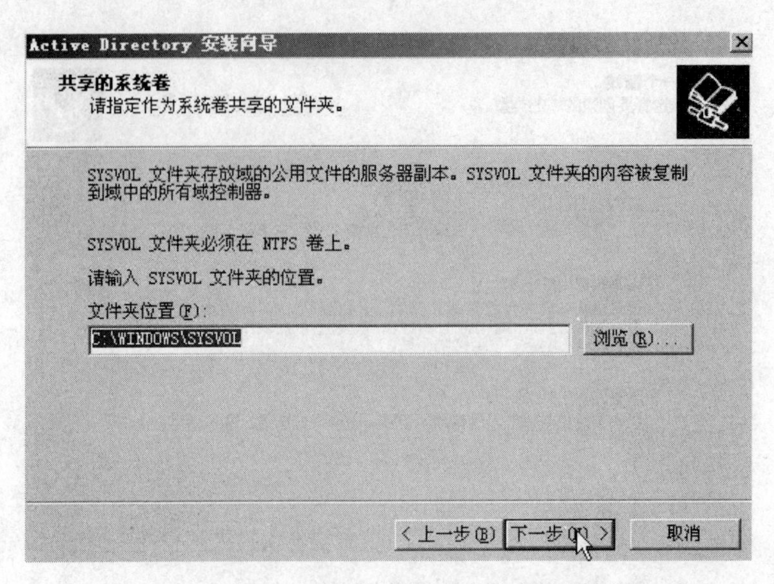

图 5–6 选择活动目录数据库和日志文件的存放位置

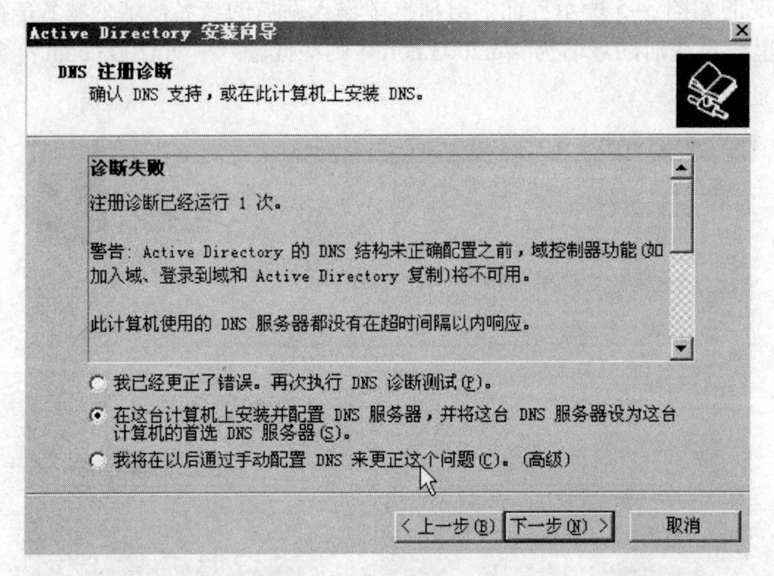

图 5–7 安装 DNS 服务

（8）在如图 5–8 所示的“权限”设置对话框，选择“只与 Windows 2000 或 Windows Server 2003 操作系统兼容的权限”。然后单击“下一步”按钮。

（9）在如图 5–9 所示界面中，设定“目录服务还原模式”的管理员密码，此密码用于计算机启动时，按 F8 进去后，有一项就是“目录服务还原模式”。如果需要进入“目录服务还原模式”，则需要输入在此设置的密码。然后单击“下一步”按钮。

（10）然后在出现“摘要”的界面，此界面显示了前面设置的各个项目情况，在确认无误之后，点击“下一步”按钮。

（11）出现如图 5–10 所示的开始配置活动目录界面。

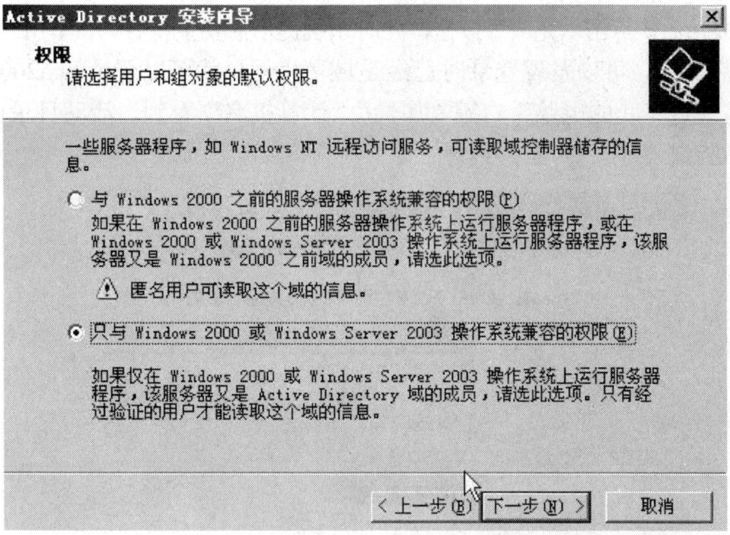

Active Directory 安装向导
权限
请选择用户和组对象的默认权限。
一些服务器程序，如 Windows NT 远程访问服务，可读取域控制器储存的信息。
与 Windows 2000 之前的服务器操作系统兼容的权限(P)
如果在 Windows 2000 之前的服务器操作系统上运行服务器程序，或在 Windows 2000 或 Windows Server 2003 操作系统上运行服务器程序，该服务器又是 Windows 2000 之前域的成员，请选此选项。
匿名用户可读取这个域的信息。
只与 Windows 2000 或 Windows Server 2003 操作系统兼容的权限(E)
如果仅在 Windows 2000 或 Windows Server 2003 操作系统上运行服务器程序，该服务器又是 Active Directory 域的成员，请选此选项。只有经过验证的用户才能读取这个域的信息。
< 上一步(B)
下一步(N) >
取消

图 5–8　选择用户和组的默认权限

Active Directory 安装向导
目录服务还原模式的管理员密码
该密码在“目录服务还原模式”下启动计算机时使用。
输入并确认您要分配给管理员账户的密码。该账户是该服务器用目录服务还原模式启动时使用的。
还原模式管理员账户与域管理员账户不同。账户的密码可能不同，所以一定要记住两个账户的密码。
还原模式密码(P):
******
确认密码(C):
******
有关目录服务还原模式的详细信息，请参阅 Active Directory 帮助。
< 上一步(B)
下一步(N) >
取消

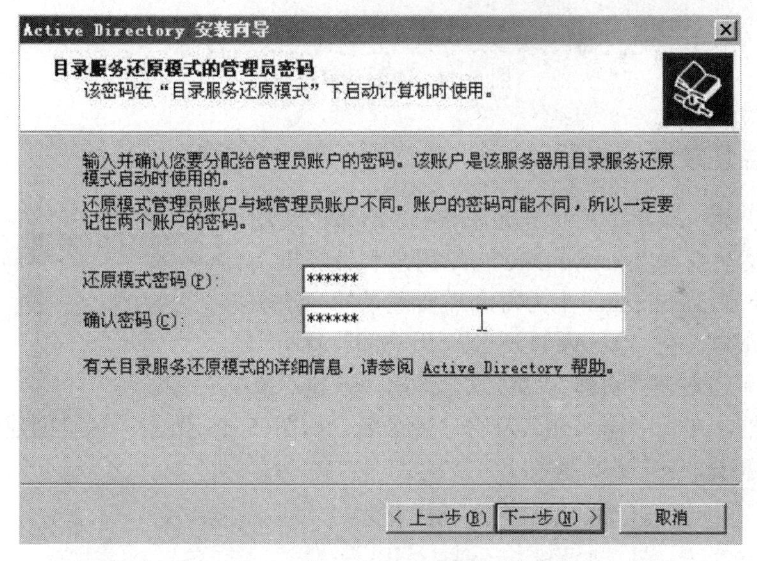

图 5–9　设置目录服务还原模式密码

Active Directory 安装向导
向导正在配置 Active Directory。根据您所选的选项，此过程可能要花几分钟或更长时间。
正在从域 WIN2003 脱离这台机器。

图 5–10　活动目录安装过程

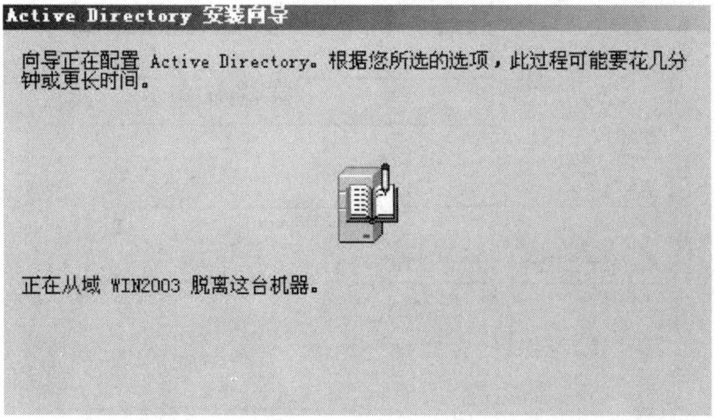

（12）安装成功后，点击“完成”按钮，此时系统提示需要重新启动，单击“立即重新启动”。

（13）重新启动时，可以发现登录时已经是域环境了，就可以登录 win2003.com 域了。进入桌面后，还可通过“我的电脑”右键“属性”“计算机名”看到，活动目录已安装成功，本机已经升级为域控制器了，如图 5–11 所示。

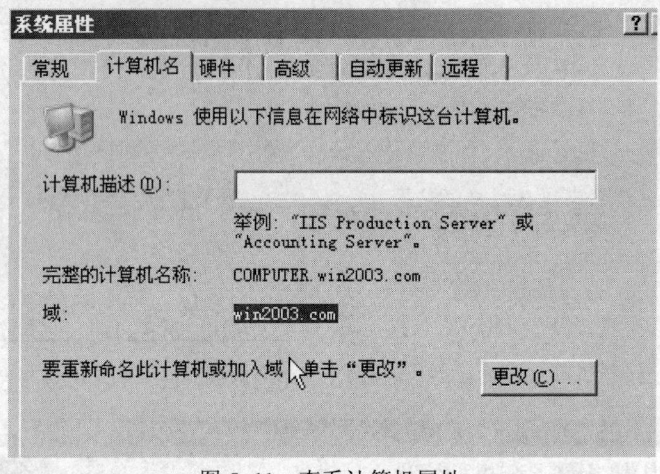

图 5–11　查看计算机属性

5.1.3　客户端登录域控制器

（1）在“开始”菜单下，找到如图 5–12 所示的活动目录菜单项。然后打开“Active Directory 用户和计算机”。

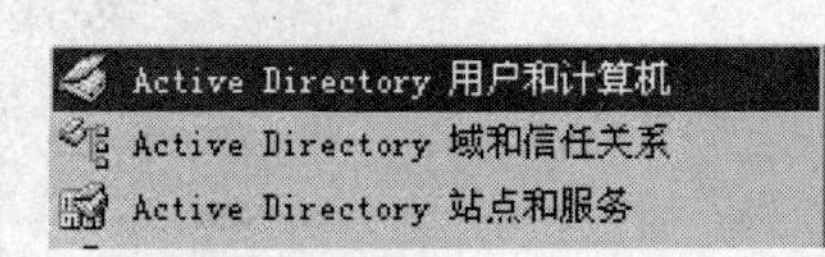

图 5–12　活动目录菜单

（2）在域控制器 computer 上为每个需要登录的客户端创建一个用户账户。在“Active Directory 用户和计算机”的“Users”上单击右键“新建”“用户”，弹出“新建对象—用户”对话框，在其中输入姓名及用户登录名，如图 5–13 所示，这里创建一个名为 wgh 的账户。然后单击“下一步”按钮。

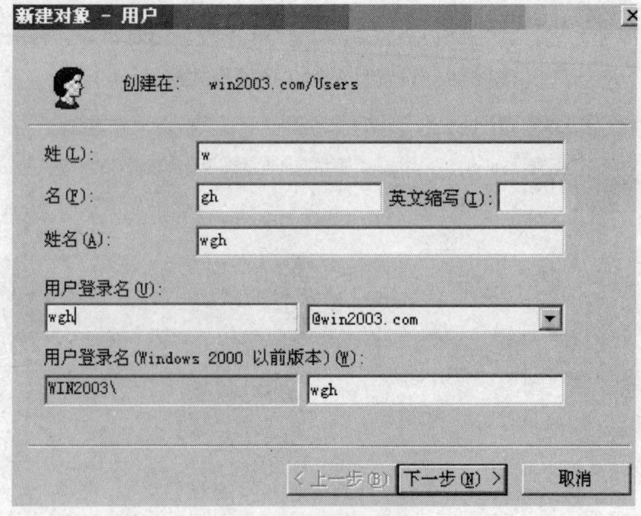

图 5–13　新建用户

（3）为 wgh 用户设置一个登录密码，wgh 用户登录时一定要用此密码才能登录，如果密码忘记或丢失，需向域账户管理员申请重置密码，如图 5–14 所示，然后单击“下一步”按钮。

（4）为了使用域名让客户端加入域，需要配置客户端的 IP 地址，在此配置为 192.168.1.25，并且配置客户端的 DNS 为主域控制器的 IP 地址即为 192.168.1.2，如图 5–15 所示。

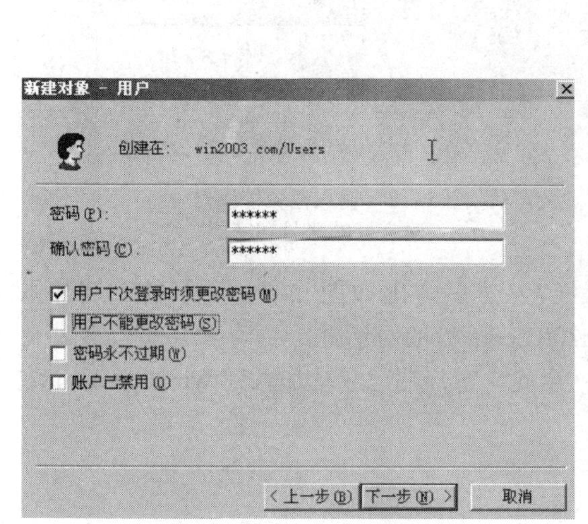

图 5–14　设置用户登录密码

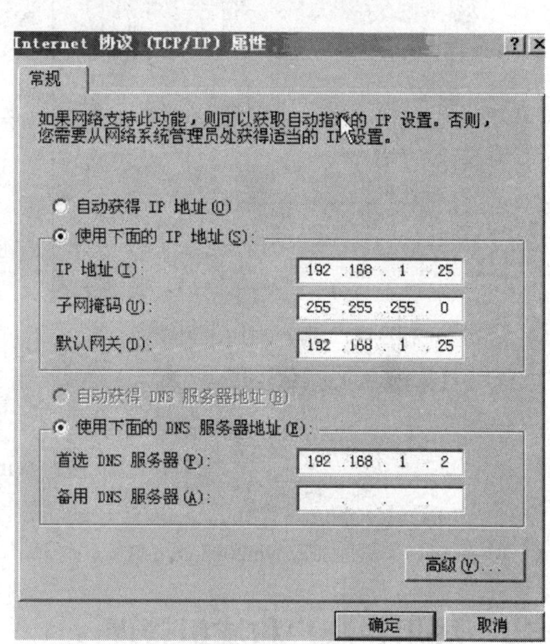

图 5–15　设置客户机的 IP 地址和首选 DNS 的 IP 地址

如果没有对客户端IP地址等设置，则会弹出如图5–16所示的提示，说明加入win2003.com域失败。

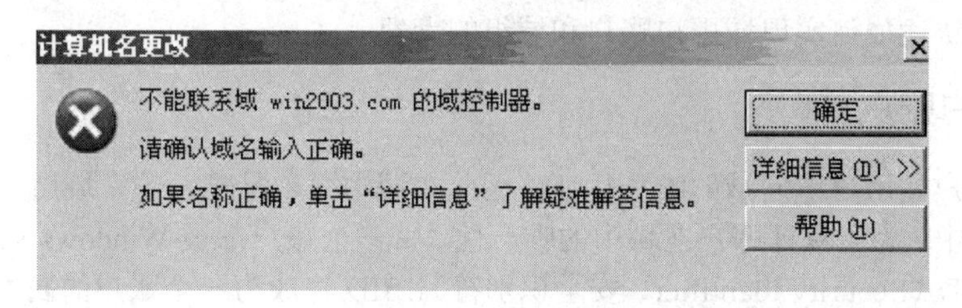

图 5–16　不能联系域

（5）客户端在进行如图 5–15 的设置后，点击右键“我的电脑”“属性”“计算机名”“更改”，在“隶属于”中选择“域”，在下面的文本框中输入 win2003.com，如图 5–17 所示。然后单击“确定”按钮以加入“win2003.com”域。

（6）然后出现如图 5–18 所示界面，在此界面中输入域用户账户和密码，然后单击“确定”按钮。

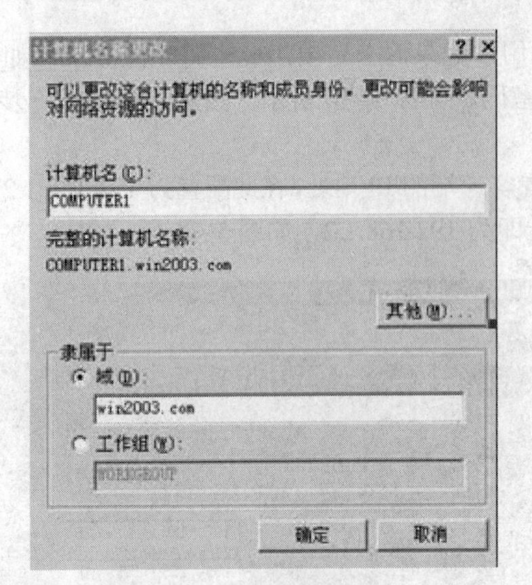

图 5–17 客户端加入到域

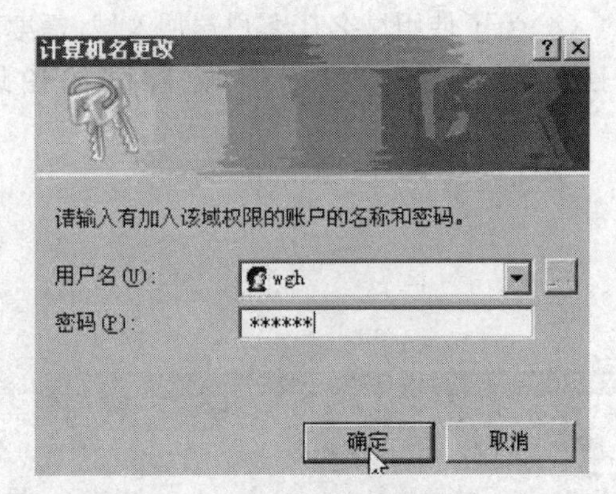

图 5–18 输入在域控制器中建立好的账号和密码

图 5–19 欢迎加入 win2003.com 域

（7）然后弹出如图 5–19 所示的欢迎加入 win2003.com 域的对话框。

至此，客户端已成功加入到 win2003.com 域中。

5.2 域用户账户和域组管理

在工作组模式下的网络，当用户数量庞大时，管理员的工作负担非常大。而在域模式下，访问域中的成员服务器除了有在本地工作的本地用户和组外，还有能够访问域内其他服务器共享出来的网络资源需求，这就需要在域控制器上创建在整个域中通行的账号，使用这个账号，可以使域内的用户在域环境中的任意一台成员服务器上登录都可以访问网络资源。

在本节将讲述如何实现域用户账户和域组的管理。

5.2.1 域用户账户

域用户账户是用户访问域的唯一凭证，因此在域中必须是唯一的。域用户账户保存在活动目录数据库中。为了保证账户在域中的唯一性，每一个账户都被 Windows Server 2003 签订一个唯一的 SID（Security Identifier，安全识别符）。SID 将成为一个账户的属性，不随账户的修改、更名而改动，并且一旦账户被删除，则 SID 也将不复存在，即便重新创建一个一模一样的账户，其 SID 也不会和原有的 SID 一样，Windows Server 2003 的域就是由此来保证域用户账户的唯一性。

1. 创建域用户

创建域用户账户，操作如下。

单击“开始”“程序”“管理工具”“Active Directory 用户和计算机”，然后点右键“Users”，再单击“新建”“用户”，如图 5–20 所示。弹出一个创建用户的对话框，在该对话框中输入用户信息，如图 5–21 所示。

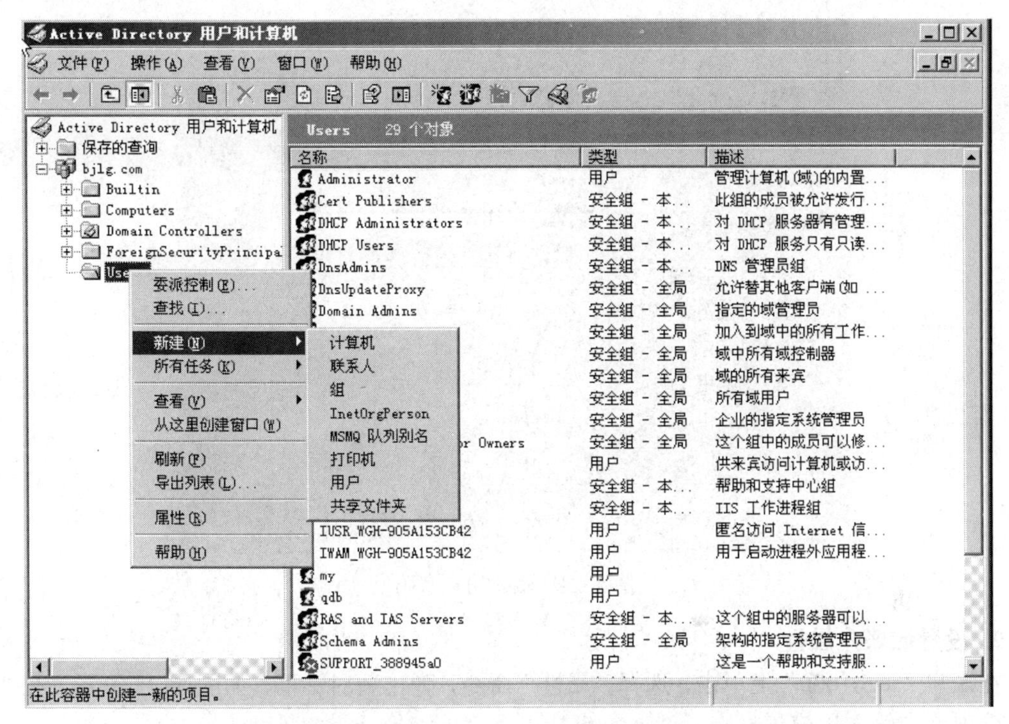

图 5–20 Active Directory 用户和计算机新建用户窗口

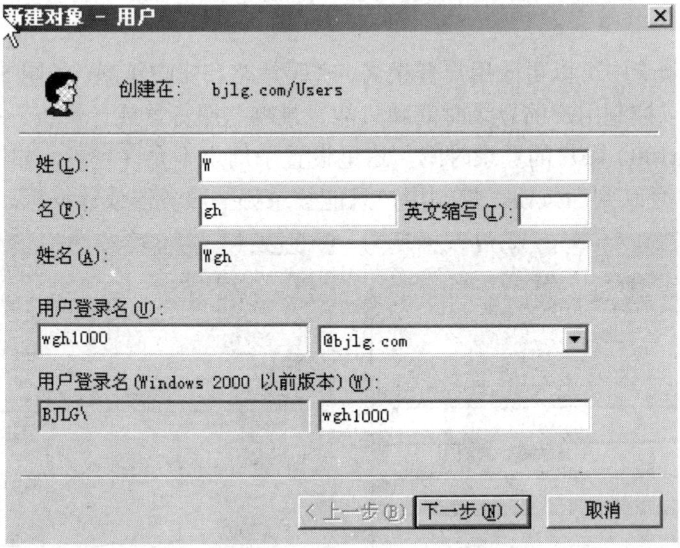

新建对象 - 用户

创建在： bjlg.com/Users

姓(L)： W

名(F)： gh 英文缩写(I)：

姓名(A)： Wgh

用户登录名(U)：

wgh1000 @bjlg.com

用户登录名(Windows 2000 以前版本)(W)：

BJLG\ wgh1000

< 上一步(B) 下一步(N) > 取消

图 5–21 新建用户对话框

单击“下一步”按钮，输入用户密码，如图 5–22 所示。

为了域用户账户的安全，在给每个用户设置初始化密码后，最好将“用户下次登录时须更改密码”复选框选中，以便用户在第一次登录时更改自己的密码。在为用户设置好符合域控制器安全性密码设置条件的密码后，单击“下一步”按钮，然后单击“完成”按钮，至此，域用户账户就建立好了。

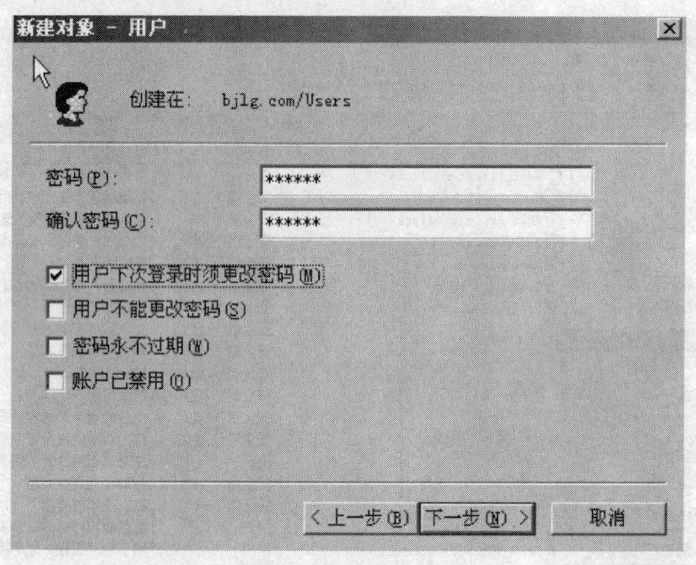

图 5–22　输入用户密码

2. 设置域账户属性

在账户“wgh1000”上单击，选择“属性”命令，弹出新对话框，如图 5–23 所示。在“常规”选项卡中输入用户信息。

然后在“地址”选项卡中输入用户的地址和邮编，在“电话”选项卡中输入用户的各种电话号码。

在“账户”选项卡中可以更改用户登录名、密码策略和账户策略，如图 5–24 所示。在“账户”选项卡中，可以控制用户的登录时间和只能登录哪些服务器或计算机。单击“登录时间”，可以设置允许 wgh1000 账户的登录时间，这里设置了周末不允许登录，如图 5–25 所示。同时可以通过单击“登录到”按钮，控制用户只能登录哪些服务器或计算机。

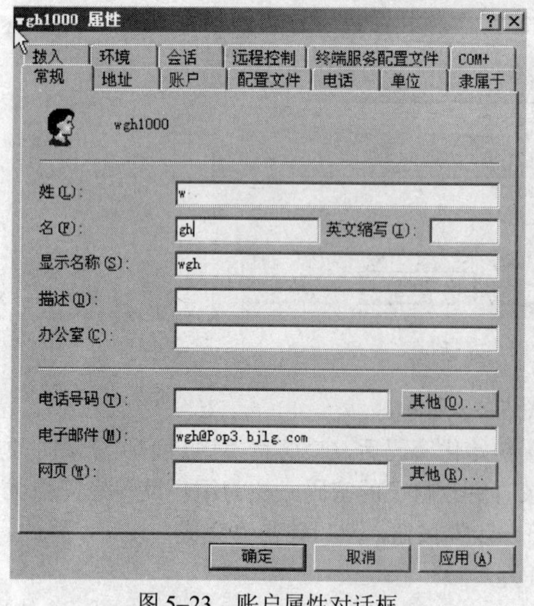

图 5–23　账户属性对话框

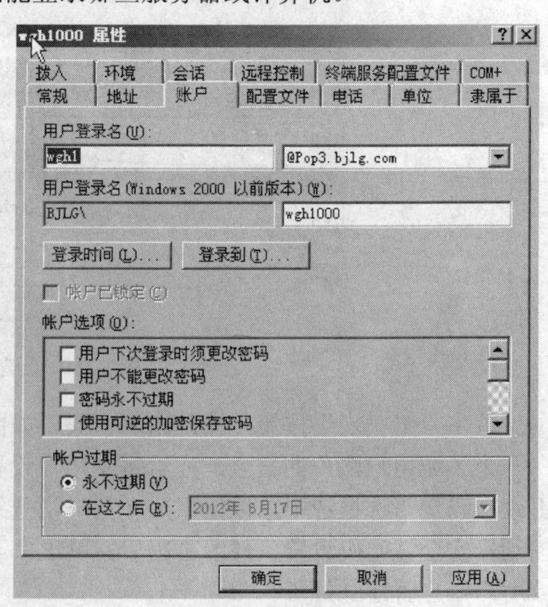

图 5–24　账户选项卡

对于时间控制，如果已登录用户在域中的工作时间超过设定的“允许登录”时间，并不会断开与域的连接。但用户注销后重新登录时，便不能登录了，“登录时间”只是限定可以登录到域中的时间。

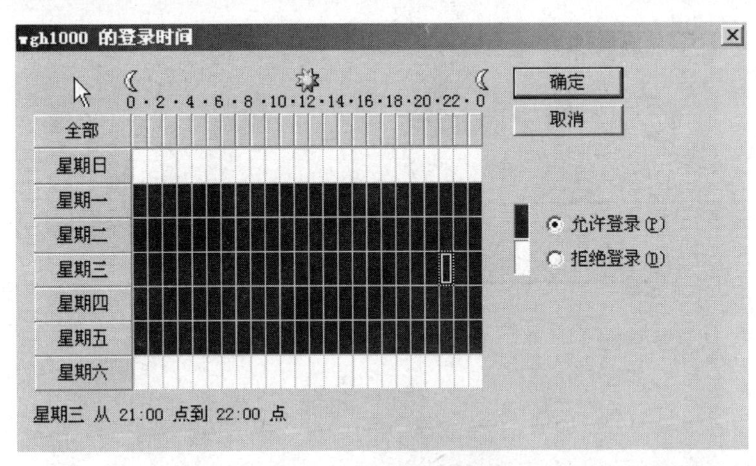

图 5–25　设置登录时间

在图 5–24 中的“单位”选项卡中可以输入职务、部门、公司名称、直接下属等。

在图 5–24 中的“隶属于”选项卡中，单击“添加”按钮，可以将该用户添加到组，如图 5–26 所示。用户属性对话框中的其他选项卡，将在其他部分加以介绍。

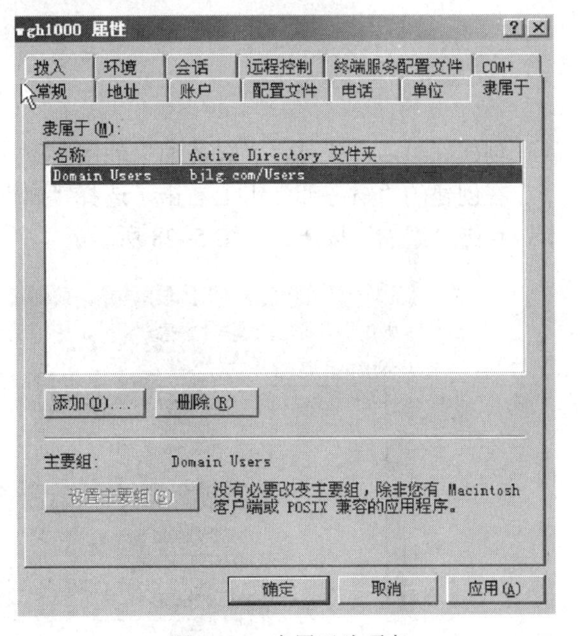

图 5–26　隶属于选项卡

5.2.2　域组管理

域组的理解：就像一个单位中的一个工作小组一样，其成员不仅具有自身的特性，也具有很多相同的属性，将这些成员归放到一起可以提高管理上的方便性。在实际工作中，可以以行政小组为单位创建一个组，例如，所有财务部的成员可以放到一个组中，为了便于记忆，可取名为“财务部”，所有工程部的成员可放到“工程部”组中等等。

组织单位的理解：组织单位是比组更大的一级范围，组织单位是可将用户、组、计算机和其他组织单位放入其中的 Active Directory 容器。比如一个小型企业的所有成员和工作组，就可以放到一个组织单位下。而在大型企业中，可使用组织单位来和企业的职能部门关联，然后将部门中的员工、小组、计算机以及其他设备统一在组织单位中管理。用户可拥有对域中所有组织单位或对单个组织单位的管理权限。组织单位的管理员不需要具有域中任何其他组织单位的管理权限。

1. 创建域组

在如图 5–20 左边窗格中的“Users”中点右键，“新建”“组”，弹出如图 5–27 所示对话框，在对话框中输入组名：“财务部”，设置“组作用域”为“全局”组。

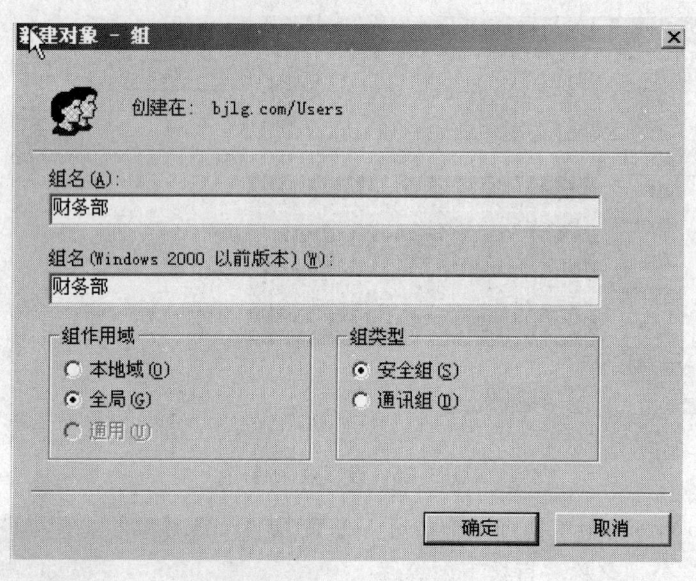

图 5–27　创建组

创建好组后，就可将“财务部”的用户添加到创建的组中。

在创建的“财务部”组上右击，选择“属性”命令，在弹出的对话框中点“成员”选项卡，点击“添加”按钮。如图 5–28 所示。

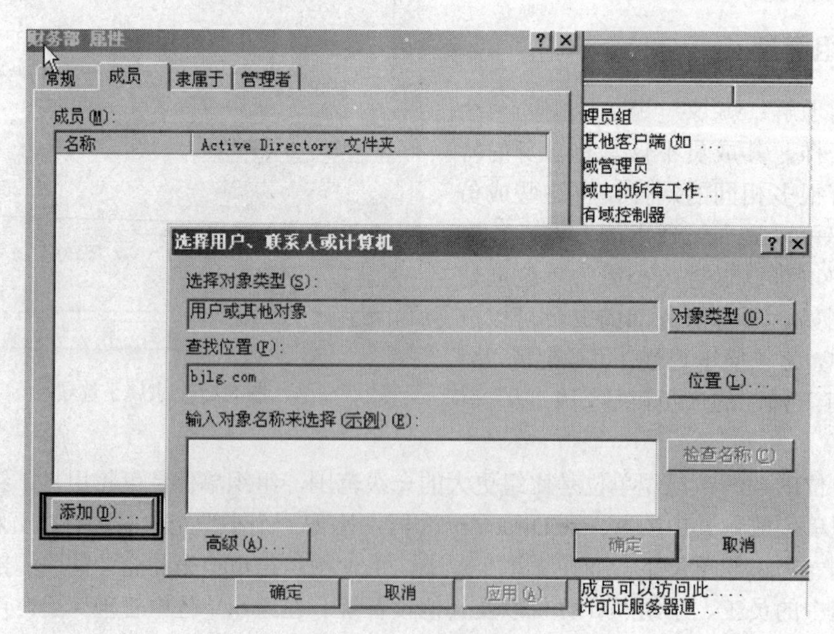

图 5–28　添加用户到组

在弹出的“选择用户、联系人或计算机”对话框中可使用手工输入用户名称，如果需要添加多个用户，则用户之间用分号隔开，然后“确定”，用户就添加到全局组中；但一般是采用点击“高级”按钮，在弹出的对话框中点击“立即查找”。计算机将域中所有的用户、联系人或计算机都显示在对话框中，这样你可以从这里面去选择需要添加的用户，然后点击“确定”按钮，如图 5–29 所示。

选择用户、联系人或计算机
选择此对象类型(S):
用户或其他对象
对象类型(O)...
查找位置(F):
bjlg.com
位置(L)...
一般性查询
名称(A): 开始
描述(D): 开始
禁用的帐户(B)
不过期密码(X)
自上次登录后的天数(I):
列(C)...
立即查找(N)
停止(T)
确定
取消
搜索结果(U):
名称 (RDN) 电子邮件地址 描述 在文件夹中
Administr... 管理计算机(... bjlg.com/Users
Guest 供来宾访问... bjlg.com/Users
IUSR_WGH-... 匿名访问 In... bjlg.com/Users
IWAM_WGH-... 用于启动进... bjlg.com/Users
my bjlg.com/Users
qdb bjlg.com/Users
SUPPORT_3... 这是一个帮... bjlg.com/Users
wgh1000 wgh@Pop3.bj... bjlg.com/Users
选择对象类型(S):
用户或其他对象
查找位置(F):
bjlg.com
输入对象名称来选择
高级(A)...
①
②

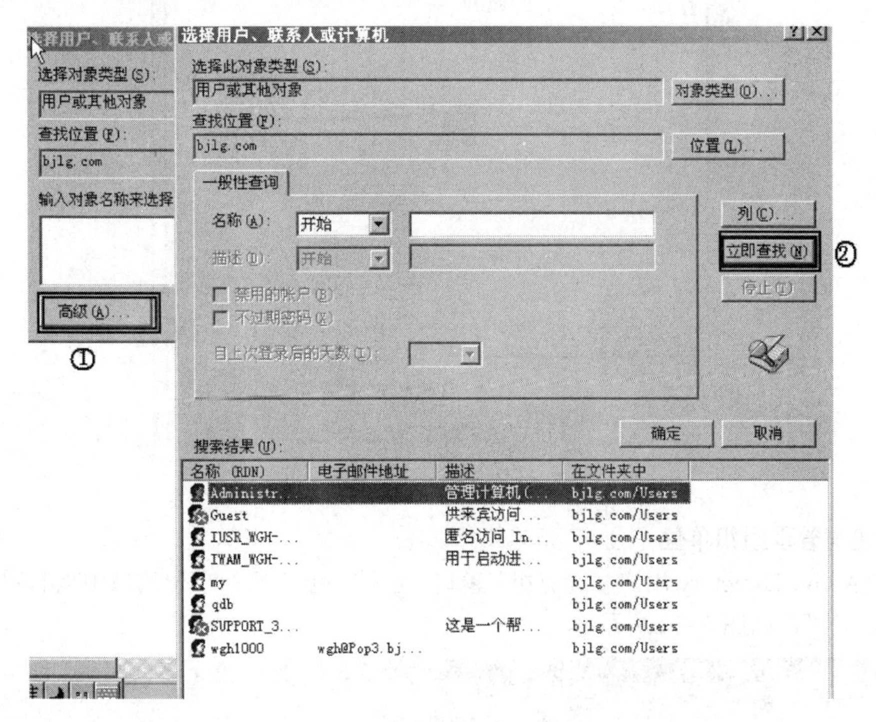

图 5–29　通过查找添加用户到组

在这里添加了 qdb 和 wgh1000 两个用户到财务部组中，如图 5–30 所示。

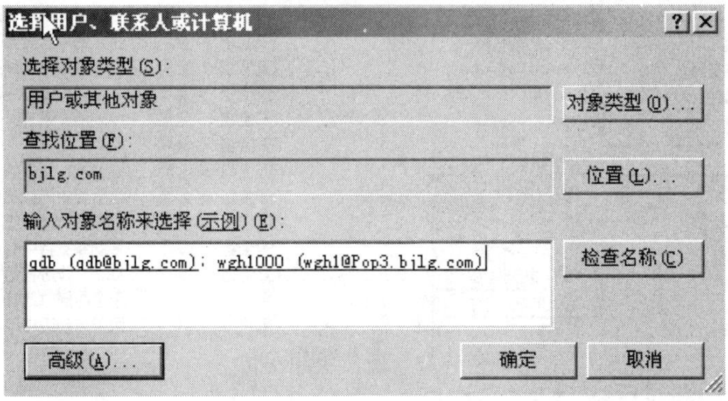

选择用户、联系人或计算机
选择对象类型(S):
用户或其他对象
对象类型(O)...
查找位置(F):
bjlg.com
位置(L)...
输入对象名称来选择(示例)(E):
qdb (qdb@bjlg.com); wgh1000 (wgh1@Pop3.bjlg.com)
检查名称(C)
高级(A)...
确定
取消

图 5–30　已添加的用户

点击“确定”按钮后，用户即添加完成，如图 5–31 所示。

这样，可以单独为用户分配域权限，这是针对不同户用权限各自不相同的时候使用，但如果一个组中用户权限有相同部分，可以批量的通过以组的形式为用户分配域权限，这样提高了管理效率。

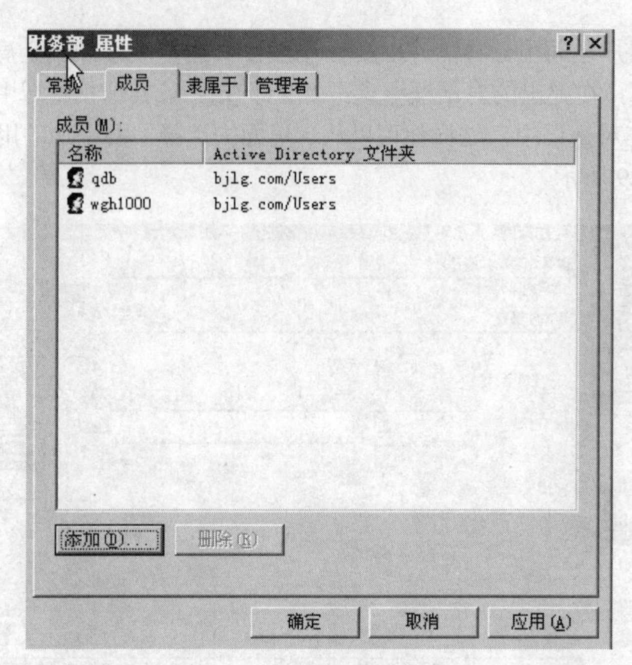

图 5–31 已增加了成员

2. 创建与管理组织单位

打开“Active Directory 用户和计算机”窗口，在需要创建组织单位的域中点右键，选“新建”“组织单位”，如图 5–32 所示。

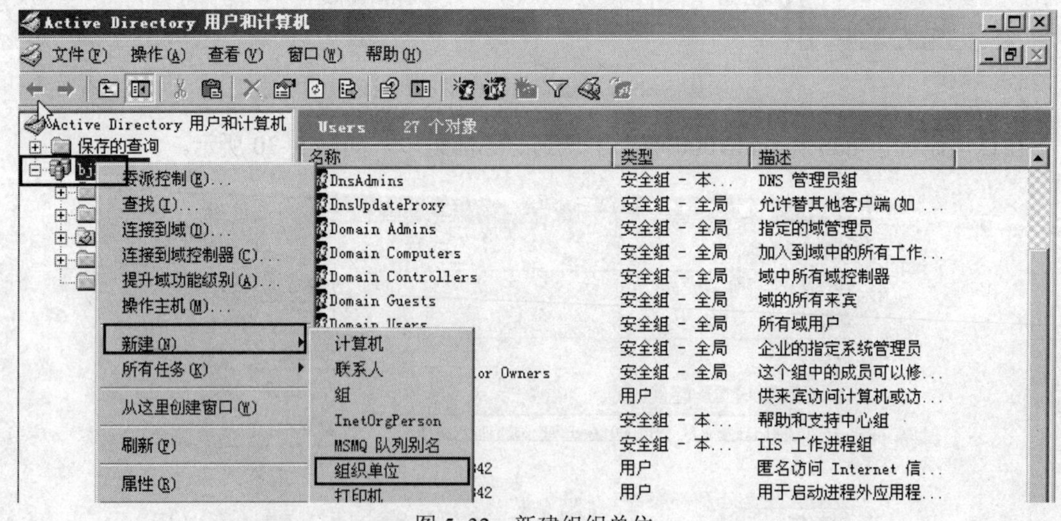

图 5–32 新建组织单位

在弹出“新建对象—组织单位”对话框中，输入想要创建的组织单位的名称，如图 5–33 所示。然后单击“确定”按钮，以“重电学院”为名称的组织单位即创建完成。

在组织单位下，还可再创建下一级的组织单位，在“Active Directory 用户和计算机”窗口中，先点击新创建的组织单位后，在右侧窗格的空白处右击，选“新建”“组织单位”；另外，也可创建用户或组等，如图 5–34 所示。其创建方法可根据弹出的对话框提示一步步完成，在此不再重述。在组织单位下添加了下一级组织单位后，如图 5–35 所示。

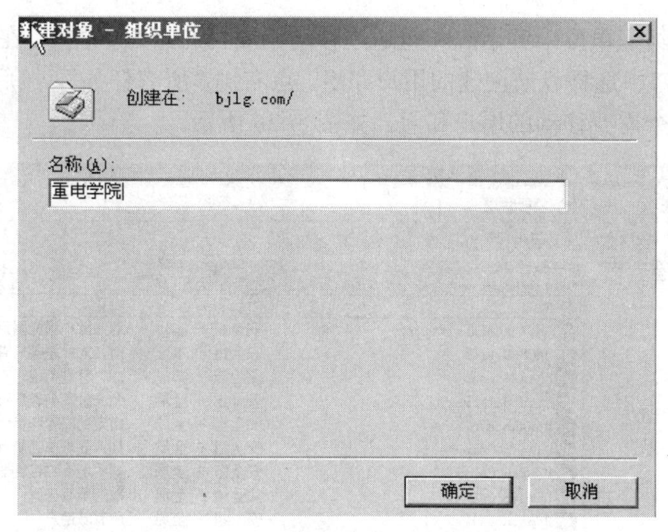

图 5–33　新建组织单位对话框

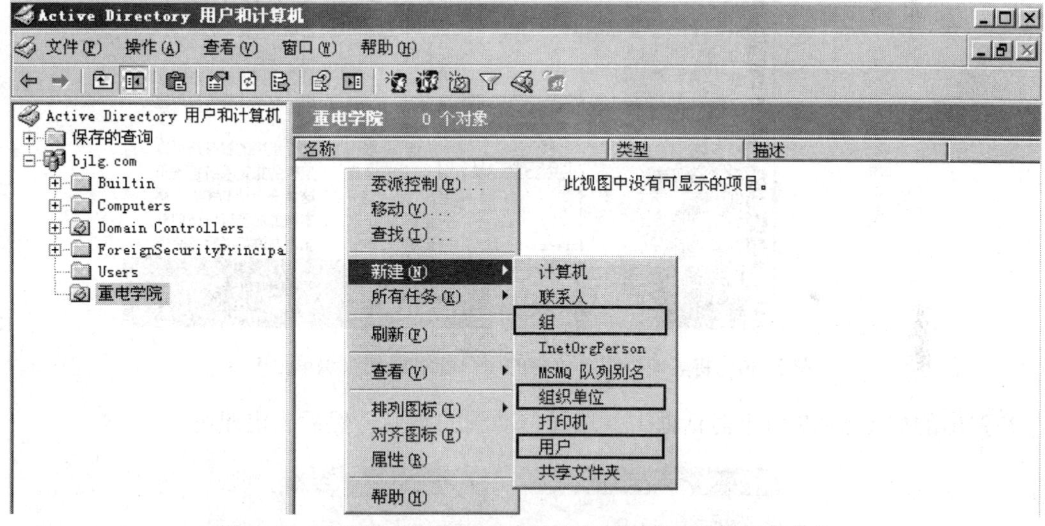

图 5–34　在新建的组织单位中建立新的用户、组和组织单位

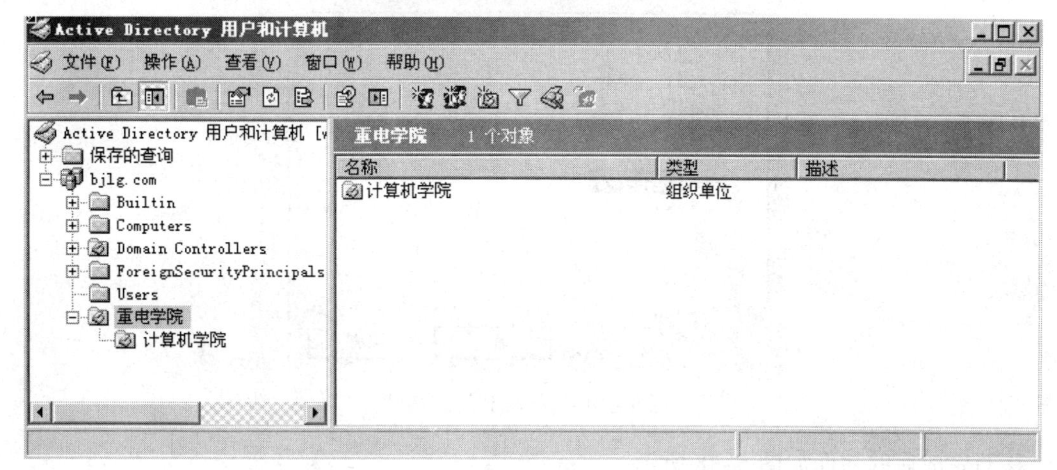

图 5–35　添加了下级组组织单位

还可以将其他组织单位中的用户和组通过移动添加到此组织单位中，在“Active Directory 用户和计算机”窗口中选择以前创建的用户和组，点右键“所有任务”，然后选“移动”命令，也可以一次多选几个需要移动的用户和组，如图 5–36 所示。

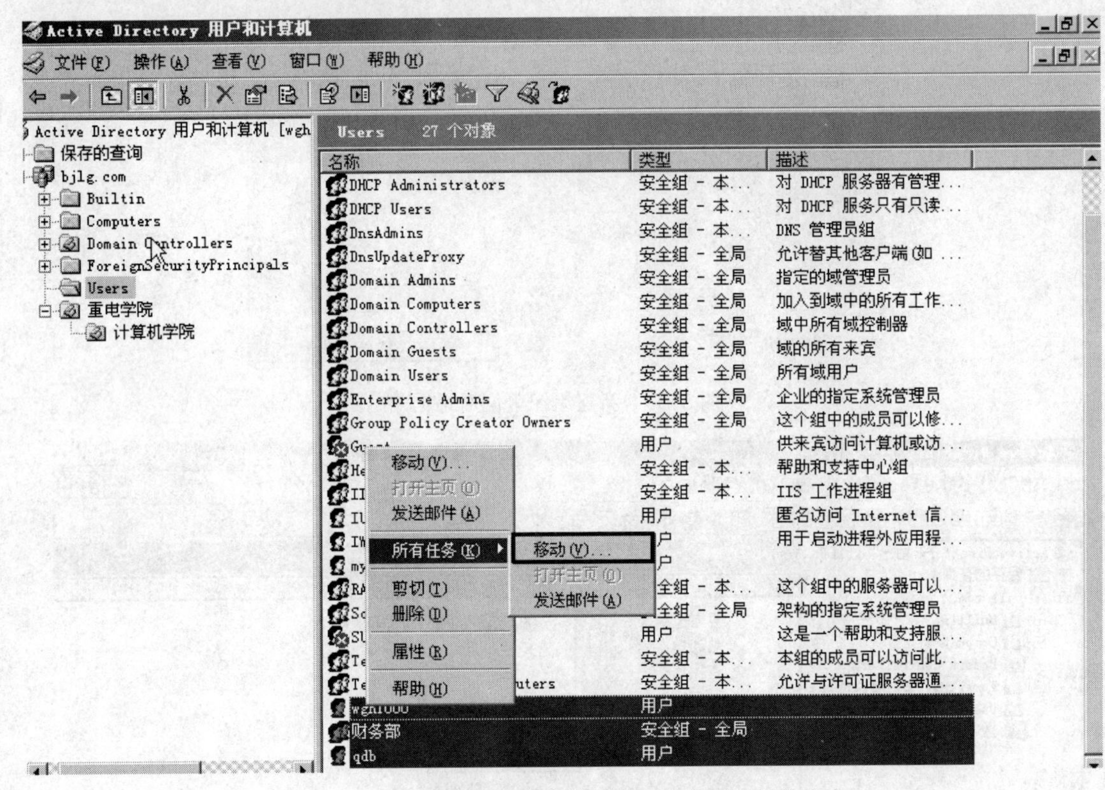

图 5–36 将其他组织单位中的用户和组移到组织单位中

在弹出的如图 5–37 所示对话框中，选择移动到的组名，然后确定即可。

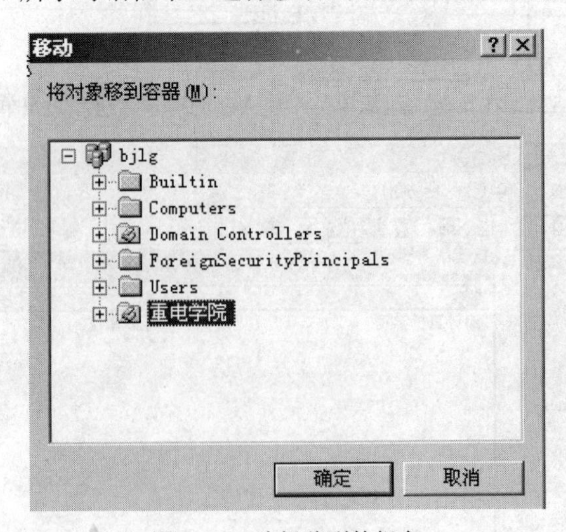

图 5–37 选择移到的组名

移动完成后的界面如图 5–38 所示。

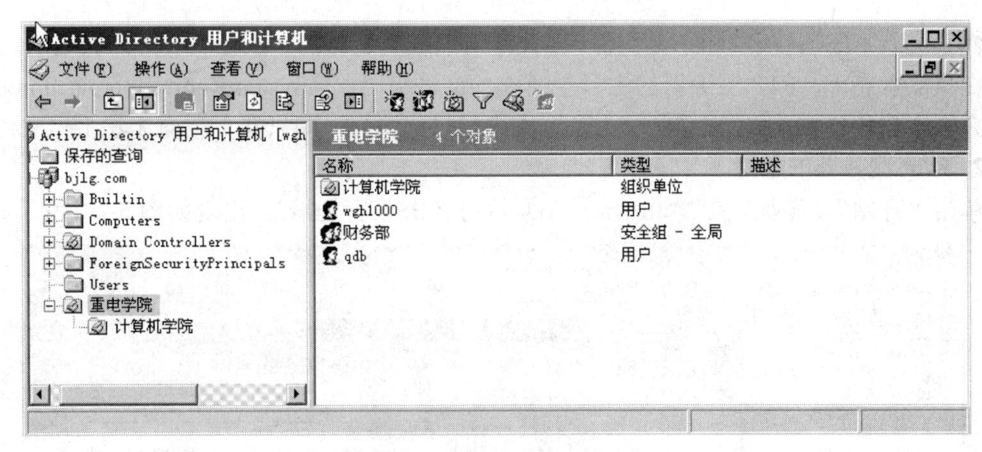

图 5–38　完成移动用户（组）

5.3　网络服务配置

5.3.1　FTP 服务器的安装与配置

在 Windows Server 2003 中集成了 FTP 服务器功能，如果在局域网环境下对 FTP 服务要求不是很高时，可以利用 Windows 2003 集成的 FTP 功能来配置 FTP 服务器，为用户提供文件下载服务。

1. 在 Windows Server 2003 中安装 FTP 服务

依次点击“开始”“控制面板”“添加或删除程序”“添加/删除 Windows 组件”“应用程序服务器”“Internet 信息服务（IIS）”，勾选“文件传输协议（FTP）服务”，然后点击“确定”，如图 5–39 所示。

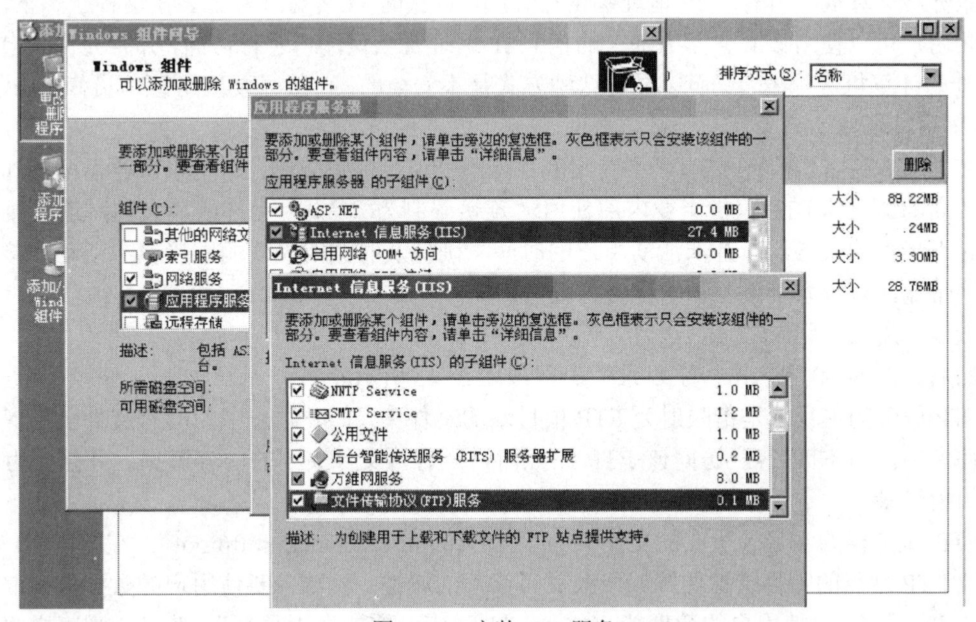

图 5–39　安装 FTP 服务

然后进入 FTP 服务的安装，等待一会儿即可完成安装。FTP 服务安装好后会自动运行，并且在默认状态下，FTP 服务器的主目录所在的文件夹为“%SystemRoot%\inetput\ftproot”，默认允许来自任何 IP 地址的用户以匿名方式进行只读访问，即只能下载而无法上传文件。

2. FTP 服务器的配置

单击“开始”“管理工具”“Internet 信息服务（IIS）管理器”，出现如图 5–40 所示界面。

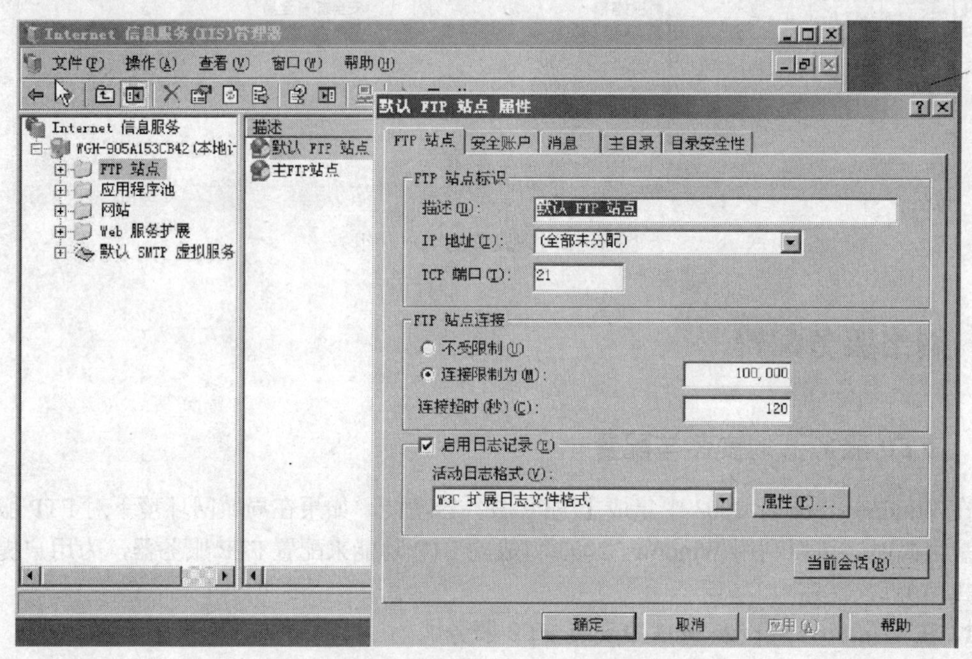

图 5–40 FTP 站点设置

在“FTP 站点标识”区中可修改站点描述；在 IP 地址栏中，默认为“全部未分配”，即 FTP 服务与计算机中所有的 IP 地址绑定在一起，默认的 TCP 端口为 21，在这种状态下，FTP 客户端用户可以使用该服务器中绑定的任何 IP 地址及默认端口进行访问，并且允许来自任何 IP 地址的计算机进行匿名访问，显然这种方式是不安全的，一般需要网络管理员修改 IP 地址和 TCP 端口号。

在“FTP 站点连接”区中，“不受限制”指不受连接数量限制，适用于服务器配置和网络带宽较高的情况或 FTP 仅供企业内部使用。“连接限制为”指设置允许的最大同时连接数；“连接超时”指设置服务器断开未活动用户的时间，确保及时关闭失败的联接或未活动联接，释放网络带宽，减少系统资源和网络资源浪费。

最后启用日志纪录。

然后在图 5–40 中点击“主目录”出现如图 5–41 所示界面。

FTP 服务的主目录是指映射为 FTP 根目录的文件夹，FTP 站点中的所有文件全部保存在该文件夹中，当 FTP 客户访问该 FTP 站点时，只有该文件夹中的内容可见，并且作为 FTP 站点的根目录。

FTP 服务器的主目录所在的文件夹为“%SystemRoot%\inetput\ftproot”，在图 5–41 中，可修改 FTP 站点的主目录的位置或修改其可读写的属性。例如，要使用户的数据能读取，则需勾选“读取”；要使用户的数据能上传到 FTP 站点，需勾选“写入”。在目录列表样式中选择的是用户站能看到 FTP 文件的列表样式。

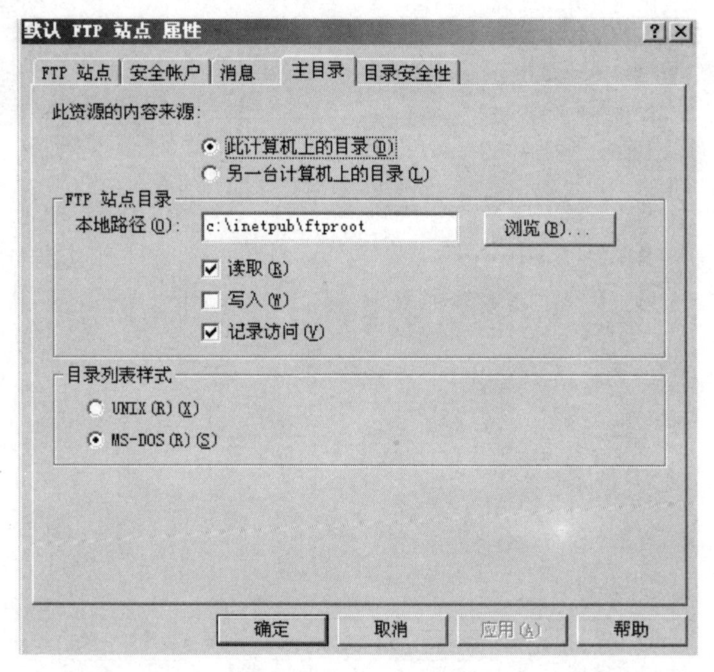

图 5–41　设置 FTP 主目录

在图 5–41 中点击“消息”出现图 5–42 所示界面。

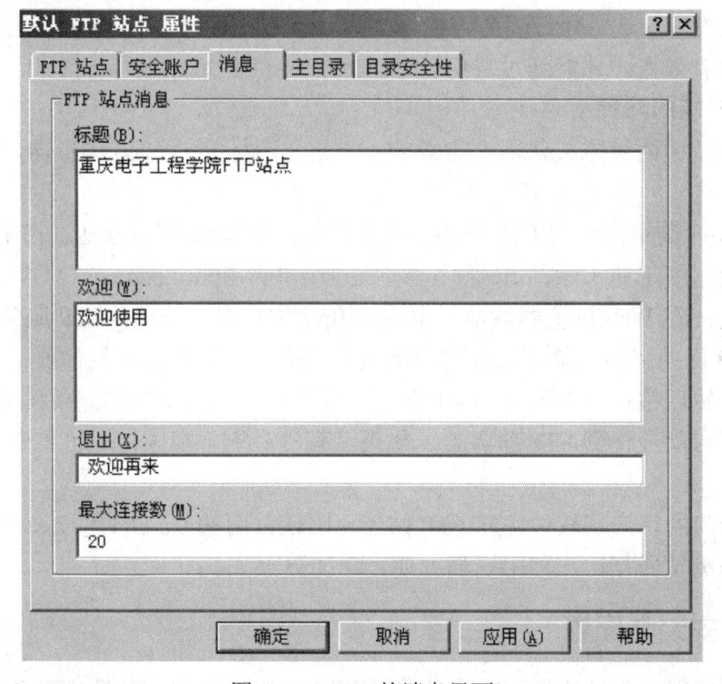

图 5–42　FTP 的消息界面

消息界面是 FTP 服务器在用户访问时向用户进行自我宣传，表现一种人性化主题。

在图 5–42 中点击“安全账户”出现图 5–43 所示界面。

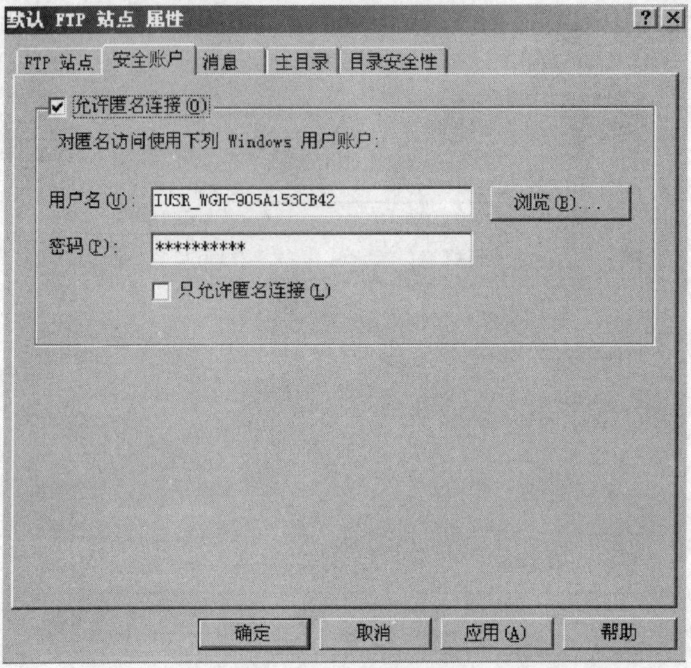

图 5–43 FTP 的安全账户设置

在默认情况下，已勾选了“允许匿名连接”，即不需要身份认证就可以读取下载 FTP 站点的内容。如果没有勾选“允许匿名连接”，则只允许授权用户才能访问，也就是只有服务器或活动目录中的有效账户才能通过身份认证，才能对 FTP 站点进行访问。

3. FTP 客户端的配置

客户端一般使用两种方式访问 FTP 站点，一是利用标准的 Web 浏览器，二是利用专门的 FTP 客户端软件。

（1）使用 Web 浏览器访问 FTP 站点。匿名访问：在 Web 浏览器地址栏中输入 ftp://ftp 服务器地址，如哈尔滨工业大学的 ftp 服务器地址为：ftp://ftp.hit.edu.cn（只能在校内使用）。

非匿名访问：在 Web 浏览器地址栏中输入 ftp://用户名：密码@FTP 服务器地址。

登录到 FTP 网站以后，就可以像访问本地文件夹一样使用了。例如要下载文件，可以先复制一个文件，然后粘贴到本地文件夹中即可。上传则先复制本地文件后，在 FTP 站点文件夹中粘贴，即可自动上传到 FTP 服务器。如果具有“写入”权限，还可重命名，新建和删除文件与文件夹。

（2）使用专门的客户端软件访问 FTP 站点。比较常用的 CuteFTP、LeapFTP 和 FlashFXP 等，这些软件与浏览器相比，使用更加方便，功能更强大。

5.3.2 DHCP 安装与配置

DHCP 服务使得工作站连接到网络后自动获取一个 IP 地址。配置 DHCP 服务的服务器可以为每一个网络客户提供一个 IP 地址、子网掩码、缺省网关、一个 WINS 服务器的 IP 地址以及一个 DNS 服务器的 IP 地址，这样可减小管理员的工作量，避免输入错误和 IP 冲突。当网络更改 IP 网段时，不需要重新配置每台计算机的 IP 地址，由于采用了 DHCP 自动分配 IP 地址，还提高了 IP 地址的利用率。

例如，在一个企业网络中，需要配置 200 台计算机的 IP 地址信息。如果不使用 DHCP 功能，就需要对这 200 台计算机手工配置。如果要对这些计算机的 IP 配置做修改，需要再做一遍上述工作。有了 DHCP，只需为服务器添加一个 DHCP 服务器就可以支持这 200 个网络客户端。当需要对 IP 配置做出变动的时候，只需在 DHCP 服务器上一次完成，每个 TCP/IP 网络上的主机会自动更新它们的 DHCP 客户端配置。

1. DHCP 服务器的安装

（1）在控制面板中，启动“添加/删除程序”，然后点击“添加/删除 Windows 组件”“Windows 组件向导”，单击“下一步”出现“Windows 组件”对话框，选择“网络服务”，如图 5–44 所示。点击“详细内容”，从列表中选取“动态主机配置协议（DHCP）”，然后点击“确定”按钮。

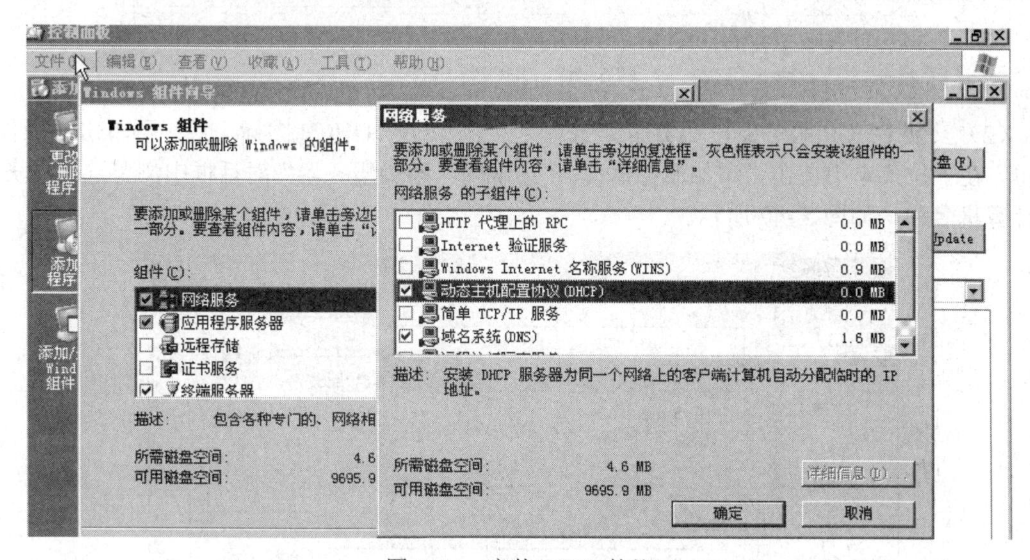

图 5–44　安装 DHCP 协议

再点击“下一步”按钮，输入 Windows Server 2003 的安装源文件的路径，如果放入了安装光盘，则会自动寻找光盘内容进行 DHCP 服务的安装。

（2）安装完成后，单击“完成”。安装完成后在管理工具中可见到多了一个“DHCP”服务，如图 5–45 所示。

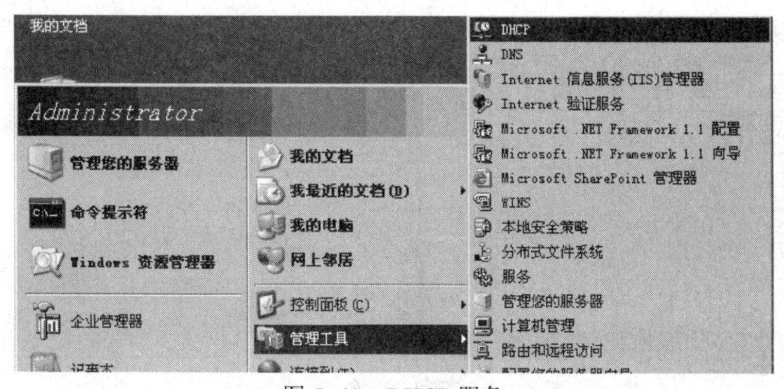

图 5–45　DHCP 服务

2. 配置 DHCP 服务器

（1）启动 DHCP 控制台，单击“开始”“程序”“管理工具”“DHCP”即可启动 DHCP 管理控制台，如图 5–46 所示。

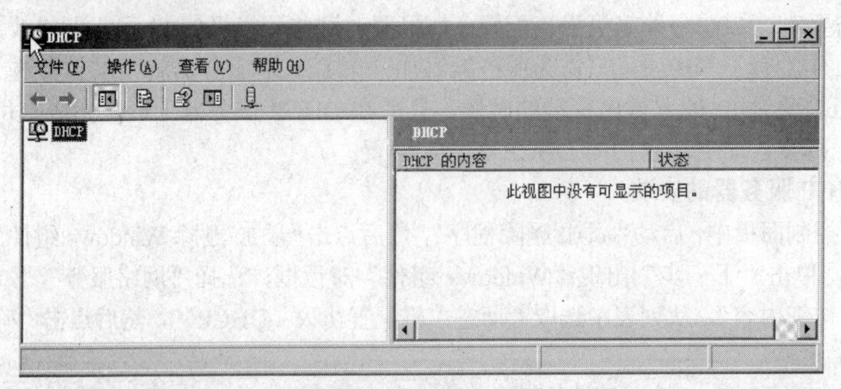

图 5–46　DHCP 控制台

（2）安装 DHCP 服务器，在 DHCP 控制台中，单击“DHCP 图标”后，再单击“操作”菜单，在下拉菜单中单击“添加服务器”，在出现的“添加服务器”对话框中浏览选择服务器的计算机名称，如图 5–47 所示。

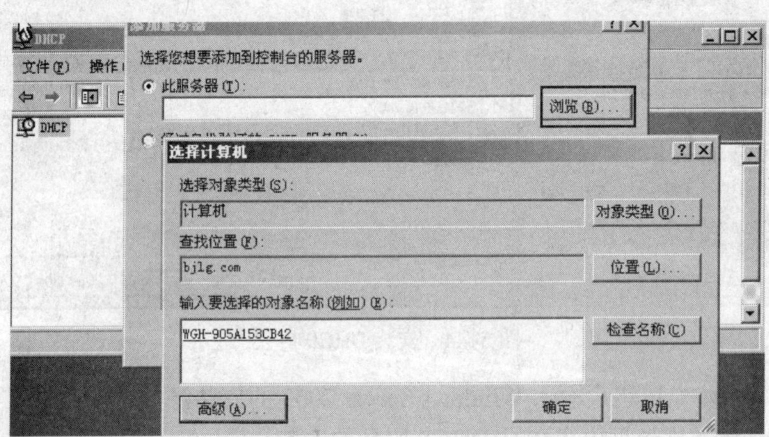

图 5–47　浏览选择服务器名称

然后点击“确定”，服务器 DHCP 就已经出现在控制台上，如图 5–48 所示。

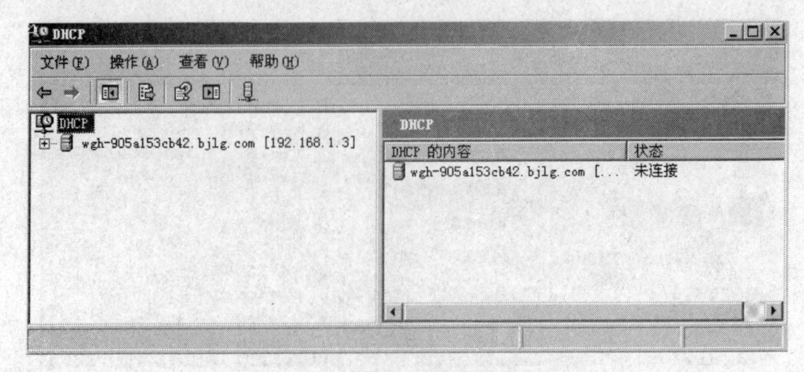

图 5–48　添加了服务器 win2003

（3）DHCP 服务器的启动、停止、授权，如果在 DHCP 服务器前是红色向下的箭头，表示服务器还未授权，此时可以单击“DHCP”图标，单击“操作”主菜单，选择“管理授权的服务器”，在弹出的对话框中，单击“授权”。如果在 DHCP 服务器前是红色的叉子，表示服务器已经停止。如果在 DHCP 服务器前是绿色向上的箭头，表示服务器正常运行。

图 5–49 为正在运行时的状态。

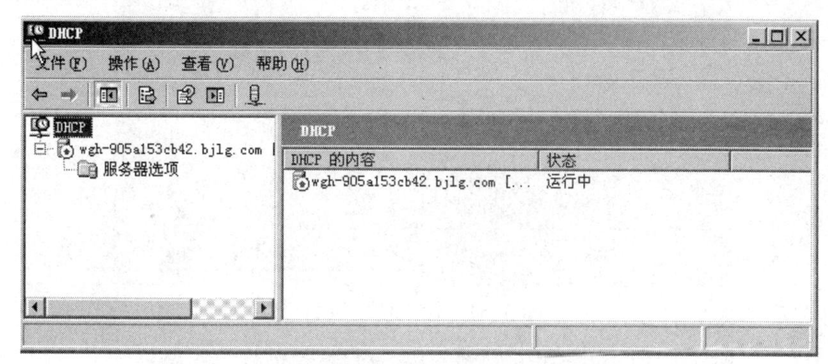

图 5–49　DHCP 正在运行

3. 作用域的创建及配置

在 DHCP 控制台中用鼠标右键单击要添加作用域的服务器 wgh，在弹出的快捷菜单中选择“新建作用域”，如图 5–50 所示。

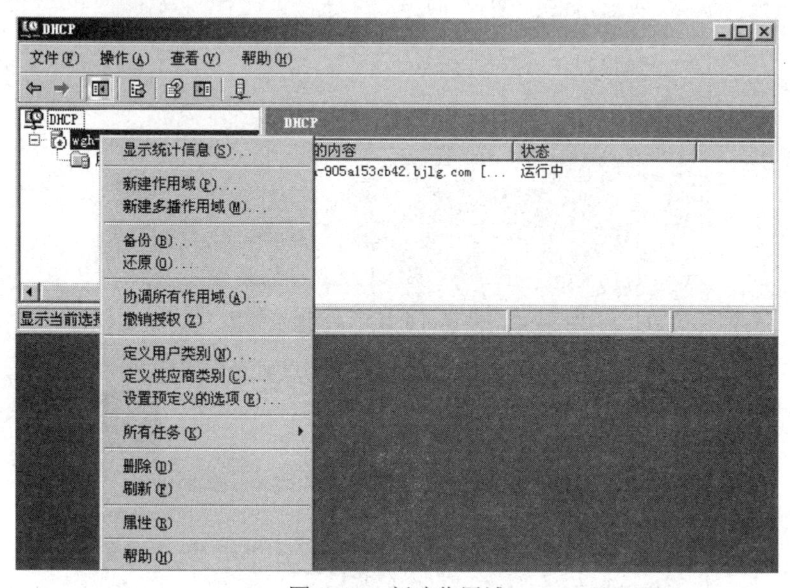

图 5–50　新建作用域

在弹出的窗口中点击“下一步”，在输入作用域名对话框中输入使用域名：DHCP，如图 5–51 所示。然后点击“下一步”。

输入作用域分配的地址范围，起始 IP 地址：192.168.1.4，结束 IP 地址：192.168.1.254，子网掩码：255.255.255.0，如图 5–52 所示。然后点击“下一步”。

在“添加排除”对话框中输入需要排除的地址范围。在“起始 IP 地址”输入 192.168.1.100，在“结束 IP 地址”输入 192.168.1.120，如图 5–53 所示。

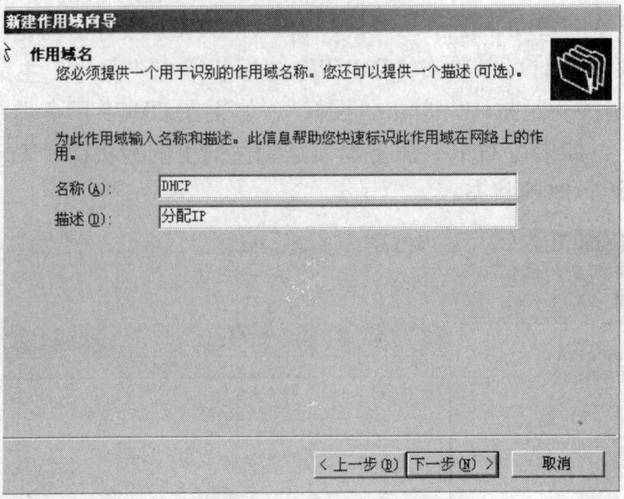

新建作用域向导

作用域名

您必须提供一个用于识别的作用域名称。您还可以提供一个描述(可选)。

为此作用域输入名称和描述。此信息帮助您快速标识此作用域在网络上的作用。

名称(A): DHCP

描述(D): 分配IP

< 上一步(B) 下一步(N) > 取消

图 5–51 输入使用域名

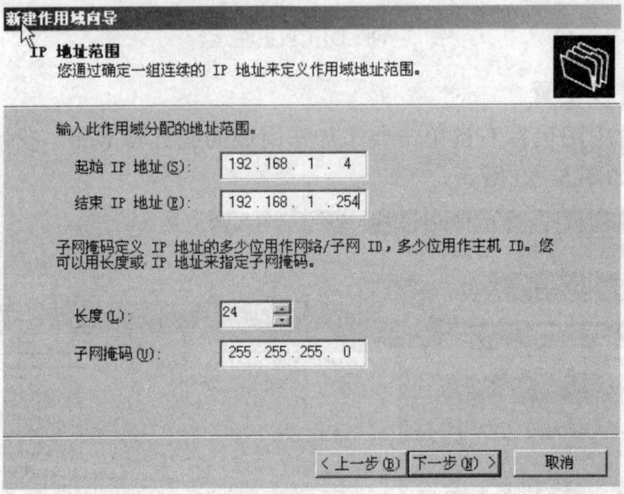

新建作用域向导

IP 地址范围

您通过确定一组连续的 IP 地址来定义作用域地址范围。

输入此作用域分配的地址范围。

起始 IP 地址(S): 192.168.1.4

结束 IP 地址(E): 192.168.1.254

子网掩码定义 IP 地址的多少位用作网络/子网 ID，多少位用作主机 ID。您可以用长度或 IP 地址来指定子网掩码。

长度(L): 24

子网掩码(U): 255.255.255.0

< 上一步(B) 下一步(N) > 取消

图 5–52 设置可分配的 IP 地址范围

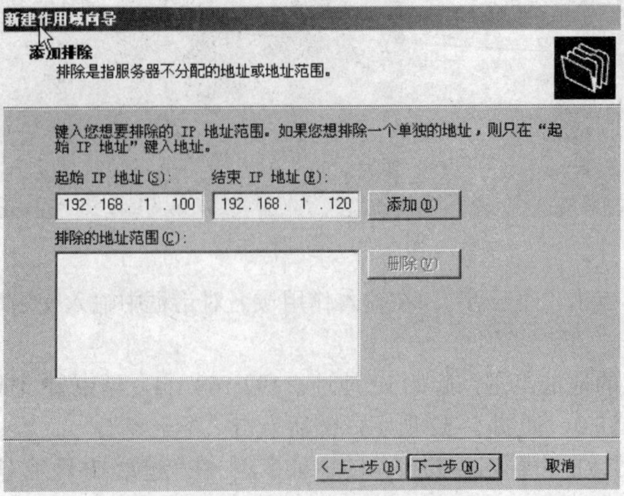

新建作用域向导

添加排除

排除是指服务器不分配的地址或地址范围。

键入您想要排除的 IP 地址范围。如果您想排除一个单独的地址，则只在“起始 IP 地址”键入地址。

起始 IP 地址(S): 192.168.1.100 结束 IP 地址(E): 192.168.1.120 添加(D)

排除的地址范围(C):

删除(V)

< 上一步(B) 下一步(N) > 取消

图 5–53 输入排除的 IP 地址

然后单击“添加”，排除范围就加入到下方的“排除的地址范围”列表中，如果还需要排除其他 IP 地址，则继续同样的操作即可，如图 5–54 所示。然后单击“下一步”。

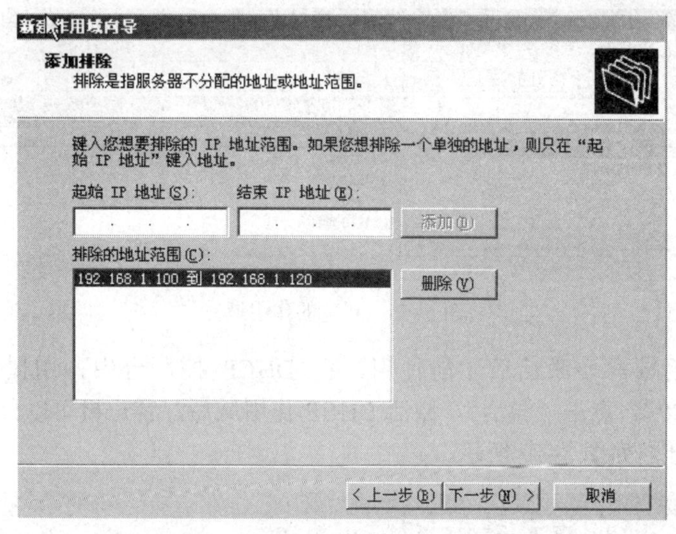

图 5–54　添加排除的 IP 地址范围

选择租约期限（默认为 8 天），也可以根据实际情况自行设定，如图 5–55 所示。然后点击“下一步”。

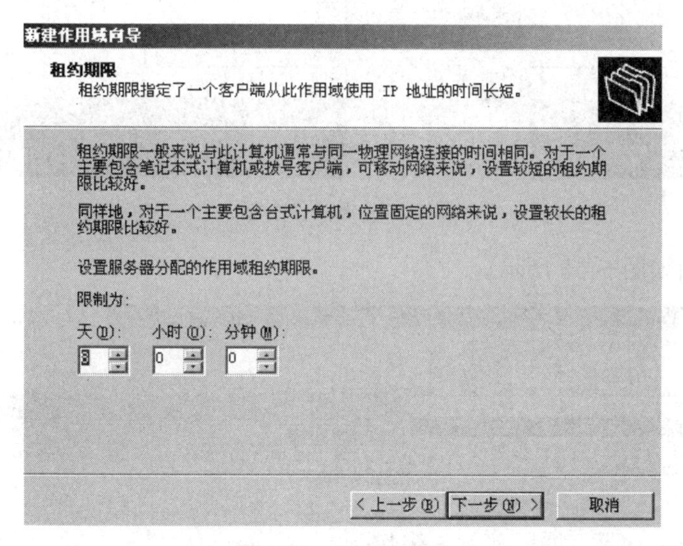

图 5–55　设租约期限

在弹出的配置 DHCP 选项界面中选择“否，我想稍后配置这些选项”然后点“完成”。

此时用鼠标点击刚才新建的作用域后，在 DHCP 控制台右边窗格中作用域下多了四项，如图 5–56 所示。

地址池：用于查看和管理有效地址范围和排除范围。

地址租约：用于查看和管理当前的地址租用情况。

保留：用于添加和删除特定保留的 IP 地址。

作用域选项：指一台 DHCP 服务器可以分配给 DHCP 客户端的额外配置参数，例如某些常用的选项包括默认网关（路由器的 IP）、WINS 服务器以及 DNS 服务器的 IP 地址。

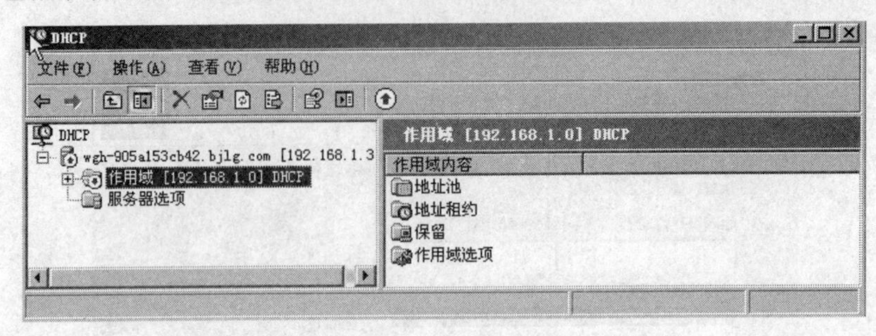

图 5–56　新建的作用域

新建立的作用域需要激活后才能使用，在 DHCP 控制台中，用鼠标右键“作用域 [192.168.1.0] DHCP”，点击“激活”，激活 DHCP 作用域后，客户机可以分配 DHCP 服务器下发的动态 IP 地址，如图 5–57 所示。

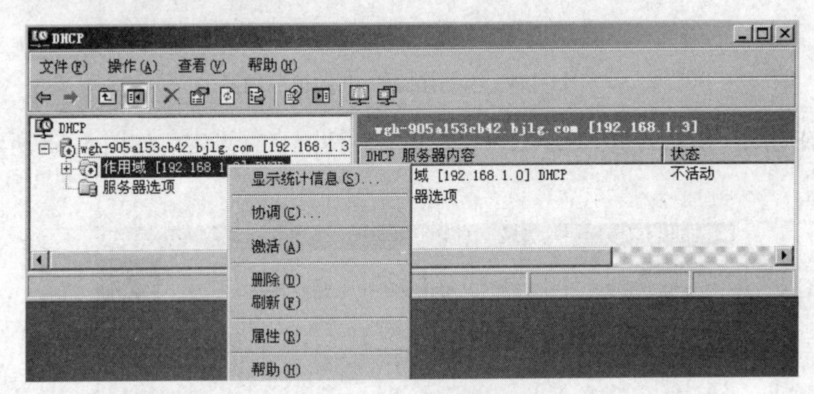

图 5–57　激活作用域

激活后的界面如图 5–58 所示。

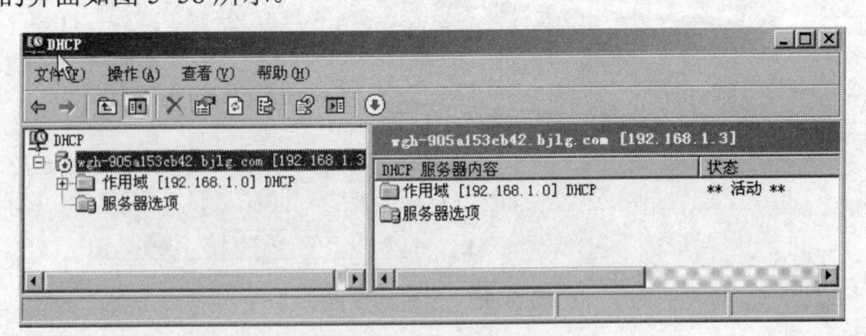

图 5–58　作用域已激活

如果要想让某些工作站固定使用某个 IP 地址，则可使用保留功能，以保留特定的 IP 地址给指定的客户机。左侧窗口中用点击作用域，然后右键“保留”，在弹出的快捷菜单中选择“新建保留”，如图 5–59 所示。

在弹出的“新建保留”窗口中，输入保留名称，在“IP 地址”栏中输入要保留的 IP 地址，如 192.168.1.111，在“MAC 地址”文本框中输入与上述 IP 地址绑定的网卡号，如图 5–60

所示。其中 192.168.1.111 就是保留给 MAC 地址为 00-22-FA-2F-92-10 的工作站。

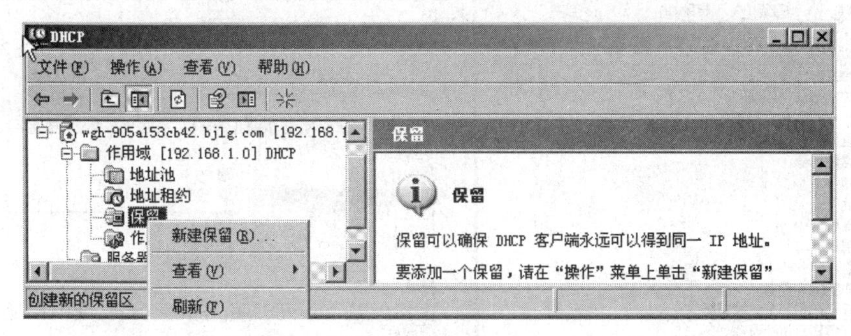

图 5–59　保留 IP

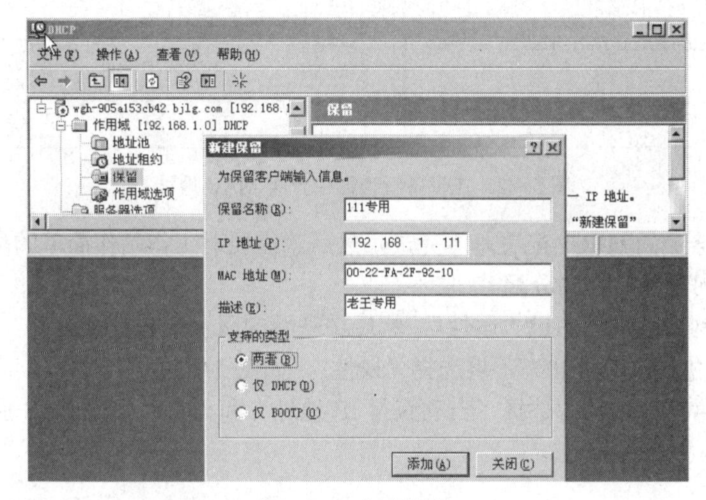

图 5–60　新建保留

如何知道工作站的 MAC 呢？由于工作站中用于连入网络的网卡上，都有一个唯一的编号，可以在命令提示符下使用“IPCONFIG/ALL”命令网卡 MAC 地址，如图 5–61 所示。也可以在设备管理器中查年网卡的 MAC 地址，如图 5–62 所示。

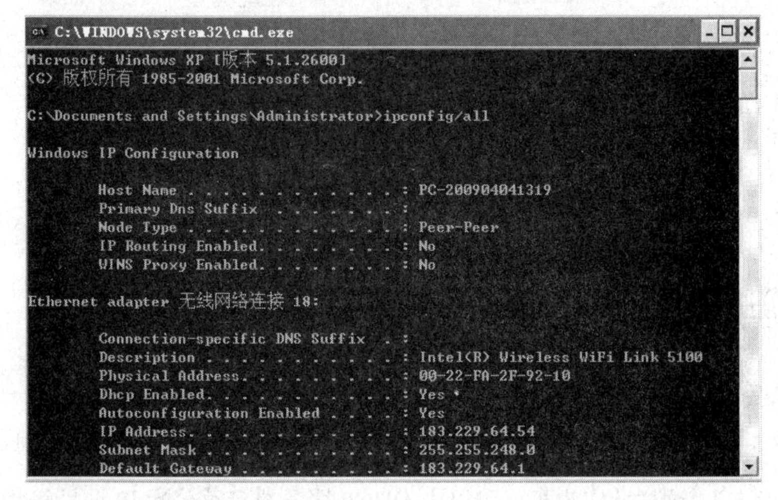

图 5–61　在 CMD 下查看 MAC 地址

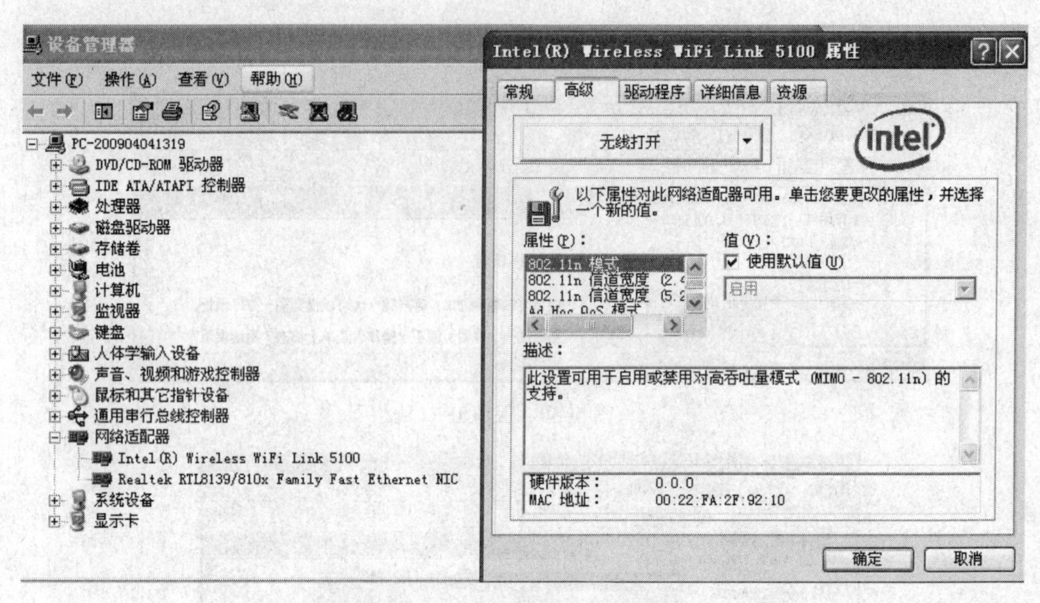

图 5–62 在设备管理器中查看 MAC 地址

至此，服务器上的 DHCP 配置基本完成，然后就需要对工作站作简单的配置，即可使用 DHCP 服务器来向工作站自动分配 IP 地址了。

在桌面的“网上邻居”右键“属性”，然后在联网的网卡中右键“属性”，在打开的窗口中选择“Internet 协议（TCP/IP）”，再选择“属性”，如图 5–63 所示。

在弹出的“常规”选项中选择“自动获得 IP 地址”和“自动获取 DNS 服务器地址”如图 5–64 所示。

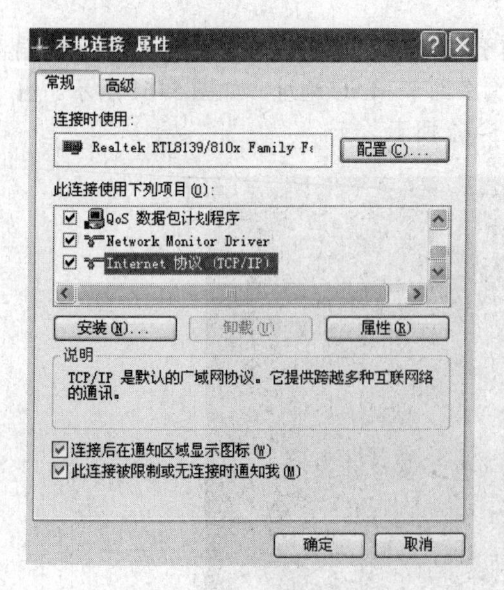

图 5–63 网卡属性

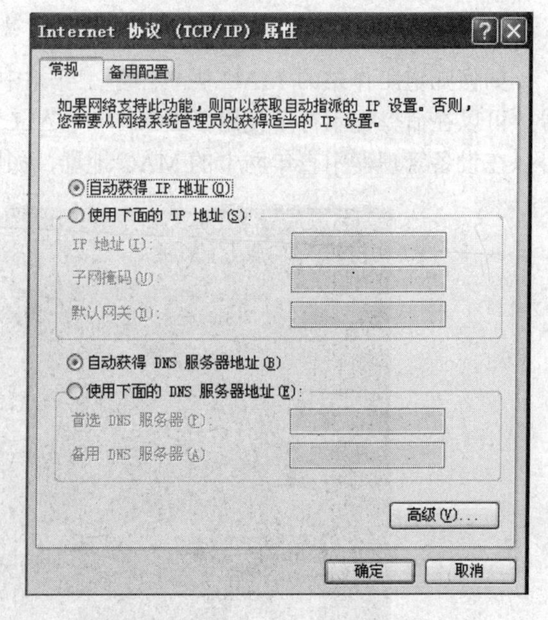

图 5–64 设置客户机获取 IP 地址的方式

然后点“确定”，这样此客户机就可以由 DHCP 服务器自动分配 IP 地址等相关信息了。

提示：为了保证 DHCP 服务的可靠性，可以在同一个网段上使用两台 DHCP 服务器，在分配 IP 地址范围时，要考虑到 DHCP 服务器平衡使用的因素，一般采用 80/20 的规则，一台 DHCP 服务器提供 80%的 IP 地址租约，另一台提供其他 20%的 IP 地址租约作为备用。

方法如下：假设要在某个网段上提供的 IP 地址范围是 192.168.1.5～192.168.1.254，把两台服务器的作用域分配的地址范围都设置为 192.168.1.5～192.168.1.254。排除范围按以下方式设置：服务器 1 的 IP 地址分配地址范围：192.168.1.5～192.168.1.254，

排除地址范围：192.168.1.5～192.168.1.200；服务器 2 的 IP 地址分配地址范围：192.168.1.5～192.168.1.254，排除地址范围：192.168.1.201～192.168.1.254。

5.3.3 DNS 配置

用户在访问网络中的资源时，一般并不希望直接输入 IP 地址去访问，而是愿意通过容易记忆的域名来访问。DNS 提供域名解析服务，它把人们易于记忆的地址，比如重庆大学的域名：http://www.cqu.edu.cn）解析为 IP 地址 202.202.0.35，人们在访问重庆大学网站时，一般能记住 http://www.cqu.cdu.cn，而很少有人使用 202.202.0.35 去访问，但是，计算机网络是采用 IP 地址来识别网站服务器的，这就需要有一种专门对域名与 IP 地址之间进行转换的服务器来完成此工作，这就是 DNS 服务器。

DNS 服务器的主要构成是一种分层的分布式数据库，包含了 DNS 主机名称到 IP 地址的映射信息。通过 DNS，主机名称保存在数据库中，数据库可能分布到多个服务器上，这减轻了每一台服务器的负载，并提供了经由分区来管理这个命名系统的能力。

首先要安装 DNS 服务。其安装过程与安装 DHCP 服务类似，在此不再重复。

（1）新建 DNS 区域。建立正向搜索区域：“开始”→“程序”→“管理工具”→DNS，在 DNS 控制台中，展开 DNS 服务器名，右键单击“正向查找区域”→“新建区域”，开始“新建区域向导”，如图 5–65 所示。

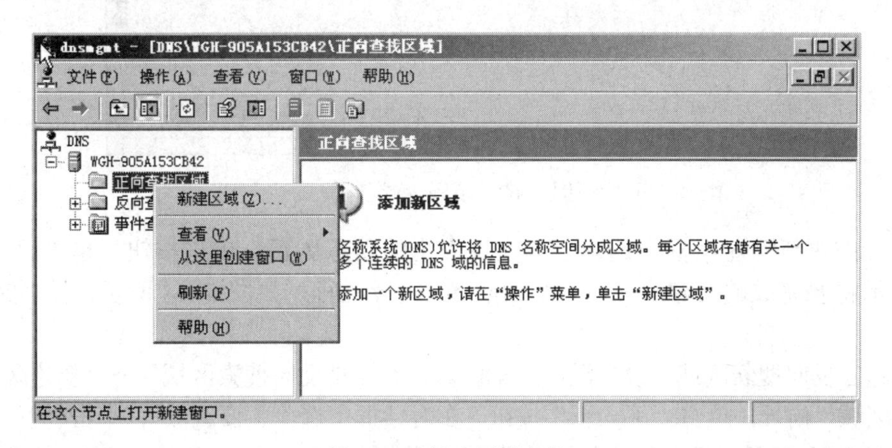

图 5–65　新建区域向导

单击“下一步”按钮，在“区域类型”对话框中选“主要区域”，如图 5–66 所示，单击“下一步”按钮。

在“区域名”对话框中输入区域名称:bjlg.com，如图 5–67 所示，单击“下一步”按钮。

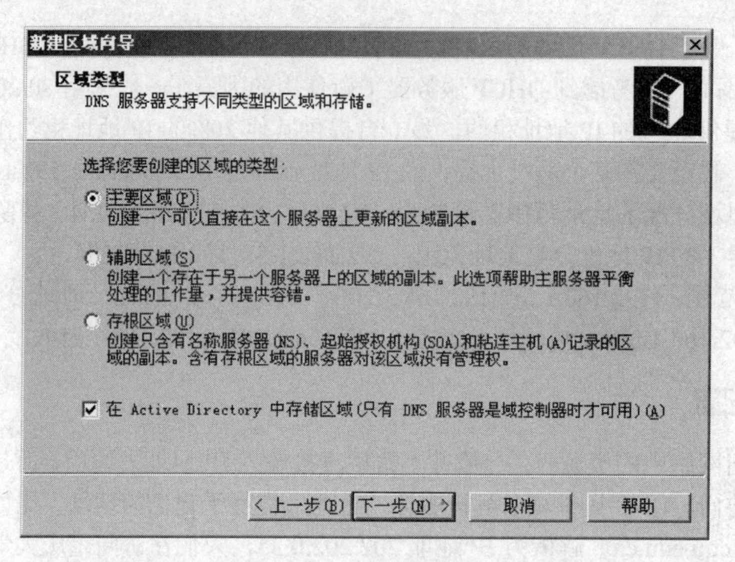

图 5–66 选择主要区域

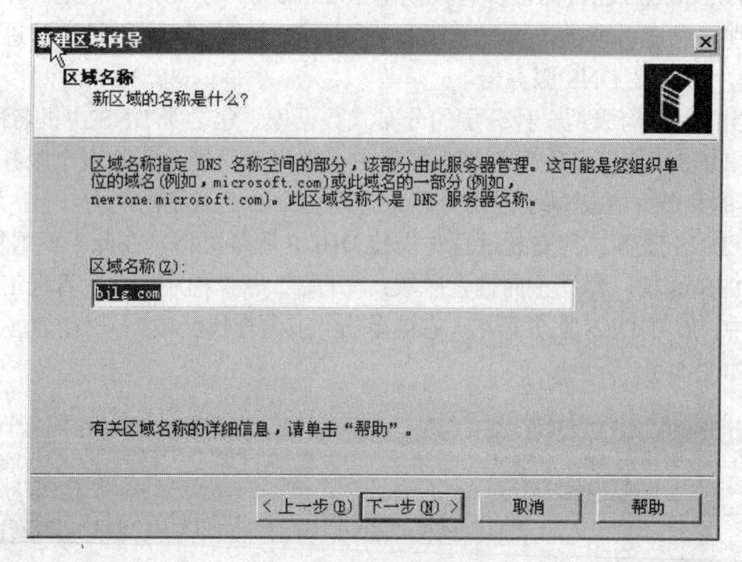

图 5–67 填写区域名称

在“动态更新”对话框中选择“只允许安全的动态更新”单选按钮，单击“下一步”按钮。显示将要完成的新建 DNS 区域 bjlg.com 向导过程，如图 5–68 所示，按“完成”按钮。

（2）建立反向搜索区域。设置反向搜索区域，右击“反向搜索区域”→“新建区域”，开始“新建区域”向导，单击“下一步”按钮，在对话框中选“主要区域”，单击“下一步”按钮。在如图 5–69 所示对话框的“网络 ID”文本框中输入 Windows Server 2003 的 IP 地址的“网络 ID”号，即为 192.168.1→选“反向搜索区域名称”，将出现“1.168.192.in_addr.arpa”→单击“下一步”按钮。

选择默认值后单击“下一步”按钮，在如图 5–70 所示对话框中显示新建反向 DNS 区域的信息，单击“完成”按钮。

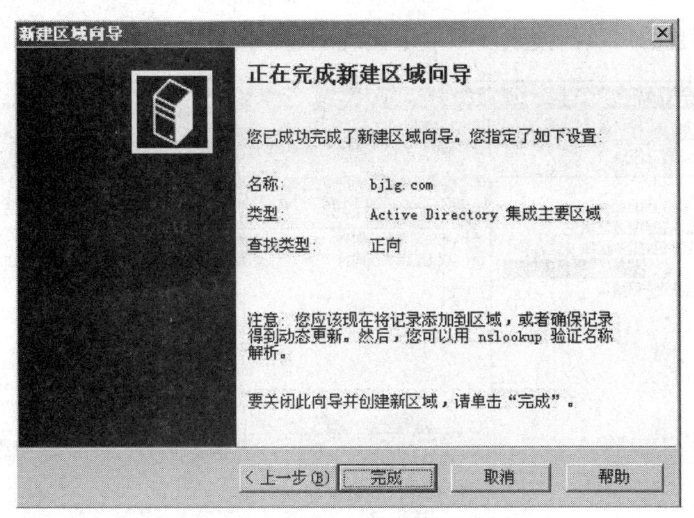

图 5–68 正向区域创建向导完成

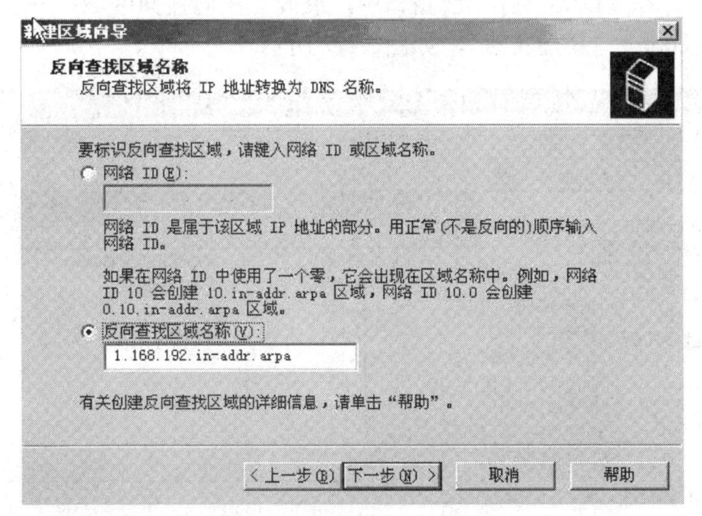

图 5–69 新建反向区域向导

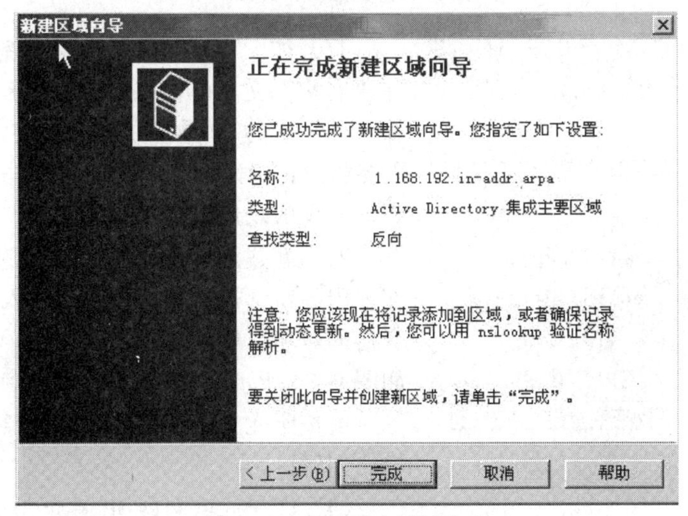

图 5–70 完成反向区域向导

在 DNS 控制台的“反向搜索区域”下出现刚建立的区域，如图 5–71 所示。

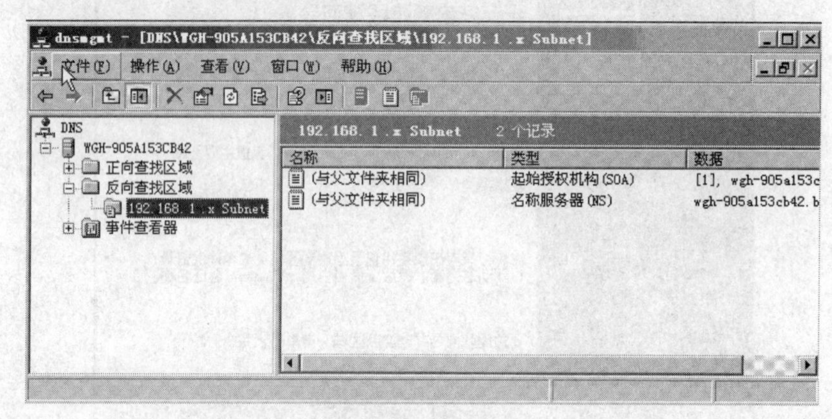

图 5–71 建立反向区域

（3）添加主机。在“DNS”控制台窗口中，展开“正向搜索区域”→在右窗格中，右击域名称，如：bjlg.com→“新建主机”，如图 5–72 所示。

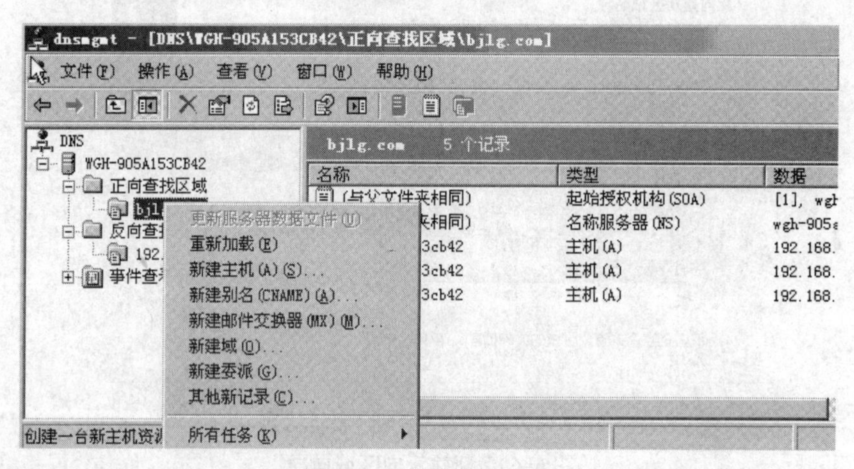

图 5–72 新建主机界面

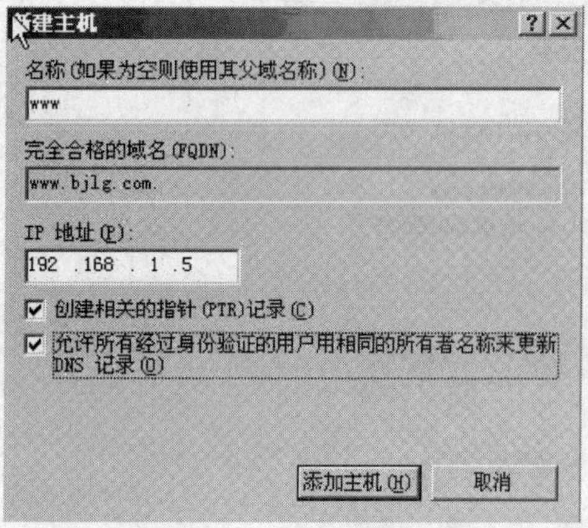

图 5–73 填写新建主机信息

打开如图 5–73 所示的“新建主机”对话框，在“名称”文本框输入名称 www，在 IP 地址栏中输入其主机的 IP 地址 192.168.1.5，选中“创建相关的指针（PTR）记录（C）”，单击“添加主机”按钮，出现成功地创建主机信息。

右击新建区域，在图 5–72 中选择“新建别名”，在弹出的对话框中输入别名，输入目标主机的完全合格的域名，单击“确定”按钮，完成别名创建，如图 5–74 所示。

可按照此方法完成 DNS 资源记录表中其他主机的创建。

（4）如果局域网内 IP 地址是由 DHCP 自动分

发的话，可使用自动获得主机。在区域创建好后，如果主机是由 DHCP 来分发 IP 地址的，只要 DNS 与 DHCP 服务结合起来，直接在 DHCP 服务分配给各主机 IP 地址的同时，把这种映射关系写入 DNS 服务器即可。

在 DNS 控制台中“正向查找区域”，右键单击“bjlg.com”→“属性”，在“常规”选项卡中，在“动态更新”下拉列表中选“安全”，单击“确定”按钮，如图 5–75 所示。

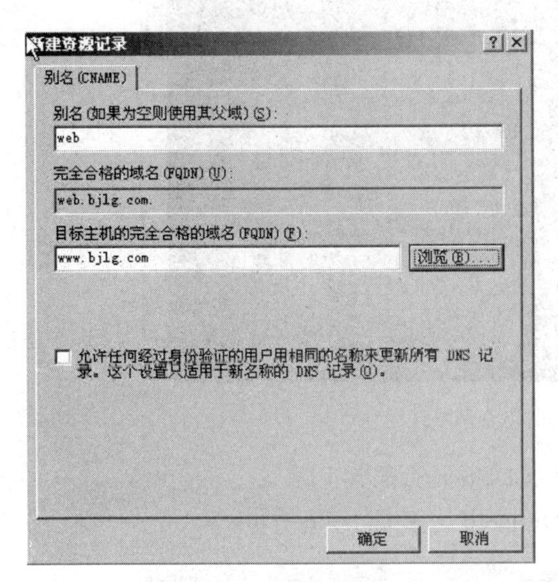

图 5–74 新建别名

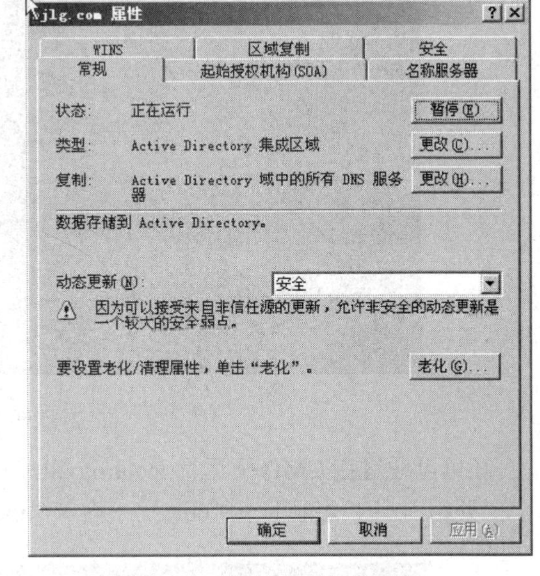

图 5–75 设置 DNS 动态更新

在 DHCP 控制台中，右击 DHCP 服务器名，然后点“属性”，在“DNS”选项卡中选中“根据下面的设置启动 DNS 动态更新”，选中“总是动态更新 DNS A 的 PTR 记录”，然后单击“确定”按钮，如图 5–76 所示。

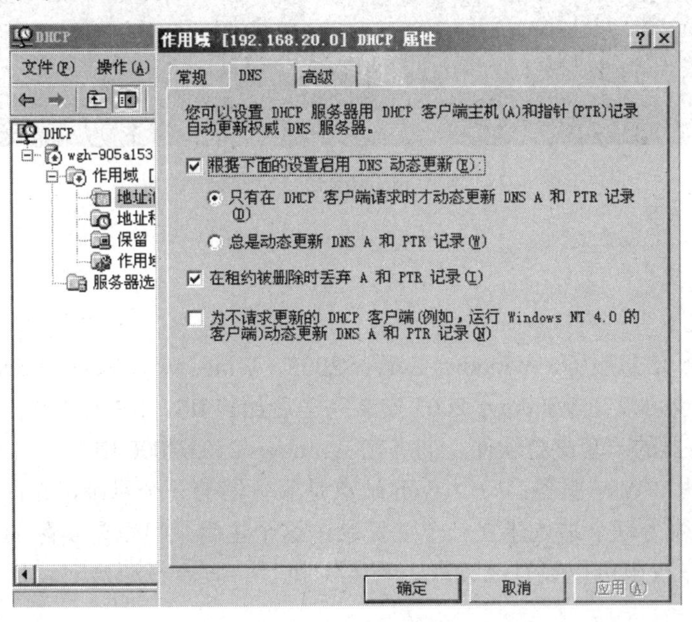

图 5–76 启动 DNS 动态更新

如果局域网内 IP 地址是由 DHCP 自动分发的话，则下次启动 DNS 控制台时，可看到各主机 DNS 域名和 IP 地址的映射数据。

（5）DNS 配置检测。在客户端机器上用“ping DNS 域名”的命令来检测，若连通，说明域名服务器正确。ping wgh-905a153cb42.bjlg.com，结果如图 5–77 所示：

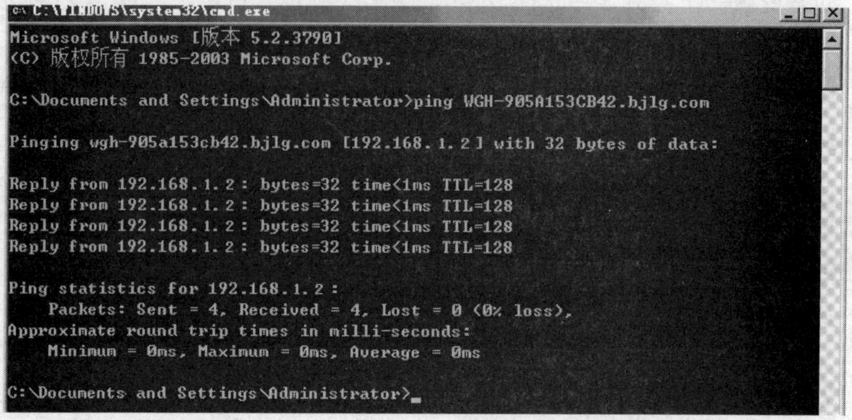

```
C:\WINDOWS\system32\cmd.exe
Microsoft Windows [版本 5.2.3790]
(C) 版权所有 1985-2003 Microsoft Corp.

C:\Documents and Settings\Administrator>ping WGH-905A153CB42.bjlg.com

Pinging wgh-905a153cb42.bjlg.com [192.168.1.2] with 32 bytes of data:

Reply from 192.168.1.2: bytes=32 time<1ms TTL=128
Reply from 192.168.1.2: bytes=32 time<1ms TTL=128
Reply from 192.168.1.2: bytes=32 time<1ms TTL=128
Reply from 192.168.1.2: bytes=32 time<1ms TTL=128

Ping statistics for 192.168.1.2:
    Packets: Sent = 4, Received = 4, Lost = 0 (0% loss),
Approximate round trip times in milli-seconds:
    Minimum = 0ms, Maximum = 0ms, Average = 0ms

C:\Documents and Settings\Administrator>_
```

图 5–77　使用 ping 命令检查网络连通性

还可以通过在 CMD 下运行 ipconfig/all，检查 DNS 是否配置正确。

“开始”→“运行”→“cmd”→输入“ipconfig/all”，如图 5–78 所示。

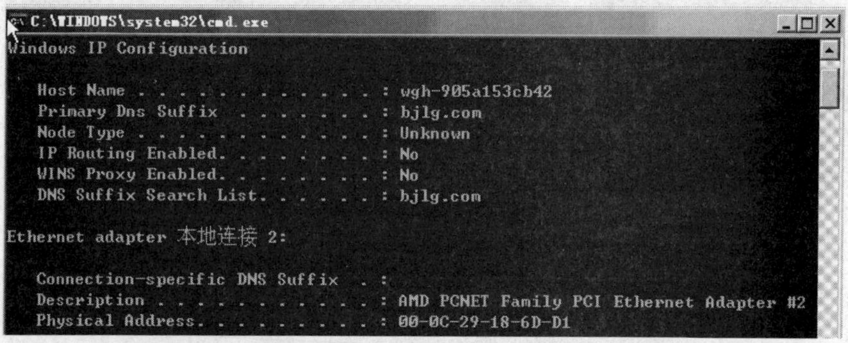

```
C:\WINDOWS\system32\cmd.exe
Windows IP Configuration

   Host Name . . . . . . . . . . . . : wgh-905a153cb42
   Primary Dns Suffix  . . . . . . . : bjlg.com
   Node Type . . . . . . . . . . . . : Unknown
   IP Routing Enabled. . . . . . . . : No
   WINS Proxy Enabled. . . . . . . . : No
   DNS Suffix Search List. . . . . . : bjlg.com

Ethernet adapter 本地连接 2:

   Connection-specific DNS Suffix  . :
   Description . . . . . . . . . . . : AMD PCNET Family PCI Ethernet Adapter #2
   Physical Address. . . . . . . . . : 00-0C-29-18-6D-D1
```

图 5–78　使用 ipconfig 命令检查配置情况

5.3.4　IIS 配置

1. IIS 的含义

IIS 指 Internet 信息服务，Windows Server 2003、Windows Advanced Server 2003 的默认安装都带有 IIS，也可以在 Windows 2003 安装完毕后加装 IIS。IIS 是微软出品的架设 Web、FTP、SMTP 服务器的一套整合软件，捆绑在 Windows 2003/2000 中。

IIS 6.0 提供的 WWW 服务：一个 Web 站点是服务器的一个目录，允许用户访问。当建立 Web 站点时必须为每个站点建立一个主目录，这个主目录可以是实际的，也可以是虚拟的。对目录的操作权限可以设置：读取、写入、执行、脚本资源访问、目录浏览等，如表 5-1 所示。

表 5–1　Web 访问权限

权　限	权限功能
命令文件来源访问	当目录设置“读取”和“写入”权限时，能够访问原始程序代码
读取	显示网页文件的内容，浏览 HTML 网页需要拥有这个权限
命令或执行命令文件	执行命令文件的文件内容，如果目录需要执行 ASP 程序，需要拥有此权限
执行	在目录中执行二进制文件的权限
写入	使用浏览器上载文件到此目录的权限
浏览目录	使用超级链接文字查看目录文件列表框的权限

在一台 Windows 2003 的计算机上可以配置多个 Web 站点，可以设置访问站点的同时连接的用户数，现在很多公司提供的虚拟主机服务，都要限制站点的访问数。

2. Windows Server 2003 中 IIS 组件的安装

安装好 Windows Server 2003 以后，默认情况下，IIS 6.0 并没有被安装，可按以下步骤安装：

打开 Windows Server 2003 计算机（可以是域控制器），并以管理员（Administrator）身份登录，“开始”→“设置”→“控制面板”→“添加或删除程序”，打开“添加或删除程序”对话框→单击左边菜单栏中“添加/删除 Windows 组件”项，打开“Windows 组件向导”对话框，如图 5–79 所示。

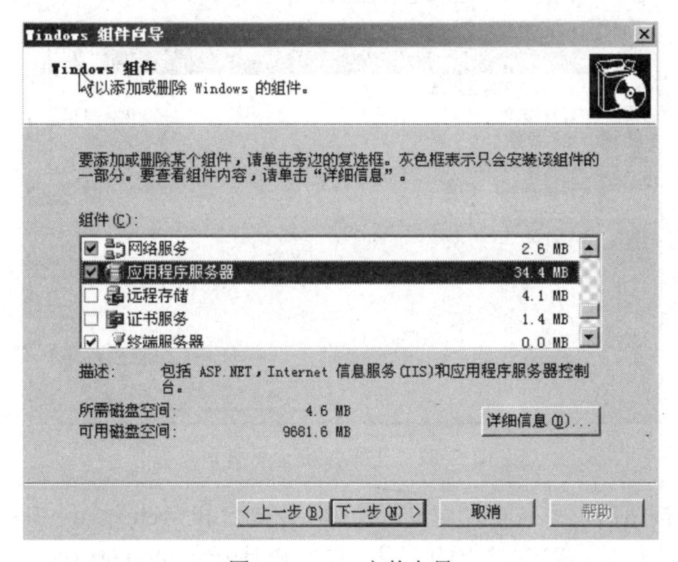

图 5–79　IIS 安装向导

在如图 5–59 所示对话框的“组件”列表中选择“应用程序服务器”，单击“详细信息”按钮，出现“应用程序服务器”对话框，有多个复选框供选择，如图 5–80 所示。

勾选“Internet 信息服务（IIS）”复选框，单击“详细信息”按钮，出现“Internet 信息服务（IIS）”对话框，勾选“Internet 信息服务管理器”、“万维网服务”复选框，如图 5–81 所示。

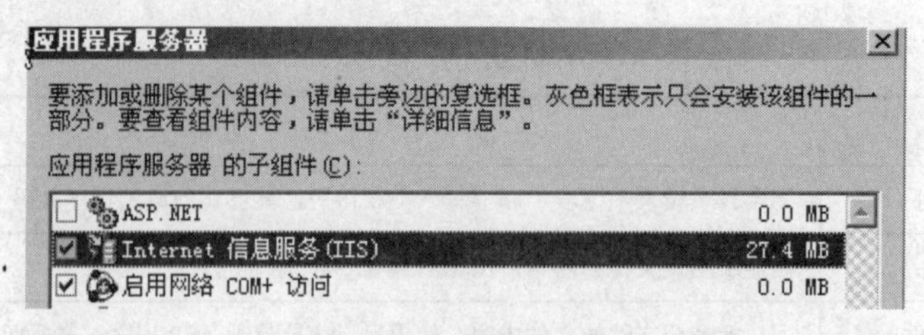

图 5–80 安装 IIS 组件

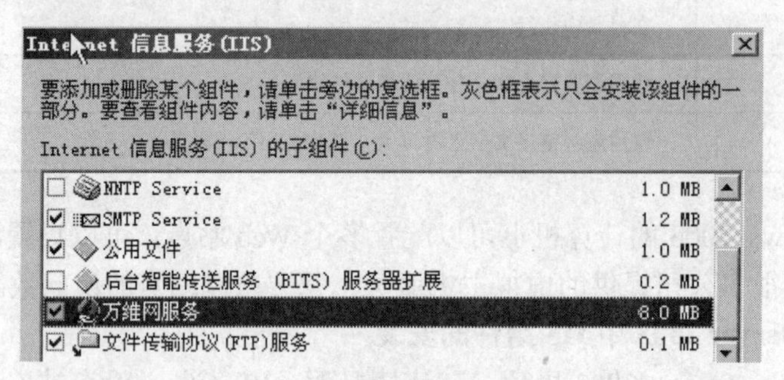

图 5–81 选择万维网服务

将鼠标选中“万维网服务”，单击“详细信息”按钮，出现“万维网服务”对话框，勾选“Active Server Pages”（用于运行 ASP 脚本文件）和“万维网服务”复选框，如图 5–82 所示。

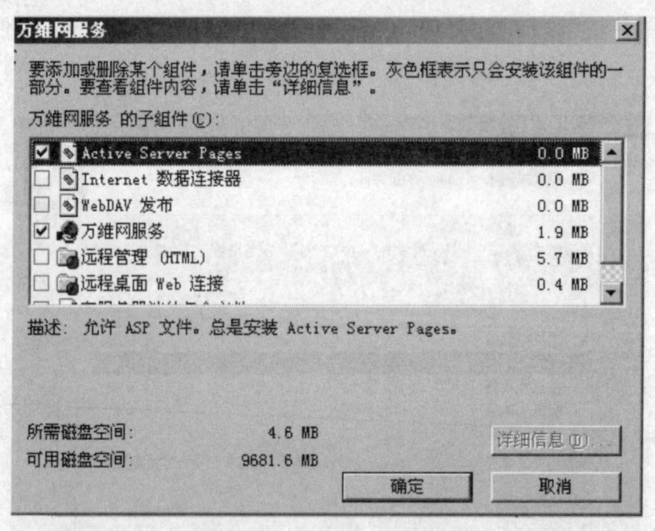

图 5–82 选择 ASP 运行脚本

单击“确定”按钮后，系统自动建立一个 IIS 控制台和 Web 站点。IIS 预设的 Web 站点发布的目录被称为主目录，Web 站点的主目录的路径是\Inetpub\wwwroot。

安装程序要求将“Windows Server 2003”安装盘放入光驱中或选择安装盘路径，最后单击“完成”按钮，完成 IIS 的安装。

3. 创建一个 Web 站点

(1)建立网站的文件夹。“默认 Web 站点”的文件夹是在系统盘目录“C: \InetPub\wwwroot”下，如果你创建的 Web 站点不是此文件夹，则必须重新建立。在 C 盘根目录下建立网站的主目录文件夹 C:\bjlg，设置 C:\bjlg 文件夹的访问权限为 Everyone 有读取权限，如图 5–83 所示。

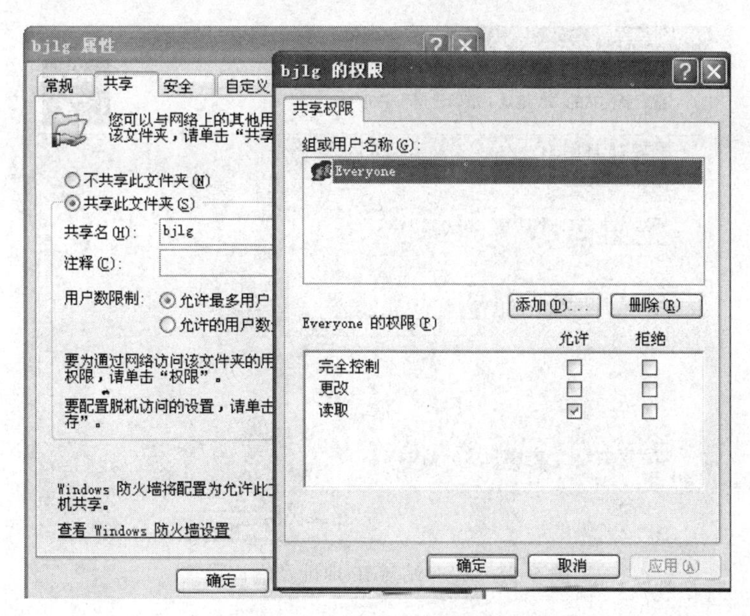

图 5–83　建立网站文件夹

（2）创建一个 Web 站点。“开始”→“程序”→“管理工具”→“Internet 信息服务（IIS）管理器”，在打开的 IIS 控制台窗口中展开“WGH-905A153CB42”，右击“网站”→“新建”→“网站”，打开“网站创建向导”对话框，单击“下一步”按钮。在“网站描述”对话框中输入站点说明“北京流光网站”，单击“下一步”按钮，如图 5–84 所示。

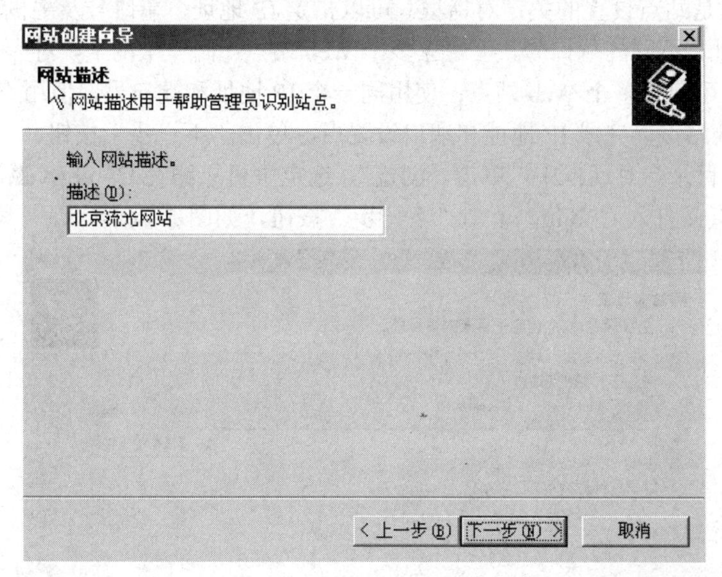

图 5–84　网站描述

如图 5–85 所示，在“IP 地址和端口设置”对话框中，(注意：要完成多个站点的建立，关键在此对话框输入不同的内容)。如果输入 Web 站点使用的是 IP 地址，则输入 IP 地址为 192.168.1.5，或在下拉列表中选中本机的 IP 地址，则在 IE 浏览器中可用 http:// 192.168.1.5 访问此网站。

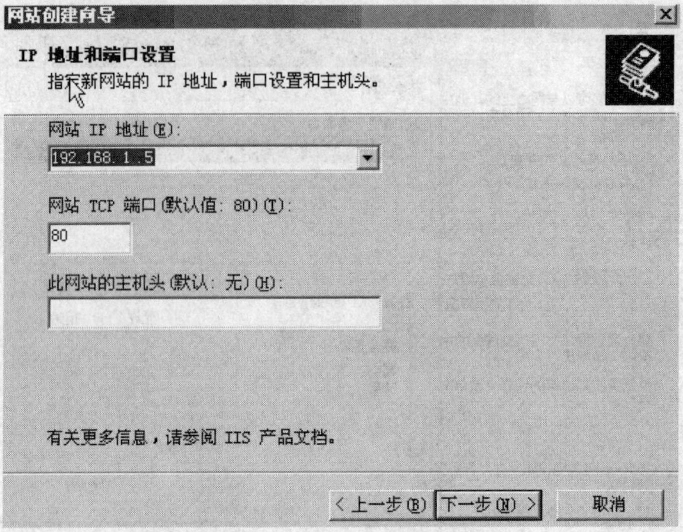

网站创建向导

IP 地址和端口设置

指定新网站的 IP 地址，端口设置和主机头。

网站 IP 地址(E):

192.168.1.5

网站 TCP 端口(默认值: 80)(T):

80

此网站的主机头(默认: 无)(H):

有关更多信息，请参阅 IIS 产品文档。

< 上一步(B) 下一步(N) > 取消

图 5–85 Web 站点 IP 地址及端口设置

如果指定端口号，如 80 或 8080，则在 IE 浏览器中可用 http:// 192.168.1.5：80 或 http:// 192.168.1.5：8080 访问此网站，端口号 80 为默认值可省略不写。

如果每个虚拟网站都指定有一个单独的 IP 地址，那么“此网站的主机头”文本框可保持为空；如果该虚拟网站与其他 Web 网站共用一个 IP 地址，那么，该文本框中必须输入该虚拟网站的域名。

这个对话框是站点设置的关键对话框。可以指定 IP 地址、端口号及主机名称，因而，使用同一个 IP 地址，不同的端口号，可建立多个 Web 站点；同一个网卡，对应不同的 IP 地址，相同的端口号，可建立多个 Web 站点；使用同一个 IP 地址和端口号，但用不同的主机域名，可建立多个 Web 站点。完成 IP 地址和端口设置后，单击“下一步”按钮。

在“网站主目录”对话框中，单击“浏览”，选定主目录路径 C:\bjlg（磁盘上实际的站点目录位置），或直接打入 C:\bjlg，单击“下一步”按钮，如图 5–86 所示。

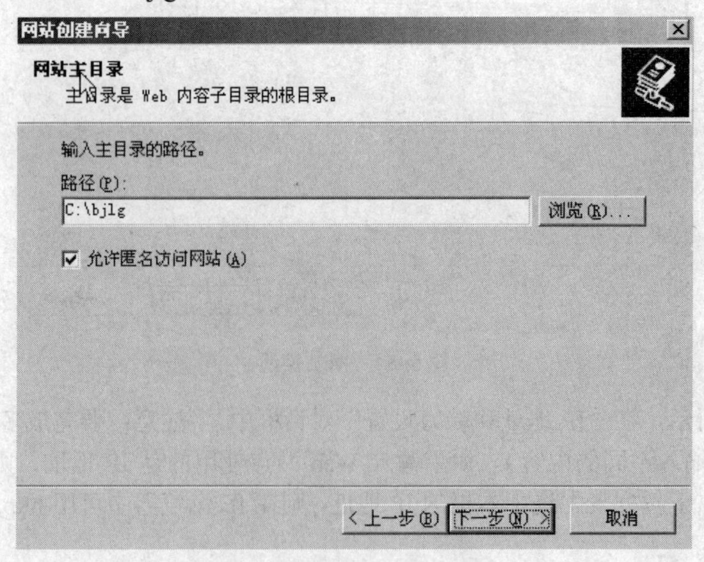

图 5–86 设置网站主目录

在如图 5–87 所示的对话框中，设置主目录访问权限。这里设置的是：允许浏览，可以运行脚本，不允许向此目录写入内容，不允许执行应用程序，单击“下一步”按钮。

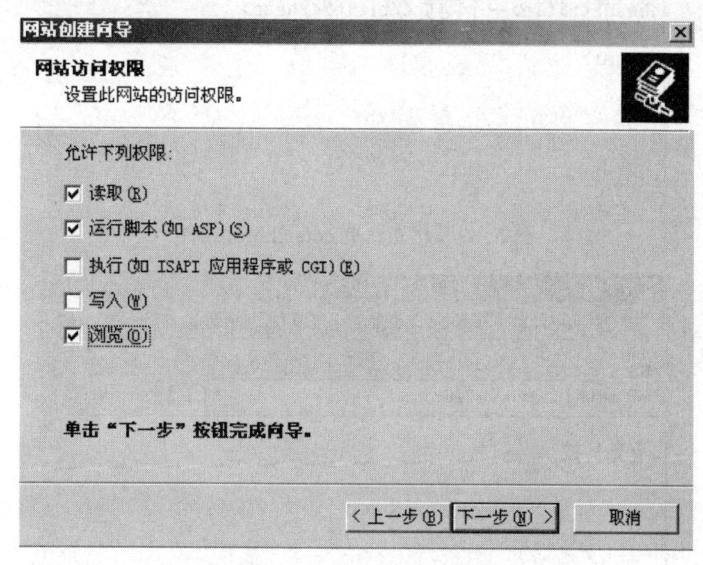

图 5–87　设置网站的访问权限

单击“完成”按钮结束 Web 站点的创建，回到 IIS 的管理窗口，就可以看到新建立的“北京流光网站”了，如图 5–108 所示（关闭再选择“启用默认内容文档”复选框）。

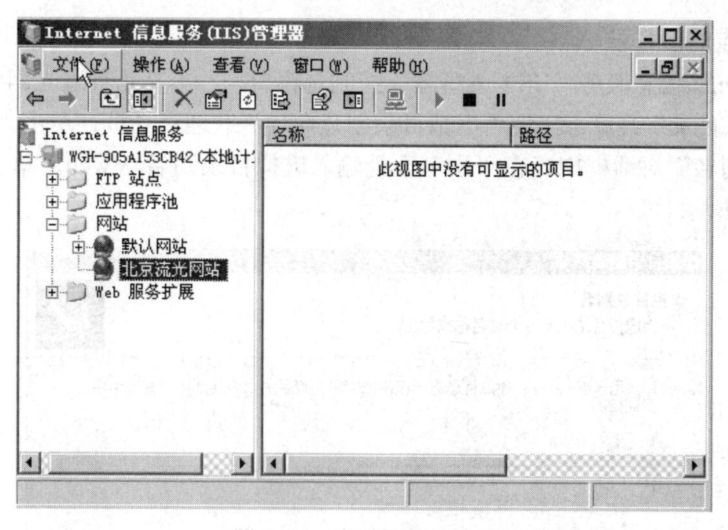

图 5–88　查看新建的站点

4. Web 站点的访问方法

登录到 Windows Server 2003，用记事本在 C:\bjlg 下创建一个网页 default.htm，如图 5–89 所示。

双击 IE 浏览器，输入 C:\bjlg\default.htm，查看网页内容，如图 5–90 所示。

这种方式是采用域名访问网站，另外，还可以用 Web 网站对应的 IP 地址访问网站，用指定 IP 地址及端口号访问网站。

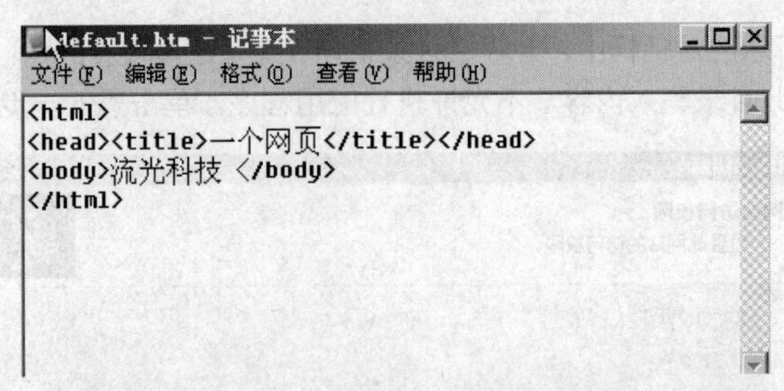

图 5–89 建立网页 default.htm 文件

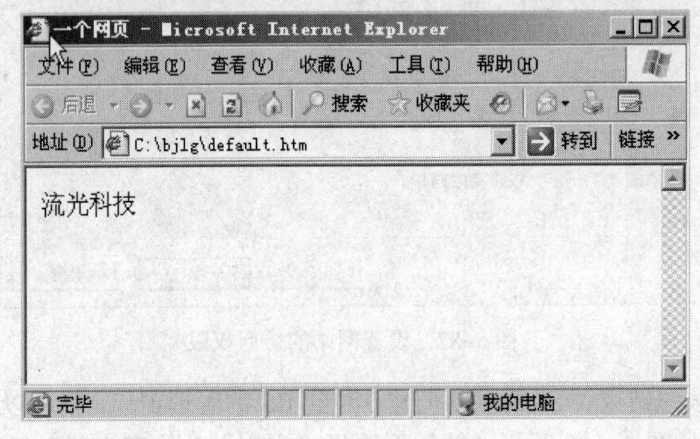

图 5–90 查看网页内容

5. 建立站点的虚目录

打开“Internet 信息服务（IIS）管理器”控制台窗口，右击“北京流光网站”，选“新建”菜单，选“虚拟目录”菜单，出现“虚拟目录创建向导”欢迎对话框，单击“下一步”按钮，在“虚拟目录别名”对话框中，在“别名”处输入虚拟目录别名 Vweb，单击“下一步”按钮，如图 5–91 所示。

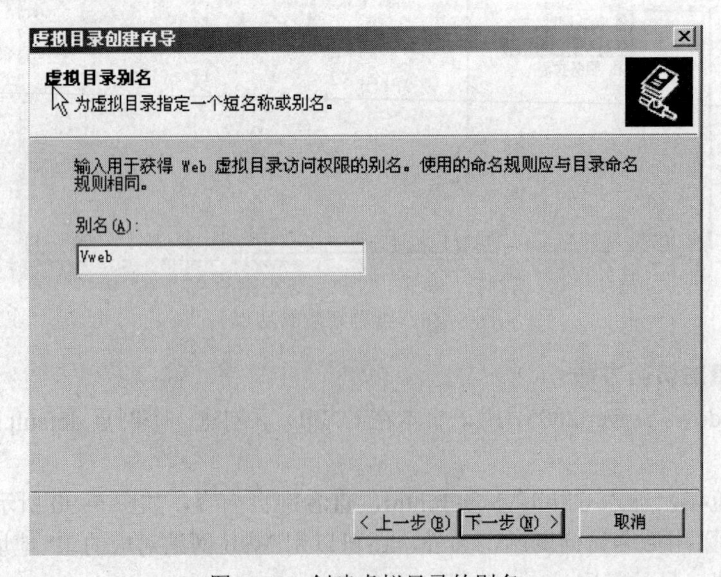

图 5–91 创建虚拟目录的别名

在“网站内容目录”对话框的“路径”中输入实际存放网页文件的文件夹 C:\ root1，单击“下一步”按钮，如图 5–92 所示。

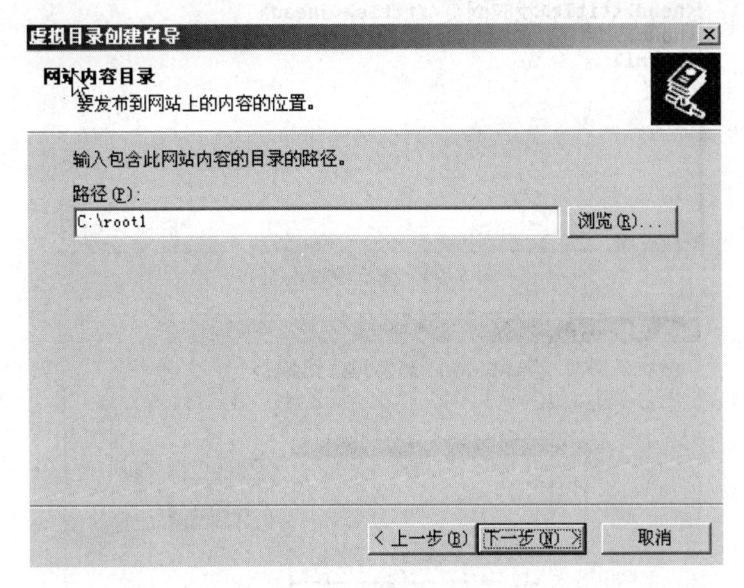

图 5–92　设置虚拟目录的路径

在“虚拟目录访问权限”对话框中设置访问权限，按默认设置，单击“下一步”按钮。单击“完成”后，将在“北京流光网站”下产生虚拟目录为 Vweb，如图 5–93 所示。

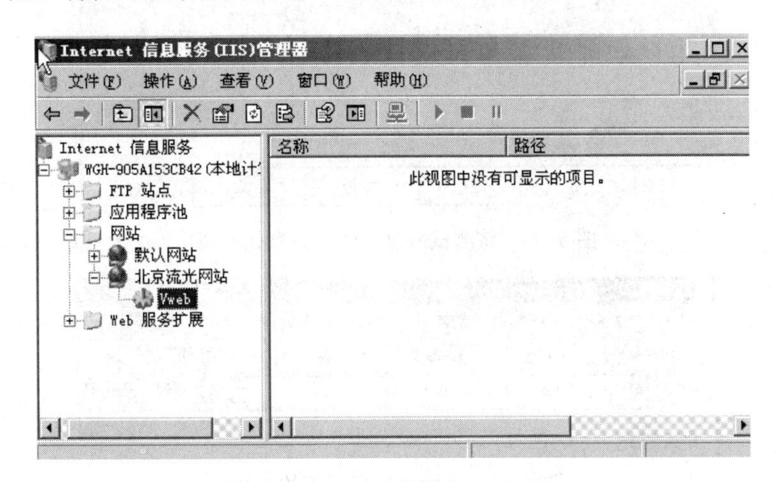

图 5–93　生成虚拟目录

在 C:\root1\下用记事本创建一个网页文件 cs.htm，如图 5–94 所示。

将 cs.htm 设置为 Vweb 虚拟目录下启用的默认文档。在图 5–93 所示的窗口中右击 Vweb→“属性”→在打开的“Vweb 属性”对话框中单击“文档”标签→在“文档”对话框中单击“添加”，输入 cs.htm，并将此文件上移至默认文档的顶部，如图 5–95 所示。

用站点的 IP 地址、端口号加/虚目录名的方式访问虚拟目录下的网页，如图 5–96 所示。

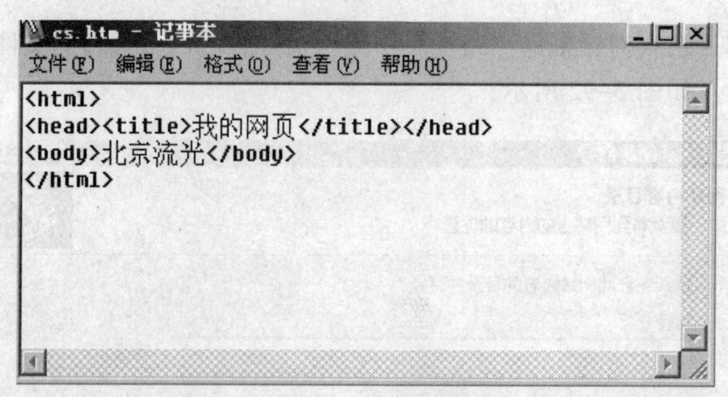

图 5–94　建立测试网页

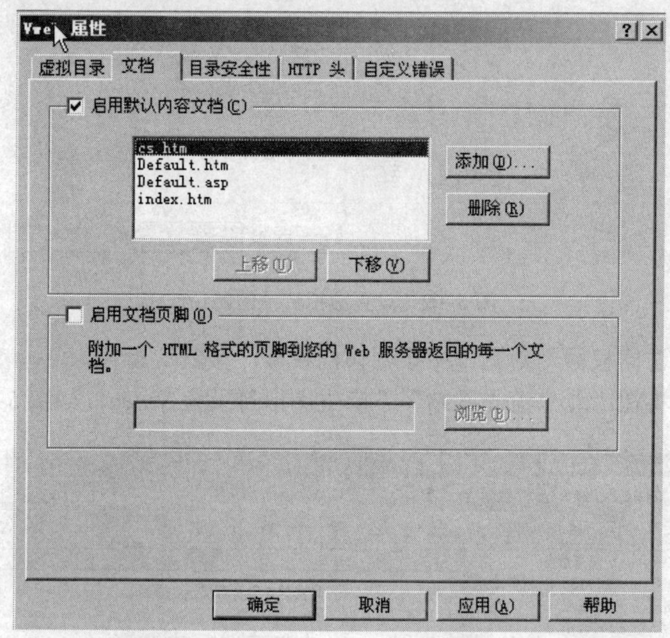

图 5–95　将测试网页文件设为默认网页

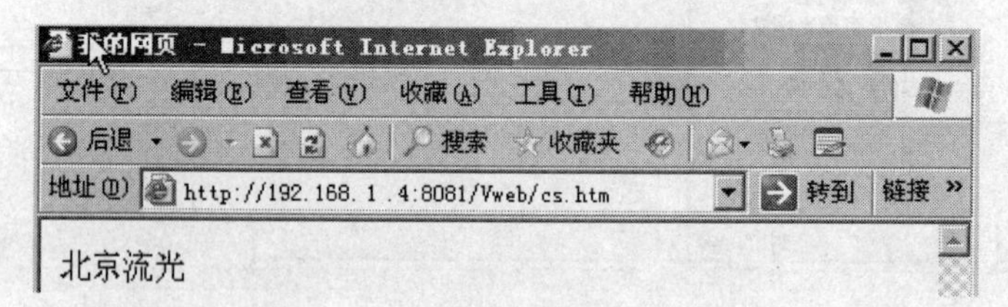

图 5–96　访问虚拟目录下的网页

6. Web 站点的属性设置

打开“Internet 服务管理器”控制器窗口，右击“默认网站”，选“属性”，在“默认网站属性”对话框中点击“网站”选项卡，如图 5–97 所示。

“描述”：输入站点名称。

“IP 地址”：选择使用的 IP 地址，此地址要先在控制面板中设置，并可单击“高级”按钮增加设置主机标题名和 IP 地址及端口。

“TCP 端口”：设置 Internet 服务的连接端口。

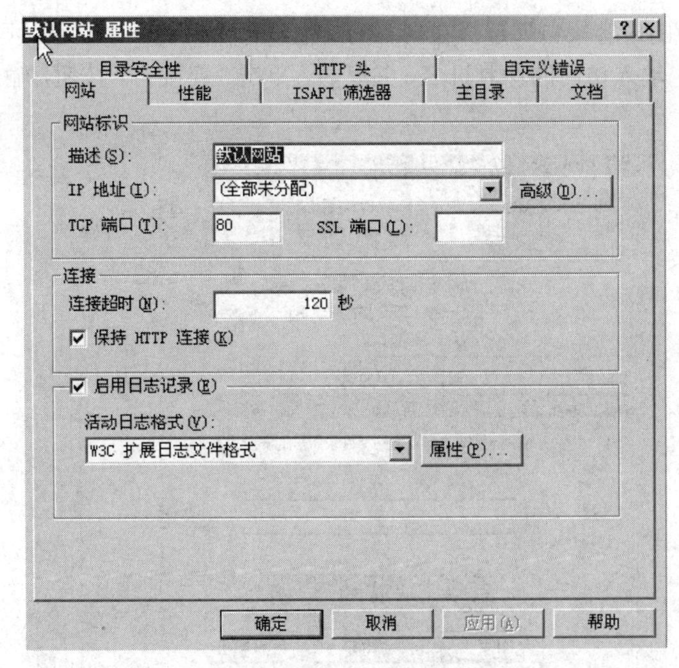

图 5–97　网站选项卡

在“默认网站属性”单击“主目录”选项卡，如图 5–98 所示。

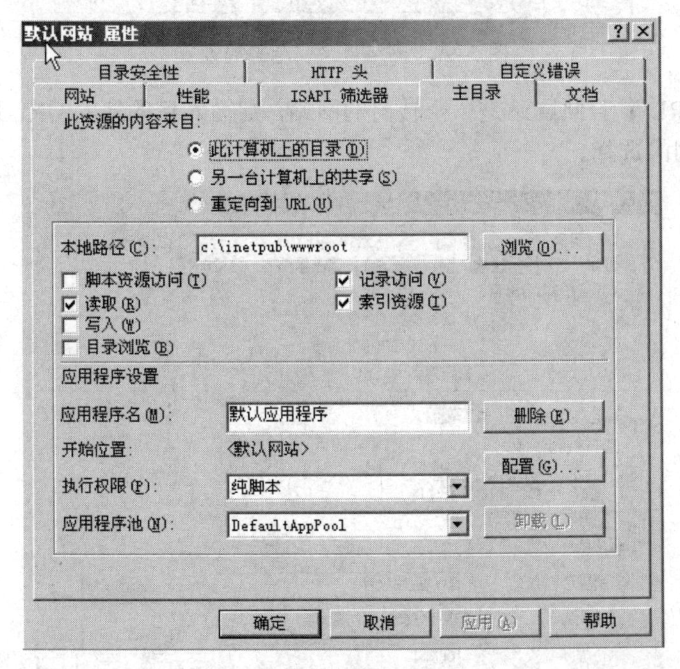

图 5–98　主目录选项卡

“此资源的内容来自”：设置网站中网页资料的来源。

“此计算机上的目录”：表示网站主目录在本计算机上。

“读取”：允许浏览器读取或下载存储在主目录或虚拟目录中的文件。

“记录访问”：设置将此目录的访问记录存储在日志文件内，必要时可查询。

如果“此资源的内容来自”选择在网络的其他计算机上的共享目录，则可选择“另一台计算机上的共享”，输入访问的计算机名、共享名，单击“连接为”按钮，输入用户名和密码，如图5–99所示。

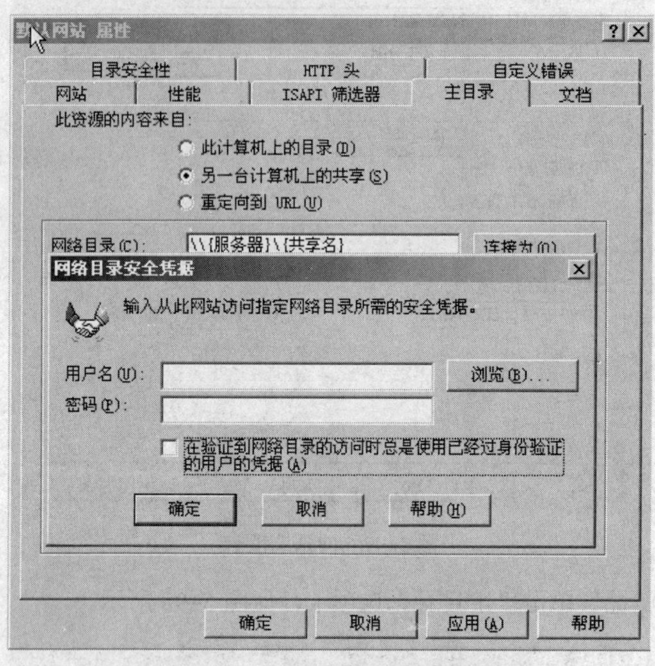

图5–99 网络目录安全平局设置

“重定向到URL”：若此网站是一个转向的网站，则输入目的地的URL地址，如图5–100所示，有三个不同的选择。

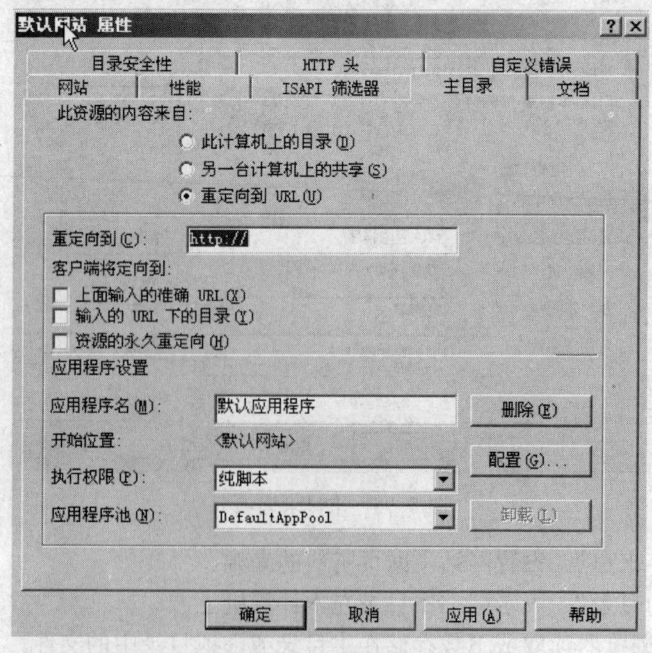

图5–100 重定向设置

然后点“文档”选项卡，如图 5–101 所示。

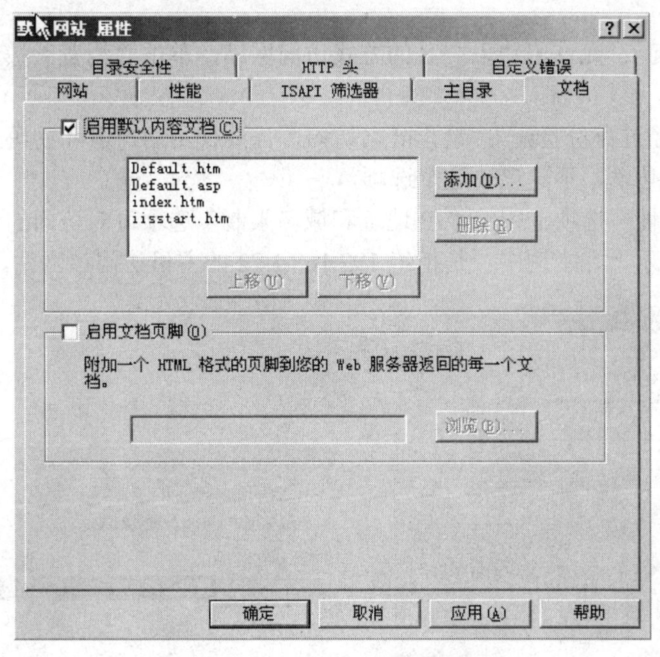

图 5–101　文档选项卡

“文档”选项卡设置浏览器的地址在没有指定文件名称时默认加载的文档，通常是网站的首页，默认为 Default.htm 和 Default.asp，若首页不在上面列表中，则可点击添加按钮，将首页文件名加入。并可点击左侧的按钮进行文档位置的移动。

然后点“目录安全性”选项卡，如图 5–102 所示。

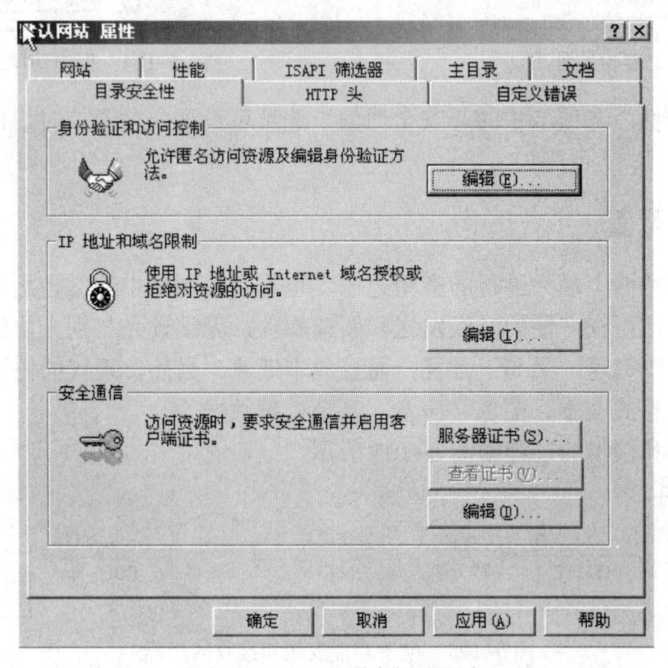

图 5–102　目录安全性选项卡

“身份验证和访问控制”：设置网站的验证及匿名访问方式，单击“编辑”按钮，如图 5–103 所示。

“启用匿名访问”：允许用户以匿名的方式访问网站，单击“浏览”按钮可设置匿名用户的用户名及密码。

“用户访问需经过身份验证”：禁止匿名访问，需要使用用户名和密码进行访问。基本验证密码以明文方式传输，不建议选这个选项。

在“目录安全性”选项卡中的“IP 地址和域名限制”选项可对访问的计算机进行授权限制。如图 5–104 所示。在本例中，是拒绝 192.168.1.22 的主机访问该网站。

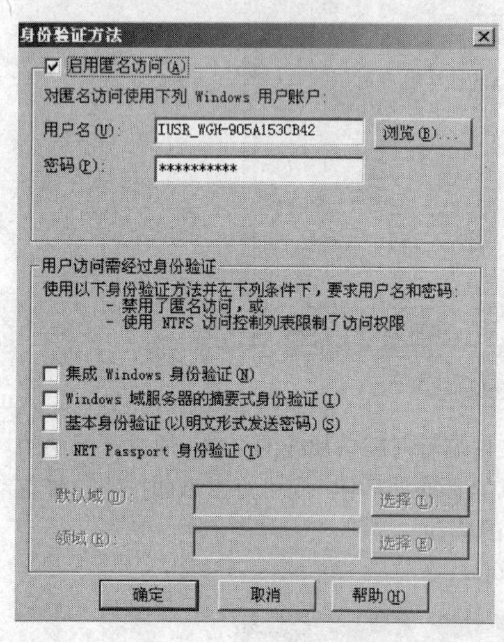

图 5–103 身份验证方法

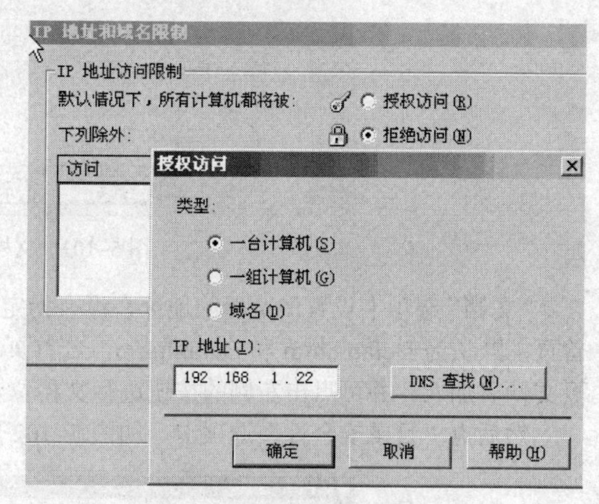

图 5–104 拒绝访问设置

在“目录安全性”选项卡中的“安全通信”选项可设置安全通信时启用客户端证书来访问 Web 服务器资源。

5.3.5 邮件服务配置

电子邮件是因特网上最为流行的应用之一，也是企业网络中经常使用的功能之一。电子邮件是异步的，用户可在方便的时候发送和阅读邮件，无须预先与别人协同。与传统邮件不同的是，电子邮件既迅速，又易于分发，而且成本低廉。另外，现代的电子邮件消息可以包含超链接、HTML 格式文本、图像、声音，甚至视频数据。

电子邮件发送和接收的过程如图 5–105 所示。

图 5–105 电子邮件发送和接收的过程

电子邮件的收发经历了以下几个过程：

（1）当用户将 E-mail 输入到个人计算机开始发送时，计算机会将信件打包，送到用户所属的 ISP 邮件服务器上。

（2）邮件服务器根据用户注明的收信人地址，按照当前网上传输的情况，寻找一条最不拥挤的路径，将 E-mail 传到下一个邮件服务器。接着，这个服务器也按照以上方法将 E-mail 往下传送。

（3）E-mail 被送到对方用户 ISP 的邮件服务器上，并保存在服务器上的收信人的 E-mail 信箱中，等待收信人在方便的时候进行读取。

（4）收信人在打算收信时，使用 POP3 或者 IMAP 协议，通过个人计算机与服务器的连接，从信箱中读取自己的 E-mail。

由上可见，无论是发送邮件，还是接收邮件，都需要使用到邮件服务器，本节将讲述在 Windows Server 2003 中的电子邮件服务器的配置过程。

1. E-mail 服务器的安装过程

在 Windows Server 2003 系统中，E-mail 服务器的安装就是 POP3、SMTP 协议及相关组件的安装，下面介绍如何利用“配置您的服务器向导”安装邮件服务器。

执行“开始”→“管理工具”→“配置您的服务器向导”菜单操作，打开如图 5–106 所示对话框。

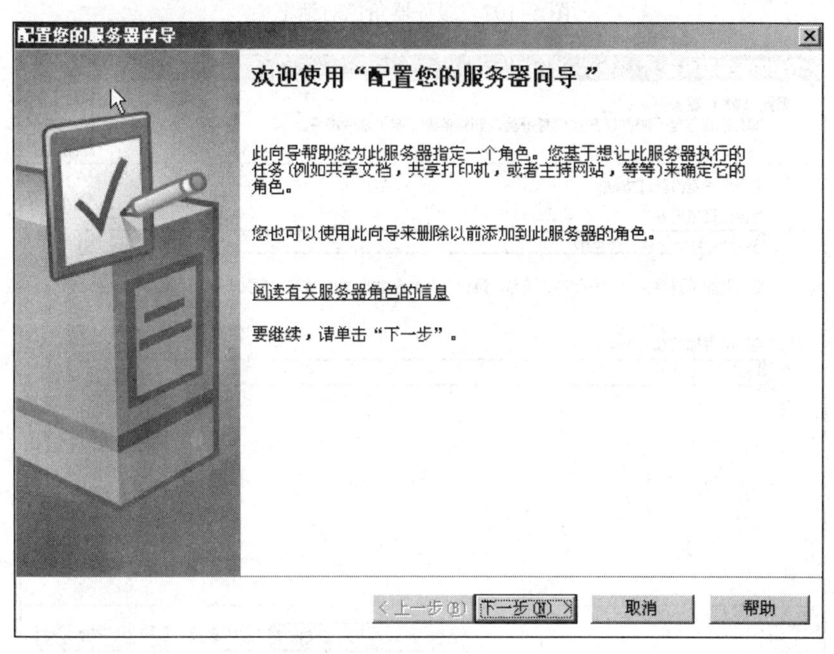

图 5–106　欢迎使用对话框

单击两次“下一步”按钮后，打开如图 5–107 所示的对话框。在其中选择“邮件服务器（POP3，SMTP）选项。

单击“下一步”按钮，打开图 5–108 所示对话框。在其中要求选择邮件服务器中所使用的用户身份验证方法，一般如果是在域网络中，选择“Active Directory 集成的”这种方式，这样邮件服务器就会以用户的域账户进行身份认证。然后在“电子邮件域名”中指定一个邮件服务器名，本示例为 bjlg.com。

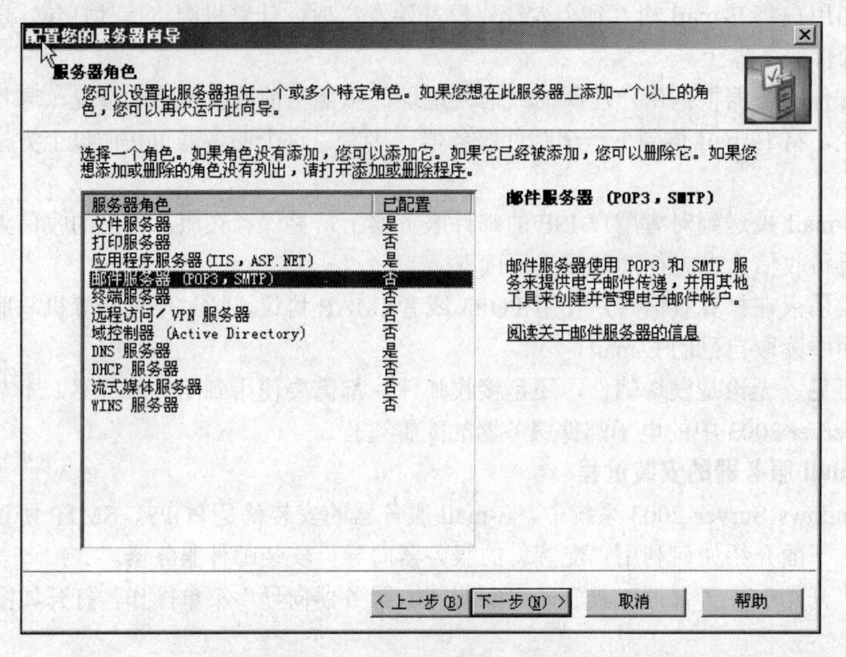

图 5–107 服务器角色对话框

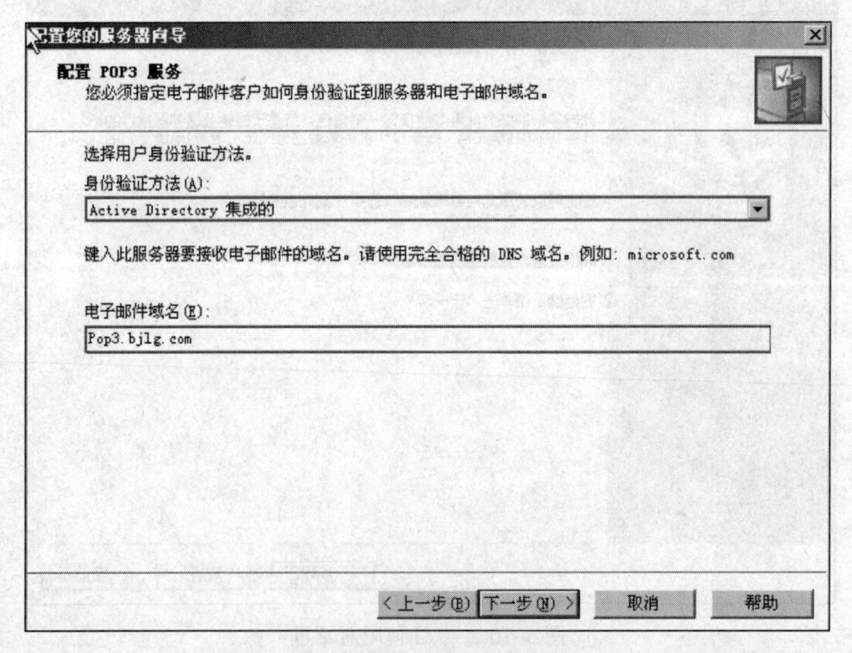

图 5–108 配置“POP3 服务”对话框

单击“下一步”按钮，进入一个选择总结对话框，在列表中总结了以上配置选择。

单击“下一步”按钮，系统开始安装邮件服务器所需的组件，进程如图 5–109 所示。

完成文件复制后，系统会自动打开图 5–110 所示向导完成对话框。直接单击“完成”按钮完成邮件服务器的整个安装过程。

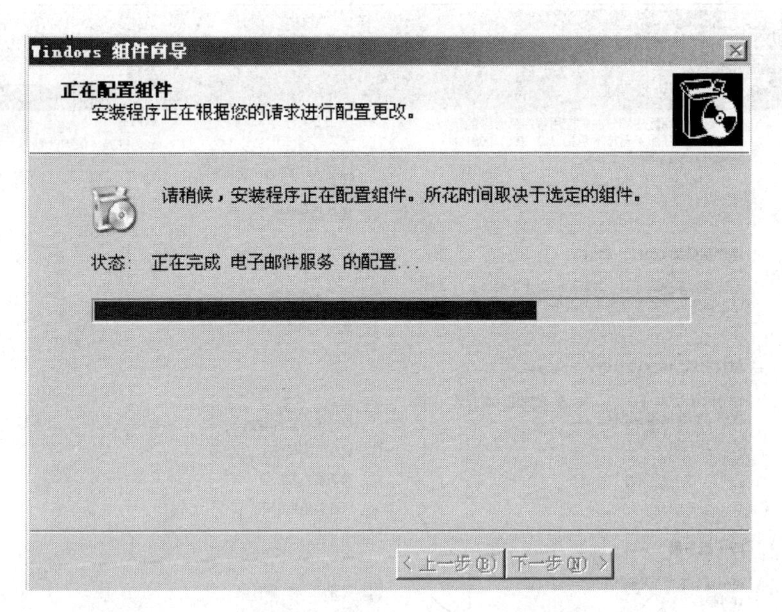

图 5–109　“正在配置组件”对话框

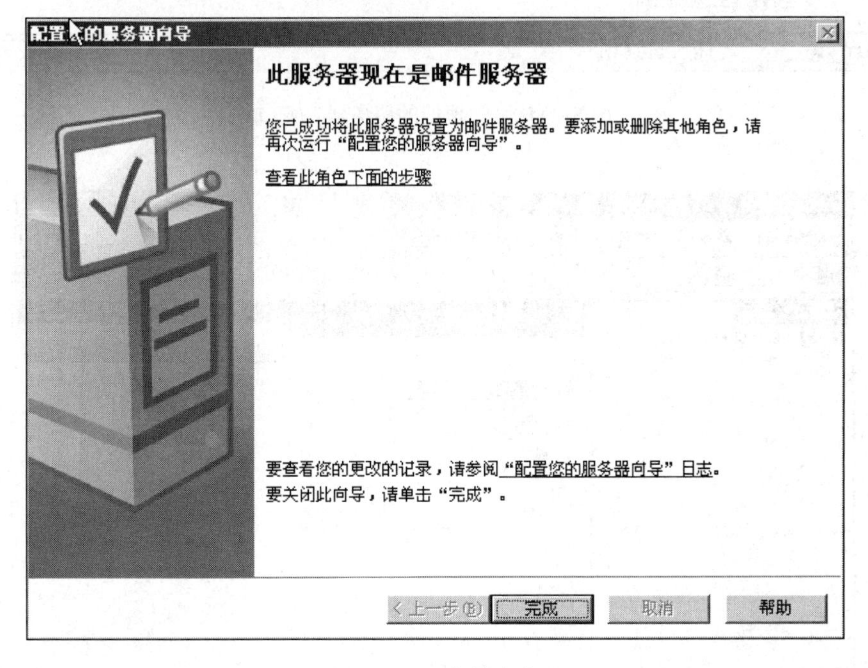

图 5–110　安装完成

完成后执行“开始”→“管理工具”→“管理您的服务器”菜单操作，在打开的如图 9–111 所示的“管理您的服务器”窗口即可见到刚才安装的邮件服务器了。

单击“管理此邮件服务器”即可打开邮件服务器窗口，如图 5–112 所示。

2. E-mail 服务器的配置

E-mail 服务器安装好后还需要进行一定的配置才能正常工作。其配置的步骤如下：

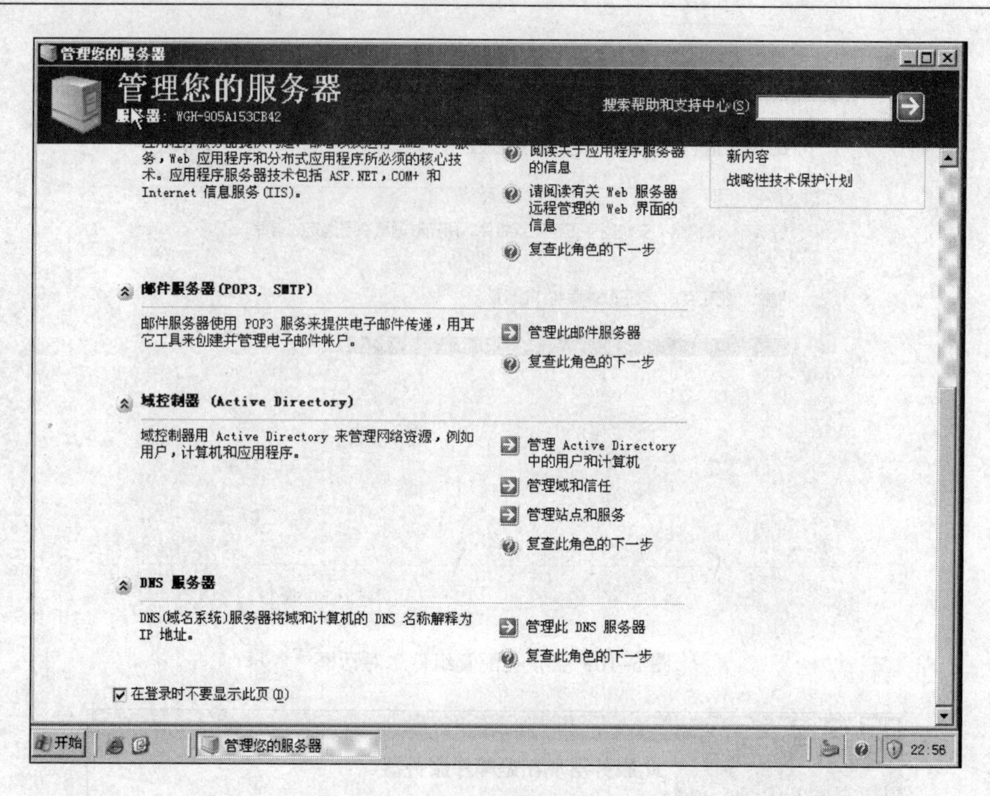

图 5–111 “管理您的服务器”窗口

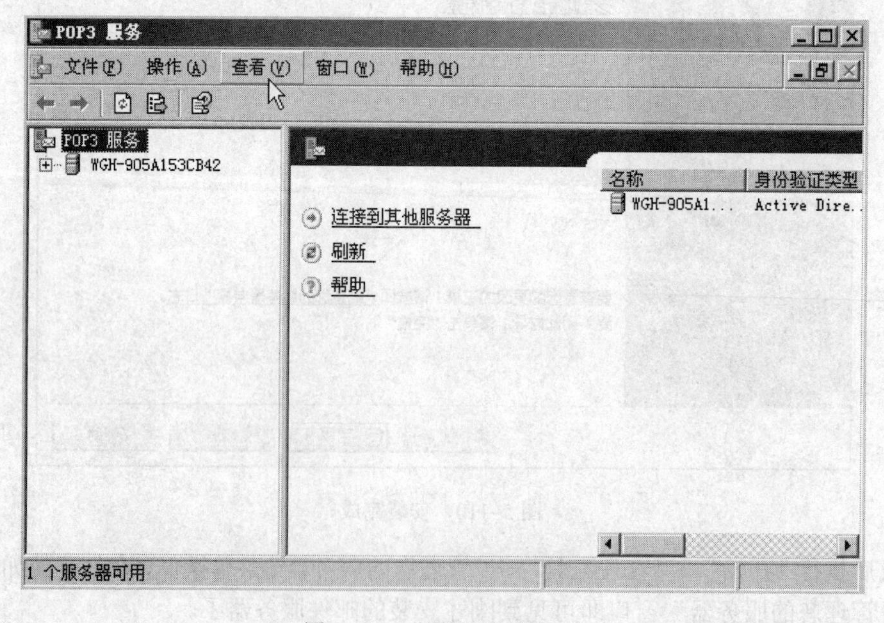

图 5–112 邮件服务器窗口

点“开始”→“管理工具”→“POP3 服务”菜单，在打开的 POP3 服务窗口中，在服务器 WGH-905A153CB42 上点右键，选属性，得到如图 5–113 所示邮件服务器属性窗口。

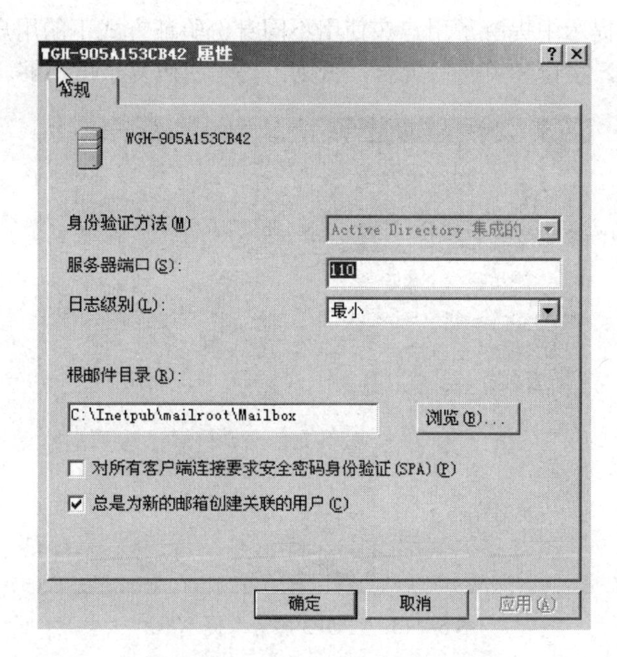

图 5–113　邮件服务器属性窗口

在这个对话框中可以配置服务器所使用的端口、日志级别、根邮件目录、是否要采取安全密码身份验证方式，以及是否为新邮箱创建关联的用户。

在如图 5–114 所示邮件服务器窗口左边窗格中选择相应的邮件服务器域名（这里是 Pop3.bjlg.com），在右边窗格中单击“添加邮箱”链接。

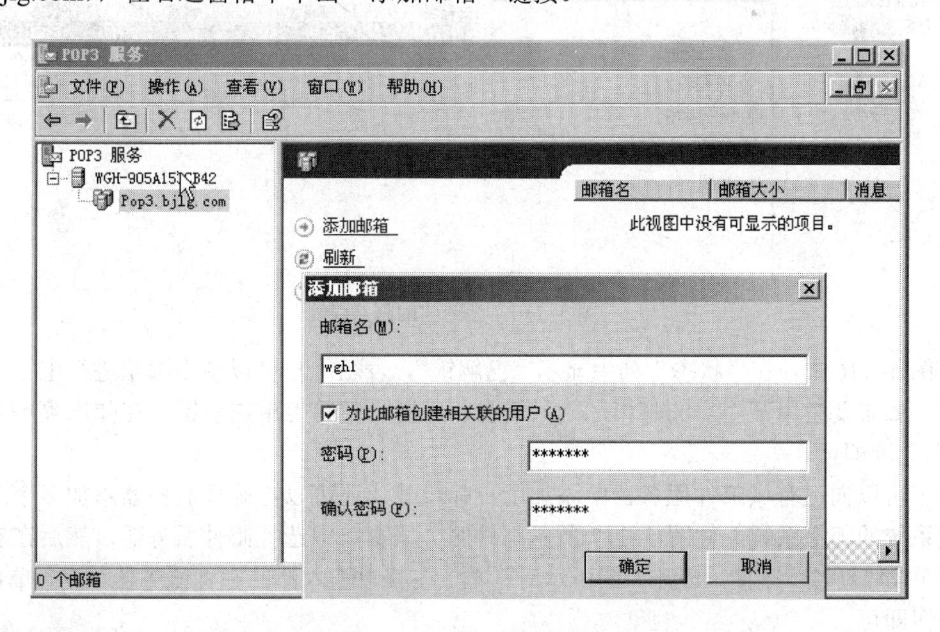

图 5–114　邮件服务器窗口

在这里可以添加新用户邮箱。如果要同时为系统创建一个用户账户，则要选择“为此邮箱创建相关联的用户”复选项，输入好邮箱名和密码后单击“确定”按钮，系统会弹出如图

5–115 所示提示。在提示中提醒了用户在使用不同身份验证方式下的用户邮箱账户名称。注意：密码要求有数字，字母和符号等混合，否则出提示密码复杂度不够。

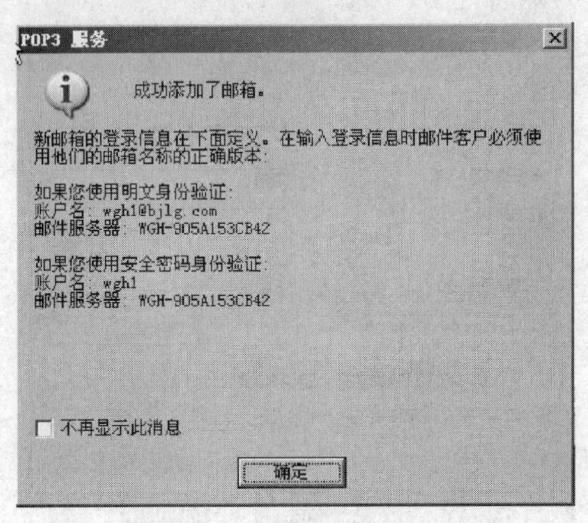

图 5–115 “POP3 服务”提示框

在图 5–115 中点确定之后，可以看到已创建的账户，如图 5–116 所示，已有两个账户。

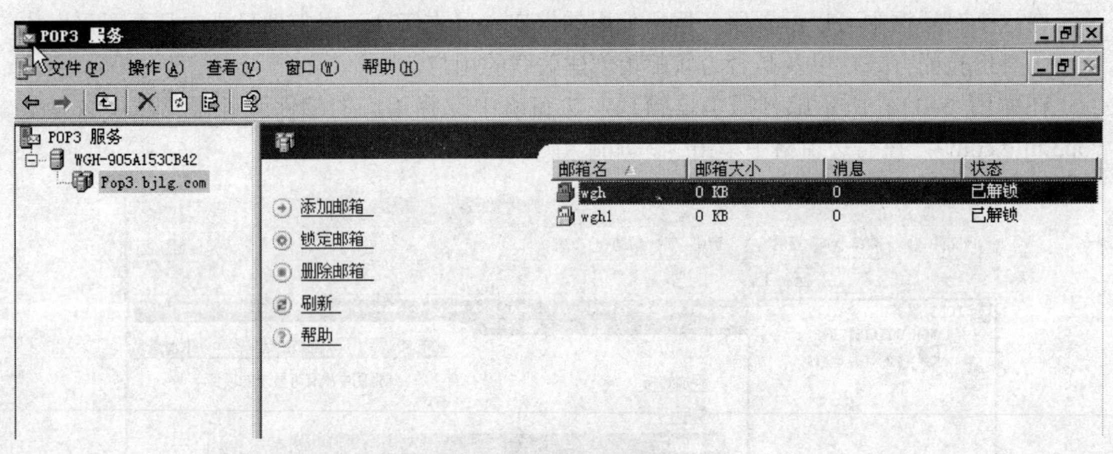

图 5–116 已创建的账户

在图 5–116 中，在“状态”列中显示“已解锁”，表示用户可以使用邮箱进行电子邮件的收发了。如果要禁用某用户的邮箱，则只需在相应用户邮箱上单击右键，在弹出菜单中选择“锁定”选项即可。

除了可以向已有域邮件服务器中添加用户邮箱外，还可以在邮件服务器添加多个隶属于不同域系统的邮箱系统。如图 5–117 所示邮件服务器窗口中选择邮件服务器，然后在右边的窗格中单击“新域”链接，打开如图所示对话框。在其中输入新的邮件服务器域名，单击“确定”按钮即可。

输入邮件服务器域名，如图 5–118 所示。

在图 5–118 中，点确定后，就可以看到在 Pop3 服务中有已有新加进去的域了，如图 5–119 所示。

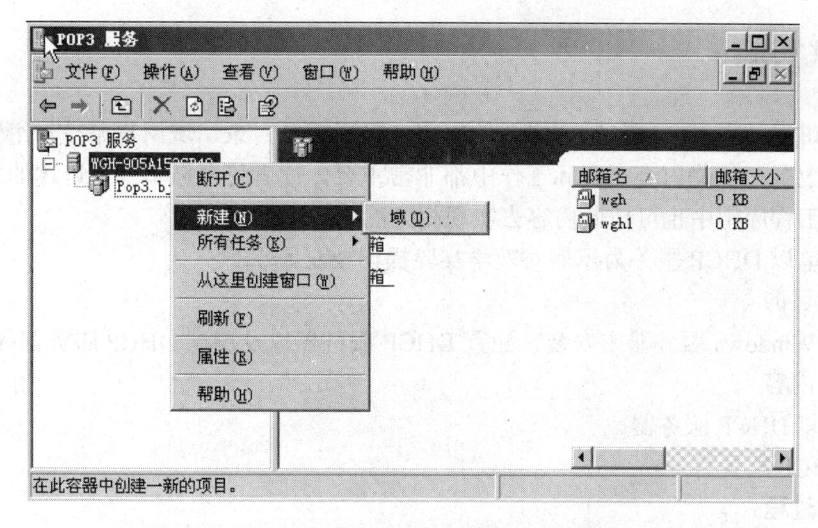

图 5–117　添加属于不同域系统的邮箱

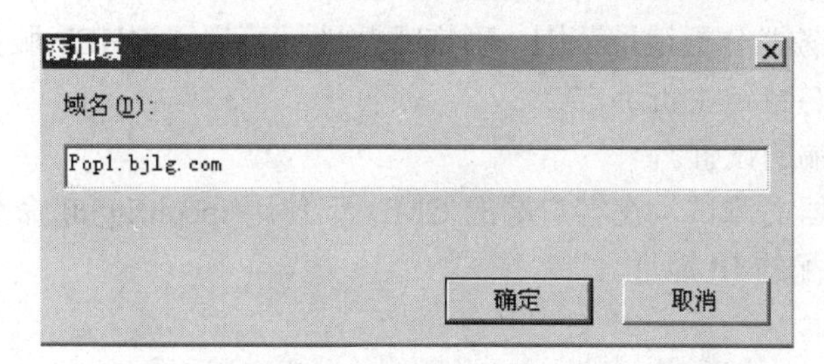

图 5–118　添加域

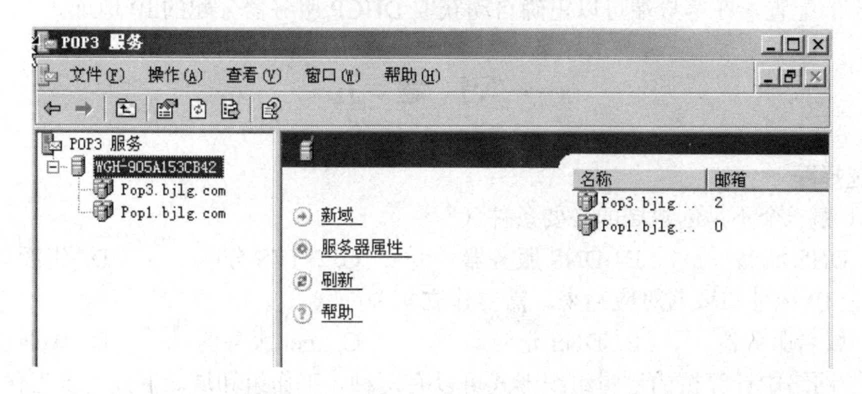

图 5–119　不同域系统的邮件服务器

然后可采用与前面同样的方法为新域添加邮箱账户。这样在一个邮件服务器中就可以为多个不同域系统担当邮件服务器角色。

说明：在默认情况下，SMTP 服务与 POP3 服务一起安装，以便提供完整的电子邮件服务，而在安装 POP3 的计算机上，SMTP 服务会被自动安装，从而允许用户发送传出电子邮件，使用 POP3 服务创建一个域时，该域也被添加到 SMTP 服务中，以允许该域的邮箱发送出电子邮件。

5.4 本章实验

本章所讲述的内容全部是需要实践的内容，包括活动目录、域用户账户、组管理以及各种网络服务配置，这些内容在实际工作中都非常重要，读者可根据本章所讲述的内容一步步去练习，在工程应用中也可按此内容去实现相应的服务器建设。

下面简单以 DHCP 服务为示例对教学实验提出要求。

1. 实验目的

掌握在 Windows 服务器中安装、配置 DHCP 服务器以及测试 DHCP 服务器的方法。

2. 实验内容

（1）安装 DHCP 服务器。

（2）DHCP 配置管理。

3. 实验过程

（1）安装 DHCP 服务器，在控制面板的添加删除程序中进行。

（2）为 DHCP 服务器分配地址范围，确定哪些地址可用于 DHCP 服务器分配，哪些地址保留，哪些地址需要与特定主机绑定。

（3）DHCP 客户端的设置。

（4）DHCP 服务器的测试，在客户端的 CMD 下使用 ipconfig/all 命令来查看是否自动获取了 DHCP 服务器分配的 IP 地址。

4. 实验总结

通这本实验，我们可以掌握到如何安装 DHCP 服务器，并正确指定可分配 IP 地址的范围等相关内容的配置，在客户端可以正确自动获取 DHCP 服务器分配的 IP 地址。

习 题 五

一、选择题

1. 以下哪一个不是创建域的必要条件（　　）。

A. DNS 域名　　B. DNS 服务器　　C. NTFS 分区　　D. 组织单位

2. 要让 IP 地址与域名对应起来，需要建立相关的（　　）。

A. 域名服务器　　B. DNS 记录　　C. .net 服务器　　D. Web 服务器

3. 办公网络中计算机的逻辑组织形式可以有两种，工作组和域。下列关于工作组的叙述中正确的是（　　）。

A. 工作组中的每台计算机都在本地存储账户

B. 本计算机的账户可以登录到其他计算机上

C. 工作组中的计算机的数量不要超过 3 台

D. 工作组中的操作系统必须一样

4. 为了加强公司域的安全性，你需要设置域安全策略。下列与密码策略不相关的是（　　）。

A. 密码必须符合复杂性要求　　B. 密码最长使用期限

C. 密码长度最小值　　D. 账户锁定时间

5. 以下哪个对象不是 Active Directory 逻辑结构的一部分（　　）。

A. 域　　B. 域控制器　　C. 组织单位　　D. 域林

6. 关于 DNS 服务器的说法错误的是（　　）。

A. DNS 就是域名系统　　B. DNS 不需要 IP 地址

C. DNS 用于域名解析　　D. DNS 是 Domain Name System 的简写

7. 以下哪个不是 NTFS 文件系统的功能（　　）。

A. 文件权限　　B. 文件压缩　　C. 数字签名　　D. 磁盘配额

8. WWW 服务是以（　　）协议为基础的。

A. HTML　　B. HTTP　　C. URL　　D. WWW

9. 当一台主机从一个网络移到另一个网络时，以下说法正确的是（　　）。

A. 必须改变它的 IP 地址与 MAC 地址

B. 必须改变它的 MAC 地址，可以不修改 IP 地址

C. 必须改变它的 IP 地址，不用修改 MAC 地址

D. MAC 地址与 IP 地址均不修改

10. 你想将一台工作组中的 Windows 2003 服务器升级成域控制器，可以使用下列方法（　　）。

A. 命令 pcpromo　　B. Windows 组件向导

C. 设备管理器　　D. 命令 dcpromo

11. 关于 DHCP 服务器功能的说法，错误的是（　　）。

A. 一种可以将局域网接入互联网的协议

B. 可以固定地分派一个 IP 地址给工作站

C. 可以使移动用户接入网络更加方便

D. 可以降低网络管理的复杂程度

12. 使用 DHCP 服务器的好处是（　　）。

A. 降低 TCP/IP 网络的配置工作量，减少网络管理员的负担

B. 避免输入错误和 IP 冲突

C. 可以让工作站在变动地理位置时不用手工配置 IP 地址

D. 以上说法都正确

二、填空题

1. Windows Server 2003 利用__________提供文件加密功能。

2. Windows Server 2003 的网络内可以存在的计算机类型是__________、__________和其他计算机。

3. Windows Server 2003 域控制器中有三个重要的活动目录的工具，它们分别是__________、__________和 Active Directory 站点和服务。

4. Windows Server 2003 中用户分为两种：__________和本地用户。

5. Windows Server 2003 中域组安全作用域的类型分为__________、__________、通用组。

6. 当需暂时停用某用户的账户时，应该使用__________功能。

7. Administrator 是操作系统中最重要的用户账户，平常俗称为 超级用户，它属于系统中

__________账户。

8. 使用__________命令可以查看计算机的 IP 地址和 MAC 地址。

9. Windows Server 2003 中新建的用户默认属于__________组。

10. 当客户端计算机需要加入到域 net.com 时，需要配置 IP 地址、子网掩码和__________等信息。

11. Windows Server 2003 中超级用户的名字是__________。

三、思考题

1. 活动目录的安装条件是什么？

2. 如何将已有的用户、组或组织单位添加到组织单位中？

3. 如何实现某台客户机每次都能动态分配到同一个 IP 地址？

4. 有哪些方法检测 DNS 是否能正常工作？

5. 怎样实现在同一个 IP 地址下建立多个 Web 站点？

6. 在邮件服务器中添加邮箱里，对密码设置有什么要求？

第 6 章　广域网与接入网

广域网（Wide Area Network，WAN）也称远程网，覆盖的范围比局域网（LAN）和城域网（MAN）都广，通常跨接很大的物理范围，所覆盖的范围从几十公里到几千公里，它能连接多个城市或国家，或横跨几个洲并能提供远距离通信，形成国际性的远程网络。广域网的通信子网可以利用公用分组交换网、卫星通信网和无线分组交换网，它将分布在不同地区的局域网或计算机系统互联起来，达到资源共享的目的。

学习目标

（1）了解广域网和接入网的基本知识。

（2）了解 X.25 网的特点和应用。

（3）掌握帧中继网的特点和应用。

（4）掌握 ISDN 的特点和应用。

（5）掌握 ISDN 的特点和应用。

（6）掌握 ATM 的特点和应用。

（7）掌握 HFC 的特点和应用。

（8）掌握 xDSL 的分类和应用。

（9）掌握 FTTx 的分类和应用。

教学重点

HFC、xDSL 和 FTTx 三种常见接入网的应用。

教学难点

HFC、xDSL 和 FTTx 三种常见接入网的接入配置方法。

6.1　广域网概述

6.1.1　广域网的连接方式

广域网链路的连接方式有点对点链路、电路交换、报文交换、分组交换和虚电路交换。

1. 点对点链路

在 WAN 中，点对点链路（point to point link，PPP）提供了从客户端通向某个电信运营商网络。点对点链路也称为租用线路，因为它所建立的路径对于每条通过电信运营商设施连接的远程网络都是永久而且固定的。PPP 链路提供了两种数据传送方式：一种是数据报传送方式，一种是数据流传送方式。点对点链路不使用 ARP 协议，因为在设置这些链路时已经告知了内核，链路两端的 IP 地址，所以说不需要 ARP 协议来实现 IP 地址和不同网络技术硬件地址的动态映射。点对点链路如图 6–1 所示。

图 6–1 点对点链路

2. 电路交换

电路交换是在通信之前要在通信双方之间建立一条被双方独占的物理通路，这条物理通路是由通信双方之间的交换设备和链路逐段连接而成。

电路交换的优点是：由于通信线路为通信双方用户专用，数据直达，所以传输数据的时延非常小；通信双方之间的物理通路一旦建立，双方可以随时通信，实时性强；双方通信时按发送顺序传送数据，不存在失序问题；交换设备及控制均较简单。

缺点：电路交换链路的连接建立时间较长；电路交换连接建立后，物理通路被通信双方独占，即使通信线路空闲，也不能供其他用户使用，因而信道利用率低；电路交换时，数据直达，不同类型、不同规格、不同速率的终端很难相互进行通信，也难以在通信过程中进行差错控制。

电路交换如图 6–2 所示。

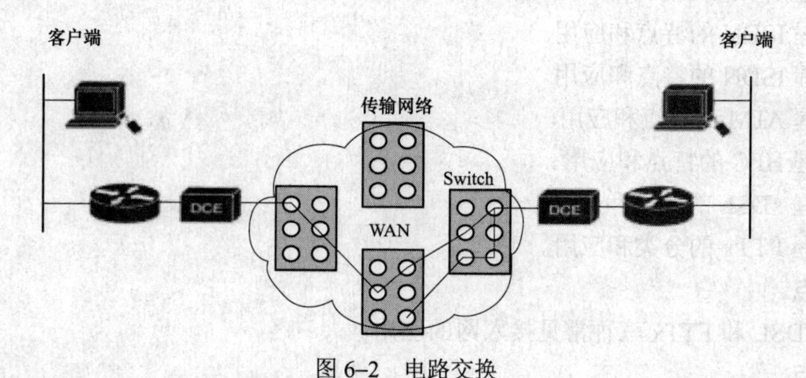

图 6–2 电路交换

3. 报文交换

这种方式不要求在两个通信结点之间建立专用通路。结点把要发送的信息组织成一个数据包——报文，该报文中含有目标主机的 IP 地址，完整的报文在网络中一站一站地向前传送。每一个结点接收整个报文，检查目标主机的 IP 地址，然后根据网络中的交通情况在适当的时候转发到下一个网络中间结点。经过多次的存储转发，最后到达目标主机，因而这样的网络叫存储转发网络。

交换结点对各个方向上收到的报文排队，找到下一个转结点，然后再转发出去，这些都带来了排队等待延迟。报文交换的优点是不建立专用链路，线路利用率较高，这是由通信中的等待时延换来的。

4. 分组交换

分组交换也叫包交换，它是将用户传送的数据划分成一定的长度，每个部分叫做一个分组。在每个分组的前面加上一个分组头，用以指明该分组发往何地址，然后由交换机根据每个分组的地址标志，将他们转发至目的地，这一过程称为分组交换。进行分组交换的通信网称为分组交换网。从交换技术的发展历史看，数据交换经历了电路交换、报文交换、分组交换和综合业务数字交换的发展过程。分组交换实质上是在“存储—转发”基础上发展起来的，它兼有电路交换和报文交换的优点。

5. 虚电路

虚电路（Virtual Circuit，VC）虚电路又称为虚连接或虚通道，是分组交换的两种传输方式中的一种。在通信和网络中，虚电路是由分组交换通信所提供的面向连接的通信服务。在两个节点或应用进程之间建立起一个逻辑上的连接或虚电路后，就可以在两个节点之间依次发送每一个分组，接收端收到分组的顺序必然与发送端的发送顺序一致，因此接收端无须负责在收集分组后重新进行排序。虚电路分为两种形式：交换虚电路和永久虚电路。

交换虚电路（Switched Virtual Circuit，SVC）是端点站点之间的一种临时性连接。这些连接只持续所需的时间，并且当会话结束时就取消这种连接。虚电路必须在数据传送之前建立。一些电信局提供的分组交换服务允许用户根据自己的需要动态定义 SVC。

永久虚电路（Permanent Virtual Circuit，PVC）是一种提前定义好的，基本上不需要任何建立时间的端点站点间的连接。在公共长途电信服务，例如异步传输模式（ATM）或帧中继中，顾客提前和这些电信局签订关于 PVC 的端点合同，并且如果这些顾客需要重新配置这些 PVC 的端点时，他们就必须和电信局联系。

在国内使用的虚电路都是永久虚电路。

6.1.2　广域网设备

1. 广域网交换机

广域网交换机是在运营商网络中使用的多端口网络互联设备。广域网 WAN 一般最多只包含 OSI 参考模型的底下三层，而且目前大部分广域网都采用存储转发方式进行数据交换，也就是说，广域网是基于报文交换或分组交换技术的。广域网中的交换机先将发送给它的数据包完整接收下来，然后经过路径选择找出一条输出线路，最后交换机将接收到的数据包发送到该线路上去，以此类推，直到将数据包发送到目的结点。广域网交换机可以对帧中继、X.25 以及 SMDS 等数据流量进行操作。

广域交换机如图 6–3 所示，这是一款 Cisco 的 6509 广域网交换机。

2. 接入服务器

接入服务器（Access Server）是广域网中拨入和拨出连接的会聚点。接入服务器又称网络接入服务器 NAS 或远程接入服务器 RAS，它是位于公用电话网（PSTN/ISDN）与 IP 网之间的一种远程访问接入设备。用户可通过公用电话网拨号到接入服务器上接入 IP 网，实现远程接入 Internet、拨号虚拟专网（VPDN）、构建企业内部 Intranet 等网络应用。接入服务器可以处理发向 ISP 路由器的认证、授权与计费（AAA）以及隧道 IP 分组。

接入服务器如图 6–4 所示，这是一款华为的接入服务器。

3. 调制解调器

调制解调器，是一种计算机硬件，用于在数字信号与模拟信号间的转换。有关调制解调器的相关知识在第 8 章讲述。

4. CSU/DSU

信道服务单元（CSU）/数据服务单元（DSU），CSU（Channel Service Unit，通道服务单元）是把终端用户和本地数字电话环路相连的数字接口设备。通常它和DSU统称为CSU/DSU；

DSU（Data Service Unit，数据服务单元）是指的是用于数字传输中的一种设备，它能够把DTE设备上的物理层接口适配到T1或者E1等通信设施上。

图 6–3 Cisco 6509 广域网交换机

图 6–4 接入服务器

CSU/DSU的作用是CSU接收和传送来往于WAN线路的信号，并提供对其两边线路干扰的屏蔽作用。CSU也可以响应电话公司来的用于检测目的的回响信号。DSU进行线路控制，在输入和输出间转换以下几种形式的帧：RS-232C，RS-449或局域网的V.35帧和T-1线路上的TDM DSX帧。DSU管理分时错误和信号再生。DSU像数据终端设备和CSU一样提供类似于调制解调器的与计算机的接口功能。

CSU/DSU的使用如图6–5所示。

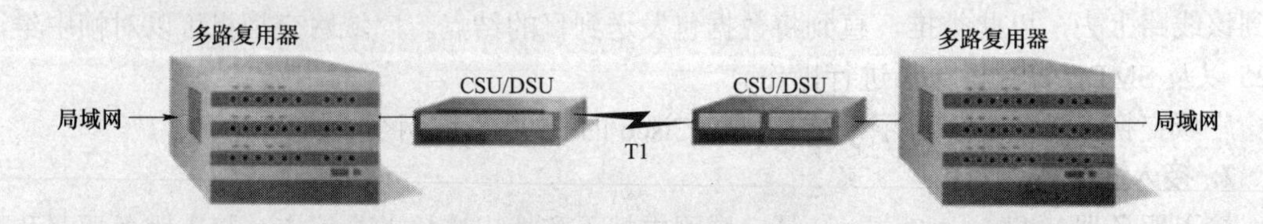

图 6–5 CSU/DSU 的使用

5. ISDN 终端适配器

图 6–6 ISDN 终端适配器

ISDN终端适配器的功能就是使得现有的非ISDN标准终端（例如模拟话机、G3传真机、分设备、PC机）能够在ISDN上运行，为用户在现有终端上提供ISDN业务。终端适配器是应用最广泛的ISDN终端设备，最根本的应用是作为个人电脑与ISDN桥梁，使得个人电脑可以灵活、高速的接入因特网、局域网、ISP或与其他个人电脑进行数据通信。ISDN终端适配器如图6–6所示。

6.2　X.25 网

6.2.1　X.25 网技术简介

X.25 网是第一个面向连接的网络，也是第一个公共数据网络。它是基于 X.25 协议建立的网络，产生于 1976 年，在它产生十年后，在 20 世纪 80 年代被无错误控制、无流控制、面向连接的帧中继的网络所取代，90 年代以后，出现了面向连接的 ATM 网络。

X.25 协议是 CCITT（ITU）建议的一种协议，它定义数据终端设备 DTE 和数据通信设备 DCE 间的分组交换网络的连接。分组交换网络在一个网络上为数据分组选择到达目的地的路由。X.25 是一种很好实现的分组交换服务，传统上它是用于将远程终端连接到主机系统的。

X.25 使用电话或者 ISDN 设备作为网络硬件设备来架构广域网的 ITU-T 网络协议。它的实体层、数据链路层和网络层都是按照 OSI 体系模型来架构的。在国际上 X.25 的提供者通常称 X.25 为分组交换网（Packet switched network），一般是国营电信公司，例如中国电信。

X.25 网如图 6–7 所示。

图 6–7　X.25 网组成

X.25 网使用虚电路来进行数据传输，有交换虚电路和永久虚电路。交换虚电路将建立基于呼叫的虚电路，然后在数据传输会话结束时拆除；永久虚电路在两个端点结点之间保持一种固定连接。无论是交换虚电路还是永久虚电路，都需要先建立连接，也就是对分组授予了一个号码，这个号码可以被连接源地和目的地的信道识别，然后再发送数据分组，因而在分组不需要源地址和目的地址，虚电路为传输分组通过网络到达目的地提供了一条通信路径。

X.25 工作于 OSI 的低三层：物理层、数据链路层和网络层。

物理层，它称为 X.21 接口，定义从计算机/终端（数据终端设备，DTE）到 X.25 分组交换网络中的附件结点的物理/电气接口。RS–232C 通常用于 X.21 接口。

数据链路层，此层定义像帧序列那样的数据传输。使用的协议是平衡式链路访问规程（LAP—B），它是高级数据链路控制（HDLC）协议的一部分。LAP—B 的设计是为了点对点连接。它为异步平衡模式会话提供帧结构、错误检查和流控机制。LAP—B 为确信一个分组已经抵达网络的每个链路提供了一条途径。

网络层，也称为分组层，此层定义了通过分组交换网络的可靠虚电路。这样，X.25 就提供了点对点数据发送，而不是一点对多点发送。

在现在，X.25 由于像帧中继 FR、ISDN、ATM、ADSL、POS 等新技术的推出，其在市场的使用占有率迅速下降了，但由于 X.25 网是一种可靠而便宜的连接因特网的技术，在一些科技和经济相对落后的国家仍还在使用。

6.2.2 X.25 网应用

X.25 网的组成是由分组交换机、用户接入设备和传输线路组成。

X.25 网为用户提供了灵活的接入方式，无论用户使用什么类型的通信设备，支持何种通信协议，都可以快捷方便地接入。在 X.25 网的中继传输线路中，有两种传输线路模式，一是模拟信道接入，其速率有 9600bit/s、48kbit/s 和 64kbit/s；另一种是数字信道接入，其速率有 64kbit/s、128 kbit /s 和 2Mbit/s。

使用 X.25 网的用户分为普通用户和集团用户。

普通用户的接入方式有异步方式和同步方式，异步方式用于对 PC 机和普通终端等，可以利用其上的串行通信口（RS–232）按异步方式，采用 X.25 协议接入；同步方式用于加有 X.25 卡的 PC 机和分组终端等，采用 X.25 协议接入。

普通用户的线路连接方式有专线方式和电话拨号方式。专线方式适用于业务量大、使用频率高、要求高可靠性、无呼损的应用，但是需要租用入网专线，费用相对较高；电话拨号方式适用于业务量不大、通信次数少、可以承受呼叫失败的应用。由于使用已有的电话线路，所以费用很低，对零散用户是比较理想的接入方式。

集团用户接入方式的特点是通过网络把分散在各地的专用网或局域网连接起来，因此接入方式和普通用户有所不同。

专用网一般按 X.25 协议接入，Chinapac 向用户提供 2 位子地址，可作为网络地址的一部分，为专用网寻址提供了巨大的灵活性；也可以采用网关方式入网，这样有更大的灵活性和独立性。专用网可以有自己的、完全独立于 Chinapac 的地址；局域网以 X.25 方式接入，一般局域网产品均配有 X.25 硬件及软件，可以把它们安装在服务器上，和 X.25 公网相连。

银行接入 X.25 网，采用的是 POS 设备，银行的 ATM 机和 POS 设备可以通过 X.25 网进行信息交换，Chinapac 专门向这些设备提供 T3POS 的接入协议，当然也可以采用异步方式的接入。

集团用户的线路接入方式，如对于专用网和局域网，仍然有专线接入和电话拨号接入两种，但集团用户多用服务器接入，所以最好以专线方式入网，把电话拨号作为备份；与银行的 POS 设备相连接，同样可采用专线接入或电话拨号方式，根据具体情况决定。

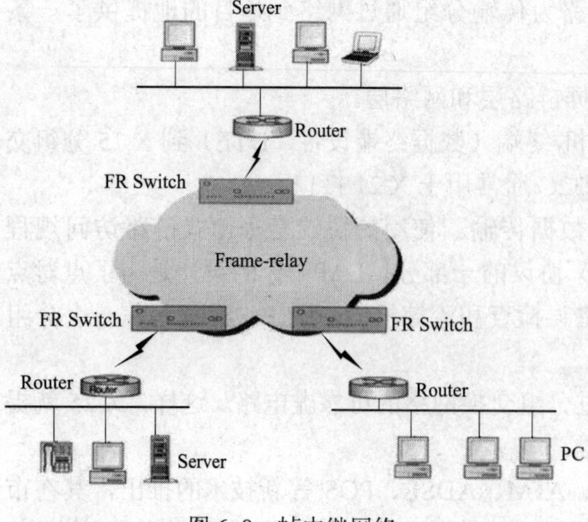

图 6–8 帧中继网络

6.3 帧中继

帧中继（Frame Relay，FR）是一种简化的 X.25 广域网。帧中继是采用帧中继协议来组成的广域网，帧中继协议是一种统计复用的协议，它在单一物理传输线路上能够提供多条虚电路。帧中继网络既可以是公用网络或者是某一企业的私有网络，也可以是数据设备之间直接连接构成的网络。帧中继网络如图 6–8 所示。

6.3.1 帧中继技术简介

由于光纤传输技术的发展，采用光纤作为网络传输介质，其误码率小于 10^{-9}，这是一个很低的误码率，完全达到了计算机数据信息传输的质量要求，因此，可以减少 X.25 的某些差错控制过程，从而可以减少结点的处理时间，提高网络的吞吐量，帧中继就是在这种环境下产生的。

帧中继协议只定义了物理层和数据链路层的标准，与 X.25 网相比，少了网络层的规范，网络层及高层协议都独立于帧中继协议，这样大大地简化了帧中继的实现。

目前帧中继的主要应用之一是局域网互联，特别是在局域网通过广域网进行互联时，使用帧中继更能体现它的低网络时延、低设备费用、高带宽利用率等优点。帧中继是一种先进的广域网技术，采用的也是分组交换方式，只不过它将 X.25 分组网中分组交换机之间的恢复差错、防止阻塞的处理过程进行了简化。

帧中继技术可归纳为以下几点：

（1）帧中继技术主要用于传递数据业务，它使用一组规程将数据信息以帧的形式（简称帧中继协议）有效地进行传送。它是广域网通信的一种方式。

（2）帧中继所使用的是逻辑连接，而不是物理连接，在一个物理连接上可复用多个逻辑连接，可建立多条逻辑信道，可实现带宽的复用和动态分配。

（3）帧中继协议是对 X.25 协议的简化，因此处理效率很高，网络吞吐量高，通信时延低，帧中继用户的接入速率在 64kbit/s 至 2Mbit/s，甚至可达到 34Mbit/s。

（4）帧中继的帧信息长度远比 X.25 分组长度要长，最大帧长度可达 1600B/帧，适合于封装局域网的数据单元，适合传送突发业务（如压缩视频业务、WWW 业务等）。

相对于 X.25 网，帧中继具有如下的特点：

（1）因为帧中继网络不执行纠错功能，所以它的数据传输速率和传输时延比 X.25 网络要分别高或低至少一个数量级。

（2）因为采用了基于变长帧的异步多路复用技术，帧中继主要用于数据传输，而不适合语音、视频或其他对时延时间敏感的信息传输。

（3）仅提供面向连接的虚电路服务。

（4）仅能检测到传输错误，而不试图纠正错误，而只是简单地将错误帧丢弃。

（5）帧长度可变，允许最大帧长度在 1600B 以上。

（6）使用光纤作为传输介质，因此误码率极低，能实现近似无差错传输，减少了进行差错校验的开销，提高了网络的吞吐量。

（7）帧中继是一种宽带分组交换，使用复用技术时，其传输速率可高达 44.6Mbit/s。

6.3.2 帧中继应用

1. 帧中继网络设备

帧中继网络是由许多帧中继交换机通过中继电路连接组成。目前，加拿大北电、新桥，美国朗讯、FORE 等公司都能提供各种容量的帧中继交换机。一般来说，FR 路由器（或 FRAD）是放在离局域网相近的地方，路由器可以通过专线电路接到电信局的交换机。用户只要购买一个带帧中继封装功能的路由器（一般的路由器都支持），再申请一条接到电信局帧中继交换机的 DDN 专线电路或 HDSL 专线电路，就具备开通长途帧中继电路的条件。

2. 帧中继业务应用

（1）LAN 互联。利用帧中继网络进行 LAN 互联是帧中继业务中最典型的一种业务。在已建成的帧中继网络中，进行 LAN 互联的用户数量占 90%以上，因为帧中继很适合为 LAN 用户传送大量突发性数据。

在许多大企业、银行、政府部门中，其总部和各地分支机构所建立的 LAN 需要互联，而 LAN 中往往会产生大量的突发数据来争用网络的带宽资源。如果采用帧中继技术进行互联的话，即可以节省费用，又可以充分利用网络资源。

帧中继网络在业务量少时，通过带宽的动态分配技术，允许某些用户利用其他用户的空闲带宽来传送突发数据，实现带宽资源共享，降低了通信费用。帧中继网络在业务量大甚至发生拥塞时，由于每个用户都已分配了网络承诺的信息速率（CIR），因此网络将按照用户信息的优先级及公平性原则，把某些超过 CIR 的帧丢弃，并尽量保证未超过 CIR 的帧可靠地传输，从而使用户不会因拥塞造成不合理的数据丢失。由此可见，帧中继网络非常适合为 LAN 用户提供互联服务。

（2）图像发送。帧中继网络可以提供图像、图表的传送业务，这些信息的传送往往要占用很大的网络带宽。例如，医疗机构要传送一张 X 光胸透照片往往要占用 8Mbit/s 的带宽。如果用分组交换网传送则端到端的时延过长，用户难以承受；如果采用电路交换网传送，则费用太高，用户难以承受；而帧中继网络具有高速、低时延、动态分配带宽、成本低的特点，很适合传输这类图像信息，因而，诸如远程医疗诊断等方面的应用也就可以采用帧中继网络来实现。

（3）虚拟专用网。帧中继网络可以将网络中的若干个节点划分为一个区，并设置相对独立的管理机构，对分区内的数据流量及各种资源进行管理。分区内各节点共享分区内的网络资源，分区之间相对独立，这种分区结构就是虚拟专用网，采用虚拟专用网比建立一个实际的专用网要经济合算，尤其适合于大企业用户。

综上所述，帧中继是简化的分组交换技术，其设计目标是传送面向协议的用户数据。经过简化的技术在保留了传统分组交换技术的优点的同时，大幅度提高了网络的吞吐量，减少传输设备与设施费用，提供更高的性能与可靠性，缩短了响应时间。

6.4 ISDN

6.4.1 ISDN 技术简介

综合业务数字网（ISDN），俗称“一线通”。它除了可以用来打电话，还可以提供诸如可视电话、数据通信、会议电视等多种业务，从而将电话、传真、数据、图像等多种业务综合在一个统一的数字网络中进行传输和处理。开通 ISDN 后，用户在上网的同时还可以打电话，这比使用传统的 Modem 使用电话线上网要方便得多，传统 Modem 上网和打电话只能分开进行，并且由于 ISDN 线路属于数字线路，用它来打电话效果都比普通电话要好得多。

ISDN 通过普通的电话线缆以更高的速率和质量传输语音和数据。ISDN 是欧洲普及的电话网络形式，GSM 移动电话标准也可以基于 ISDN 传输数据。因为 ISDN 是全部数字化的电路，所以它能够提供稳定的数据服务和连接速度，不像模拟线路那样对干扰比较明显。在数字线路上更容易开展更多的模拟线路无法或者比较困难保证质量的数字信息业务。例如除了基本的打电话功能之外，还能提供视频、图像与数据服务。ISDN 需要一条全数字化的网络用来承载数字信号（只有 0 和 1 这两种状态），与普通模拟电话最大的区别就在这里。

针对普通家庭用户上网，ISDN 具有如下的优点和缺点：

（1）优点：

1）综合的通信业务。利用一条用户线路，就可以在上网的同时拨打电话、收发传真，就像两条电话线一样。

2）传输质量高。由于采用端到端的数字传输，传输质量明显提高。

3）使用灵活方便。只需一个入网接口，使用一个统一的号码，就能从网络得到所需要使用的各种业务。用户在这个接口上可以连接多个不同种类的终端，而且有多个终端可以同时通信。

4）上网速率可达 128kbit/s。

（2）缺点：

1）速度相对于 ADSL 和 LAN 等接入方式来说，速度不够快。

2）长时间在线费用会很高。

3）设备费用并不便宜。

根据上面对其优缺点的分析，对普通家庭用户上网来说，使用 ISDN 上网只能提供 128kbit/s 的速率，这对于需要高速上网的广大用户来说，已明显不够用了。因此，在现在普通家庭用户上网一般还是采用 ADSL 接入和 LAN 接入方式。但是使用 ISDN 像打电话一样是按时间长度来收费的，所以对于某些上网时间比较少的用户，还是要比使用 ADSL 便宜很多的。

6.4.2 ISDN 应用

ISDN 分为窄带 ISDN（N-ISDN）和宽带 ISDN（B-ISDN）两种。目前普遍使用的是窄带 ISDN。

1. 窄带 ISDN

N-ISDN 又分为基本速率接口 BRI（2B+D）和主速率接口 PRI（30B+D 或 23B+D）。

基本速率接口包括两个能独立工作的 B 信道（64kbit/s）和一个 D 信道（16kbit/s），其中 B 信道一般用来传输话音、数据和图像，D 信道用来传输信令或分组信息。

主速率接口 PRI 由多个 B 信道和一个带宽 64kbit/s 的 D 信道组成，B 信道的数量取决于不同的国家。在北美、中国香港和日本，采用的是 23B+1D，总位速率 1.544Mbit/s（T1）；在欧洲、中国大陆和澳大利亚，采用的是 30B+D，总位速率 2.048Mbit/s（E1）。

用户接入 ISDN 的组网方式如图 6–9 所示。

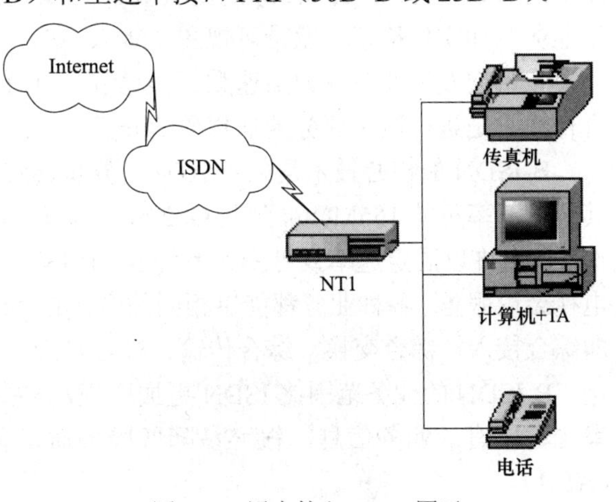

图 6–9 用户接入 ISDN 图示

在图 6–9 中，NT1 是 ISDN 终端接口，是用户与网络连接的第一道接口设备，NT1 有两个接口，即“U 接口”和“S/T 接口”。U 接口与电信局电话线相接，S/T 接口则为用户端接口，可为用户接入数字电话或数字传真机等 TE1 设备、终端适配器 TA 和 PC 卡等多个 ISDN 终端设备。有些网络终端将 NT1 功能与 ISDN 终端集成在一起，其中比较常见的是 NT1＋，它除了具备 NT1 所有功能外，还有两个普通电话的插口，一个可插普通电话机，另一个可插 G3 传真机。电话机和传真机的操作与现代普通通信设备的操作完全一样，并能同时使用，互不干扰。

另外还有 NT2 型网络终端，NT2 型终端具有 OSI 结构第二和三层协议处理和多路复用功能，相当于 PABX、LAN 等的终端控制设备，NT2 还具有用户室内线路交换和集线功能，原则上 ISDN 路由器、拨号服务器、反向复用器等都是 NT2 设备。因此，NT1 设备是家用用户应用的网络终端，而 NT2 是中小企业用户应用的网络终端。

终端适配器 TA，又叫 ISDN Modem，是将现有模拟设备的信号转换成 ISDN 帧格式进行传递的数模转换设备。由于从电信局到用户的电话线路上传输的信号是数字信号，而我们原来普遍应用的大部分通信设备，如模拟电话机、G3 传真机、PC 机，以及 Modem 等都是模拟设备，这些设备如果需要继续在 ISDN 中使用，用户就必须购置终端适配器 TA。TA 实际上是位于网络终端 NT1 与用户自己的模拟通信设备之间的模数转换接口设备。

终端设备 TE，TE 又可分为 TE1（第一类终端设备）和 TE2（第二类终端设备）。其中，TE1 通常是指 ISDN 的标准终端设备，如 ISDN 数字电话机、G4 传真机等。它们符合 ISDN 用户与网络接口协议，用户使用这些设备时可以不需要终端适配器 TA，直接连入网络终端 NT。TE2 则是指非 ISDN 终端设备，也就人们普遍使用的普通模拟电话机、G3 传真机、PC 机、调制解调器等。显然，使用 TE2 设备，用户必须购买终端适配器 TA 才能接入网络终端 NT；而 TE1 设备则是直接接入 NT，但这些设备要求用户重新购买，且价格较贵。

在如图 6–9 中的计算机，属于非 ISDN 终端设备，要接入 ISDN，需要使用终端适配器 TA，而传真机和电话，属于标准的 ISDN 终端设备，则不需要加装 TA 直接接入 ISDN 网络。

2. 宽带 ISDN

B-ISDN 由电话网、分组交换网和异步传输模式（ATM）宽带交换网组成，可提供 155Mbit/s 以上的通信能力。B-ISDN 除能提供窄 N-ISDN 业务（话音、传真等）外，还能提供宽带检索型业务（如文件检索、宽带可视图文等）、宽带分配型业务（如广播电视、高清晰度电视等）以及宽带突发型业务（如高速数据传输等）。B-ISDB 能实现话音、高速数据和活动图像的综合传输，是进行电子商务的理想通信介质。

B-ISDN 的核心技术是采用 ATM（异步转移模式）。B-ISDN 要求采用光缆及宽带电缆，其传输速率可从 155Mbit/s 到几 Gbit/s，能提供各种连接形态，允许在最高速率之内选择任意速率，允许以固定速率或可变速率传送。B-ISDN 可用于音频及数字化视频信号传输，可提供电视会议服务。各种业务都能以相同的方式在网络中传输。其目标是实现 4 个层次上的综合，即综合接入、综合交换、综合传输、综合管理。

B-ISDN 的业务范围比 ISDN 更加广泛，这些业务在特性上的差异较大。如果用恒定的速率传输所有的业务信息，很容易降低服务质量和浪费网络资源。由此引出了异步传输模式（ATM）。

6.5　ATM

6.5.1　ATM 技术简介

ATM（Asynchronous Transfer Mode，异步传输模式），所谓“异步转移模式”，是一种采用统计时分复用技术的面向分组的传送模式，在 ATM 中，信息流被组织成固定尺寸的块（称为“信元”）进行传送，信元长度为 53 字节，信元的传送是“面向连接”的，只有在已经建立好的虚电路上才能接收和发送信元。

ATM 是实现 B-ISDN 的业务的核心技术之一。它适用于局域网和广域网，它具有高速数据传输率和支持许多种类型如声音、数据、传真、实时视频、CD 质量音频和图像的通信。ATM 采用面向连接的传输方式，将数据分割成固定长度的信元，通过虚连接进行交换。ATM 集交换、复用、传输为一体，在复用上采用的是异步时分复用方式，通过信息的首部或标头来区分不同信道。

ATM 的技术特点：

ATM 是在 LAN 或 WAN 上传送声音、视频图像和数据的宽带技术。它是一项信元中继技术，数据分组大小固定。你可将信元想象成一种运输设备，能够把数据块从一个设备经过 ATM 交换设备传送到另一个设备。所有信元具有同样的大小，不像帧中继及局域网系统数据分组大小不定，使用相同大小的信元可以提供一种方法，预计和保证应用所需要的带宽。ATM 具有分组交换灵活性强的优点，它采用定长分组（信元）作为传输和交换的单位，具有优秀的服务质量，目前最高的速率为 10Gbit/s，即将达到 40Gbit/s。ATM 的主要缺点是信元首部开销太大，每个信元长度为 53 个字节，其中信元首部开销就占了 5 个字节。并且 ATM 网络的实现技术复杂，组建 ATM 网络的价格比较昂贵。

6.5.2　ATM 应用

1. ATM 网络的组网设备

目前已有多家著名的网络厂商提供构成 ATM 局域网络干线的设备。除了 ATM 网络接口适配器（接口卡）外，主要有 ATM 网络交换机和 ATM/LAN 交换机。

ATM 网络接口适配器可以用于连接企业级服务器，也可以连接 ATM/LAN 交换机。

ATM/LAN 交换机一般有一个端口连接 ATM 网络干线交换机，另外有数十个以太网端口，这些以太网端口可以连接以太网 Hub 或计算机设备。

ATM 网络干线交换机是 ATM 网络的主要组网设备，它是 ATM 的重要组成部分。ATM 交换机可以由提供广域网公共服务的提供者所拥有，或者是由某个企业内部网的一部分。ATM 交换机在企业网中，能用作企业内的网络中心连接设备，能快速将数据分组从一个节点传送到另一个节点；ATM 交换机在广域网中，用作广域通信设备，在远程 LAN 之间快速传送 ATM 信元。

2. ATM 网络的应用

ATM 是作为下一代多媒体通信的主要高速网络技术出现的，从 ATM 的研究开始，ATM 就被设计成能提供声音、视频和数据传输，而计算机电话集成（CTI）技术是额外的优点，它使 IT 管理人员能将通常是分开的、陈旧的电话网络（电话和传真）与计算机结合起来。

由于 ATM 网络技术的独特优点，主要是它的高带宽和适用于多媒体通信，把它用作广域网（WAN）通信的干线，其发展前景是广阔的。

图 6–10 是 ATM 网组网示例（某电信 ATM 宽带网的连接示意图）。

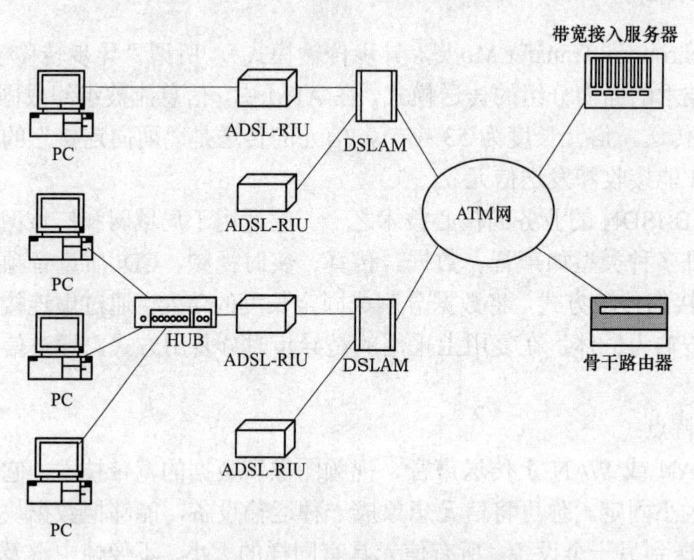

图 6–10 ATM 网的组网示例

ATM 在局域网中，用作企业主干网时，能够简化网络的管理，消除了许多由于不同的编址方案和路由选择机制的网络互连所引起的复杂问题。ATM 集线器能够提供集线器上任意两端口的连接，而与所连接的设备类型无关。这些设备的地址都被预变换，例如很容易从一个节点到另一个节点发送一个报文，而不必考虑节点所连的网络类型。ATM 管理软件使用户和他们的物理工作站移动地方非常方便。通过 ATM 技术可完成企业总部与各办事处及公司分部的局域网互联，从而实现公司内部数据传送、企业邮件服务、话音服务等等，并通过上联 Internet 实现电子商务等应用。同时由于 ATM 采用统计复用技术，且接入带宽突破原有的 2Mbit/s，达到 2～155Mbit/s，因此适合高带宽、低延时或高数据突发等应用。

但是，现在 ATM 网络由于实现技术复杂，组网价格较贵，随着以太网技术的不断发展，ATM 网络在局域网中已失去了原有的优势，现已基本被以太网所取代。

6.6 HFC

6.6.1 HFC 技术简介

HFC（Hybrid Fiber-Coaxial，光纤同轴电缆）网络，是由光纤和同轴电缆相结合组成的混合网络。它是在资源非常丰富的传统有线电视网 CATV 基础上建立起来的可同时传输电视信号和网络数据信号的网络。

HFC 网络是一个双向的共享媒质系统，从有线电视台出来的节目信号先变成光信号在干线上传输，到用户区域后使用光电转换器，把光信号转换成电信号，经分配器分配后通过同轴电缆送到用户。一根光纤干线可分配连接 400 到 500 个用户，并因此同时共享它的可用容量和带宽。HFC 网络通常由光纤组成网络干线、同轴电缆作为网络支线、用户配线网络这三个部分组成，它与早期 CATV 同轴电缆网络的不同之处主要在于，在干线上用光纤传输光信号，在局端需完成电-光转换，进入用户区后要完成光-电转换。

HFC 的主要特点是：

传输容量大，易实现双向传输，从理论上讲，一对光纤可同时传送 150 万路电话或 2000 套电视节目；频率特性好，在有线电视传输带宽内无需均衡；传输损耗小，可延长有线电视的传输距离，25km 内无需中继放大；光纤间不会有串音现象，不怕电磁干扰，能确保信号的传输质量。

HFC 同传统的 CATV 网络相比，其网络拓扑结构也有些不同：

第一，光纤干线采用星形或环状结构。

第二，支线和配线网络的同轴电缆部分采用树状或总线式结构。

第三，整个网络按照光结点划分成一个服务区，这种网络结构可满足为用户提供多种业务服务的要求。随着数字通信技术的发展，特别是高速宽带通信时代的到来，HFC 已成为现在和未来一段时期内宽带接入的最佳选择，因而 HFC 又被赋予新的含义，特指利用混合光纤同轴来进行双向宽带通信的 CATV 网络。

6.6.2　HFC 应用

HFC 既是一种灵活的接入系统同时也是一种优良的传输系统，HFC 把铜缆和光缆搭配起来，同时提供两种物理媒质所具有的优秀特性。HFC 在向新兴宽带应用提供带宽需求的同时却比 FTTC（光纤到路边）或者 SDV（交换式数字视频）等解决方案便宜多了，HFC 可同时支持模拟和数字传输，在大多数情况下，HFC 可以同现有的设备和设施合并。

HFC 支持现有的、新兴的全部传输技术，其中包括 ATM、帧中继、SONET 和 SMDS（交换式多兆位数据服务）。一旦 HFC 部署到位，它可以很方便地被运营商扩展以满足日益增长的服务需求以及支持新型服务。总之，在目前和可预见的未来，HFC 都是一种理想的、全方位的、信号分派类型的服务媒质。

在采用 HFC 接入 Internet 时，需要使用称为电缆调制解调器（Cable Modem）的设备。该设备用于连接用户计算机和同轴电缆，其功能比使用传统电话线接入时使用的调制解调器复杂，Cable Modem 不仅是调制解调器，还集桥接器、网卡、加/解密设备和集线器等功能于一身，能将电视信号与数据信号进行分离与合成，以便能在 HFC 上传输不同性质的信号和数据。其传输速率上行最高为 10Mbit/s，下行最高为 30Mbit/s，并且随时在网，用户上网时无需拨号，使用起来非常方便。HFC 网络的结构如图 6–11 所示。

在上图中，HFC 网络通常是星型或总线型结构，有线电视台的前端设备通过路由器与数据网相连，从而实现与 Internet 的连接，并通过局端数字交换机与公用电话网相连，有线电视台的电视信号、公用电话网的语音信号和数据网的数据信号送入合路器形成混合信号后，经光发射机发送到光缆线路，然后送达各小区的光纤结点，经同轴分配网将其送到用户综合服务单元。目前通过 HFC 网络，用户可以实现 Internet 访问，IP 电话，视频会议，视频点播、远程教育和收看电视等各种应用。

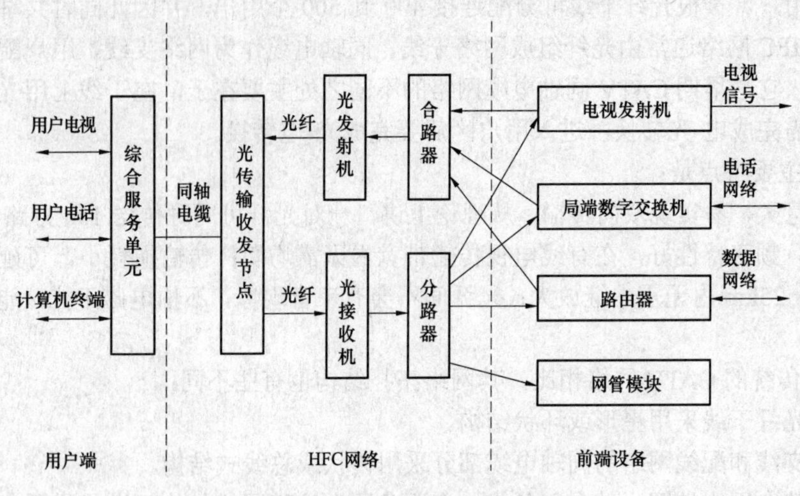

图 6–11 HFC 网络结构示意图

6.7 xDSL

6.7.1 xDSL 技术简介

xDSL 是各种类型 DSL（Digital Subscribe Line）数字用户线路的总称，包括 ADSL、RADSL、VDSL、SDSL、IDSL 和 HDSL 等。xDSL 中“x”代表某字符或字符串，分别用来表示不同的调制方式，以获得的信号传输速率和距离不同以及上行信道和下行信道的对称性不同。

xDSL 是一种新的传输技术，在现有的铜质电话线路上采用较高的频率及相应调制技术，即利用在模拟线路中加入或获取更多的数字数据的信号处理技术来获得高传输速率（理论值可达到 52Mbit/s）。各种 DSL 技术最大的区别体现在信号传输速率和距离的不同，以及上行信道和下行信道的对称性不同两个方面。随着 xDSL 技术的问世，铜线从只能传输语音和 56kbit/s 的低速数据接入，发展到已经可以传输高速数据信号了。

下面分别介绍一下 ADSL、RADSL、VDSL、SDSL、IDSL 和 HDSL 的技术特点。

1. ADSL

ADSL（Asymmetric Digital Subscriber Line，非对称数字用户线路）是一种新的数据传输方式。它因为上行和下行带宽不对称，因此称为非对称数字用户线线路。它采用频分复用技术把普通的电话线分成了电话、上行和下行三个相对独立的信道，从而避免了相互之间的干扰。即使边打电话边上网，也不会发生上网速率和通话质量下降的情况。通常 ADSL 在不影响正常电话通信的情况下可以提供最高 1Mbit/s 的上行速率和最高 8Mbit/s 的下行速率。

在 2002 年和 2003 年，ITU-T 又公布了两种 ADSL 标准，ADSL2 和 ADSL2+。

ADSL2 在速率、覆盖范围上拥有比第一代 ADSL 更优的性能。ADSL2 下行最高速率可达 12Mbit/s，上行最高速率可达 1Mbit/s。ADSL2 是通过减少帧的开销，提高初始化状态机的性能，采用了更有效的调制方式、更高的编码增益以及增强性的信号处理算法的来实现的。

ADSL2+除了具备 ADSL2 的技术特点外，还有一个重要的特点是扩展了 ADSL2 的下行频段，从而提高了短距离内线路上的下行速率，这使得 ADSL2+在短距离（1.5km 内）的下行速率有非常大的提高，可以达到 20Mbit/s。

2. RADSL

RADSL（Rate Adaptive DSL，速率自适应 DSL）是一个以信号质量为基础调整速度的 ADSL，RADSL 是 ADSL 的一种变型，工作开始时调制解调器先测试线路，把工作速率调到线路所能处理的最高速率，其实许多 ADSL 技术都是 RADSL。

RADSL 是在 ADSL 基础上发展起来的新一代接入技术，这种技术允许服务提供者调整 xDSL 连接的带宽以适应实际需要并且解决线长和质量问题，为远程用户提供可靠的数据网络接入手段。它的特点是：

利用一对双绞线传输；支持同步和非同步传输方式；速率自适应，下行速率从 1.5～8Mbit/s，上行速率从 16kbit/s 到 640kbit/s；支持同时传数据和语音，特别适用于下雨，气温特别高的反常天气环境。

3. VDSL

VDSL（Very-high-speed Digital Subscriber Line，甚高速数字用户线路）是目前传输带宽最高的一种 xDSL 接入技术，被看作是向住宅用户传送高端宽带业务的最终铜缆技术。

VDSL 传输速率高，提供上下行对称和不对称两种传输模式。在不对称模式下，VDSL 最高下行速率能够达到 52Mbit/s（在 300m 范围内），在对称模式下最高速率可以达到 34Mbit/s（在 300m 范围内）。VDSL 克服了 ADSL 在上行方向提供的带宽不足的缺陷。

VDSL 的缺点是传输距离受限。DSL 技术的带宽和传输距离呈反比关系规律，VDSL 是利用高至 12 MHz 的信道频带（远远超过了 ADSL 的 1MHz 的信道频带）来换取高的传输速率的。由于高频信号在市话线上的大幅衰减，因此其传输距离是非常有限的，而且随着距离的增加其速率也将大幅降低，目前 VDSL 线路收发器一般能支持最远不超过 1.5km 的信号传输。

4. SDSL

SDSL（Symmetric DSL，对称 DSL）是 HDSL 的一种变化形式，它只使用一条电缆线对，可提供从 144kbit/s～1.5Mbit/s 的速率。SDSL 提供上、下行最高传输速率相同的数字用户线路。SDSL 是速率自适应技术，和 HDSL 一样，SDSL 也不能同模拟电话共用线路。

5. IDSL

IDSL（ISDN DSL，ISDN 数字用户线路），是一种基于 ISDN 的数字用户线路，采用了 ISDN BRI 同样的速率，即 2B+1D，128kbit/s，上下行速率相等，用于语音和数据通信。

6. HDSL

HDSL（High-speed Digital Subscriber Line，高速率数字用户线路），采用对称方式传输，其上行和下行数据带宽相同。它的编码技术和 ISDN 标准兼容，在电话局侧可以和 ISDN 交换机连接。HDSL 采用多对双绞线进行并行传输，即将 1.5/2Mbit/s 的数据流分开在两对或三对双绞线上传输，减低每线对上的传信率，增加传输距离。在每对双绞线上通过回声抵消技术实现全双工传输。由于 HDSL 在 2 对或 3 对双绞线的传输率和 T1 或 E1 线传输率相同，所以一般用来作为中继 T1/E1 的替代方案。HDSL 实现起来较简单，成本也较低，大约为 ADSL 的 1/5。

HDSL 传输速率为 1.5～2Mbit/s，传输距离可以达到 3.4km，可以提供标准 E1/T1 接口和 V.35 接口。

关于 xDSL 的各种接入技术的简单对比，如表 6-1 所示。

表 6-1 xDSL 技术对比

类型	描 述	数据速率	模式	应 用
IDSL	ISDN 数字用户线路	128kbit/s	对称	ISDN 服务于语音和数据通信
SDSL	单线对数字用户线路	1.5～2Mbit/s	对称	与 HDSL 应用相同，另外为对称服务提供场所访问
HDSL	高数据速率数字用户线路	1.5～2Mbit/s	对称	T1/E1 服务于 WAN、LAN 访问和服务器访问
ADSL	非对称用户数字线路	上行：最高 1Mbit/s 下行：最高 8Mbit/s	非对称	Internet 访问，视频点播、单一视频、过程 LAN 访问、交互多媒体
VDSL	甚高数据速率数字用户线路	上行：1.5～2.3Mbit/s 下行：13～52Mbit/s	非对称	与 ADSL 相同，另外可以传送 DHTV 节目

在 xDSL 技术体系中，目前在中国应用最为广泛的是基于电话双绞线的 ADSL 技术。ADSL 接入技术是本章讲述的重点。

6.7.2 ADSL 应用

ADSL 是一种非对称的 DSL 技术，所谓非对称是指用户线的上行速率与下行速率不同，上行速率低，下行速率高，特别适合传输多媒体信息业务，如视频点播（VOD）、多媒体信息检索和其他交互式业务。

现在比较成熟的 ADSL 标准有两种：G.DMT 和 G.Lite。G.DMT 是全速率的 ADSL 标准，支持 8/1.5Mbit/s 的高速下行/上行速率，但是，G.DMT 要求用户端安装 POTS 分离器，比较复杂且价格昂贵；G.Lite 标准速率较低，下行/上行速率为 1.5Mbit/s/512kbit/s，但省去了复杂的 POTS 分离器，成本较低且便于安装。就适用领域而言，G.DMT 比较适用于小型或家庭办公室（SOHO），而 G.Lite 则更适用于普通家庭用户。

在电信服务提供商端，需要将每条开通 ADSL 业务的电话线路连接在数字用户线路访问多路复用器（DSLAM）上。而在用户端，用户需要使用一个 ADSL Modem 来连接电话线路。由于 ADSL 使用高频信号，所以在两端还都要使用 ADSL 滤波器，将 ADSL 数据信号和普通音频电话信号分离出来，避免打电话的时候出现噪音干扰。通常的 ADSL 终端有一个电话 Line-In，一个以太网口，有些终端集成了 ADSL 信号分离器，还提供一个连接的 Phone 接口。ADSL 组网结构如图 6–12（a）和（b）所示。

在图 6–12 中图（a）和图（b）的区别是在图（b）中加了一个路由器（可使用无管理功能的“傻瓜式”路由器），以增加用户端同时入网的用户数量。只需要此路由器上作简单配置后，即可在用户上网时，每次都无面拨号即可上网。

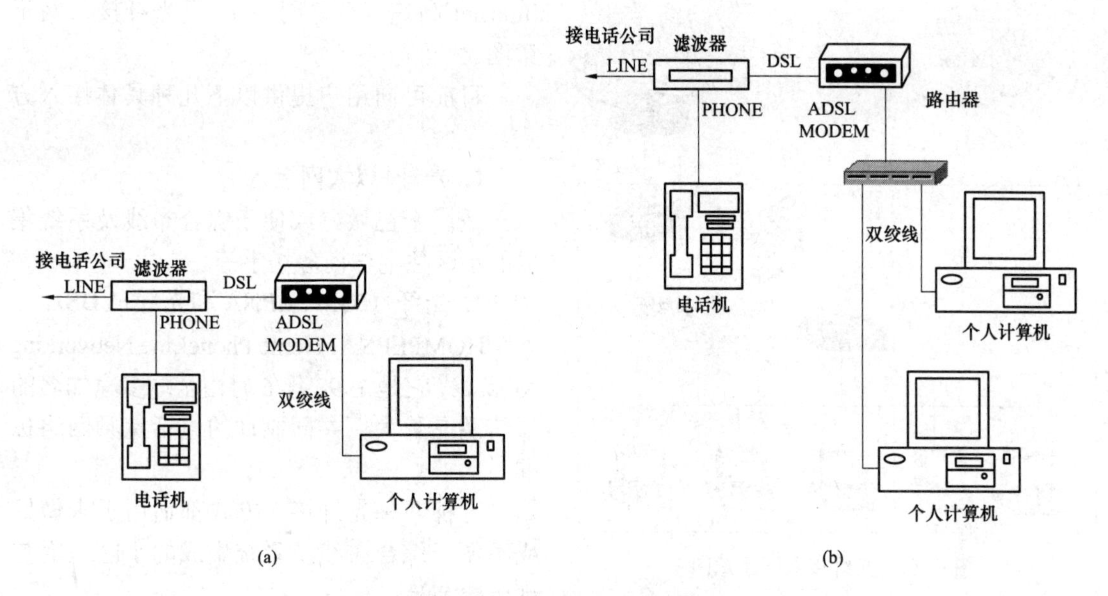

图6–12　ADSL组网结构图

6.8　光纤接入

6.8.1　光纤接入技术简介

FTTx（Fiber-to-the-x，光纤接入），光纤接入是指局端与用户之间完全以光纤作为传输媒体。FTTx不是具体的接入技术，而是代表光纤在接入网中多种不同的推进程度或使用策略。其中 x 代表了多种不同的含义，有 FTTH——Fiber-to-the-home 光纤到家庭；FTTP——Fiber-to-the-premises 光纤到驻地；FTTC——Fiber-to-the-curb 光纤到路边；FTTN——Fiber-to-the-node 光纤到小区；FTTO——Fiber-to-the-office 光纤到办公室；FTTB——Fiber-to-the-building 光纤到楼等。

光纤到家庭（FTTH）是近年来网络技术的发展方向，但由于成本、技术、需求等方面的障碍，至今还没有得到大规模推广与发展。然而，这种进展缓慢的局面最近有了很大的改观。由于政策上的扶持和技术本身的发展，FTTH 再次成为热点，步入快速发展期。目前所兴起的各种相关宽带应用如VoIP、Online-game、E-learning、MOD（Multimedia on Demand）及智能家庭等所带来生活的舒适与便利，HDTV 所掀起的交互式高清晰度的收视革命都使得具有高带宽、大容量、低损耗等优良特性的光纤成为将数据传送到客户端的媒质的必然选择。正因为如此，很多有识之士把FTTx（特别是光纤到家、光纤到驻地）视为光通信市场复苏的重要转折点。并且预计今后几年，FTTH网将会有更大的发展。

6.8.2　光纤接入的应用

光纤接入能够确保向用户提供10Mbit/s、100Mbit/s、1000Mbit/s的高速带宽，可直接汇接到CHINANET骨干结点。主要适用于商业集团用户和智能化小区局域网的高速接入

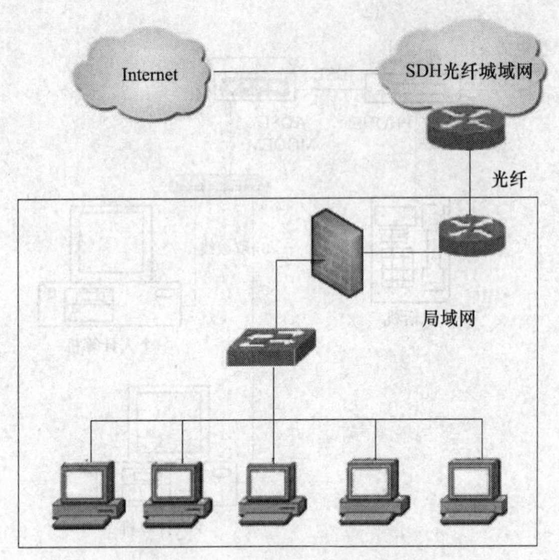

图 6–13 光纤接入网示意图

Internet 高速互联。图 6–13 是光纤接入网示意图。

目前可向用户提供以下几种具体接入方式。

1. 光纤+以太网接入

适用于已做好或便于综合布线及系统集成的小区住宅与商务楼宇等。

2. 光纤+HOMPEPNA 和光纤+VDSL

HOMPEPNA：Home PhoneLine Networking Alliance，它是 1998 年 6 月由全球多家知名的通信及晶片大厂共同制订的电话宽频网络标准。

这种两种光纤接入方式都适用于未做好或不便于综合布线及系统集成的小区住宅与酒店楼宇等。

3. 光纤+五类线缆接入（FTTx + LAN）

以“千兆到小区、百兆到大楼、十兆到用户”为实现基础的光纤+五类电缆接入方式尤其适合我国国情。它主要适用于用户相对集中的住宅小区、企事业单位和大专院校。LAN 为局域网。主要对住宅小区、高级写字楼及大专院校教师和学生宿舍等有宽带上网需求的用户进行综合布线，个人用户或企业单位就可通过连接到用户计算机内以太网卡的 5 类网线实现高速上网和高速互联。

4. 光纤直接接入

是为有独享光纤高速上网需求的大企事业单位或集团用户提供的，传输带宽 2Mbit/s 起，根据用户需求带宽可以达到千兆或更大的带宽。适合于居住在已经或便于进行综合布线的住宅、小区和写字楼的较集中的用户；有独享光纤需求的大企事业单位或集团用户。其特点是可根据用户群体对不同速率的需求，实现高速上网或企业局域网间的高速互联。同时由于光纤接入方式的上传和下传都有很高的带宽，尤其适合开展远程教学、远程医疗、视频会议等对外信息发布量较大的网上应用。

6.9 本章实验

家庭路由器配置

1. 实验环境描述

某家庭用户向移动公司（也可以是电信、联通、铁通、网通等公司，只要该公司在用户所在小区或物业预先建设有网络通信线路即可，这些公司我们可称之为“ISP”，即网络服务提供商。）申请了 ADSL 上网后，由于家庭中需要上网的电脑有三台，同时家中使用的电视也具有网络功能，可以在线观看网络中的电影，也需要接入互联网。而移动公司向该家庭用户安装的 ADSL Modem 只有一个以太网输出接口，无法实现上述四个家庭网络设备的入网需求。

本实验的解决方案：购买一个家庭上网使用的家用路由器，如 TP-Link 路由器，这种路由器虽然不像 Cisco、3COM、中兴等公司的可管理路由器那么强大的功能，但对于一个家庭用户上网来说，是完全能够胜任的。因此，可购买一个四口的 TP-Link 路由器（价格在 100 元左右），如图 6–14 所示。

2. 实验目的

（1）掌握无线路由器的配置方法（包括个人用户和单位用户，有线、无线路由器配置）。

（2）掌握主机网卡配置方法（包括有线网卡和无线网卡）。

3. 实验步骤

按如图 6–15 的示意图将 ADSL Modem 的以太网口和 TP-Link 路由器的 WAN 口相连，将 TP-Link 路由器的以太网口与电脑和电视相连（网络电视也具有一个以太网接口，可使用与电脑相同的双绞线相连接入互联网）。

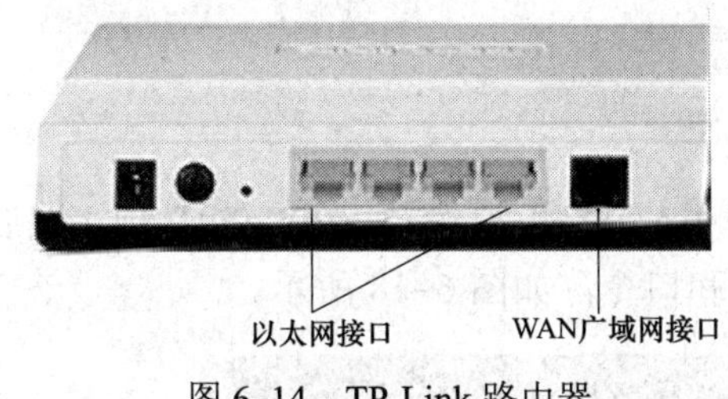

图 6–14　TP-Link 路由器

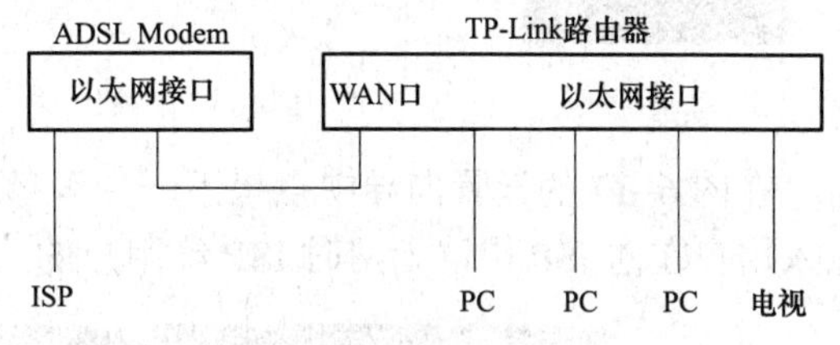

图 6–15　家庭路由器接入示意图

1. 路由器配置

首先将家用路由器的以太网端口通过双绞线与电脑以太网口相连，在浏览器地址栏中输入 192.168.1.1（一般家用路由器的管理 IP 地址为 192.168.1.1，有的为 192.168.0.1），如图 6–16 所示。

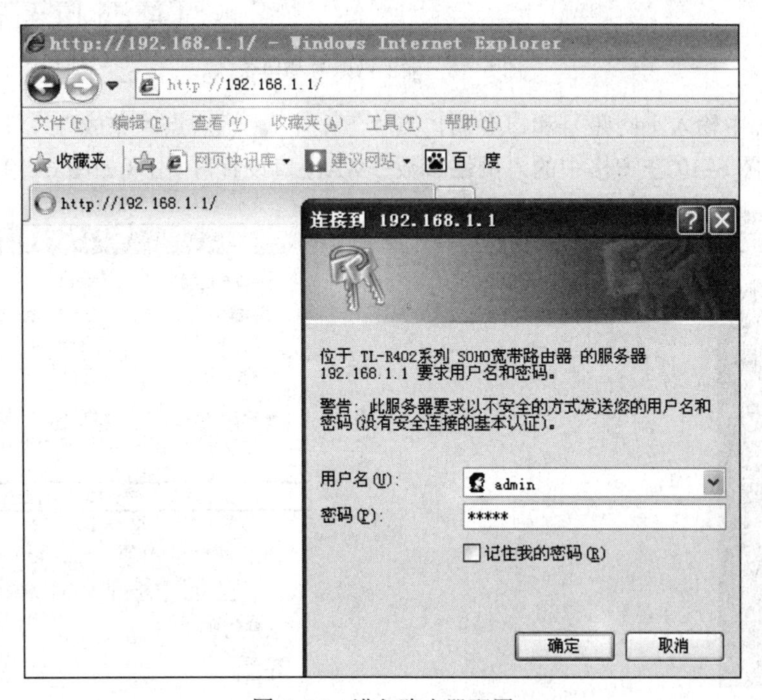

图 6–16　进入路由器配置

在上图中，出现一个要求输入管理路由器的用户名与密码，默认均为“admin”，在此输入后，单击“确定”，出现如图 6–17 所示界面。

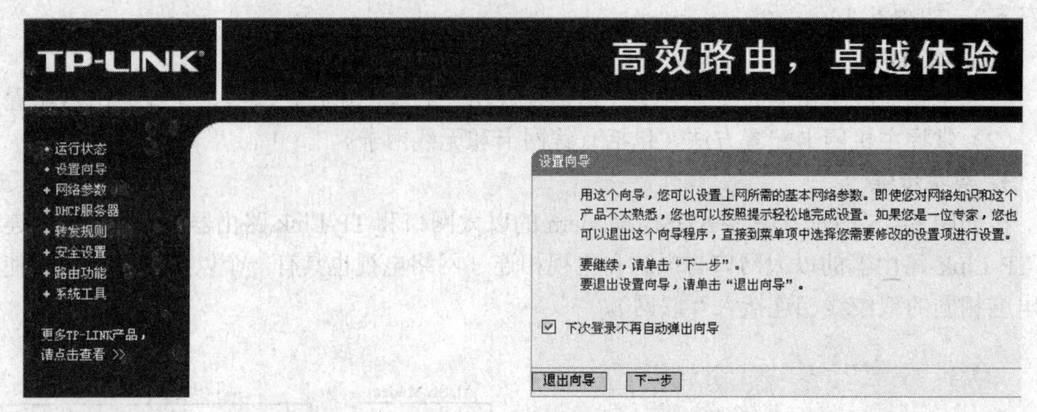

图 6–17 配置界面

在图 6–17 的设置向导中点“下一步”，然后选择“ADSL 虚拟拨号（PPPoE）”项，然后输入用户在向 ISP 申请上网时 ISP 给用户的上网账号和口令，如图 6–18 所示。

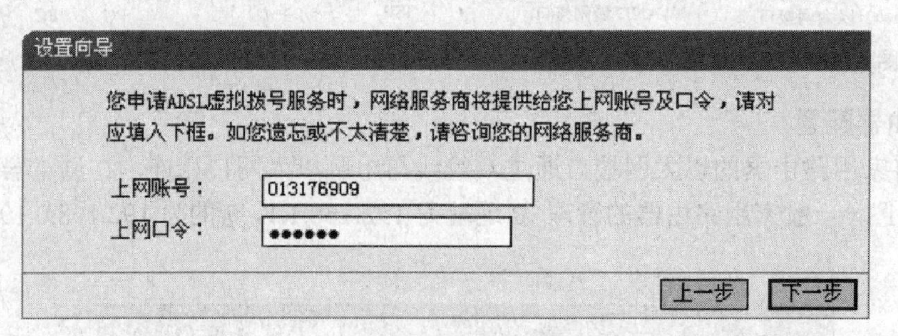

图 6–18 输上网账号和口令

在图 6–18 中输入上网账号和口令后，点“下一步”，然后点“完成”。

然后点击图 6–17 左窗格中的“网络参数—WAN 口设置”，出现如图 6–19 所示界面。

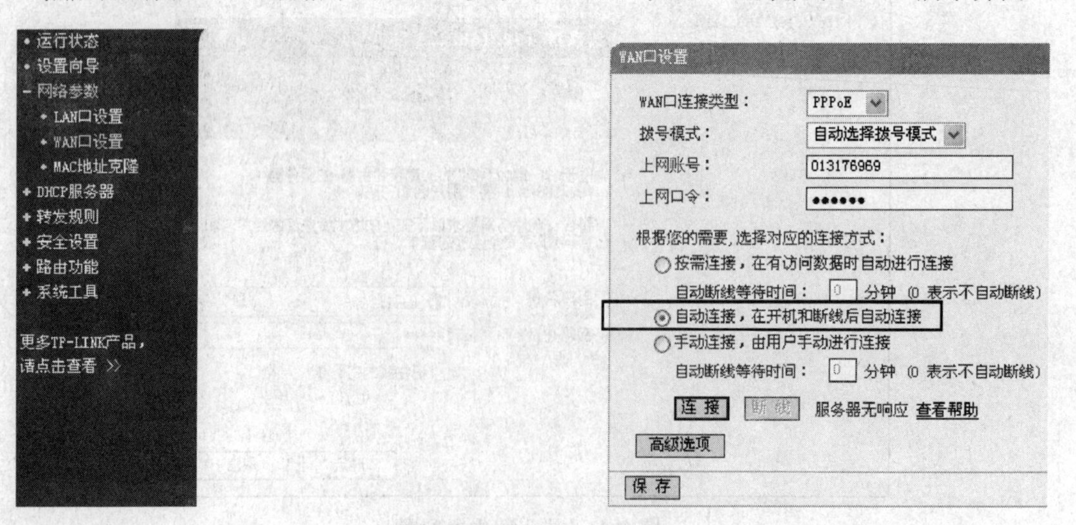

图 6–19 设置 WAN 口

在图 6–19 中，选择如图所标示项。选此项后，每次电脑上网时无需拨号即可自动连接，也可以直接在网上观看网络电视。然后，点“保存”按钮将此选择保存。然后点左边窗格中的“DHCP 服务器”项，然后点“DHCP 服务”，出现如图 6–20 所示界面。

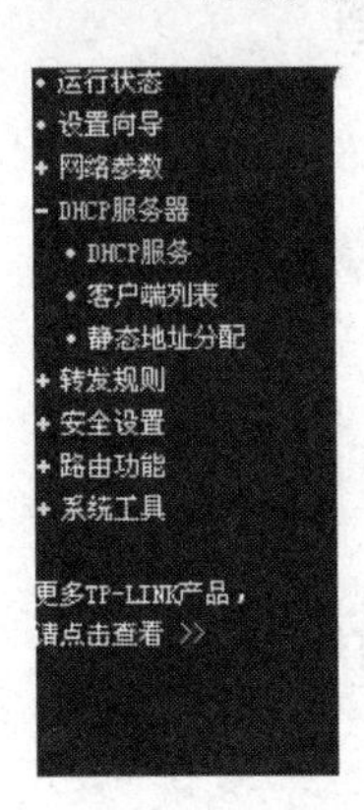

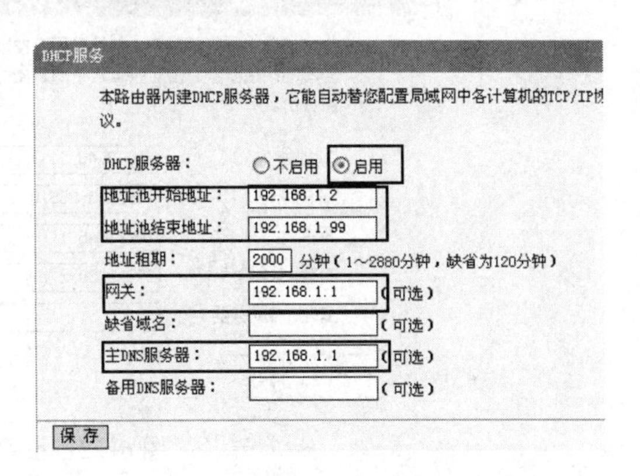

图 6–20　DHCP 服务设置

如图 6–20 的 DHCP 设置的标示：启用 DHCP 功能，以便于自动向入网的电脑和电视分配 IP 地址，然后设自动分配地址的范围为 192.168.1.2 到 192.168.1.99，网关地址和主 DNS 服务器可设为管理此路由器的地址，即 192.168.1.1。然后单击“保存”。

修改路由器的管理员用户名和口令（在家庭中使用一般不需修改），点左边窗格中的“系统工具”“修改登录口令”，出现如图 6–21 所示界面。

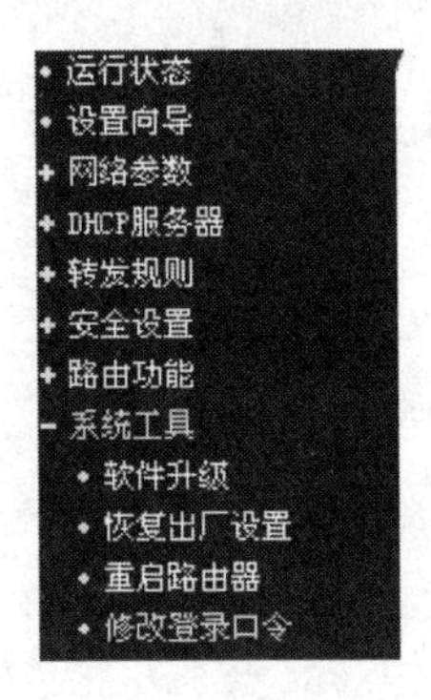

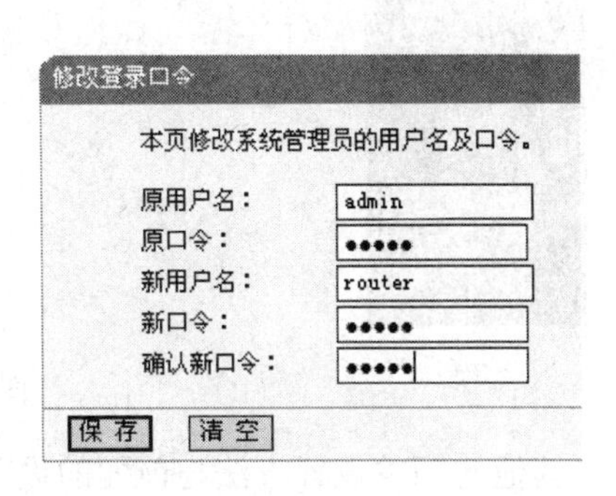

图 6–21　修改管理用户名与口令

最后，点图 6–21 所示左边窗格中的“重启路由器”。然后再给将路由器断电后重启，路由器的基本功能配置完毕。

说明：如果是向 ISP 申请的是固定 IP 地址（一般单位才申请固定 IP），其设置方法是：

在“设置向导”下选“以太网宽带，网络服务商提供的固定 IP 地址（静态 IP）”项，然后输入 ISP 提供的固定 IP 地址、子网掩码、网关、DNS 服务器信息，如图 6–22 所示。

然后点“下一步”，再点“完成”即可。其余各项的设置方法与前面的设置相同。

如果是无线路由器，在如图 6–23 所示的左边窗格中选“无线设置”进入“无线设置向导”，然后按如图 6–23 所示进行设置。

在图 6–23 中，特别注意的是：“无线状态”选“开启”；“PSK 密码”框中输入你设置的无线上网密码，这个密码在电脑的无线网卡上网设置时需要输入相同的密码，因此需记住，其余各项按图 6–23 所示设置完成后，单击“保存”。

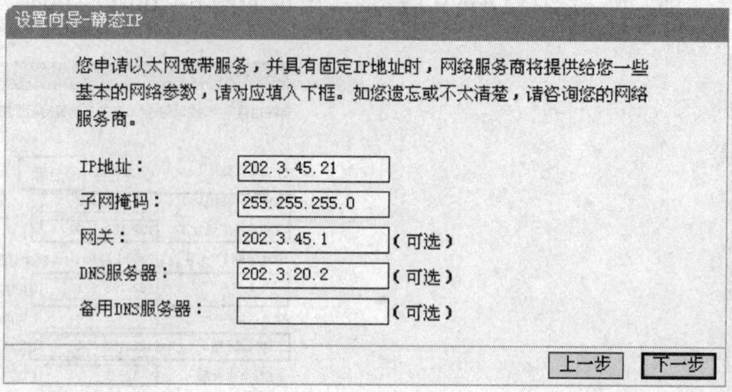

图 6–22 设静态 IP 地址

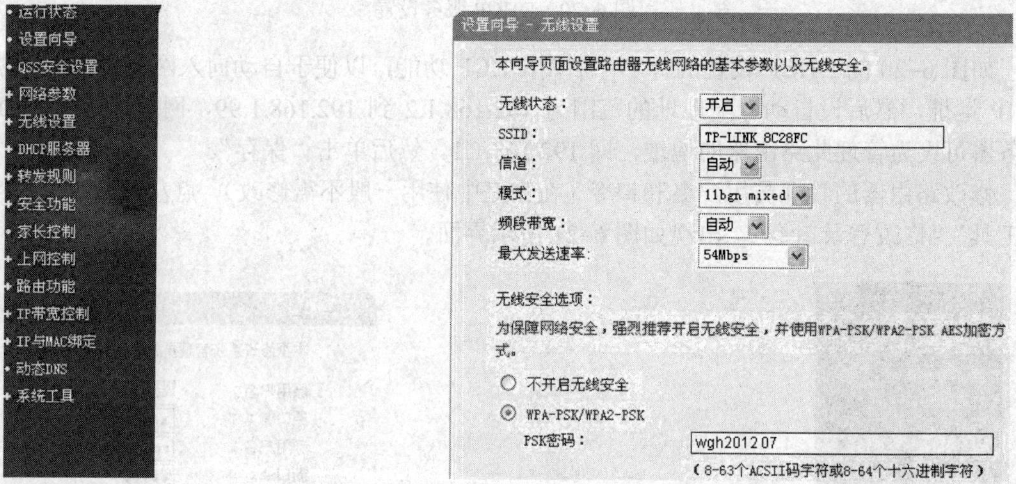

图 6–23 无线路由设置

其他的相关设置方法与前面的设置方法相同。

2. 电脑上的配置

针对有线上网，在桌面上“我的电脑”右键，“属性”，打开“网络连接”窗口，在“本地连接”上右键，“属性”，然后依次按如图 6–24 所示的①②③④⑤⑥顺序进行操作，将 IP 地址和 DNS 服务器地址设为自动获取即可（因为在路由器设置时配有 DHCP 服务）。

针对无线上网，在桌面上“我的电脑”右键，“属性”，打开“网络连接”窗口，在“无线网络连接”上右键，“属性”，然后依次按如图 6–25 所示的①②③④⑤顺序进行操作，将 IP 地址和 DNS 服务器地址设为自动获取即可（因为在路由器设置时配有 DHCP 服务），最后单击“确定”。

然后点“无线网络连接”属性下的“无线网络配置”，选中在本无线路由器中设置的 SSID 相同的网络，这里是“TP-LINK_8C28FC”，然后依次按图 6–26 所示的①②③④⑤顺序进行操作。其中“网络密钥”中输入的是前面如图 6–23 中所设置的密钥，这里输入“WGH201207”。

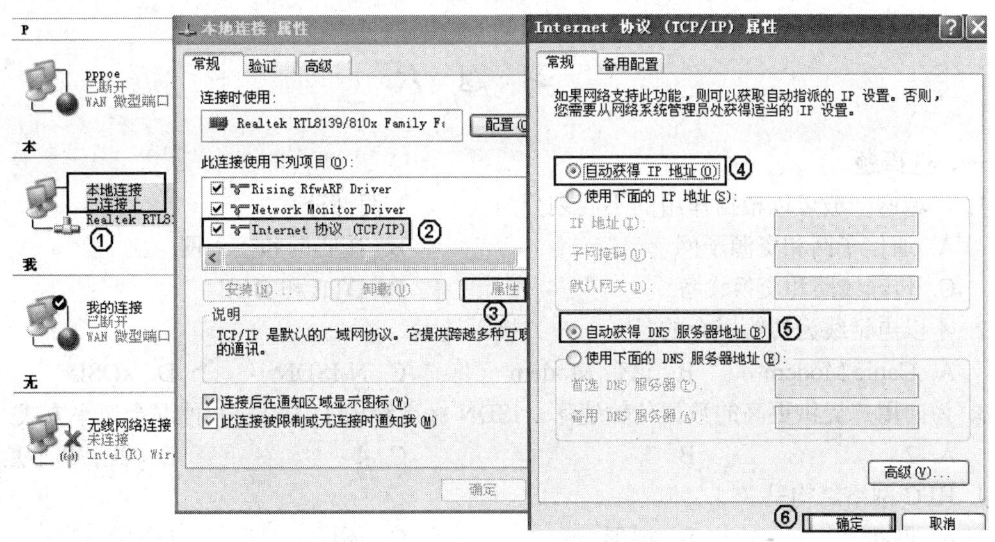

图 6–24　设置有线上网的网卡属性

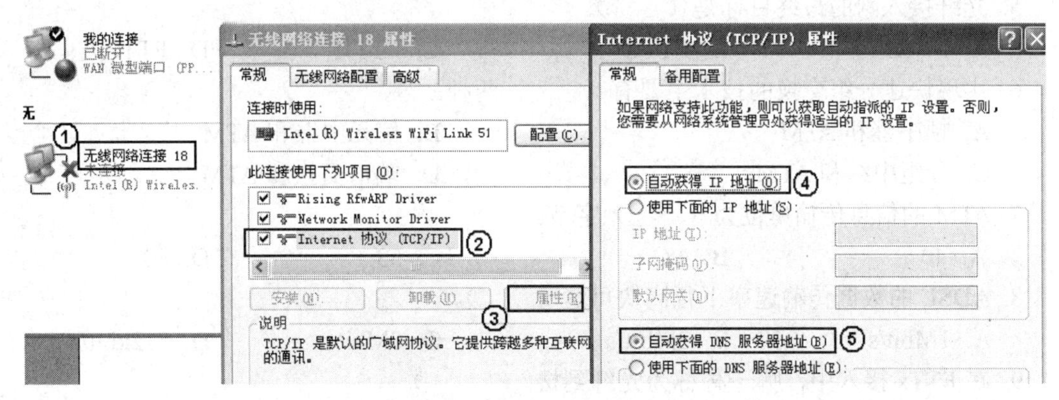

图 6–25　设置无线网卡属性

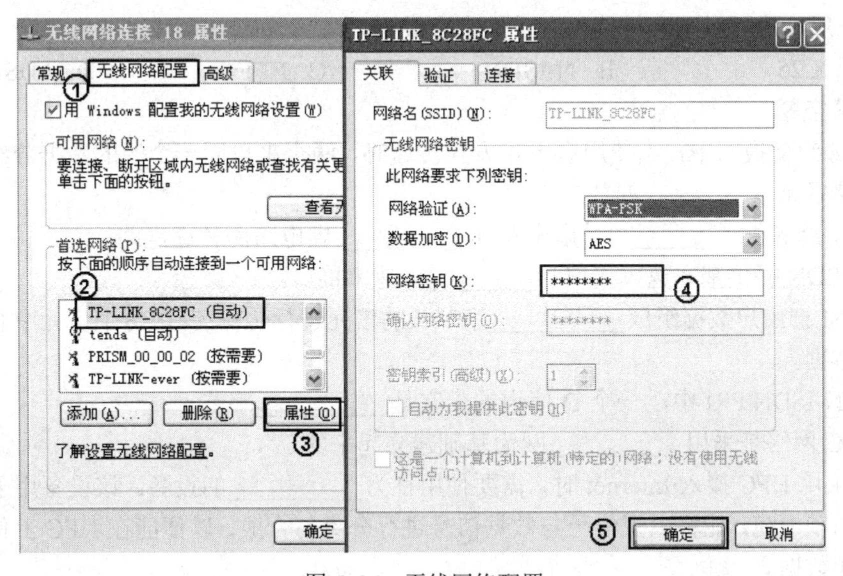

图 6–26　无线网络配置

习 题 六

一、选择题

1. 广域网一般可以根据作用的不同划分为（　　）两部分。
   A. 通信子网和资源子网　　B. 核心网和接入网
   C. 传输线路和交换设备　　D. DTE 和 DCE
2. 不以电话线为传输媒介的是（　　）接入技术。
   A. Cable Modem　　B. 话带 Modem　　C. N-ISDN　　D. xDSL
3. 为向用户提供更高的数据传输速率，ISDN 标准给出了（　　）种混合速率方式。
   A. 2　　B. 3　　C. 4　　D. 以上都不是
4. HFC 网络结构呈（　　）。
   A. 网状　　B. 树形　　C. 环形　　D. 星形
5. 光纤接入网的最终目标是（　　）。
   A. FTTB　　B. FTTC　　C. FTTH　　D. FTTZ
6. 实现快速分组交换的技术主要有（　　）两种。
   A. 帧中继和 ATM　　B. 信元中继和 ATM
   C. 分组中继和 ATM　　D. 端口交换和 ATM
7. ATM 的信息传输单位为（　　）字节。
   A. 40　　B. 48　　C. 53　　D. 60
8. ADSL 的数据传输速率下行高快可达（　　）。
   A. 1Mbit/s　　B. 2Mbit/s　　C. 8Mbit/s　　D. 512kbit/s
9. 在 FTTx 接入中，哪一种称为光纤到楼？（　　）
   A. FTTB　　B. FTTC　　C. FTTH　　D. FTTZ
10. 一般来说，以下哪种接入方式的带宽最宽？（　　）
    A. X.25　　B. N-ISDN　　C. FTTx　　D. ADSL

二、填空题

1. 在分组交换网中，当使用虚电路方式传送时，两个来自同一个源的数据分组到达目的所经过的路径是__________的。

2. 帧中继提供了__________虚电路和__________虚电路两种虚电路。

3. B-ISDN 提供基本速率接口和__________速率接口。

4. ATM 把用户数据组成__________字节长的信元进行传输，其中每个信元中有______字节用于传数据。

5. 在 N-ISDN PRI 中，一个 D 信道的带宽是__________字节。

6. HFC 网络是采用__________网为基础建立起来的。

7. 在采用 HFC 接入 Internet 时，需要使用称为__________的设备。该设备用于连接用户计算机和同轴电缆，能将电视信号与数据信号进行分离与合成，以便能在 HFC 上传输不同性质的信号和数据。

8. 广域网中拨入和拨出连接的会聚点是__________。

9. 在四种 xDSL：VDSL、SDSL、IDSL 和 HDSL 中，__________是非对称方式。

10. 以下终端设备 TE：ISDN 数字电话机、普通模拟电话机、G3 传真机、PC 机、调制解调器等，在接入 ISDN 网络时，不需要使用终端适配器 TA 的是__________。

三、问答题

1. 与 X.25 比较，FR 有哪些优点？主要采用了哪些技术？

2. ISDN 与电话网的最大区别在哪里？

3. ADSL 接入过程中使用了哪些网络设备？它们分别起了什么作用？

4. 为什么 xDSL 技术可以利用电话线长距离高速率地传送数据，而传统的调制解调器却不行？

第 7 章　Internet 应用

Internet 是由大小不等的、各色各样的网络组成的一个松散结合的遍布全球的网络，它通过提供各种各样的网络应用服务，包括域名服务、万维网服务、文件传输服务、电子邮件服务、远程登录服务、网络新闻组与 BBS 服务等，为人们生活的现代社会提供了信息资源和最先进的信息交流手段，从而缩短了世界各地间人和人交流的空间距离。

学习目标

（1）了解和掌握域名服务的应用。

（2）了解和掌握万维网服务的应用方法。

（3）了解和掌握文件传输服务及应用方法。

（4）了解和掌握电子邮件服务及应用方法。

（5）了解和掌握远程登录服务及应用方法。

（6）了解和掌握网络新闻组服务及应用方法。

（7）了解和掌握 BBS 服务的应用方法。

教学重点

域名服务、万维网服务、文件传输服务、电子邮件服务、远程登录服务的相关知识及应用方法。

教学难点

文件传输服务、远程登录服务和网络新闻组与 BBS 服务的应用方法。

7.1　域名系统

7.1.1　域名系统概述

域名系统（Domain Name System，DNS）是因特网的一项核心服务，它是由大量的 DNS 服务器构成的、保存了域名和 IP 地址相互映射的分布式数据库系统。它能将人们在访问互联网时输入的域名转变成互联网主机的 IP 地址，使用户能方便地进行互联网络的访问。

由于 Internet 上的一台主机要访问另外一台主机时，必须首先获知其 IP 地址，互联网中的 IP 地址是由用户较难以记住的数字组成，用户在访问互联网上的主机时，一般输入的是这台主机在互联网上注册的名字，称为域名，如 www.163.com，www.sohu.com 等，这些名字比其对应的 IP 地址：119.84.66.17，61.135.181.176 更便于记忆。DNS 服务器中保存的就是域名与 IP 地址的对应数据表。

7.1.2　Internet 的域名结构

Internet 的域名结构由 ICANN（The Internet Corporation for Assigned Names and Numbers，互联网名称与数字地址分配机构）定义了域名的命名采用层次结构的方法，ICANN 是一个非营利性的国际组织，负责互联网 IP 地址的空间分配、协议标识符的指派、通用顶级域名以及国家和地区顶级域名系统的管理以及根服务器系统的管理。Internet 的域名结构包括：顶级域名、二级域名、三级域名等，其排列顺序从右到左，级别从高到低，分别对应域名结构的不同层次。形式如：…、三级域名、二级域名、顶级域名。域名结构的层次数没有限制多少层，但一个完整的域名总字符数不能超过 255 个。

1. 顶级域名（Top Level Domain，TLD）

由于美国是 Internet 最早的研发国，美国的顶级域名具有一定的特殊性，即在通用顶级域名中，有几个属于美国专用。而其他国家或地区的顶级域名是以地理名称来划分的，每个国家均有一个国家域。顶级域名分为三类：国家顶级域名、国际顶级域名、通用顶级域名。

（1）国家顶级域名：如用.cn 表示中国、用.uk 表示英国、用.us 表示美国等。

（2）国际顶级域：用.int 表示国际性组织的顶级域名。

（3）通用顶级域名：用于公司、企业、军事、政府、教育等，共有 13 个通用顶级域名，见表 7-1。

表 7–1　通用顶级域名

域　名	含　义	域　名	含　义
.com	商业组织	.net	网络服务机构
edu	教育机构（美国专用）	.aero	航空部门
.org	非营利性组织	.coop	合作团体
.gov	政府部门（美国专用）	.info	网络信息服务组织
.biz	公司或企业	.museum	博物馆
.mi	军事部门（美国专用）	.name	个人
.pro	自由职业者		

2. 二级域名

在每个国家内注册的域名就是二级域名，以中国为例，中国互联网络信息中心 CNNIC 负责管理我国的顶级域，它将 cn 域划分为多个二级域，每个二级域代表一种组织性质，中国将二级域名分成“类别域名”和“行政域名”两大类，基中“类别域名”6 个，“行政域名”34 个，用于表示全国的省、自治区、直辖市和特区。

（1）类别域名。ac—科研机构、com—商业组织、edu—教育机构、gov—政府部门、net—网络服务机构、org—各种非营利组织。

（2）行政域名。BJ—北京市，SH—上海市，TJ—天津市，CQ—重庆市，HE—河北省，TW—台湾，HK—香港，MO—澳门等。

3. 三级域名

在二级域名下注册的域名就是三级域名，仍以我国为例，如果是非教育行业需要申请三级域名，需要向中国互联网网络信息中心 CNNIC 申请。而教育行业，如北京大学，则应在我国二级域名.edu 下申请注册三级域名，则需要向中国教育科研计算机网络中心 CERNET 申请。例如北京大学计算机科学系域名：cs.pku.edu.cn，cs 表示计算机科学系，它是由 pku 自己决定的命名。即某个单位申请了三级域名后，在三级域名下的四级、五级等等级别的域名，

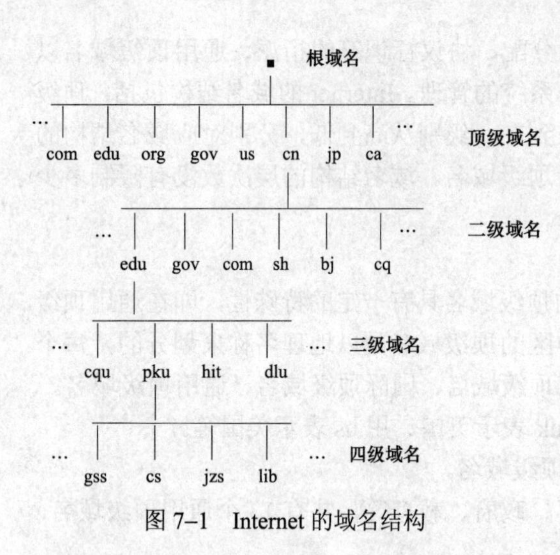

图 7–1 Internet 的域名结构

都是由该单位自己决定如何命名，不需要再向CNNIC 或 CERNET 申请了。

Internet 的域名结构如图 7–1 所示。

7.1.3 域名解析

在前面已讲过，在互联网中采用域名是为了便于记忆，而互联网上的计算机是采用 IP 地址来进行标识的，所以需要将人们输入的域名转换为 IP 地址，这就是域名解析。

为了记录和管理网络中各个节点的域名和对应的 IP 地址，从而实现域名解析功能，需要一个域名服务软件来进行管理。Internet 发展初期采用的是 host 文件来进行管理，而现在则采用了可扩展性更好、支持多种数据格式和可分布式管理的软件，该软件称为 DNS 服务器。DNS 服务器工作于应用层，它使用运输层中的 UDP 协议进行传输。

1. 域名服务器系统

Internet 上通常设有多个域名服务器，分别工作于不同的域层次上，每一个独立的网络系统，称为自治系统 AS，均设有自己的域名服务器（AS 中的域名服务器配置在第 5 章："Windows 服务配置" 中讲述过），AS 中的域名服务器称为本地域名服务器，它负责本区域内所有网络节点域名的解析工作，在该区域内的每个网络服务器必须将其域名和对应的 IP 地址等信息在该域名服务器的 DNS 数据库中登记。

除了本地域名服务器外，Internet 上还有 13 台根域名服务器，它们是负责顶级域名管理的授权域名服务器，任何域名解析都要经过这 13 台根服务器获得顶级索引，包括.com、.cn 等顶级域名都需要经过根域名服务器的解析。这 13 台根域名服务器中，1 台为主根服务器，放置在美国，其余 12 台均为辅根服务器，其中 9 台放置在美国、欧洲 2 台（位于英国和瑞典）、亚洲 1 台（位于日本），由互联网名字与编号分配机构 ICANN 统一管理。可见，美国掌握了全球共 13 台根域名服务器的控制权。而域名系统是整个互联网的基础，美国掌握了根域名服务器的控制权，实际上就等于掌握了全球互联网的最终控制权。如果美国不想让某个国家访问某些域名，就可以屏蔽掉这些域名，使它们的 IP 地址无法解析出来，那么这些域名所指向的网站就相当于从互联网世界中消失了。

为了突破美国在互联网领域的霸权，各国开始建立自己的独立域名系统。CNNIC（中国互联网络信息中心）新闻发言人刘志江介绍，越发达的国家，越注重本国顶级域名的发展，这一方面既有着经济方面的考虑，更是出于国家信息安全方面的考虑。

为了能在互联网管理中拥有独立的话语权，中国也在积极地建设自己的顶级域名。据 CNNIC 2006 年 8 月发布的消息，.cn 域名注册量逼近 120 万个，位居亚洲第一，增长速度也居全球首位。而国内科研机构、政府机构和国防网站也分别与顶级域名.cn 下设置的 ac、gov 和 mil 等类别域相对应。这意味着用户访问这些重要机构网站时，信号直接走国内的域名解析服务器，不必再经美国域名公司 ICANN 管理下的解析服务器。据主管.cn 域名的中国互联网信息中心的专家介绍，即使发生最糟糕的事件，比如当美国终止对中国域名的解析时，虽然中国的互联网也会瘫痪，但如果是.cn 域名的网站，CNNIC 可以通过技术手段启动应急方案，解决中国境内的解析问题。

为了实现域名解析功能，要求互联网中的域名服务器必须知道所有根域名服务器的 IP 地址，也必须知道下一级的域名服务器的 IP 地址，满足这两个条件后的域名服务器才能知道其他相关域名服务器的地址信息，才能成功完成域名的解析功能。

2. 域名解析方式

域名解析有两种不同的方式，一种称为递归解析，一种称为反复解析（也叫迭代解析）。

递归解析（Recursive Resolution）：当收到解析请求的域名服务器不能解析某域名时，就将解析请求传到其他域名服务器进行解析，如此递归，直到解析完成，然后依序将得到的 IP 地址返回。即递归解析是在服务器之间顺次递归，直到解析成功后顺次返回。

例如客户机 C 访问 www.163.com 网站时，C 首先到本机上配置的 DNS 服务器即本地域名服务器上面去查询，若本地域名服务器没有，则由本地域名服务器向根域名服务器查，根域名服务器则将解析请求发到“.com 域名服务器”中，“.com 域名服务器”不能完成对“www.163.com”域名的解析，则由“.com 域名服务器”将解析请求发到“.163.com 域名服务器”中，“.163.com 域名服务器”中通过查询域名数据库，能解析出“www.163.com”的 IP 地址，则向“.163.com 域名服务器”返回查询结果，“.163.com 域名服务器”再向“.com 域名服务器”返回查询结果，“.com 域名服务器”再向根域名服务器返回查询结果，最后由根域名服务器将解析得到的 IP 地址告诉本地域名服务器，本地域名服务器再把收到的那个 IP 地址告诉客户机 C。

上述解析过程如图 7–2 所示。

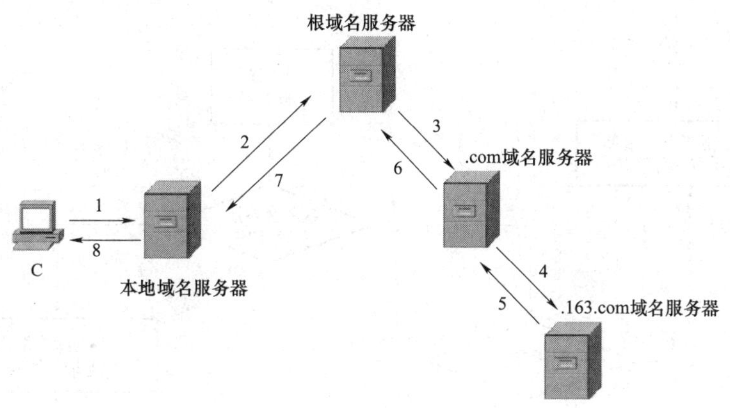

图 7–2　递归解析过程

反复解析（Iterative Resolution）：当域名服务器不能解析客户机的解析请求时，返回下一个域名服务器的 IP 地址，供客户机发送下一次解析请求，客户机如此反复请求解析，直到解析成功。

同样以客户机 A 访问 www.163.com 为例，客户机 C 首先到本地服务器查询，若没有，则由本地服务器向根服务器查询，根服务器告诉本地服务器“.com 域名服务器”的地址，本地服务器再去到“.com 服务器”上查，.com 告诉本地服务器“.163.com 域名服务器”的地址，本地服务器再去到“.163.com 域名服务器”上查，最后“.163.com 域名服务器”把“www.163.com 域名服务器”的 IP 地址告诉本地服务器，本地服务器再把收到的那个 IP 地址告诉客户机 C。

上述解析过程如图 7–3 所示。

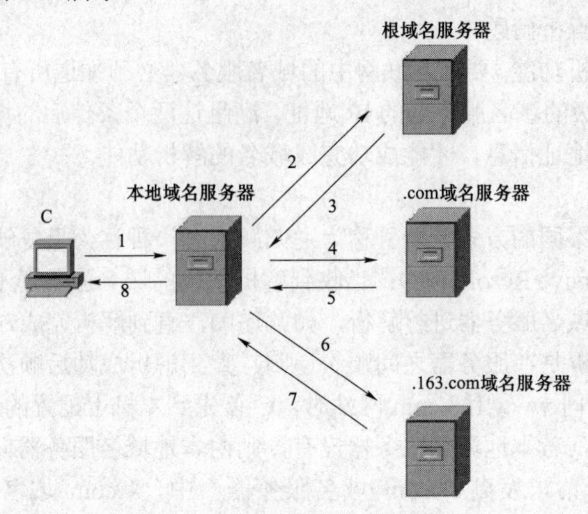

图 7–3 反复解析过程

这两种解析方式的解析流程图如图 7–4 所示。

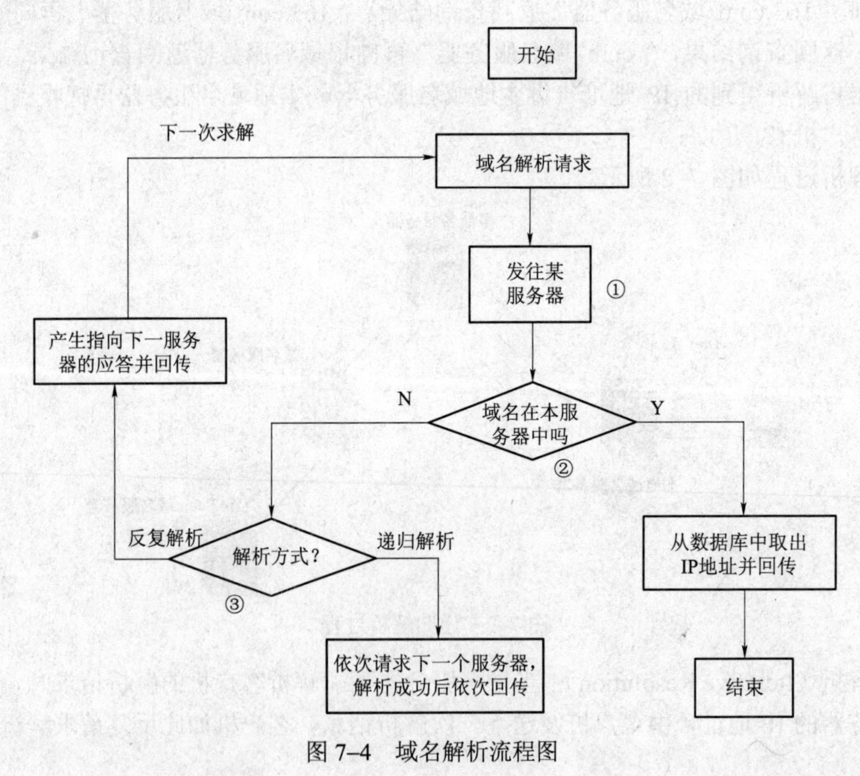

图 7–4 域名解析流程图

图 7–4 域名解析流程的说明：

过程①是由客户机将解析请求发往本地服务器，在此之前，客户机先检查本机的缓存，看是否已存在需要查询域名的 IP 地址，如果有，则不用再向本地服务器发送解析请求了。

过程②是本地服务器查询本地服务器数据库，看能否完成解析，如果能，则返回 IP 地址，不能，则进入③。

过程③是选择解析方式，对客户机发出的解析请求，默认是递归解析方式，但是在本地服务器中，网络管理员一般都要配置为反复解析，因为从上面对两种解析方式过程的分析可知，反复解析对服务器的负荷更小。试想，如果根服务器也使用递归解析的话，那么所有的解析请求、解析产生的结果流量，全部都要经过根服务器，其后果简直不堪设想。因此在本地服务器到最终完成域名解析的过程中，使用的都是反复解析。

少部分域名服务器只支持反复解析，而大部分域名服务器对这两种解析方式都是支持的，使用哪种解析方式，取决于解析请求报文中的设置。递归解析是默认的解析方式，因此人们在上网时就没有去设置解析方式的这个带有专业性技术的问题，而反复解析则需要网络管理员将默认的递归解析修改成反复解析，以利于提高解析效率。

7.2 WWW

7.2.1 概述

WWW 是全球信息网（World Wide Web）的缩写，也可以简称为 Web，中文名字为万维网。

WWW 系统的结构采用了客户/服务器模式，系统中的各种信息资源以网页（也称为 Web 页）的形式存储在 WWW 服务器中，每一个网页就是一个文件，万维网就是一个大型的由相互连结的文件组成的这些文件称为“超文本文件”，一个超文本文件由各种文字、图片、动画以及超链接所组成。在使用 WWW 服务时，用户通过 WWW 客户端浏览器程序向 WWW 服务器发出请求；WWW 服务器根据用户的请求，将保存在服务器中的网页文件发送给客户端；在客户端，用户使用 WWW 客户端浏览器，将带有文字、图片、声音、动画以及超链接等多媒体信息的网页文件内容展示给用户，用户可以通过其中的超链接，方便地访问其他的网页文件，即网络信息资源。

WWW 最早出现于 1989 年 2 月，第一个称为 Mosaic 的图形界面的浏览器开发成功，在 1995 年，网景公司的 Netscape Navigator 浏览器问世，接着，微软公司在 Windows 98 中集成了免费的 Internet Explorer（简称 IE）浏览器。由于 Netscape Navigator 浏览器需要花钱购买，并且还得另外安装，加上 Windows 操作系统的市场占有率，因此，现在使用最多的浏览器是 IE 浏览器。

由于 WWW 的出现，使得 Internet 的应用主要由计算机专家变成为被广大用户使用的一种信息交流工具，WWW 的出现使得互联网的各种应用呈指数规律增长，WWW 能向广大用户提供最方便、最受欢迎的信息服务，其影响力已远远超过专业技术范围，已深入到社会的方方面面。

7.2.2 与 WWW 服务密切相关的概念

1. 超文本（HyperText）

前面提到过，WWW 系统中的信息资源以网页文件的形式存放在 WWW 服务器中，这些网页文件就是超文本文件。在 WWW 系统中，呈现给用户的就是这些超文本文件内容，用户在浏览网页时，用鼠标指向某些文字，鼠标将出现“手”形状，这些文字或图片就是该网页提供的“超链接”,“超链接”是网页间相关联的开关点，用户点击该链接后，即可跳转到其他网页。

2. 超媒体（HyperMedia/UltraMedia）

在网页中，超文本文件仅有文本信息，但我们所能看到的却是图文并茂的网页页面，这些带有各种文字、图形、图像、声音、动画以及视频信息的网页信息，我们称之为超媒体。超媒体扩展了网页的表现手法，使用户不仅能通过 WWW 系统看到枯燥的文本信息，还能看到各种丰富的多媒体信息：包括各种图形、图像、声音、动画以及视频等。

无论是超文本，还是超媒体，或是其中所链接的内容，都是以文件的形式存放在 WWW 服务器中，例如，在一个超媒体页面中，链接有一段视频，这段视频也是单独以文件的形式存放在 WWW 服务器中。

3. 主页（Home Page）

主页也称首页或起始页，是用户打开浏览器时自动打开的网页。主页一般是一个网站的入口网页，在打开某网站后能看到的第一个页面，大多数作为主页的文件名是 index、default、main 或 portal 加上扩展名 htm、html 或 asp、jsp、php 等。

网站的主页同一般网页一样，也是以文件形式存放在 WWW 服务器中，当 WWW 服务器收到某客户机连结请求信息时，便会向此客户机发送这个主页文件，也就是打开了某个网站的主页（入口网页)。用户可通过网站提供的目录性质的主页信息，浏览网站其他部分的内容。如图 7–5 所示为某购物网站的主页。

图 7–5 主页示例

在图 7–5 中①处所示：http://wgh.100hg.com/index.html 为该网站的主页文件名（用户输入时，只输入 http://wgh.100hg.com 即可)，该文件名所指的页面就是进入该网站的入口。

因为是主页，里面凡是有图片、文字、动画等的地方，一般都是超级链接。通过点击该超链接后即可进入相应的网页页面，从而阅览里面的信息。

4. 超文本传输协议HTTP

超文本传送协议（Hypertext transfer protocol，HTTP）是WWW应用的通信协议。Internet是由各个协议连接起来的，其中使用最广的就是HTTP协议，HTTP的功能是将超文本标记语言（HTML）文档从WWW服务器传送到客户端的WWW浏览器。

HTTP工作在TCP/IP协议体系中的TCP协议上，客户机和服务器必须都支持HTTP，才能在万维网上发送和接收HTML文档并进行交互。

HTTP协议的特点：

（1）HTTP协议采用客户/服务器模式。

（2）简单快速：客户向服务器请求服务时，只需传送请求方法和路径。请求方法常用的有GET、HEAD. POST。每种方法都规定了客户与服务器联系的类型。由于HTTP协议简单，使得HTTP服务器的程序规模小，因而通信速率很快。

（3）灵活：HTTP允许传输任意类型的数据对象。

（4）无连接：无连接的含义是限制每次连接只处理一个请求。服务器处理完客户的请求并收到客户的应答后，即断开连接。采用这种方式可以节省传输时间。

（5）无状态：无状态是指协议对于事务处理没有记忆能力，缺少状态意味着如果后续处理需要前面的信息，则它必须重传，这样可能导致每次连接传送的数据量增大。

5. 超文本标记语言HTML

HTML是通过符号来标记要显示的网页中的各个部分，通过在文本文件中添加标记符，告诉浏览器按何种格式显示其中的内容：文字排版、图片排版及显示方式等。浏览器在读取网页文件时，根据标记符解释和显示其标记的内容，如果HTML有书写的语法错误，浏览器不会指出其错误，只能由网页制作者通过显示效果来分析出错原因和出错位置。对于不同的浏览器，对同一标记符可能会有不完全相同的解释，从而可能产生不同的显示效果。

6. 统一资源定位器URL

又称统一资源定位符（Uniform Resource Locator，URL）。URL包含如何访问Internet上的资源的明确指令，是用于完整地描述Internet上网页和其他资源的地址的一种标识方法。URL是统一格式的，因为它们采用相同的基本语法，无论寻找哪种特定类型的资源（网页、新闻组）或描述通过哪种机制获取该资源。

URL的一般格式为：协议名://host.port/path?query#fragment。

（1）协议名包括：file、ftp、gopher、http、https、mailto、MMS、ed2k、Flashget、thunder、news等，各项含义如下：

file：资源是本地计算机上的文件。格式file://。

ftp：通过FTP访问资源。格式FTP://。

gopher：通过Gopher协议访问该资源。

http：通过HTTP访问该资源。格式HTTP://。

https：通过安全的HTTPS访问该资源。格式target=_blank>HTTPS://。

mailto：资源为电子邮件地址，通过SMTP访问。格式mailto:。

MMS：通过支持MMS（流媒体）协议播放该资源（代表软件：Windows Media Player）。格式MMS://。

ed2k 通过支持 ed2k（专用下载链接）协议的 P2P 软件访问该资源（代表软件：电驴）。格式 ed2k://。

Flashget 通过支持 Flashget（专用下载链接）协议的 P2P 软件访问该资源（代表软件：快车）。格式 Flashget://。

thunder 通过支持 thunder（专用下载链接）协议的 P2P 软件访问该资源（代表软件：迅雷）。格式 thunder://。

news 通过 NNTP 访问该资源。

（2）host：主机，指定的服务器的域名系统（DNS）主机名或 IP 地址。

（3）port：端口号，整数，可选，省略时使用方案的默认端口，如 http 的默认端口为 80。

（4）path：路径，由零或多个“/”符号隔开的字符串，一般用来表示主机上的一个目录或文件地址。

（5）query：查询，可选，用于给动态网页（如使用 CGI、ISAPI、PHP/JSP/ASP/ 等技术制作的网页）传递参数，可有多个参数，用“&”符号隔开，每个参数的名和值用“=”符号隔开。

（6）fragment：信息片断，字符串，用于指定网络资源中的片断。例如一个网页中有多个名词解释，可使用 fragment 直接定位到某一名词解释。

例如：

gopher://gopher.cernet.edu.cn 表示要连接到名为 gopher.cernet.edu.cn 的服务器。

ftp://ftp.cernet.edu.cn/maths/basic/361.txt 表示要通过 ftp 连接来获得一个名为 361.txt 的文件。

telnet://cs.cqu.edu.cn 表示通过远程登录到名为 cs.cqu.edu.cn 的某学校主机。

mailto:abc@xxx.com 表示向 abc@xxx.com 发送电子邮件。

http://wgh.100hg.com 表示通过 http 协议来访问某购物网站，网站名为 wgh.100hg.com。

7. 动态网页

动态网页是与静态网页相对应的，也就是说，网页 URL 的后缀不是 htm、html、shtml、xml 等静态网页的常见形动态网页制作专家式，而是以 asp、xasp、jsp、php、perl、cgi 等形式为后缀。

从网站浏览者的角度来看，无论是动态网页还是静态网页，都可以展示基本的文字和图片信息，但从网站开发、管理、维护的角度来看就有很大的差别。动态网页有以下特征：

（1）动态网页一般以数据库技术为基础，可以大大降低网站维护的工作量。

（2）采用动态网页技术的网站可以实现更多的功能，如用户注册、用户登录、在线调查、用户管理、订单管理等。

（3）动态网页实际上并不是独立存在于服务器上的网页文件，只有当用户请求时服务器才返回一个完整的网页。

需要注意的是：从上面的特点可知，动态网页技术的网站可以比静态网页实现更多的功能，如用户注册、用户登录、在线调查、用户管理、订单管理等，这些可以实现人机交互存入与取出等功能的网页才叫动态网页。而用户在浏览器中看到的网页上的各种动画、滚动字幕、声音影像等视觉上的“动态效果”在静态网页中也可能出现，动态网页也可以是纯文字内容的，也可以是包含各种动画的内容，这些只是网页具体内容的表现形式而已。

8. WWW 客户端与服务器

WWW 服务是基于 C/S 模式的服务，由 WWW 客户端和 WWW 服务器两部分组成，服务器端运行 http 协议和 Web 服务器软件，可以为客户端提供动态的、交互的超文本服务；WWW 客户端是指已接入 Internet 并使用 WWW 提供的信息服务的用户端，用户通过使用网络浏览器到达想要获取的页面。

7.2.3　WWW 浏览器

WWW 浏览器（Web Browser，Web 浏览器）是安装在客户端上的 WWW 浏览工具，浏览器是一个在你的硬盘上的应用软件，就像一个字处理程序一样（如 WPS Word 或 Microsoft Word）。其主要作用是在其窗口中显示和播放从 WWW 服务器上取得的网页文件中嵌入的文本、图形、动画、图像、音频、视频等信息，访问主页中各超文本和超媒体链接对应的信息，以及让用户获得 Internet 网上的其他各种信息服务。现在国内使用最多的浏览器是 IE 浏览器，其最新版本为基于 Win 8 的 IE 10。

浏览器最核心的部分是渲染引擎（Rcndering Engine），我们一般习惯称之为“浏览器内核”，其负责解析网页语法（如 HTML、JavaScript）并渲染、展示网页。因此，所谓的浏览器内核通常也就是指浏览器所采用的渲染引擎，渲染引擎决定了浏览器如何显示网页的内容以及页面的格式信息。不同的浏览器内核对网页编写语法的解析也有所不同，因此同一网页在不同的内核浏览器里的渲染、展示效果也可能不同。

浏览器内核种类繁多，商用的加上非商业的免费内核，大约有 10 款以上甚至更多，通常比较常见的有以下 4 种：

1. Trident（Windows）

Trident 是微软的 Windows 搭载的网页浏览器——Internet Explorer 浏览器使用的内核（俗称 IE 内核），该内核程序在 1997 年的 IE 4 中首次被采用，之后不断地加入新的技术并随着新版本的 IE 发布。Trident 实际上是一款开放的内核，Trident 引擎被设计成一个软件组件（模块），使得其他软件开发人员很容易将网页浏览功能加到他们自行开发的应用程序里，其接口内核设计相当成熟，因此才涌现出许多采用 IE 内核而非 IE 的浏览器。

Trident 内核的常见浏览器：IE6、IE7、IE8（Trident 4.0）、IE9（Trident 5.0）、IE10（Trident 6.0）；世界之窗、360 安全浏览器、傲游；搜狗浏览器；腾讯 TT；阿云浏览器、百度浏览器、瑞星安全浏览器、Slim Browser；GreenBrowser、爱帆浏览器、115 浏览器、155 浏览器；闪游浏览器、N 氧化碳浏览器、糖果浏览器、彩虹浏览器、瑞影浏览器、勇者无疆浏览器、114 浏览器、蚂蚁浏览器、飞腾浏览器、速达浏览器、佐罗浏览器。其中部分浏览器的新版本是“双核”甚至是“多核”，双核的其中一个内核是 Trident，然后再增加一个其他内核。国内的厂商一般把其他内核叫做“高速浏览模式”，而 Trident 则是“兼容浏览模式”，用户可以来回切换。

2. Gecko

Gecko 是开放源代码、以 C++编写的网页排版引擎，目前被 Mozilla 家族网页浏览器以及 Netscape 6 以后版本浏览器所使用。这款软件原本是由网景通讯公司开发的，现在则由 Mozilla 基金会维护。由于 Gecko 的特点是代码完全公开，因此，其可开发程度很高，全世界的程序员都可以为其编写代码，增加功能。因为这是个开源内核，因此受到许多人的青睐，采用 Gecko

内核的浏览器也很多，这也是 Gecko 内核虽然年轻；但市场占有率能够迅速提高的重要原因。

Gecko 是最流行的排版引擎之一，其流行程度仅次于 Trident。使用 Gecko 引擎的浏览器有 Firefox、网景 6～9、SeaMonkey、Camino、MozillA、Flock、Galeon、K-Meleon、Minimo、Sleipni、SongbirD、XeroBank。Google Gadget 引擎采用的就是 Gecko 浏览器引擎。

3. Presto

Presto 是一个由 Opera Software 开发的浏览器排版引擎，目前 Opera 7.0～10.00 版本使用该款引擎。Presto 的特点是渲染速度的优化达到了极致，它是目前公认的网页浏览速度最快的浏览器内核，然而代价是牺牲了网页的兼容性。

Presto 实际上是一个动态内核，与 Trident、Gecko 等内核的最大区别就在于脚本处理上，Presto 有着天生的优势，页面的全部或者部分都能够在回应脚本事件等情况下被重新解析。此外该内核在执行 JavaScript 时有着最快的速度，根据同等条件下的测试，Presto 内核执行同等 JavaScript 所需的时间仅有 Trident 和 Gecko 内核的约 1/3。不过，不足之处在于 Presto 是商业引擎，使用 Presto 的除了 Opera 以外，只剩下 NDS Browser、Nokia 770 网络浏览器等，这在很大程度上限制了 Presto 的发展。

4. WebKit

WebKit 是一个开放源代码的浏览器引擎（Web Browser Engine），WebKit 最初的代码来自 KDE 的 KHTML 和 KJS（它们均为开放源代码，都是自由软件，在 GPL 协议下授权）。所以 WebKit 也是自由软件，同时开放源代码。

除了 Safari 浏览器，Mac 下还有 OmniWe B. Shiira 等人气很高的浏览器。Google 的 chrome 也使用 WebKit 作为内核。WebKit 内核在手机上的应用也十分广泛，例如 Google 的 Android 平台浏览器、Apple 的 iPhone 浏览器、Nokia S60 浏览器等所使用的内核引擎，都是基于 WebKit 引擎的。WebKit 内核也广泛应用于 Widget 引擎产品，包括中国移动的 BAE、Apple 的 Dashboard 以及 Nokia WRT 在内采用的均为 WebKit 引擎。

7.3 文件传输

7.3.1 文件传输服务概述

文件传输服务又称为 FTP（File Transfer Protocol）服务，是 Internet 中最早提供的服务之一，目前仍在广泛使用中（RFC959，RFC1635）。FTP 服务是由 FTP 应用程序提供的，而 FTP 应用程序遵循的是 TCP/IP 协议族中的文件传送协议 FTP，它使用户将文件从一台计算机传输到另一台计算机上，并且能保证传输的可靠性。

FTP 也是采用 C/S 方式提供服务，用户通过一个支持 FTP 协议的客户机程序，连接到在远程主机上的 FTP 服务器程序，用户通过客户机程序向服务器程序发出命令，服务器程序执行用户所发出的命令，并将执行的结果返回到客户机。比如说，用户发出一条命令，要求服务器向用户传送某一个文件的一份拷贝，服务器会响应这条命令，将指定文件送至用户的机器上。客户机程序代表用户接收到这个文件，将其存放在用户目录中。

在 Internet 中，许多公司、大学以及政府部门的 FTP 服务器上，含有大量的程序与文件，这是 Interent 的巨大信息资源，通过使用 FTP 服务，用户就可以方便地访问这些信息资源。

在 Internet 应用的初期，FTP 所产生的通信量约占整个 Internet 总量的 1/3。1995 年之后，WWW 的通信量才开始超过 FTP 的通信量。目前常用的 FTP 下载工具主要有 WS-FTP、LeapFTP、CuteFTP 等。

7.3.2 FTP 的工作过程

FTP 采用的是 C/S 工作模式，提供 FTP 服务的计算机称为 FTP 服务器，FTP 服务器是有 FTP 信息提供者（公司、大学以及政府部门）的计算机，它是一个大的文件仓库；用户的本地计算机称为客户。FTP 服务器与 FTP 客户机之间的文件传输过程分为上传与下载两个过程。上传是指将文件从客户机传输到 FTP 服务器的过程，也称为上载；下载是指将文件从 FTP 服务器传输到客户机的过程。

在进行上传和下载文件时，用户通过一个支持 FTP 协议的客户机程序，连接到在远程主机上的 FTP 服务器程序，然后用户通过客户机程序向服务器程序发出命令，服务器程序执行用户所发出的命令，并将执行的结果返回到客户机。例如，用户发出要求服务器向用户传送某一个文件的一份拷贝的命令，服务器会响应这条命令，将指定文件送至用户的机器上。用户端的客户机程序接收这个文件，并将其存放在用户指定的目录中。

使用 FTP 时必须首先登录，在远程主机上获得相应的权限以后，方可下载或上传文件。也就是说，要想同哪一台计算机传送文件，就必须具有哪一台计算机的适当授权。换言之，除非有用户 ID 和口令，否则便无法传送文件。但这样就违背了 Internet 的开放性，在 Internet 上的 FTP 主机非常多，不可能要求每个用户在每一台主机上都拥有账号。因此，多数的 FTP 服务器都提供了一种匿名的 FTP 服务。

匿名 FTP 服务机制：FTP 服务器系统管理员建立了一个特殊的用户 ID，名为 anonymous，Internet 上的任何人在任何地方都可使用该用户 ID，用户可通过匿名方式连接到远程主机上，并从其下载文件，而无需成为其注册用户。

通过 FTP 程序连接匿名 FTP 主机的方式同连接普通 FTP 主机的方式差不多，只是在要求提供用户标识 ID 时必须输入 anonymous，该用户 ID 的口令可以是任意的字符串。习惯上，用自己的 E-mail 地址作为口令，使系统维护程序能够记录下来谁在存取这些文件。

当远程主机提供匿名 FTP 服务时，会指定某些目录向公众开放，允许匿名存取。系统中的其余目录则处于隐匿状态。作为一种安全措施，大多数匿名 FTP 主机都允许用户从其上下载文件，而不允许用户向其上传文件，也就是说，用户可将匿名 FTP 主机上的所有文件全部拷贝到自己的机器上，但不能将自己机器上的任何一个文件拷贝至匿名 FTP 主机上。即使有些匿名 FTP 主机确实允许用户上传文件，用户也只能将文件上传至某一指定上传目录中。随后，系统管理员会去检查这些文件，并将这些文件移至另一个公共下载目录中，供其他用户下载，利用这种方式，远程主机的用户得到了保护，避免了有人上载有问题的文件，如带病毒的文件。

除了上述的匿名账户外，FTP 服务还提供了两类 FTP 服务：Real 账户和 Guest 账户，不同类别的用户对应着不同的权限与操作方式。

（1）Real 账户：这类用户是指在 FTP 服务器上拥有账号。当这类用户登录 FTP 服务器的时候，其默认的主目录就是其账号命名的目录。Real 账户可以变更到其他目录中去。

（2）Guest 账户：指在 FTP 服务器中给不同的部门或者某个特定的用户设置一个账户。这个账户的特点就是只能够访问自己的主目录。服务器通过这种方式来保障 FTP 服务上其他文件的安全性。拥有这类用户的账户，只能够访问其主目录下的目录，而不得访问主目录以外的文件。

7.3.3 TFTP 协议简介

TFTP（Trivial File Transfer Protocol，简单文件传输协议）是 TCP/IP 协议族中的一个用来在客户机与服务器之间进行简单文件传输的协议，提供不复杂、开销不大的文件传输服务。

简单文件传输协议（TFTP）是 FTP 的简化版本，只有在用户确切地知道想要得到的文件名及它的准确位置时，才可以选择使用 TFTP。TFTP 是一个非常易用的、快捷的程序。TFTP 并不提供像 FTP 那样的强大功能。TFTP 不提供目录浏览的功能，它只能完成文件的发送和接收操作。TFTP 只能发送比 FTP 更小的数据块，并且没有 FTP 所需要的传送确认，因而它是一个传输效率更高的协议。

7.4 远程登录

7.4.1 远程登录概述

首先了解一下什么叫"登录"？

分时系统允许多个用户同时使用一台计算机，为了保证系统的安全和记账方便，系统要求每个用户有单独的账号作为使用标识，系统还为每个用户指定了一个口令。用户在使用该系统之前要输入标识和口令，这个过程被称为"登录"。"远程登录"则是指使自己的计算机暂时成为远程主机的一个仿真终端的过程。

Telnet 协议就是用于远程登录的协议，位于 OSI 模型的应用层上，是一个通过创建虚拟终端提供连接到远程主机终端仿真的 TCP/IP 协议，这一协议需要通过用户名和口令进行认证，是 Internet 远程登陆服务的标准协议。应用 Telnet 协议能够把本地用户所使用的计算机变成远程主机系统的一个终端。Telnet 最初是由 ARPANET 开发的，在今天仍有广泛的用途，通过 Telnet 协议允许用户登录进入远程主机系统，就像使用本地主机一样使用或管理远程主机的资源。

Telnet 协议提供了三种基本服务：

（1）Telnet 定义一个网络虚拟终端为远程系统提供一个标准接口，使客户机程序不必详细了解远程系统，只需构造使用标准接口的程序。

（2）Telnet 包括一个允许客户机和服务器协商选项的机制，而且它还提供一组标准选项。

（3）Telnet 对称处理连接的两端，即 Telnet 不强迫客户机从键盘输入，也不强迫客户机在屏幕上显示输出。

使用 Telnet 协议进行远程登录时需要满足以下条件：在本地计算机上必须装有包含 Telnet 协议的客户程序，必须知道远程主机的 IP 地址或域名，必须知道登录标识与口令。

Telnet 远程登录服务分为以下 4 个过程：

（1）本地与远程主机建立连接，该过程实际上是建立一个 TCP 连接，用户必须知道远程主机的 IP 地址或域名。

（2）将本地终端上输入的用户名和口令及以后输入的任何命令或字符以 NVT（Net Virtual Terminal，网络虚拟终端）格式传送到远程主机。该过程实际上是从本地主机向远程主机发送一个 IP 数据包。

（3）将远程主机输出的 NVT 格式的数据转化为本地所接受的格式送回本地终端，包括输入命令回显和命令执行结果。

（4）本地终端对远程主机撤消 TCP 连接，结束 Telnet。

7.4.2　远程登录的使用

远程登录可在本地局域网内应用，也可在 Internet 上应用，远程登录不像 WWW 服务和 FTP 服务那样为众人所熟知，下面分别讲述在局域网和在 Internet 上的远程登录应用方法。

1. 局域网上的远程登录

首先在被登录的主机上进行设置，可按如下步骤完成：

（1）确保启动相应的服务项目。“控制面板—性能和维护—管理工具—服务”，将以下服务开启。

① NT LM Security Support Provider，② Server，③ Terminal Services，④ Telnet，如图 7–6 所示。

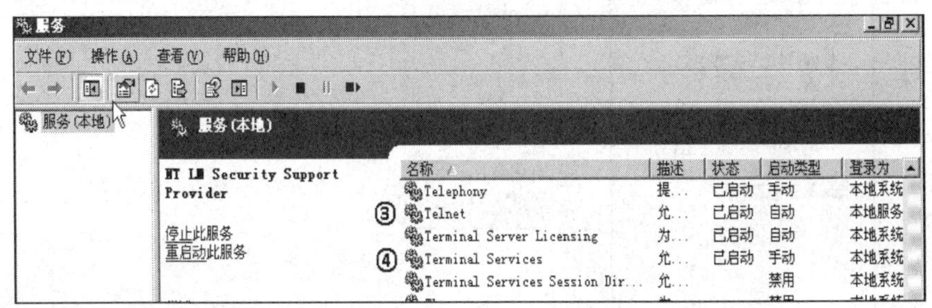

图 7–6　开启 Telnet 相关服务

如果以上服务项目没开启，则远程登录会出现“客服端无法连接到远程计算机。连接可能没有启用，或者计算机太忙，无法接受新连接。也有可能网络问题使你无法连接。请以后再试。如果问题继续出现，请跟系统管理员联系”这样的提示信息。

（2）关闭防火墙对远程控制的限制。在控制面板中打开防火墙，最简单的方法是将防火墙关闭（如果选择的是启用，则应在“例外”选项卡中将“远程桌面”勾选），排除防火墙对远程控制的限制，如图 7–7 所示。

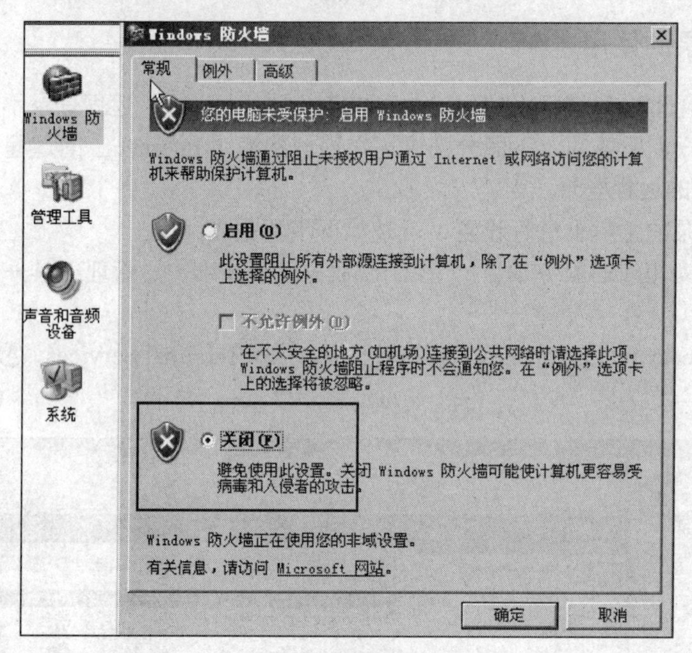

图 7–7　关闭防火墙

（3）添加远程登录桌面用户。依次点击“开始—所有程序—管理工具—计算机管理”，在系统工具中点击“本地用户和组”，点击左窗格的“用户”，然后在右窗格空白处右击，选择“新用户”，如图 7–8 所示。

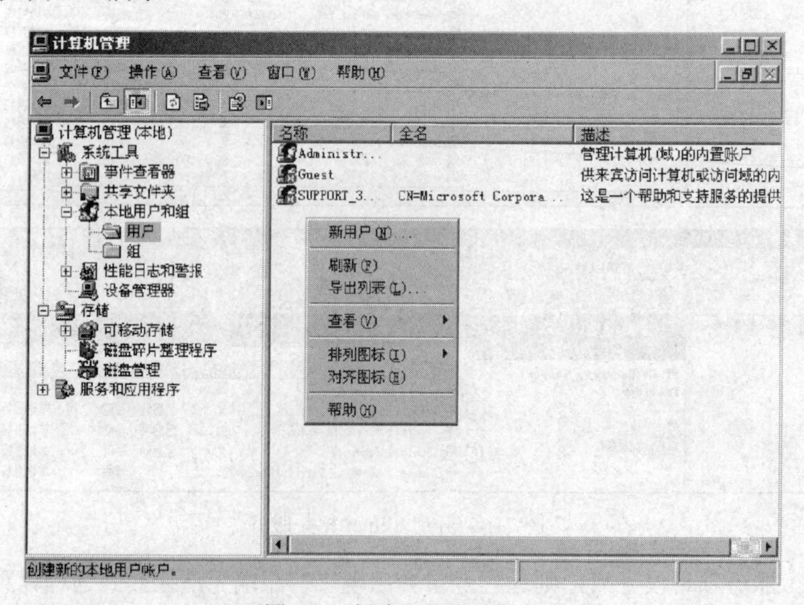

图 7–8　新建远程登录用户

在弹出的对话框中输入“用户名、全名、密码、确认密码”，然后点“创建”，如图 7–9 所示。

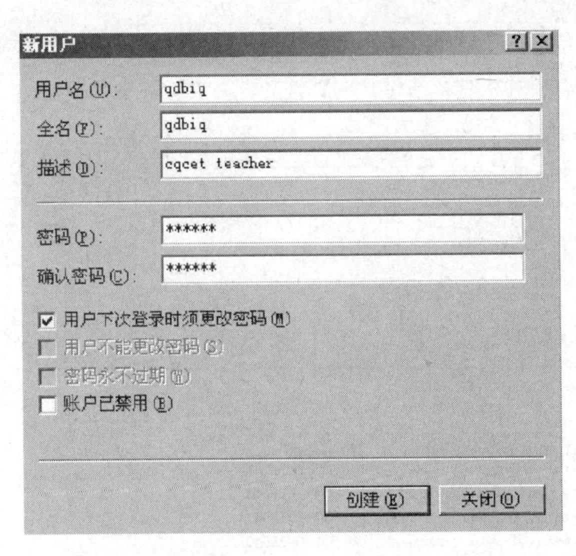

图 7–9 输入新用户信息

（4）将用户加入到 Remote Desktop Users 组。右击新建的“用户名—属性—隶属于”，在弹出的对话框中点“添加—高级—立刻查找”，选中名称为“Remote Desktop Users”，然后单击“确定”退出，如图 7–10 和图 7–11 所示。

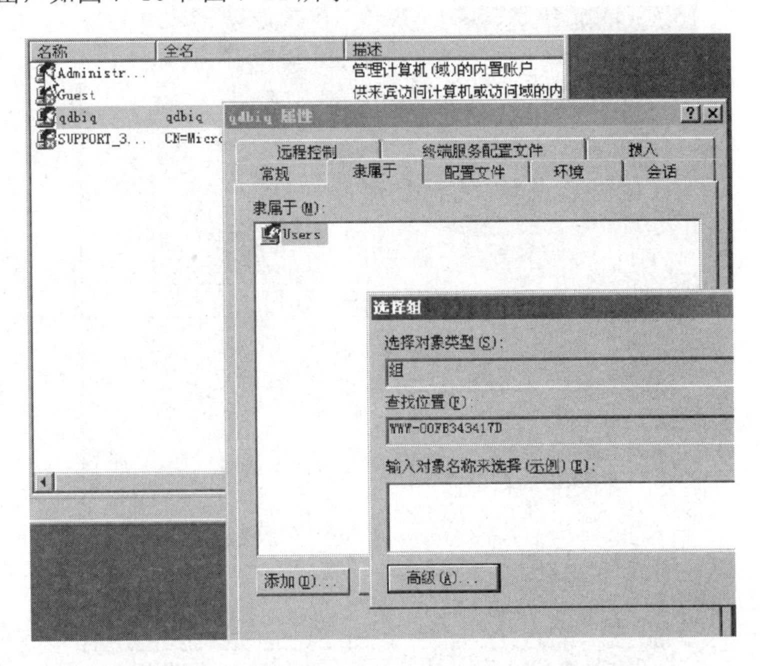

图 7–10 将用户加入到 Remote Desktop Users 组

（5）开启远程登录设置。右击“我的电脑——属性——远程——远程桌面”，在“允许用户远程连接到此计算机”前打勾，确定后即可在远程机上登录了，如图 7–12 所示。

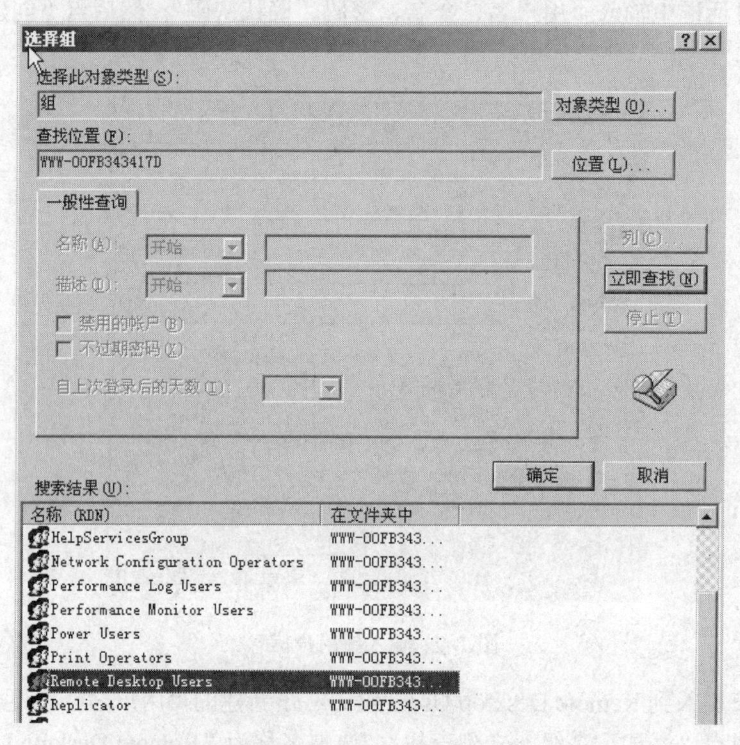

图 7–11　将用户加入到 Remote Desktop Users 组

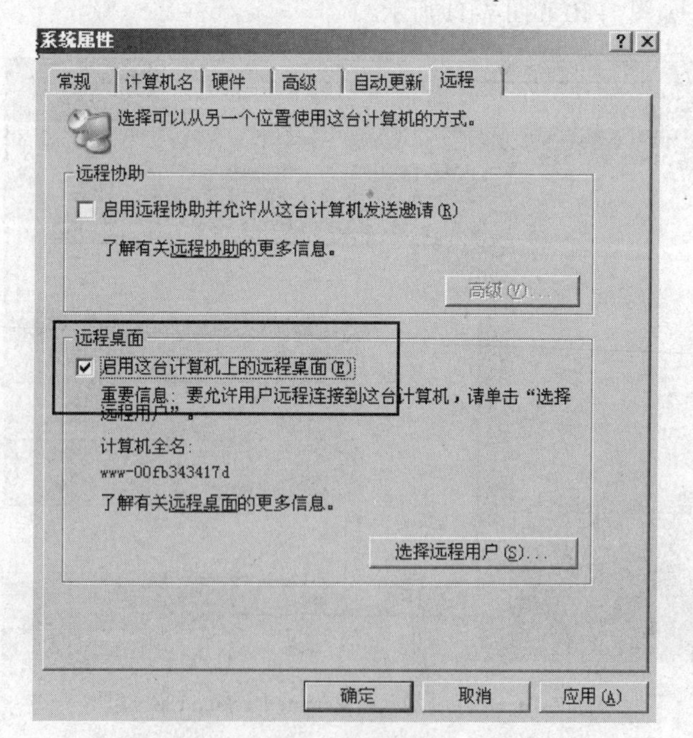

图 7–12　开启远程登录

（6）“开始——运行”，输入 gpedit.msc，进组策略，“计算机配置—windows 设置—安全设置—本地策略—安全选项”，将 Windows XP 的本地安全策略下的安全选项里的策略——“账户：使用空密码用户只能进行控制台登录”启用，如图 7–13 所示。

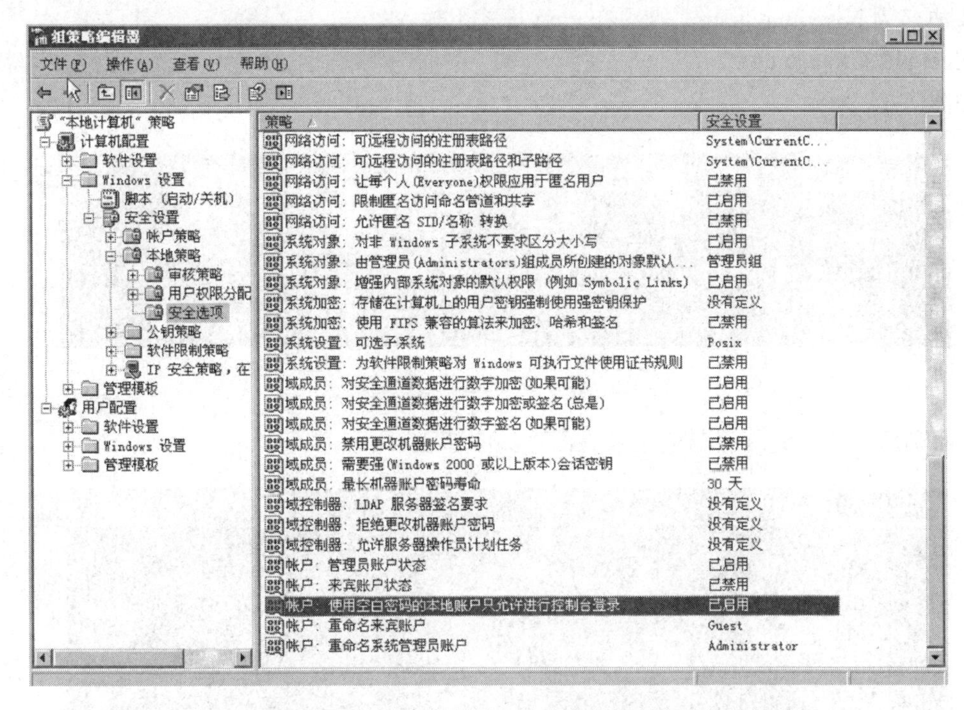

图 7–13　开启“使用空密码用户只能进行控制台登陆”设置

此策略启用之后，使用空密码的任何账户都不能从网络访问，只能本地登录，因此要想远程登录，要么给你要登录的用户创建密码，要么将此策略（即：“账户：使用空密码用户只能进行控制台登录”）禁用（任何人都可以登录）。

然后在登录端进行开启远程登录设置（以 Windows XP 系统为例）。

依次打开“开始菜单—所有程序—附件—通讯—远程桌面连接”，在打开的对话框中单击“选项”，计算机上填入要登录的主机的 IP 地址，还有上面设置的用户名和密码，在“高级”选项中设置网络类型来优化设置，然后点击“连接”就可进行远程登录了，如图 7–14 所示。

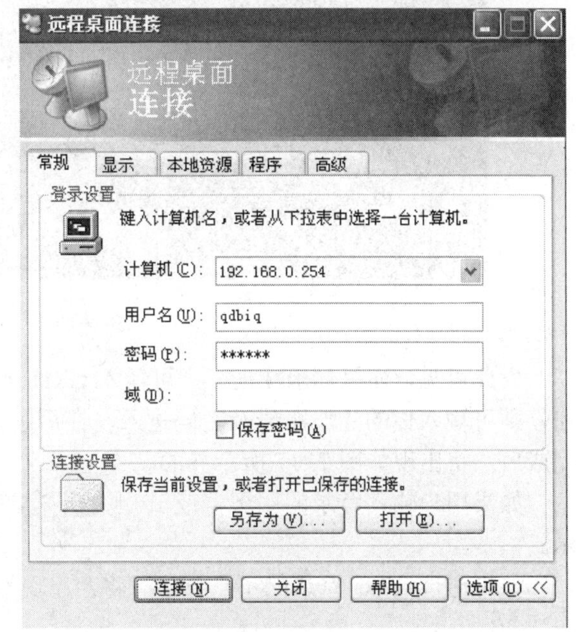

图 7–14　本地机登录

2. 在 Internet 中的远程登录

（1）在命令行下使用 telnet。首先应明确自己要登录的服务器的名称或 IP 地址，然后进入 cmd 模式下，输入下列命令，并以回车换行结束。

telnet 主机名/网络地址

下面以登录到西安交大兵马俑 BBS 为例，讲述远程登录的使用方法，西安交大兵马俑 BBS 主机名为 bbs.xjtu.edu.cn，则可在 cmd 模式下输入：

telnet bbs.xjtu.edu.cn

如图 7–15 所示。

图 7–15　在 cmd 下远程登录

按回车后，即可进入兵马俑登录界面，如图 7–16 所示。

图 7–16　登录界面

由此可见，如果你未注册，则可输入 guest 进行访问，是新注册，则输入 new，如果已注册，则可输入你的注册账号及密码进入，在后续的操作中，可按界面提示进行。例如新注册完成后，将出现如图 7–17 所示界面。

如果用户输入登录的服务器或 IP 地址不存在，则会弹出相应的提示信息，如图 7–18 所示。

如果通过 telnet 登录的不是 BBS，将会出现输入用户名和口令的提示信息，如图 7–19 和图 7–20 所示。

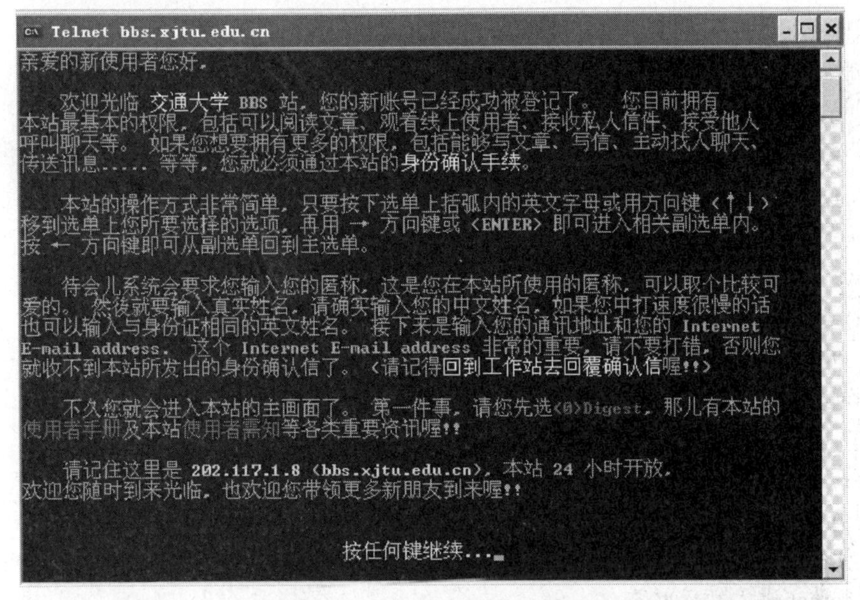

图 7–17　新注册用户完成界面

图 7–18　登录错误提示

图 7–19　输入登录的域名

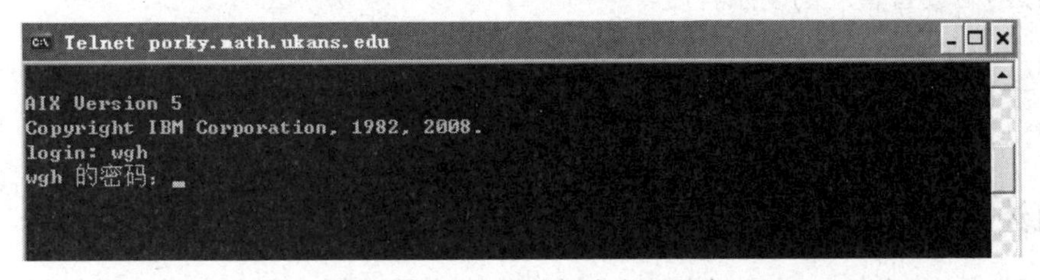

图 7–20　输入登录用户名及口令

输入用户名和口令后，即可完成远程登录。

以下列出的是 Telnet 的一些常用命令及功能。

Help：了解 telnet 命令的使用方法。

Open：在 cmd 下，第一个命令输入 telnet 后回车，然后可使用 open 命令加 IP 地址或域名进行远程登录。

Close：正常结束远程登录，回到命令模式。

Display：显示工程参数。

Mode：进入命令或字符方式。

Send：向远程主机传送特殊字符，可通过输入 send ?来查看详细信息。

Set：设置工作参数，可通过输入 set? 来显示详细参数。

Status：显示状态信息。

Toggle：改变工作参数。

^]：在异常情况下退出会话，回到命令模式。

Quit：退出 telnet，返回本地机。

Z：使 telnet 进入暂停状态。

<cr>：结束命令方式，返回 telnet 的会话方式。

（2）在 Windows 环境下的 Telnet 软件。由于在 CMD 模式下，操作很不方便，为此介绍以下两款在 Windows 环境下的 Telnet 软件。

一是 NetTerm：NetTerm 是最著名终端仿真程序之一，当你需要访问公告牌，需要远程登录到一个 Internet 主机时，NetTerm 都能按你的要求出色地完成任务。NetTerm 支持绝大部分的终端类型，提供 ANSI 标准。虽是共享软件，但在没有注册的情况下仍可以完成全部功能，只是在退出时会给未注册用户一个希望尽快注册的提示。

该软件的下载地址：http://www.onlinedown.net/softdown/10119_2.htm。

二是 Cterm：CTerm（Clever Terminal，“聪明的终端”）也是共享软件，可以从许多网站中下载。启动程序后，可以看到亲切的图形界面。通过使用菜单中的选项或工具栏中的按钮，用户可以方便地实现远程登录以及终端窗口的配置工作。

要登录到远程主机，可以使用“地址簿”，其中的地址列表列出了已经存在的地址。用户可以自行向地址列表中加入地址，也可以将没用的地址删除。选中某地址并连接，当程序完成远程登录后，用户就可以像该远程主机上的一个终端那样工作。

该软件的下载地址：http://www.onlinedown.net/softdown/31743_2.htm。

使用 Windows 环境下的 Telnet 软件允许用鼠标操作代替传统的键盘操作，给用户的使用带来了很大的方便。

另外，还可以通过远程登录方式来管理网络设备，如管理交换机、路由器、防火墙等设备，以减轻网络设备管理的复杂程度。

7.5 电子邮件

7.5.1 概述

电子邮件是 20 世纪 70 年代发明的，在 80 年代得到广泛应用。由于当时使用 Arpanet 网络的人太少，并受网络速度的限制，那时的用户使用电子邮件只能发送些简短的信息，不可能像现在这样发送大量的图片、音视频等信息；到 80 年代中期，个人电脑兴起，电子邮件开始在电脑迷以及大学生中广泛传播开来；到 90 年代中期，互联网浏览器诞生，全球网民人数激增，电子邮件被广为使用。

电子邮件（Electronic mail，E-mail），又称电子信箱、电子邮政，它是一种用电子手段提供信息交换的通信方式，是 Internet 应用最广的服务之一，通过电子邮件系统，用户可以用非常低廉的费用，以非常快速的方式，与世界上任何一个角落的网络用户联系，这些电子邮件可以是文字、图像、声音等各种方式。例如，普通用户间可以用它来代替传统写信的方式传递图文并茂的信息，在公司企业中可以使用电子邮件来传递合同、订单等，这些在传统通信上需要几天才能完成的信息传递，使用电子邮件内需在几秒钟之内就可送达。

下面介绍几个与电子邮件服务相关的概念：电子邮箱、电子邮件服务器、电子邮件地址。

1. 电子邮箱

如果要使用电子邮件服务，首先需要有一个电子邮箱，由用户向提供电子邮件服务的机构提出申请，这个电子邮件服务机构一般是由大的网络服务提供商 ISP 来充当，如网易、搜狐、新浪等。在申请电子邮箱时，需要用户填入相关的用户信息，其中最重要的两个信息是用户名（username）和密码（password），其他任何人，只要知道你申请的电子邮箱，都可以向你的邮箱里发送电子邮件，但他们不能读取你的电子邮件，因为要读取你的邮件，必须同时知道用户名和密码才能进入你的电子邮箱。

现在普通用户使用较为广泛的电子邮箱是大家所熟知的腾讯 QQ 邮箱，一旦用户申请了 QQ 号码后，就可以使用 QQ 邮箱了。同其他电子邮箱一样，别人只要知道你的 QQ 号码，就可以向你发送电子邮件了，其他人由于不知道你的 QQ 密码，无法进入你的 QQ 邮箱，所以其他人不能读取你的 QQ 邮件。

2. 电子邮件服务器

Internet 中的电子邮件和传统的邮政系统有着相似的工作方式：都有邮局（电子邮件服务器），都有邮箱（电子邮箱），都有相应的地址书写格式；主要不同之处在于，普通的邮政系统由人来运转，而电子邮件系统是由计算机网络在网络协议、应用软件等的支持下运转。

邮件服务器（mail server）是 Internet 邮件服务系统的核心，它的作用与日常生活中的邮局相似：可接收用户发来的电子邮件，并根据收件人地址发送到对方的邮件服务器中，也可以接收其他邮件服务器传来的邮件，并根据收件人的地址转发到相应的电子邮箱中。

3. 电子邮件地址

每个电子邮箱都有一个邮箱地址，称为电子邮件地址，其格式是固定的：用户名@电子邮件服务器名。“用户名”是用户申请电子邮箱时为自己申请的电子邮件账号名称；“@”的含义与读音与英文介词 at 相同，表示“位于”的意思；“电子邮件服务器名”是用户申请的电子邮箱所在的电子邮件服务器的域名。例如，qdbiq@163.com，表示在名为 163.com 的电子邮件服务器上申请的用户名为 qdbiq 的电子邮箱。

在腾讯 QQ 里申请的 QQ 邮箱，其完整的格式是：QQ 号码@qq.com，QQ 号码就是用户名，邮件服务器名为 qq.com。

7.5.2 电子邮件协议

随着电子邮件应用的快速发展，电子邮件协议标准化制定工作也日益迫切。1982 年出现的 RFC821 就是最早的电子邮件协议标准：SMTP，简单邮件传送协议，后来经过多次改进，在 1993 年，由于网速的提高，人们对发送电子邮件的数据类型有了新的要求，除了需要发送文本信息外，还需要发送声音、图像等数据，因此在 RFC2045-2049 制定了 MIME，多用途 Internet 邮件扩展协议，在邮件读取时，采用的协议是 POP3、IMAP 协议。下面分别介绍电子邮件的发送协议和接收协议。

邮件发送协议主要有 SMPT 协议和 MIME 协议。

1. SMTP 协议

SMTP 的全称是“Simple Mail Transfer Protocol”，即简单邮件传输协议。它是一组用于从源地址到目的地址传输邮件的规范，通过它来控制邮件的中转方式。SMTP 协议属于 TCP/IP 协议簇，SMTP 使用 C/S 模式，发送邮件的 SMTP 进程是 SMTP 客户，接收邮件的 SMTP 进程是 SMTP 服务器，SMTP 规定了在两个相互通信的 SMTP 进程间交换信息的标准。

SMTP 认证，简单地说就是要求必须在提供了账户名和密码之后才可以登录 SMTP 服务器，这就使得那些垃圾邮件的散播者无可乘之机。增加 SMTP 认证的目的是为了使用户避免受到垃圾邮件的侵扰。

2. MIME 协议

在早期人们在使用电子邮件时，都是使用普通文本内容的电子邮件内容进行交流，由于互联网的迅猛发展，人们已不满足电子邮件仅仅是用来交换文本信息，而希望使用电子邮件来交换更为丰富多彩的多媒体信息，例如，在邮件中嵌入图片、声音、动画和附件等二进制数据。但在以往的邮件发送协议 RFC822 文档中定义，只能发送文本信息，无法发送非文本的邮件。针对这个问题，于 1993 年制定了 RFC1521/1522，后来又制定了 RFC2045-2049，专门为解决邮件传输内容定义了 MIME（Multipurpose Internet Mail Extension，多用途 Internet 邮件扩展）协议。

MIME 协议用于定义复杂的邮件体格式，它可以表达多段平行的文本内容和非文本的邮件内容，例如，在邮件体中内嵌的图像数据和邮件附件等，同时 MIME 协议的数据格式也可以避免邮件内容在传输过程发生信息丢失。

邮件接收协议主要有 POP 协议和 IMAP 协议。

3. POP 协议

POP（Post Office Protocol 邮局协议）负责从邮件服务器中读取电子邮件。POP 是 TCP/IP 协议族中的一员，由 RFC1939 定义。邮件服务提供商专门为每个用户申请的电子邮箱提供了专门的邮件存储空间，SMTP 服务器将接收到的电子邮件保存到相应用户的电子邮箱中。用户要从邮件服务提供商提供的电子邮箱中获取自己的电子邮件，就需要通过邮件服务提供商的 POP 邮件服务器来帮助完成。

POP 协议主要用于客户端远程管理在服务器上的电子邮件。POP 协议支持“离线”邮件处理。其具体过程是：邮件发送到服务器上，电子邮件客户端调用邮件客户机程序以连接服务器，并下载所有未阅读的电子邮件。这种离线访问模式是一种存储转发服务，将邮件从邮件服务器端送到个人终端机器上，一般是 PC 机。一旦邮件发送到 PC 机上，邮件服务器上的邮件将会被删除。但目前的 POP3 邮件服务器大都可以“只下载邮件，服务器端并不删除”，也就是改进的 POP3（Post Office Protocol 3，第 3 版的邮局协议）。POP3 是因特网电子邮件的第一个离线协议标准，提供了 SSL 加密的 POP3 协议被称为 POP3S。

4. IMAP 协议

IMAP（Internet Message Access Protocol 互联网信息访问协议）是一种优于 POP 的新协议，是斯坦福大学在 1986 年开发的，是一个开放的邮件协议。IMAP 协议在 RFC2060 文档中定义，目前使用的是第 4 个版本，所以也称为 IMAP4。和 POP 一样，IMAP 也能下载邮件、从服务器中删除邮件或询问是否有新邮件，但 IMAP 克服了 POP 的一些缺点，具有更为强大的邮件接收功能，主要体现在以下一些方面：

（1）IMAP 具有摘要浏览功能，可以让用户在读完所有邮件的主题、发件人、大小等信息后，再由用户做出是否下载或直接在服务器上删除的决定。

（2）IMAP 可以让用户有选择性地下载邮件附件。例如一封邮件包含 3 个附件，如果用户确定其中只有 2 个附件对自己有用，就可只下载这 2 个附件，而不必下载整封邮件，从而节省了下载时间。

（3）IMAP 可以让用户在邮件服务器上创建自己的邮件夹，分类保存各个邮件。

7.5.3 电子邮件的收发

1. 申请电子邮箱

电子邮箱可以在一些综合型的网站中申请，下面讲述在“搜狐”中申请电子邮箱的方法。进入 www.sohu.com（搜狐的域名）网站后，如图 7–21 所示。

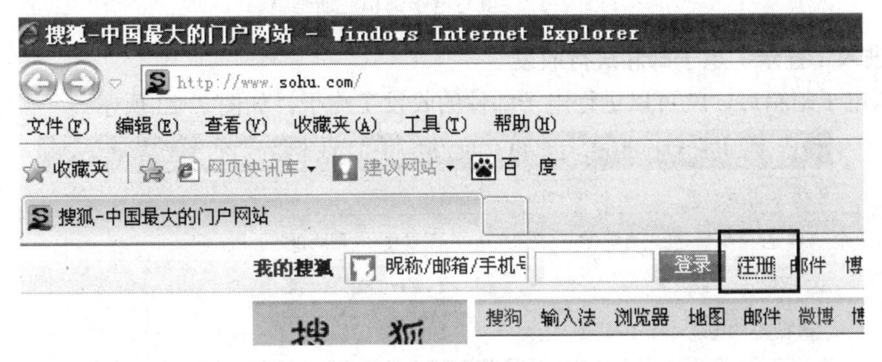

图 7–21 申请电子邮箱

在图 7–21 中单击“注册”即可进入图 7–22 所示的界面。

在图 7–22 中，在“常用邮箱”中输入邮箱地址（这个地址是全球唯一的，如果有重名，就会有提示，要求你重新取名），密码就是你登录电子邮箱里输入的密码，因此，邮箱地址和密码你在注册时必须牢记，并注意保密。“昵称”由自己取，但不能与已有的昵称相同，兴趣标签可以不选，必须勾选“同意搜狐网络服务使用协议”项才能继续注册，“验证码”按右边图中的字符输入即可。然后点“立即加入”。这样就完成了邮箱的申请工作，你就有了自己的邮箱了。

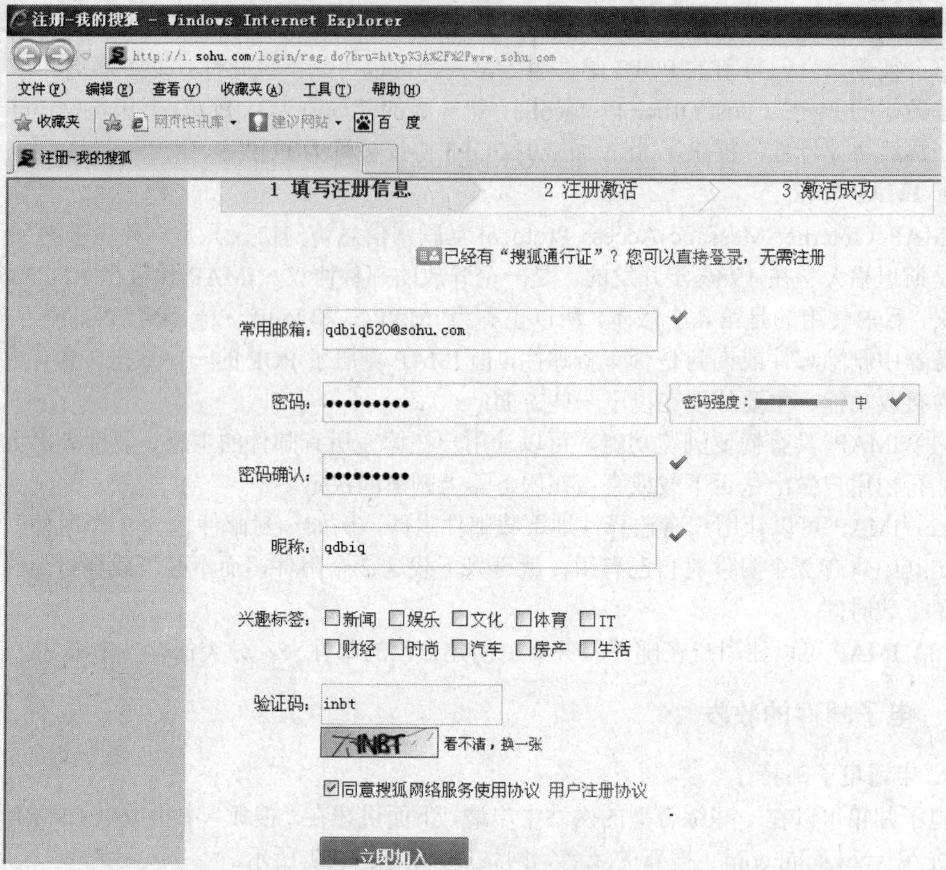

图 7–22 填写电子邮箱注册信息

2. 进入（登录）电子邮箱进行收发

进入电子邮箱后，就可以进行电子邮件的收发工作了，如图 7–23 所示。

图 7–23 进入电子邮箱

在图 7–23 中，“我的搜狐”后输入 qdbiq520@sohu.com，密码输入申请时设定的密码，然后点“登录”即可进入你申请的电子邮箱，如图 7–24 所示。

在图 7–24 中，点击①处可以看到别人发给你的电子邮件，如④处所示（这里是刚申请电子邮箱，由系统发送了一个欢迎使用的邮件），然后点击④处所示的发件人，即可查看邮件内容（注意，有的邮件还有附件）。点击②处，可以查看你以前已发送给其他人的电子邮件。

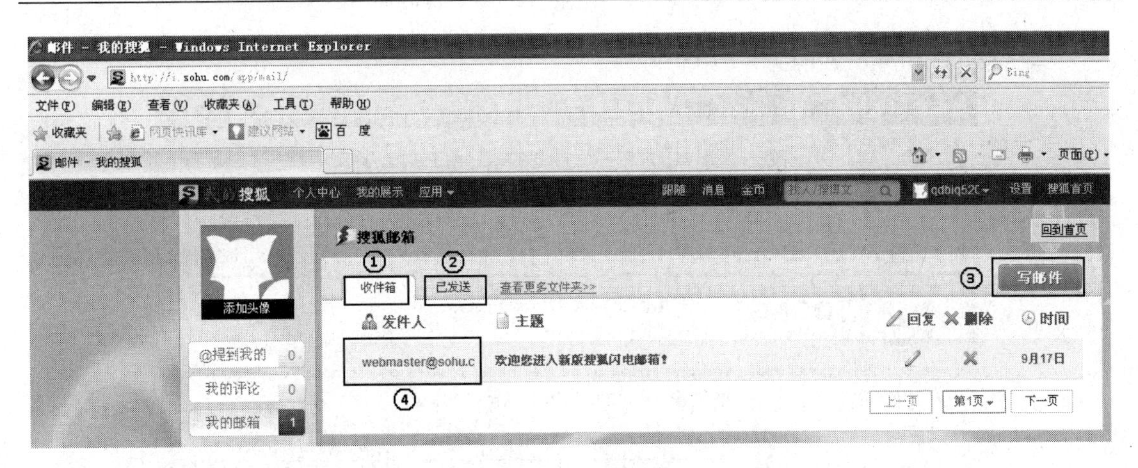

图 7–24　搜狐电子邮箱

点击③处，出现如图 7–25 所示界面，在此就可以向其他人发送电子邮件。

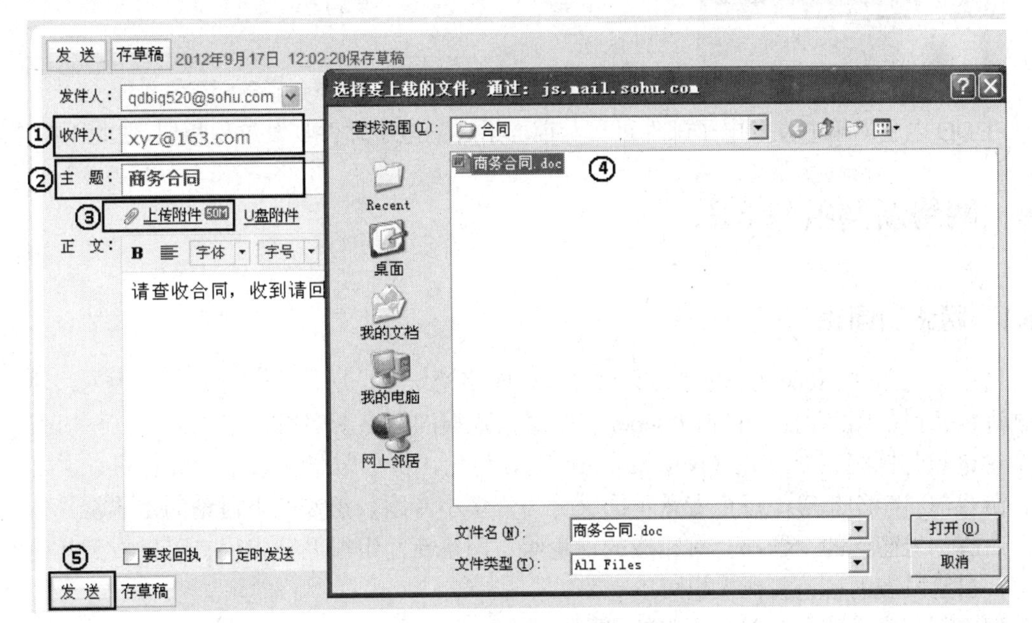

图 7–25　发送电子邮件

在图 7–25 中，“发件人”栏由系统自动填入你的电子邮箱名；①处“收件人”是你发给对方的电子邮箱名；②处“主题”填写收邮件的主要意图；在“正文”中写上你要发送的邮件信息，③处“上传附件”，附件就是一个独立的文件，多用于在里面包含此邮件的主要内容，这些内容一般不便于在正文中表达或为了便于区分归类等，商业电子邮件大多附有附件；④处即是你要上传的附件文件；最后点击⑤处“发送”即可。

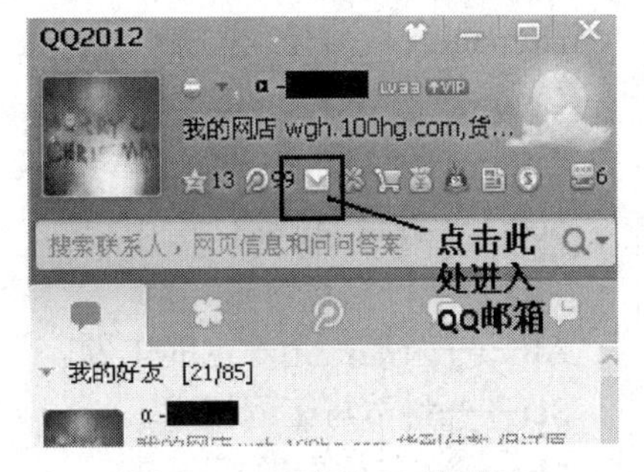

图 7–26　进入 QQ 邮箱

在腾讯 QQ 中进行电子邮件的收发与前述方式有很多相似之处，其过程简述如下，如图 7–26 所示。

进入 QQ 邮箱后，如图 7–27 所示。

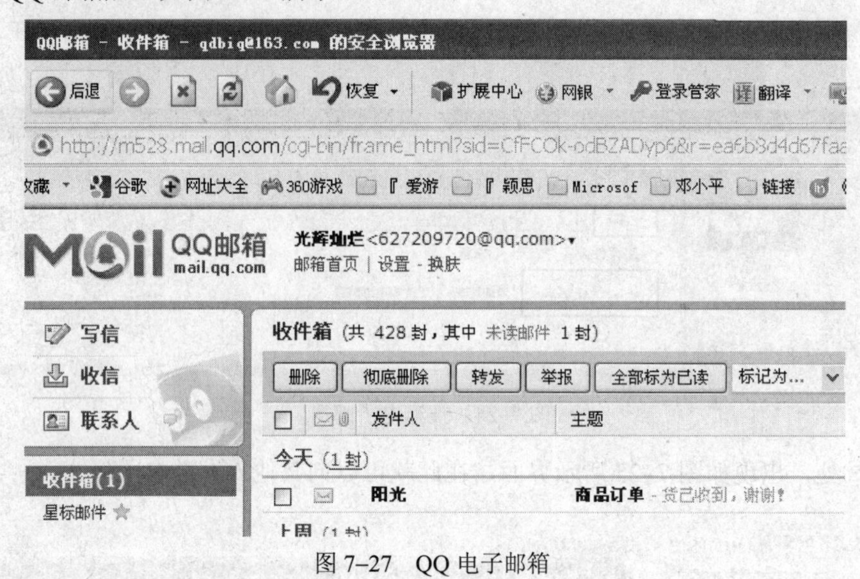

图 7–27 QQ 电子邮箱

在 QQ 电子邮箱中收发电子邮件过程与前面讲述的电子邮件收发过程相似，在此不在重述。

7.6 网络新闻组与 BBS

7.6.1 网络新闻组

网络新闻组（Usenet），也称为网络新闻、网络论坛、论坛，是一种人们利用网络对有关专题进行研讨的国际论坛。目前 Usenet 仍是最大规模的网络新闻组，拥有数以千计的讨论组，每个讨论组都围绕某个专题（Newsgroup）展开讨论，例如哲学、数学、计算机、文学、艺术、游戏与科学幻想等，每个专题下面又分为许多小专题，小专题下讨论的是非常具体的问题，所有你能想到的主题都会有相应的讨论组。网络新闻组很像公告栏，可以看到其他人的讨论，自己发表的言论其他人也可以看到。

网络新闻组大致有以下几个大的专题组：

News——网络新闻小组。

Rec——休闲、娱乐。

Humanities——艺术主题。

Comp——与计算机有关的专题。

Gnu——免费软件基金会和 GNU 方案。

Soc——社会与政治。

Talk——讨论与辩论。

Alt——杂乱，无规定的主题。

Sci——科学与工程技术。

Misc——其他专题。

另外还有 bit、clari、ddn、bionet、info 等新闻组。新闻组的内容包罗万象，根据新闻组的分类，用户可以寻找自己感兴趣的新闻组。新闻组就是以以上类别作为开头，然后列出其子类（子话题）的缩写、某一主题的名称或缩写，例如：rec.games.chess 表示“娱乐、游戏、象棋”，comp.os.Linux.setup 表示“计算机、操作系统、Linux.setup”。

Usenet 并不是一个网络系统，它是建立在 Internet 上的逻辑组织，也是 Internet 以及其他网络系统的一种文化体现。Usenet 是自发产生的，并像一个有机体一样不断地变化着。新的新闻组不断在产生并分裂成小的新闻组，同时某些新闻组也可能会解散。

在新闻组中，人们可以对感兴趣的话题进行讨论，用户可以阅读来自新闻组的邮件并向其投递邮件，新闻是以电子邮件格式为基础，因此新闻组中的文章又被称为邮件，但它不是采用点对点通信方式，而是采用多对多的传递方式。

预定新闻组也可以直接通过点击新闻组服务器域名来进行，以下列出了一些新闻组服务器的域名，供大家参考使用。

常用新闻组服务器：

宁波新闻组——news://news.cnnb.net。

微软新闻组——news://msnews.microsoft.com。

万千新闻组——news://news.webking.cn。

希网新闻组——news://news.cn99.com。

雅科新闻组——news://news.yaako.com。

香港新闻组——news://news.newsgroup.com.hk。

前线新闻组——news://freenews.netfront.net。

新帆新闻组——news://news.newsfan.net。

以上所列举的新闻组服务器名，其中一部分可能会随时间的流逝而关闭，从而导致不能正常使用。

7.6.2 BBS

BBS（Bulletin Board System，电子公告牌），是 Internet 上的一种电子信息服务系统，是 Internet 上一种深受欢迎的信息服务系统，它提供一块公共电子白板，每个用户都可以在上面书写，可发布信息或提出看法。传统的电子公告板（BBS）是一种基于 Telnet 协议的 Internet 应用，与人们熟知的 Web 超媒体应用有较大差异。

电子公告板是一种发布并交换信息的在线服务系统，可以使更多的用户通过电话线以简单的终端形式实现互联，从而得到廉价的丰富信息，并为其会员提供进行网上交谈、发布消息、讨论问题、传送文件、学习交流和游戏等的机会和空间。

如今，电子公告板被更广泛地用于企业和项目管理当中。通过电子公告板，人们可以在工作中及时的查询信息和工作情况的变动，大大提高了工作效率，使职员能更好地进行运筹帷幄。通过软件业的迅猛发展，公告板的功能已不局限于现有的基本功能，有些电子公告板还提供了与邮件紧密联系的高级服务，使公告板与邮件互动。通过设置，不论组内组外都能成为公告板的共享者，如同 3G 手机一样，突破了时间和地点的限制。BBS 的 Web 系统，除了有电子公告板的专业系统，如 EasyBBS，还有包含电子公告板功能的 TeamOffice，都普遍应用在不同的行业当中。

1. BBS 的主要特点

BBS 相对于 WWW 在即时交流方面具有明显的优势，其特点如下。

（1）交互性强——BBS 的交互性比 WWW 更强，可随时发布自己的信息或与人交流。

（2）公益性——大多数 BBS 站点是免费开放的，不带有商业目的。

（3）即时性——BBS 是全天开放的，其成员可以分布在世界各地，各种信息能迅速传递，即时交流。

（4）信息量大——一个 BBS 站点上的信息可超过 10 万条，每天还有 10%～20%的更新。

2. BBS 的主要功能

（1）供用户选择若干感兴趣的专业组和讨论组。

（2）定期检查是否有新的消息分布，可选择部分或全部内容进行阅读。

（3）用户可以“张贴”供他人阅读的文章。

（4）用户可以“张贴”对别人文章的评论。

3. BBS 站点的种类

BBS 站点的类型有以下 3 种。

（1）文本方式的 BBS 站点，访问文本方式的 BBS 只能通过远程登记录 Telnet 的方式浏览。

（2）Web 方式的 BBS 专门站点，这种站点仅提供 BBS 服务，访问 Web 方式的 BBS 站点可以通过 WWW 浏览器进行浏览。

（3）综合类的 BBS 站点，这类站点是在普通的 WWW 综合网站中增加了 BBS 服务功能，如在新浪网、搜狐网等 WWW 综合性网站中，都提供 BBS 服务功能，访问这种 BBS 站点也是通过 WWW 浏览器进行的。

在这几种站点的访问方式中，文本方式较 WWW 浏览器方式更为复杂，读者可参照本章前面讲述 telnet 远程登录的方法实现文本方式 BBS 站点的访问，而 WWW 浏览器方式的访问方式已为大家所熟知，只需要在浏览器地址栏中输入 BBS 站点地址即可，如图 7–28 属于专门的 BBS 站点，图 7–29 属于综合类 BBS 站点。

图 7–28 兵马俑 BBS

图 7–29　搜狐 BBS

7.7　本章实验

1. 实验目的

（1）掌握设置新闻组的方法。

（2）掌握查看论坛文章的方法。

（3）掌握在论坛上发表文章的方法。

2. 实验环境与工具

（1）带有 Outlook Express 的 Windows 操作系统。

（2）已接入 Internet。

3. 实验步骤

本实验以 Outlook Express 为平台进行网络论坛的设置与参与。

在使用网络新闻组之前，首先需要设置新闻服务器。

启动 Outlook Express 后，依次单击“工具—账户—新闻—添加—新闻”，然后填上你在网上讨论时展示的名字，如图 7–30 所示。

然后单击“下一步”，输入电子邮件地址（这是你与其他人之间相互传递邮件的地址），再单击“下一步”，输入新闻服务器名或 IP 地址（确定你参与的是哪个服务器上的论坛），如新帆新闻组 news.newsfan.net，如图 7–31 所示。

然后单击“完成”、“关闭”，弹出如图 7–32 所示的提示。

在此单击“是”，然后出现可预定的新闻组，如图 7–33 所示。

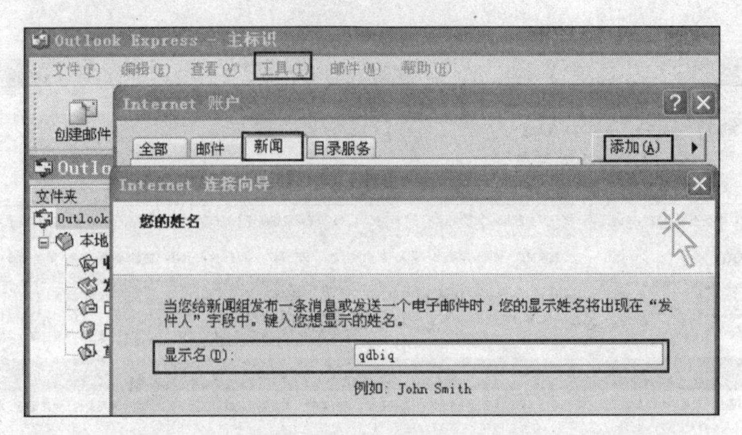

图 7–30 确定显示名

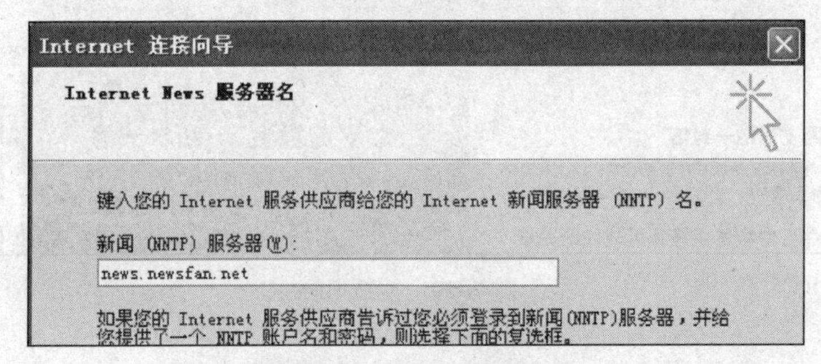

图 7–31 确定新闻组服务器

图 7–32 下载新闻组提示

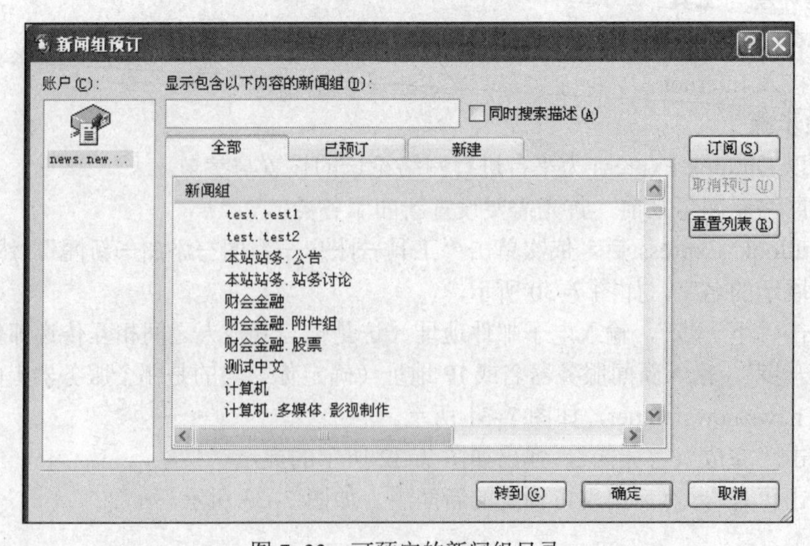

图 7–33 可预定的新闻组目录

在图 7–33 中，选择要预定的新闻组，单击“订阅”即可订阅你感兴趣的新闻话题，如图 7–34 所示。

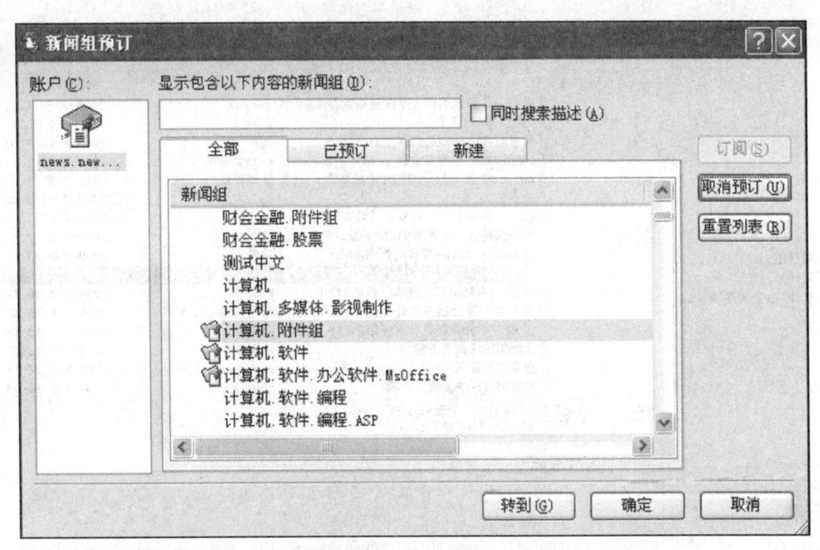

图 7–34　预定新闻组

在图 7–34 中，已预定的新闻组前面有一个“”图标。然后单击“确定”，再勾选如图 7–35 所示新闻组右边的“同步设置”复选框，然后单击“同步账户”。

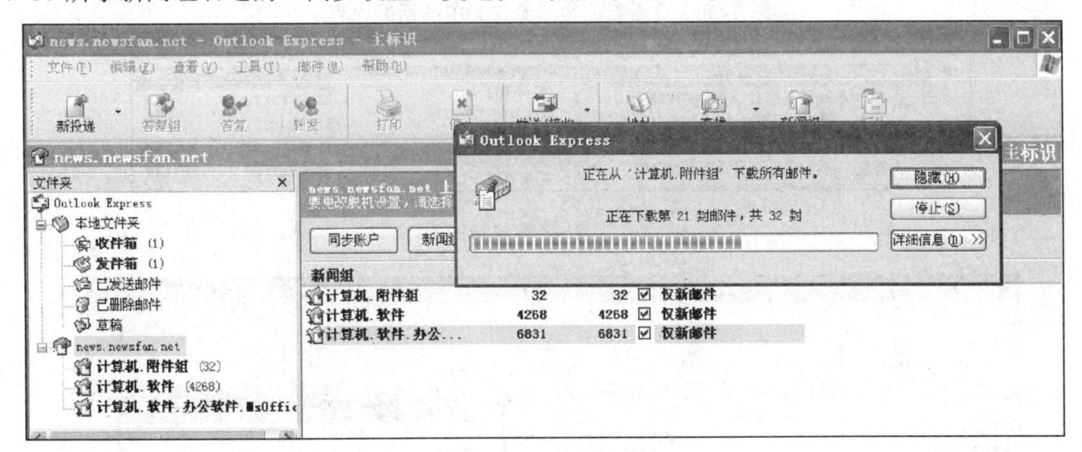

图 7–35　同步账户

同步账户就是从新闻组邮件服务器上下载邮件标题到你的电脑上来，下载完成后可点击左边窗格中的新闻组目录，如“计算机.软件”，在右边窗格中即可看到来其他人已发表的言论（邮件），有的邮件中还会含有附件，点击邮件中的“”图标就可以看到了。如果附件是图片，则可以在正文中直接显示出来。邮件标题前方标注有“+”号的表明该主题已被他人参与讨论并作了回复，只需点击一下“+”号，回复便可立即显示出来。如图 7–36 所示。

同时，你也可以参与到某一感兴趣话题的讨论中来。右键点击你欲发表自己见解的某问题后，在弹出的快捷菜单中选择“答复新闻组”，即可将你的邮件发送到新闻组中去供其他人查看。如图 7–37、图 7–38 所示（如果只想向某个人回复邮件，则在弹出的快捷菜单中选择“答复发件人”即可）。

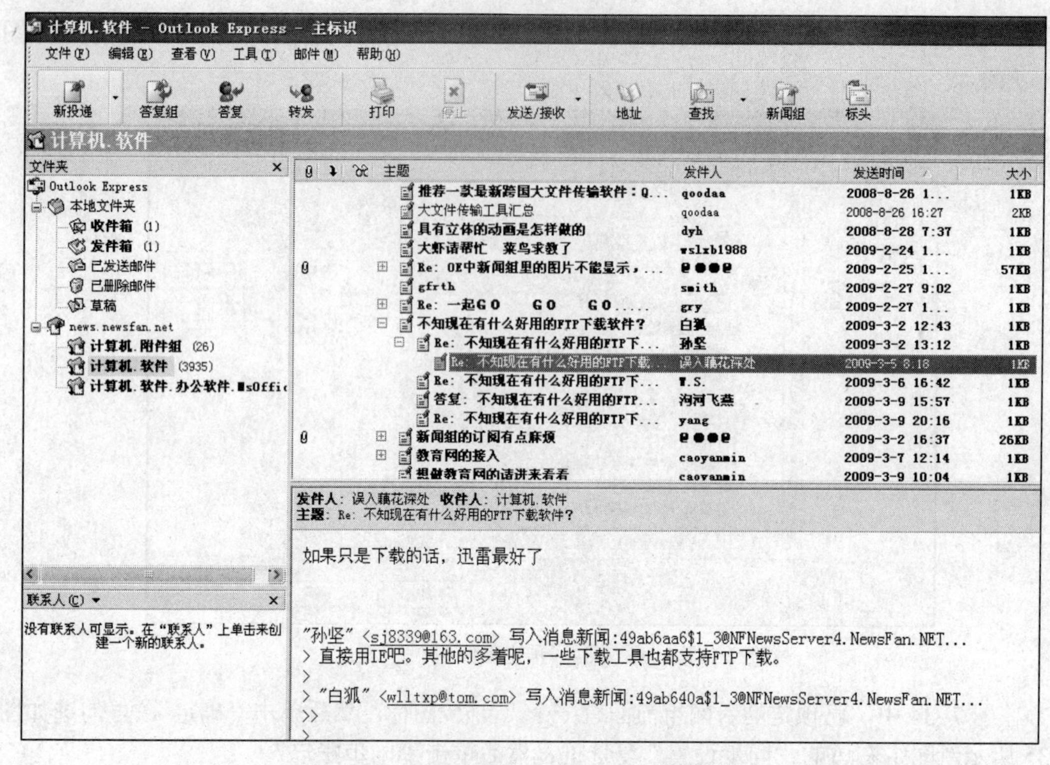

图 7–36　查看新闻组（论坛）中的话题内容

图 7–37　选择答复新闻组

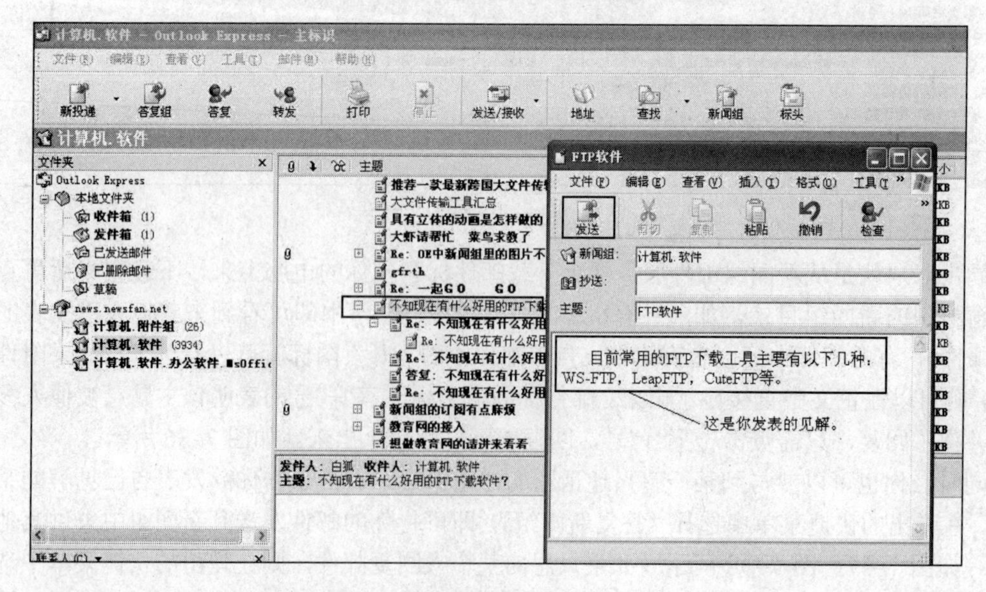

图 7–38　发表文章

在图 7–38 中，单击“发送”后，会显示如图 7–39 所示提示框。

图 7–39 说明你所发的内容会被延迟一段时间才能显示出来。

另外，你也可以自己提出某个话题，让其他人参与讨论，其过程与“回复新闻组”相同，只需要在如图 7–40 中单击“新投递”即可。

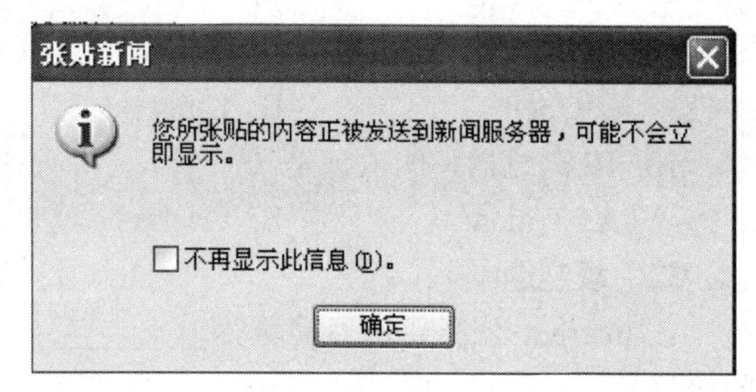

图 7–39　“张帖新闻”提示框

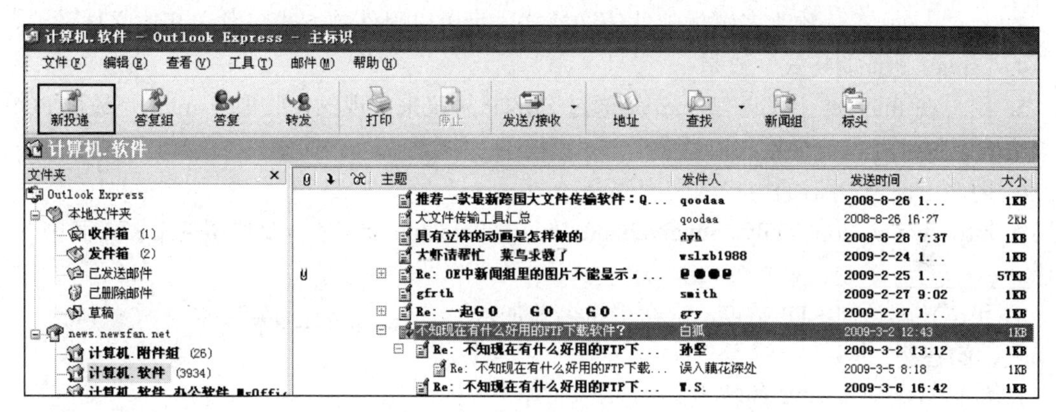

图 7–40　发起讨论话题

习　题　七

一、选择题

1. 超文本是通过（　　）链接。

　A. DNS　　B. Telnet　　C. 指针　　D. 主页

2. 电子邮件的发送使用的协议是（　　）。

　A. MIME　　B. POP3　　C. PPP　　D. IMAP

3. 电子邮件的接收使用的协议是（　　）。

　A. SMTP　　B. MIME　　C. PPP　　D. IMAP

4. 远程登录 telnet、电子邮件传输 smtp、文件传输 ftp 都需要使用的协议是（　　）。

　A. TCP　　B. IP　　C. UDP　　D. ICMP

5. 标准 URL 由（　　）+://host.port/path?query#fragment 组成。

　A. 文件名　　B. 浏览器名　　C. 客户名　　D. 协议名

6. 以下哪一项不属于 BBS 的特点。（　　）

　A. 交互性强　　B. 赢利性　　C. 即时性　　D. 信息量大

7. 要发送一封带有图像和声音的电子邮件，所采用的传输协议是（　　）。

　A. SMTP　　B. PPP　　C. IMAP　　D. MIME

8. 论坛是建立在 Internet 中的一个（　　）。

　A. 软件系统　　B. 逻辑组织　　C. 域名组织　　D. 参政议政机构

9. 在文本模式下结束远程登录的命令是（　　）。

A. Open　　B. Close　　C. Send　　D. Status

10. IE 浏览器使的内核是（　　）。

A. Trident　　B. Gecko　　C. Presto　　D. WebKit

二、填空题

1. Internet 服务供应商简称为________；远程登录简称为________，其使用的协议是________。

2. 网络新闻组（Usenet），也称为网络新闻、网络论坛、________。

3. ________称为多媒体邮件传送模式，可以以附件的方式来发送其他文件。

4. E-mail 地址的格式一般是________。

5. 用户在 Internet 上发送 E-mail 是通过 SMTP 协议来实现的，收取 E-mail 是通过 POP3 协议来实现的，还有一种接收协议是________协议。

6. 匿名 FTP 服务器的用户名和密码是________。

7. http://www.peopledaily.com.cn/channel/main/welcome.htm 是一个典型的 URL，其中 http 表示________。

8. 用浏览器访问 FTP 站点，应在主机名前加入________标志。

三、问答题

1. 简述万维网 WWW 的特点。

2. 简述电子邮件系统的主要组成部分。

3. 域名解析方式分为哪两种，简述其内容。

4. http://wgh.100hg.com/index.html 为某网站的网址，此网址由哪几部分组成，各部分的含义是什么？

5. FTP 服务提供哪几类服务账户，各自的特点是什么？

6. 电子邮件的发送协议和接收协议主要有哪些，各自的特点是什么？

7. BBS 站点分为哪几类？

第 8 章　网络互联设备

网络设备是用于网络间物理连接的中间设备，起到对网络中数据传输、管理、控制的作用。常用的网络设备有网卡、调制解调器、中继器、集线器、网桥、交换机、路由器、网关和防火墙等。

本章将对在网络工程中常见网络互联设备的结构、工作原理、功能、特点进行讲述，为后续章节的学习打下基础。

学习目标

（1）了解及掌握网卡的功能与分类。

（2）了解及掌握调制解调器的功能与分类。

（3）了解中继器的功能特点。

（4）了解集线器的功能与特点。

（5）了解网桥的功能与特点。

（6）掌握交换机的功能、分类、特点及其基本配置方法。

（7）掌握路由器的功能、分类、特点及其基本配置方法。

（8）了解及掌握网关的功能、分类及特点。

（9）了解防火墙的分类与特点。

教学重点

本章要求重点学习网卡、调制解调器、交换机、路由器、网关以及防火墙的功能、分类、特点及其基本配置方法。

教学难点

交换机和路由器的功能、分类、特点及其基本配置方法。

8.1　网卡

网络适配器又称网卡或网络接口卡（NIC），英文名“Network Interface Card”。它是使计算机联网的设备。平常所说的网卡就是将 PC 机和 LAN 连接的网络适配器。网卡插在计算机主板插槽中，负责将用户要传递的数据转换为网络上其他设备能够识别的格式，通过网络介质传输。网卡是计算机网络中最基本的元素，在计算机局域网络中，如果有一台计算机没有网卡，那么这台计算机将不能和其他计算机通信，也就是说，这台计算机和网络是孤立的。网卡的主要技术参数为带宽、总线方式、电气接口方式等。它的基本功能为：从并行到串行的数据转换，包的装配和拆装，网络存取控制，数据缓存和数据编码与解码。

网卡的分类方式主要有按支持的带宽来划分、按支持的传输介质来划分和按网卡的总线类型来划分三种。

1. 按支持的带宽来划分

按支持的带宽分为 10Mbit/s 网卡、100Mbit/s 网卡、10Mbit/s/100Mbit/s 自适应网卡、1000Mbit/s

网卡、万兆网卡。10Mbit/s 网卡主要用于一些老式计算机中，现已基本被淘汰；在普通的个人计算机中现主要使用的网卡是 100Mbit/s 网卡和 10Mbit/s/100Mbit/s 自适应网卡，其中 10Mbit/s/100Mbit/s 自适应网卡既可工作在 10Mbit/s 的网络中，也可以工作在 100Mbit/s 的网络中，它是随所接入的网络速率而自动变化调节其收发速率，是现在普通用户使用最为广泛的网卡类型。

万兆网卡是最新推出的速率最快的网卡，其工作原理与原来的以太网技术完全相同，也采用帧结构，只是帧的长度更长，并且通过不同的编码方式或波分复用来提供 10Gbit/s 的传输速率，只有全双工模式。万兆网卡主要使用于多种光纤介质。

1000Mbit/s 网卡和万兆网卡现在主要用于服务器和高档工作站，当然也是今后普通用户使用发展的方向。

2. 按支持的传输介质来划分

以太网在发展的过程中，曾使用过粗缆、细缆和双绞线作为传输介质，对应于不同的传输介质，网卡出现了 AUI 接口（粗缆接口）、BNC 接口（细缆接口）和 RJ-45 接口（双绞线接口）三种接口类型。另外，还有用于无线网络的无线网卡。在选用网卡时，应注意网卡所支持的接口类型，否则可能不适用于你的网络。市面上常见的 10Mbit/s 网卡主要有单口网卡（RJ-45 接口或 BNC 接口）和双口网卡（RJ-45 和 BNC 两种接口），带有 AUI 粗缆接口的网卡较少。而 100Mbit/s 和 1000Mbit/s 网卡一般为单口卡（RJ-45 接口）。除网卡的接口外，我们在选用网卡时还常常要注意网卡是否支持无盘启动，网卡是否支持光纤连接。

3. 按网卡的总线类型来划分

根据网卡总线类型的不同，主要分为 ISA 网卡、EISA 网卡和 PCI 网卡、PCI-X 网卡，PCI-E 网卡、PCMCIA 总线网卡、USB 接口网卡和 Mini-PCI 网卡。其中 ISA 网卡和 EISA 网卡现已基本谈出用户市场，PCI 网卡使用最为广泛。ISA 总线网卡的带宽一般为 10Mbit/s，PCI 总线网卡的带宽从 10Mbit/s 到 1000Mbit/s 都有。同样是 10Mbit/s 网卡，因为 ISA 总线为 16 位，而 PCI 总线为 32 位，所以 PCI 网卡要比 ISA 网卡快。

网卡的形状如图 8–1 所示。

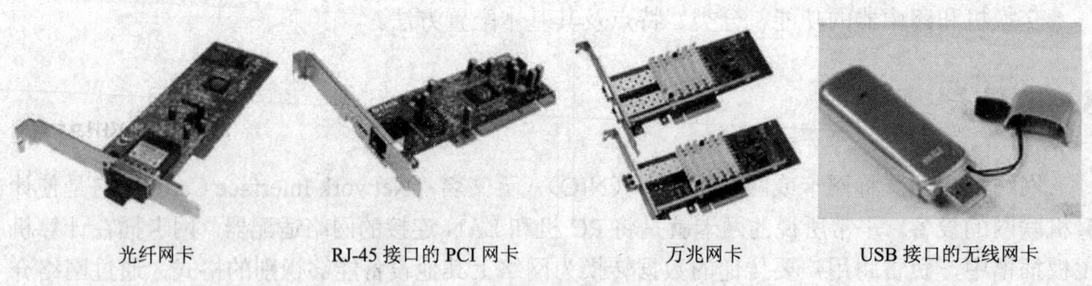

光纤网卡　　RJ-45 接口的 PCI 网卡　　万兆网卡　　USB 接口的无线网卡

图 8–1　网卡

8.2 调制解调器

1. 调制解调器的用途

调制解调器，是一种用于计算机网络通信的硬件，它能把计算机的数字信号翻译成可沿普通电话线传送的脉冲信号，而这些脉冲信号又可被线路另一端的另一个调制解调器接收，并转变成为计算机能处理的数字信号。这一简单过程完成了两台计算机间的通信。

调制解调器的英文名字叫“Modem”，它是 Modulator（调制器）与 Demodulator（解调器）的简称。所谓调制，就是把数字信号转换成电话线上传输的模拟信号；解调，即把模拟信号转换成数字信号，两个功能组合后称为“调制解调器”。

在电话线路传输的是模拟信号，而计算机机之间传输的是数字信号。如果用户想通过电话线把自己的计算机接入 Internet 时，就必须使用调制解调器来“翻译”两种不同的信号。连入 Internet 后，当计算机向 Internet 发送信息时，由于电话线传输的是模拟信号，所以必须要用调制解调器来把数字信号“翻译”成模拟信号，才能传送到 Internet 上，这个过程叫做“调制”。当计算机从 Internet 获取信息时，由于通过电话线从 Internet 传来的信息都是模拟信号，所以计算机想要看懂它们，还必须借助调制解调器这个“翻译”，这个过程叫做“解调”。

2. 调制解调器的分类

根据 Modem 的形态和安装方式，可以大致可以分为以下几类：

（1）外置式 Modem。外置式 Modem 放置于机箱外，通过串行通信口与主机连接。这种 Modem 方便灵巧、易于安装，闪烁的指示灯便于监视 Modem 的工作状况。但外置式 Modem 需要使用额外的电源与电缆。

（2）内置式 Modem。内置式 Modem 在安装时需要拆开机箱，并且要对终端和 COM 口进行设置，安装较为繁琐。这种 Modem 要占用主板上的扩展槽，但无需额外的电源与电缆，且价格比外置式 Modem 要便宜一些。

（3）PCMCIA 插卡式 Modem。插卡式 Modem 主要用于笔记本电脑，体积纤巧。配合移动电话，可方便地实现移动办公。

（4）机架式 Modem。机架式 Modem 相当于把一组 Modem 集中于一个箱体或外壳里，并由统一的电源进行供电。机架式 Modem 主要用于 Internet/Intranet、电信局、校园网、金融机构等网络的中心机房。

上述四种调制解调器如图 8–2 所示。

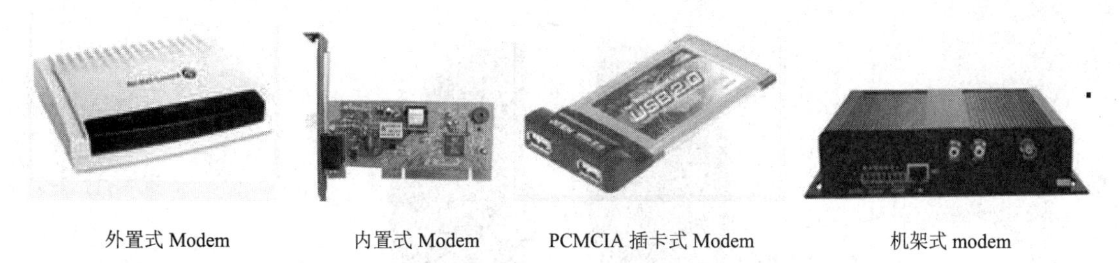

外置式 Modem　　内置式 Modem　　PCMCIA 插卡式 Modem　　机架式 modem

图 8–2　各种调制解调器

（5）Cable Modem。称为电缆调制解调器。在有线电视系统中普遍采用 HFC（光纤/电缆）结构，采用光缆将信号传输到小区节点，再用同轴分配网络将信号送到用户家中。通过 Cable Modem 技术，就可实现 HFC 网络的三网合一（三网指电信网、广播电视网、互联网）。Cable Modem 利用有线电视的电缆进行信号传送，不但具有调制解调功能，还集路由器、集线器、桥接器于一身，理论传输速度更可达 30Mbit/s 的下行速率和 10Mbit/s 的上行速率。

（6）ADSL Modem。ADSL modem 为 ADSL（非对称用户数字环路）提供调制数据和解调数据的机器，最高支持 8Mbit/s（下行）和 1Mbit/s（上行）的速率，抗干扰能力强，适于普通家庭用户使用。

ADSL Modem 有内置和外置以及 USB 接口类型，内置方式的 ADSL Modem 就像一块网卡、显卡一样，安装在计算机主板槽中，卡后有两个标准插孔：RJ-45 和 RJ-11，分别用来接计算机和电话线，内置 ADSL Modem 用得较少。外置 ADSL Modem 分为 JR-45 接口类型和 USB 接口类型，其中 RJ-45 接口类型更为常用，这在很多普通家庭的 ADSL Modem 拨号上网中都可以见到。

ADSL Modem 与传统 Modem 的不同之处，一是连接速率不同，传统 Modem 只能提供最高 56Kbit/s 的连接速率，实际由于各种干扰因素，其速率还会下降，而 ADSL Modem 最高支持 8Mbit/s（下行）和 1Mbit/s（上行）的速率，抗干扰能力强；二是数据传输原理不同，传统 Modem 采用纯音频信号进行数据传输，使用的是电话线的 4kHz 以下的低频部分，而 ADSL Modem 使用的是电话线中 26kHz 到 1.1MHz 的频段来传输数字信号，而电话线的 4kHz 以下的低频部分仍用于传输语音信号，由于传输的频段不同，所以信号间不存在干扰，可以在上网的同时打电话，而传统的 Modem 上网与打电话不可同时进行。

（7）ISDN 调制解调器。ISDN 调制解调器是向综合业务数字网提供调制数据和解调数据的设备，是在发送端通过调制将数字信号转换为模拟信号，而在接收端通过解调再将模拟信号转换为数字信号的一种装置。

上述 3 种调制解调器如图 8–3 所示。

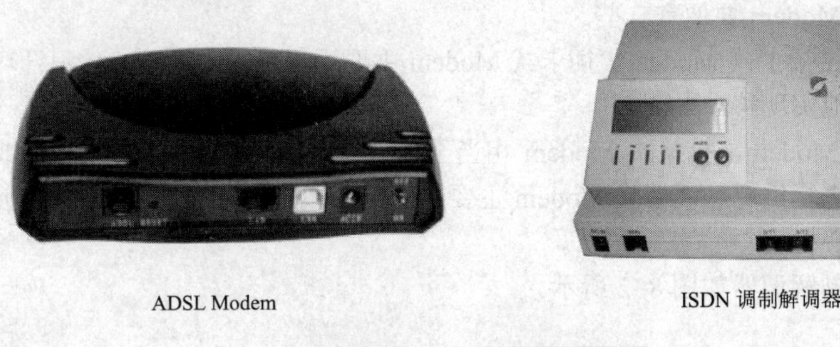

ADSL Modem　　　　ISDN 调制解调器

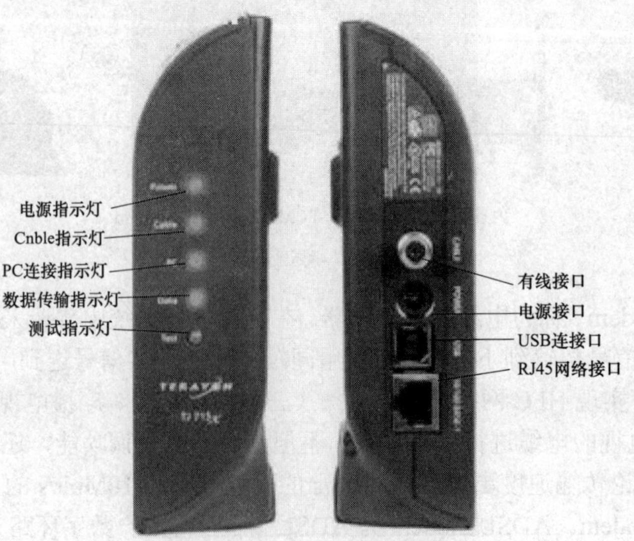

Cable Modem

图 8–3　调制解调器

8.3 中继器

中继器（Repeater）是连接网络线路的一种装置,常用于两个网络节点之间物理信号的双向转发工作。中继器是最简单的网络互联设备，主要完成物理层的功能，负责在两个节点的物理层上按位传递信息，完成信号的复制、调整和放大功能，以此来延长网络的长度。由于存在损耗,在线路上传输的信号功率会逐渐衰减，衰减到一定程度时将造成信号失真，因此会导致接收错误。中继器就是为解决这一问题而设计的。它完成物理线路的连接，对衰减的信号进行放大，保持与原数据相同。一般情况下，中继器的两端连接的是相同的媒体，但有的中继器也可以完成不同媒体的转接工作。从理论上讲中继器的使用是无限的，网络也因此可以无限延长。事实上这是不可能的，因为网络标准中都对信号的延迟范围作了具体的规定，中继器只能在此规定范围内进行有效的工作，否则会引起网络故障。中继器如图 8–4 所示。

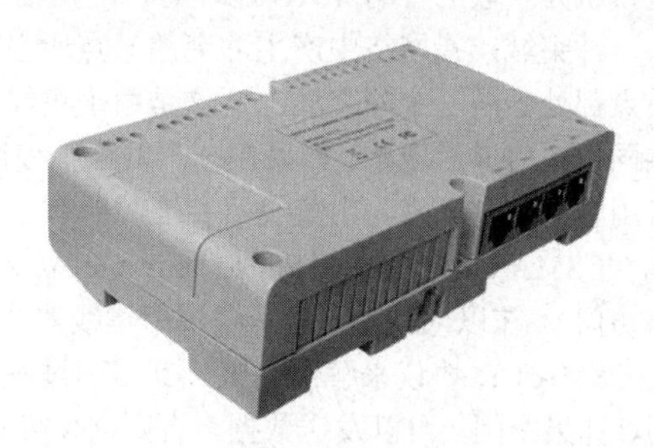
图 8–4 中继器

中继器的缺点：中继器在放大有用信号的同时，也放大了噪声信号；它受“5-4-3”规则的限制，以太网中最多可能有 5 个网段，使用 4 个中继器进行连接，其中只有 3 个网段可以接主机，其余两个网段起到延长距离的作用，使用中继器连接以后的两个网段仍为一个网络，如果希望连接后是两个网络，则应选择网桥。

例如，在以太网中利用中继器扩展同轴细缆长度，标准细缆以太网的每段长度最大 185m，最多可有 5 段，因此增加中继器后，最大网络电缆长度则可提高到 925m。

中继器的特点：① 属于物理层设备，不能读懂数据帧信息；② 延长信号传输距离；③ 端口少；④ 可连接不同传输介质的网络，但要求具有相同的协议的同构型网络。中继器曾经是扩展网络最廉价的选择，现已被淘汰。

8.4 集线器

集线器（Hub），是工作在物理层上的网络设备，用于组建物理拓扑为星型的网络设备，它具有中继器的信号放大功能，能够延长物理传输距离，被称之为多端口的中继器。集线器如图 8–5 所示。

图 8–5 集线器

1. 集线器转发数据的原理

当源主机向目标主机发送数据时，集线器会将数据向除源端口外的其余端口进行广播，在所有收到广播数据包的目标主机上，将此广播包解开，查看数据包的目标 IP 是否就是自己主机的 IP 地址，如果是，则接收此数据包，并向上一层提交；如果数据包中的目标 IP 不是自己主机的 IP 地址，表明此数据不是发给自己的，则丢弃该数据包。

注意，集线器上广播的内容包括数据在内，是带数据的广播，它与交换机上的广播不同，交换机为获取的目的 MAC 地址时，广播信息是不带有数据信息的 ARP 请求。

冲突域：指网络中产生冲突的站点所在的同一个区域。用集线器组成的以太网中，所有站点都处于同一个冲突域中，这是由于集线器内部总线是被所有站点共用，存在着所有站点共同抢用信道的现象。如果在一个网络中使用集线器连接的电脑个数太多，将使得冲突增加，可用带宽急剧下降。由集线器相连的所有主机处于同一个冲突域中。

CSMA/CD（Carrier Sense Multiple Access/Collision Detection，带冲突检测的载波侦听多路访问）：在以太网中，为了解决像集线器这样的共享介质传输方式中产生的冲突问题，采用了 CSMA/CD 协议来解决冲突。其工程过程是：某站点想要发送数据时，先监听线路是否空闲，如果空闲，可以发送数据，否则，继续监听；如果有两个站点在同一时刻认定线路空闲，它们将会产生冲突，这些站点将发送一个堵塞信号，并按退避算法随机等待一个时间段再尝试发送。

注意：CSMA/CD 是所有以太网都必须遵守的协议，无论你的以太网是多大速率的，即便是万兆以太网都一样。

2. 集线器的特点

集线器具有线路中继，共享带宽，广播方式工作，安全性较差等特点。

（1）线路中继：集线器在 OSI 模型中属于第一层物理层设备，只是对数据的传输起到同步、放大和整形的作用，对数据传输中的短帧或碎片等无法进行有效的处理，不能保证数据传输的完整性和正确性。

（2）共享带宽：所有端口都是共享一条带宽，在同一时刻只能在两个端口间收发数据，其他端口只能等待，所以只能工作在半双工模式下，传输效率低。

例如，一个 10Mbit/s 背板带宽的集线器，如果有 8 个端口，那么每个端口得到的理论带宽就只有 10×1/8Mbit/s=1.25Mbit/s 的带宽，由于存在争用共享线路的冲突，事实上的带宽还要小得多。注意：这在同一个时间内，正在传输数据的端口是全部占有这 10Mbit/s 的带宽，而不是每个端口都使用 1.25Mbit/s 的带宽在传输。但是，用户在使用集线器时，会发现所有主机都可以同时收发数据，这是为什么？

因为在每台主机在传输层上将对要发送的数据进行了分段，各数据段通过每台主机轮流使用集线器发送出去，并且由于数据传输时延非常小，所以给人的感觉就是所在主机在同时收发数据。

（3）广播工作模式：集线器的某个端口发送的数据，会被其他所有端口都收到，集线器不能互连成环，否则广播会在环路上一直循环，产生广播风暴。

（4）安全性差：由于所有的网卡都能接收到所发数据，恶意用户可通过协议分析仪等工具侦听到发向其他主机的数据，正常情况下只是非目的地网卡自觉的丢弃了数据包目的 IP 地址不是自己 IP 地址的数据包。

针对集线器的共享带宽、会产生广播风暴和安全性差等缺点，集线器技术也在不断改进，但实质上就是加入了一些交换机（SWITCH）技术，发展到了今天的具有堆叠技术的堆叠式集线器，有的集线器还具有智能交换机功能。可以说集线器产品已在技术上向交换机技术进行了过渡，具备了一定的智能性和数据交换能力。但随着交换机价格的不断下降，集线器仅有的价格优势已不再明显，集线器的市场越来越小，处于淘汰的边缘。

3. 集线器的用途

顾名思义，集线器就是将网线集中到一起的机器，也就是多台主机的连接器。集线器多用于小型局域网组网。

例如，在您的办公室里只有一个 RJ-45 信息插座，而有 5 台电脑要上网，就可以买一个集线器，5 台电脑先连到集线器上去，再通过集线器连到信息插座就行了。

主流集线器主要有 8 口、16 口和 24 口等大类，但也有少数品牌提供非标准端口数，如 4 口和 12 口的，2～3 台电脑的家庭用个 4 口的 10/100Mbit/s 自适应的集线器就可以了。市场上的集线器多为 10/100Mbit/s 带宽自适应型。

8.5　网桥

网桥（Bridge）是工作在数据链路层的一种网络互连设备，使用网桥可以将多个不同类型的局域网互连，也可以将一个负载很重的局域网分隔成几个局域网以减轻网络负担。网桥不但能扩展网络的距离或范围，而且可提高网络的性能、可靠性和安全性。利用网桥隔离信息的功能，可将同一个网络号划分成多个网段，隔离出安全网段，防止其他网段内的用户非法访问。由于网络的分段，各网段相对独立，一个网段的故障不会影响到另一个网段的运行。

网桥的应用如图 8–6 所示。

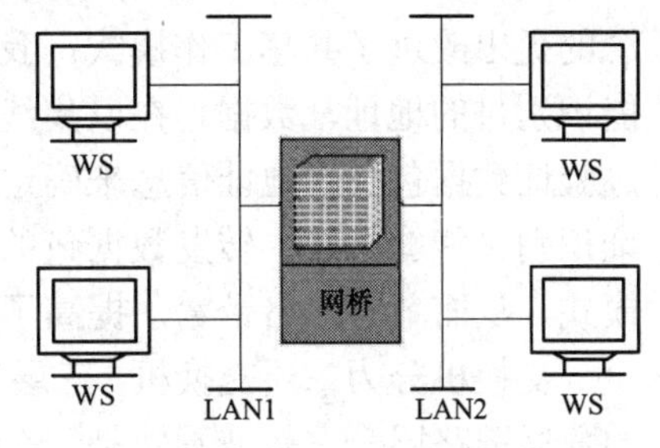

图 8–6　网桥的应用

网桥可以是专门硬件设备，也可以由计算机加装的网桥软件来实现，这时计算机上会安装多个网络适配器。

1. 网桥的功能

由集线器组建的网络，站点越多，冲突域越大，冲突也就越大，实际发送的数据的速率也越小，因此，需要使冲突域足够小，以保证设备能够可靠地传送数据，分隔冲突域就是必须的。网桥可以设计用来隔离冲突域，并有选择地转发数据而不是将所有数据进行广播。

（1）具有地址学习能力：地址学习是指网桥具有可动态学习网络设备源的 MAC 地址的能力，凡是与网桥某端口相连的站点，通过网桥发送帧时，网桥都将数据帧中的源 MAC 地址记录到自己的 MAC 表中。

（2）帧转发：在 MAC 表中记录的 MAC 地址与端口号是相关联的，凡是被网桥学习到的 MAC 地址，以后有数据以此 MAC 地址为目的地址，则网桥可后查询 MAC 表后，将数据从对应的端口转发出去，而不像集线器那样将数据帧发向除源端口之外的所有其余端口。

（3）协议转换：网桥可以在不同的局域网间进行互联。由于不同的局域网的帧格式，数据传输率等方面都不同，例如 FDDI 网络中允许最大帧长度是 4500 字节，而 802.3 以太网的最大帧长度是 1518 字节，网桥就可通过其协议转换功能，将从 FDDI 传来的数据帧分割成几个 IEEE 802.3 格式的帧，再转发到以太网上；反过来，也可将 IEEE 802.3 以太网的帧合并成 FDDI 的帧转发到 FDDI 网络中。

2. 网桥的特点

（1）网桥以软件方式进行数据帧的分析和判断：通过使用 CPU 来分析存储在 RAM 中的数据的 MAC 地址，从而决定转发的端口。

（2）网桥的端口密度低：网桥的端口一般不超过 16 个。

（3）网桥的工作模式为半双工，此特点与集线器一样。

（4）不能隔离广播数据包：一个网桥就是一个广播域，当一个主机使用了目标 MAC 为 FF-FF-FF-FF-FF-FF 的广播数据包时，由于这个地址代表了所有主机的 MAC 地址，因此网桥会将此数据包发向所有端口。

（5）不能将网桥形成环路：由于网桥不能隔离广播，如果网桥被连接成环路，将形成广播风暴，从而使正常通信不能进行。但在实际应用中，为了提供网络的可靠性和可用性，需要将网桥连接成物理环路，这就需要使用 STP（spanning-tree protocol，生成树）协议来解决此问题。关于 STP 协议，将在后面的“交换机”一节中介绍。

8.6 交换机

交换机（Switch）是一种用于数据信号转发的网络设备，在计算机网络系统中，交换概念的提出改进了共享工作模式。我们以前介绍过的集线器就是一种共享设备，集线器本身不能识别目的地址，数据包在以集线器为架构的网络上是以广播方式传输的，由每一台终端通过验证数据包头的地址信息来确定是否接收。而交换机是一种基于 MAC（媒体访问控制）地址识别，能够封装、转发数据包的网络设备，从而改变了集线器向所有端口广播数据的传输模式，从而节省网络带宽，提高了网络传输效率。

交换机分为二层交换机，三层交换机和多层交换机，二层交换机同网桥一样，工作在 OSI 的数据链路层，它是被看做是一个性能更好的网桥。它们的很多特性和基本操作是相同的，例如，交换机也不能隔离广播数据包，只是交换机比网桥是更为现代，更为常见的网络设备；三层交换机是具有路由功能的交换机，它的最高工作层次是 OSI 的网络层，用于网络的核心骨干层上进行网段之间进行高速的数据转发；多层交换机工作于 OSI 的传输层及以上层，它是带有协议转换功能的交换机。以太网交换机如图 8–7 所示。

图 8–7 以太网交换机

8.6.1 交换机的工作原理

交换机工作在 OSI/RM 的数据链路层。交换机拥有一条很高带宽的背部总线和内部交换矩阵。交换机的所有的端口都挂接在这条背部总线上，当数据从一个端口传入交换机后，处理端口会根据所接收到的数据帧中的包头信息，来查找内存中的 MAC 地址表，找出是哪一个目的主机网卡的 MAC 地址与数据报帧中 MAC 地址相同，然后根据 MAC 地址表所指示的端口通过内部交换矩阵迅速将数据帧传送到目的端口，如果在 MAC 地址表中找不到目的 MAC，由将数据帧广播到所有的端口，接收端口回应后交换机会“学习”新的地址，并把它添加入内部 MAC 地址表中。使用交换机也可以把网络“分段”，通过对照 MAC 地址表，交换机只允许必要的网络流量通过交换机。通过交换机的过滤和转发，可以有效地减少冲突域。

交换机在同一时刻可进行多个端口对之间的数据传输。每一端口都可视为独立的网段，连接在其上的网络设备独自享有全部的带宽，无须同其他设备竞争使用。例如：

当主机A向主机B发送数据时，主机C可同时向主机D发送数据，而且这两个传输都享有网络的全部带宽，都有着自己的虚拟连接。假使这里使用的是100Mbit/s的以太网交换机，那么该交换机这时的总流通量就等于2×100Mbit/s=200Mbit/s；如果使用100Mbit/s的共享式集线器，一个集线器的总流通量也不会超出100Mbit/s。可见交换机是一种基于MAC地址识别，能完成封装转发数据帧功能的网络设备。交换机可以“学习”MAC地址，并把其存放在MAC地址表中，通过在数据帧的源主机和目标主机之间建立临时的交换通道，使数据帧直接由源地址到达目的地址。

8.6.2 交换机的基本功能

交换机具有以下的一些基本功能：

（1）像集线器一样，交换机提供了大量可供线缆连接的端口，这样可以采用星形拓扑布线。

（2）像中继器、集线器和网桥那样，当它转发帧时，交换机会重新产生一个不失真的方形电信号。

（3）像网桥那样，交换机在每个端口上都使用相同的转发或过滤逻辑。

（4）像网桥那样，交换机将局域网分为多个冲突域，每个冲突域都有独立宽带，因此大大提高了局域网的数据交换速率。

（5）除了具有网桥、集线器和中继器的功能以外，交换机还提供了更先进的功能，如虚拟局域网（VLAN）和更高的性能。

8.6.3 交换机的分类

交换机有以下多种分类方法。

1. 按交换机的应用环境来分

按交换机的应用环境来分网络交换机分为两种：广域网交换机和局域网交换机。

广域网交换机主要应用于电信领域，提供通信用的基础平台。局域网交换机则应用于局域网络，用于连接终端设备，如PC机及网络打印机等。

2. 从传输介质和传输速度来分

从传输介质和传输速度来分可分为以太网交换机、快速以太网交换机、千兆以太网交换机、FDDI交换机、ATM交换机和令牌环交换机等。

3. 从交换机应用的规模上划分

从交换机应用的规模来分可分为企业级交换机、部门级交换机和工作组交换机等。

企业级交换机都是机架式，部门级交换机可以是机架式（插槽数较少），也可以是固定配置式，而工作组级交换机为固定配置式（功能较为简单）。从应用的规模来看，企业级交换机可支持500个信息点以上大型企业应用的交换机，部门级交换机支持300个信息点以下中型企业的交换机，而支持100个信息点以内的交换机为工作组级交换机。

4. 按交换方式来分

按交换方式来分可分为直通交换、存储转发和碎片隔离三种。

（1）直通交换。指交换机在收到数据帧后，不进行缓存和奇偶检验，而是只查看收到数据帧的 MAC 地址信息，然后交换机将在输入与输入的两个端口间建立直通连接，从而将数据帧转发到对应端口上。

1）优点：由于没有对数据进行缓存和差错检验，因此延迟小，交换速度快，提高了吞吐率。

2）缺点：① 不提供容错功能：由于数据包内容没有被交换机保留下来，无法检查数据包是否有误，当网络负载重时，可能会有冲突而产生损坏帧，交换机也会将之转发出去。② 不能针对不同速度的端口转换：由于这种转发方式没有对数据进行缓存，如果收发双方的速率不同，就可能会产生拥塞而导致数据的丢失，例如，发送方的使用 100Mbit/s 的网卡，而接收方使用 10Mbit/s 的网卡这种情况。因此不能将不同速率的端口直接接通。③ 只适用于端口数量少的交换机：由于数据没有缓存，当收到数据后，就需要占用交换机的背板总线中的一条，当端口增加时，交换背板总线会迅速增加，从而导致实现起来比较困难。

因此，采用直通交换的方式现在很少使用。

（2）存储转发。存储转发是最基本的交换方式，交换机对收到数据帧先存储在 RAM 的缓冲区中，然后采用 CRC 方式检查此数据帧，如果正确，根据交换机的 MAC 地址表转发，如果不正确，表明数据帧在传输过程中有误，则丢弃此数据帧。通过这种先存储，后检查的方式，可以确保交换机转发的数据帧的正确性。

1）优点：

① 由于采用于先存储后转发的方式，可以将数据按 FIFO 进行缓存，保证了交换机有足免的时间进行 CRC 校验，从而完成对数据帧进行差错检测，避免了对损坏帧的转发。② 支持不同端口速率间数据的转发，这是由于它采用了先存储后转发的方式，可以先把数据存储在缓存中，然后根据接收端口的速率发送数据。

2）缺点：由于交换机在进行数据转发前先需要进行存储并进行 CRC 校验，导致了延时的增大，速率不如直通交换方式快。

为了解决存储转发方式带来的转发速率下降的问题，有些厂商采用了结合了直通转发和存储转发的优点，设计了一种新的转发机制：在具有存储转发功能的交换机上，可监视网络中错误传输的数据帧进行计数，只有当差错率达到某个预设值时才启用 CRC 功能。否则，不启用 CRC 功能，而进行直通交换。这种方式称为智能交换方式，它是存储转发方式的一种改进。

（3）碎片隔离。这种方式是对直通转发的一种改进，当交换机收到数据帧后，检查此数据帧的长度，如果此数据帧长度小于 512bit（64B），由于 64B 是以太网帧的最小帧长，如果是因为碰撞而产生的帧，很可能长度不到 64B，从而被丢弃掉。但是，这种交换机仍会有转发被损坏帧的可能，因为交换机只对帧的前 64B 进行检查。尽管如此，这种方式仍能在很大程度上提高网络传输的效率。

5. 按交换机工作在 OSI/RM 中的层次划分

交换机分为二层交换机、三层交换机和多层交换机。

二层交换机：二层交换机技术的发展比较成熟，二层交换机属数据链路层设备，可以识别数据包中的 MAC 地址信息，根据 MAC 地址进行转发，并将这些 MAC 地址与对应的端口记录在自己的 MAC 地址表中。MAC 地址表的建立过程如下：

（1）当交换机从某个端口收到一个数据包，它先读取包头中的源 MAC 地址，这样它就知道源 MAC 地址的主机是连在哪个端口上的。

（2）再去读取包头中的目的 MAC 地址，并在地址表中查找相应的端口。

（3）如表中有与这目的 MAC 地址对应的端口，把数据包直接复制到这端口上。

（4）如表中找不到相应的端口则把数据包广播到所有端口上，当目的主机对源主机回应时，交换机又可以记录这一目的 MAC 地址与哪个端口对应，在下次传送数据时就不再需要对所有端口进行广播了。不断的循环这个过程，对于全网的 MAC 地址信息都可以学习到，二层交换机就是这样建立和维护它自己的地址表。

三层交换机：三层交换机就是其工作层次最高可达网络层的交换机。从上面二层交换机的特点可知，二层交换机是根据内存中的 MAC 地址表完成数据信息的转发的，三层交换机就是在二层交换机的基础上增加了三层交换模块形成的，这就使得三层交换机既具有二层交换机的数据转发功能，又具有路由器的路由选择功能。

三层交换机的工作过程如下：

（1）某主机 A 要给某主机 B 发送数据，三层交换根据传发数据包中的 IP 地址进行分析，判断出该数据包中的目的 IP 地址与源 IP 地址是否在同一网段内。

（2）如果在同一网段，但不知道转发数据所需的 MAC 地址，主机 A 就发送一个 ARP 请求，主机 B 返回其 MAC 地址，A 用此 MAC 封装数据包并发送给交换机，交换机起用二层交换模块，查找 MAC 地址表，将数据包转发到相应的端口。

（3）如果目的 IP 地址不是同一网段的，那么三层交换机启用三层路由功能对数据包进行转发，三层路由模块在接收到数据包后，首先在路由表中查看该数据包的目的 MAC 地址与目的 IP 地址间是否存在对应关系，如有，则将其采用二层交换模块进行转发，如不存在对应关系，则对数据包路由处理后，将该数据包的 MAC 地址与 IP 地址添加到路由表中，并采用二层交换模块进行转发。

（4）三层交换机的路由表经过上面的方法构建路由表之后，以后再从主机 A 发到主机 B 的数据包就可根据第一次生成的路由表，直接从二层源地址转发到目的地址，而不需要再经过三层路由模块的处理，这就是所谓的“一次路由，多次交换”，从而大大提高了数据包转发的效率。

以上就是三层交换机工作过程的简单概括，可以看出三层交换的特点：

（1）由硬件结合实现数据的高速转发。这不是将二层交换机和路由器简单的叠加，三层路由模块直接叠加在二层交换的高速背板总线上，突破了传统路由器的接口速率限制，速率可达几十吉比特每秒。

（2）简洁的路由软件使路由过程简化。大部分的数据转发，除了必要的路由选择交由路由软件处理，都是由二层模块高速转发。

三层交换机的接口类型丰富，支持的三层路由功能，适合用于大型的网络间的路由，它的优势在于选择最佳路由，负荷分担，链路备份及和其他网络进行路由信息的交换等路由器所具有功能。

多层交换机：多层交换机是指支持四层及以上层次转发交换功能的交换机。四层交换机决定传输不仅仅依据 MAC 地址或源/目标 IP 地址，而且依据第四层的 TCP/UDP 应用端口号。四层交换的业务类型由终端 TCP 或 UDP 端口地址来决定，在第四层交换中的应用则由源端和终端 IP 地址、TCP 和 UDP 端口共同决定。在第四层交换中为每个供搜寻使用的服务器组设立虚 IP 地址（VIP），每组服务器支持某种应用。在域名服务器（DNS）中存储的每个应用服务器地址是 VIP，而不是真实的服务器地址。当某用户申请应用时，一个带有目标服务器组的 VIP 连接请求发给服务器交换机。服务器交换机在组中选取最好的服务器，将终端地址中的 VIP 用实际服务器的 IP 取代，并将连接请求传给服务器。这样，同一区间所有的包由服务器交换机进行映射，在用户和同一服务器间进行传输。

每台第四层交换机都保存一个与被选择的服务器相配的源 IP 地址以及源 TCP 端口相关联的连接表，然后第四层交换机向这台服务器转发连接请求。所有后续包在客户机与服务器之间重新影射和转发，直到交换机发现会话为止。在使用第四层交换的情况下，接入可以与真正的服务器连接在一起来满足用户制定的规则，例如使每台服务器上有相等数量的接入或根据不同服务器的容量来分配传输流。

6. 按交换机是否可管理划分

按是否可以通过网络管理，交换机分为可网管交换机和不可网管交换机。可网管交换机的管理是指通过管理端口执行监控交换机端口、划分 VLAN、设置 Trunk 端口等管理功能。不可网管的交换机则不具备上述这些特性，是不能被管理的。

一台交换机是否是可网管交换机可以从外观上分辨出来。可网管交换机的正面或背面一般有一个串口或并口，通过串口电缆或并口电缆可以把交换机和计算机连接起来，这样便于设置。

可网管交换机的有以下几种管理方式：

（1）通过 RS-232 串行口（或并行口）管理。这种管理方式是其他管理方式的基础，意思是要能采用其他管理方式，须先采用这种方式对交换机进行初始设置后才能进行。

可网管交换机附带了一条串口电缆，称为“CONSOLE”线，供交换机管理使用。先把 CONSOLE 线的一端插在交换机背面的 CONSOLE 端口里，这是一个串行端口，另一端插在普通电脑的 COM 串口里。然后接通交换机和电脑电源。在 Windows 98 和 Windows 2000 里都提供了“超级终端”程序。打开“超级终端”，在设定好连接参数后，就可以通过串口电缆与交换机交互了，这种方式并不占用交换机的带宽，因此称为“带外管理”（Out of band）。

在这种管理方式下，交换机提供了一个菜单驱动的控制台界面或命令行界面。你可以使用“Tab”键或箭头键在菜单和子菜单里移动，按回车键执行相应的命令，或者使用专用的交换机管理命令集管理交换机。不同品牌的交换机命令集是不同的，甚至同一品牌的交换机，其命令也不同。对于专门从事网络管理的工程师来说，一般采用命令行方式进行管理，而非专业人士则更多采用菜单方式完成管理工作。

（2）通过 Web 界面管理。可网管交换机可以通过 Web（网络浏览器）管理，但是必须给交换机指定一个 IP 地址。这个 IP 地址除了供管理交换机使用之外，并没有其他用途。在默认状态下，交换机没有 IP 地址，必须通过串口或其他方式指定一个 IP 地址之后，才能启用这种管理方式，即需要先用上面讲述的 CONSOLE 端口进行初始 IP 地址的设置。

使用网络浏览器管理交换机时，交换机相当于一台 Web 服务器，只是网页并不储存在硬盘里面，而是在交换机的 NVRAM 里面，通过程序可以把 NVRAM 里面的 Web 程序升级。当管理员在浏览器中输入交换机的 IP 地址时，交换机就像一台服务器一样把网页传递给电脑，此时给你的感觉就像在访问一个网站一样。这种方式占用交换机的带宽，因此称为“带内管理”（In band）。

（3）通过网管软件管理。可网管交换机均遵循 SNMP 协议（简单网络管理协议），用户只需要在一台网管工作站上安装一套 SNMP 网络管理软件，通过局域网就可以很方便地管理网络上的交换机、路由器、服务器等。这种管理方式也同样需要先用上面讲述的 CONSOLE 端口进行初始 IP 地址的设置。这种管理方式也需占用交换机的带宽，也是一种带内管理方式。

可网管交换机的管理可以通过以上三种方式来管理。在交换机初始设置的时候，往往得通过 CONSOLE 端口来进行初始设置；然而由于 CONSOLE 电缆长度的限制，不能实现远程管理。在设定好 IP 地址之后，就可以使用带内管理方式了。带内管理因为管理数据是通过公共使用的局域网传递的，可以实现远程管理，然而安全性不强。采用 CONSOLE 线缆带外管理是通过串口通信的，数据只在交换机和管理用机之间传递，因此安全性很强。

8.6.4 网桥和交换机的比较

交换机是一种代替网桥的新型设备，也是现在流行的网络组建设备。其实网桥的工作原理与交换机是一样的，都能基于 MAC 地址表进行转发，划分冲突域，基于 MAC 地址自学习构造 MAC 表。

网桥的整个过程是利用网桥内自身的软件来完成的，由于是基于软件完成相关功能，所以会出现数据转发过程中的瓶颈现象。而交换机是基于硬件的专用集成电路（ASIC）来决定交换逻辑的算法，如 MAC 表的构建及背板进程交换，所以没有瓶颈现象，转发速率比网桥更快：网桥的典型交换速率是每秒 5 万帧左右，而即使是一个低档的交换机，如 1900，其转发速率为每秒 50 万帧，而 2950，其交换速率每秒可达 1200 万帧左右。更高档次的交换机，其速率更快。它们在转发数据帧的速度差异是导致交换机取代网桥的最大原因。

二层交换机的端口比网桥更密集，可以这样说，交换机是多端口的网桥。

下面用表 8–1 来总结它们的区别：

表 8–1 交换机与网桥的对比

功　能	网　桥	交 换 机
交换形式	软件	硬件
交换方式	存储转发	直通交换、存储转发、碎片隔离
速率	慢	快
端口数量/端口密度	少/低：2-16 个	多/高：可能上百个端口
双工模式	只有半双工	半双工和全双工
冲突域	每端口 1 个	每端口 1 个
广播域	1 个	每 VLAN 1 个
能否划分 VLAN	不能	能
STP 实例	1 个	每 VLAN 1 个

8.7 路由器

路由器（Router）属于 OSI/RM 的网络层设备，是一种连接多个网络或网段的网络设备，

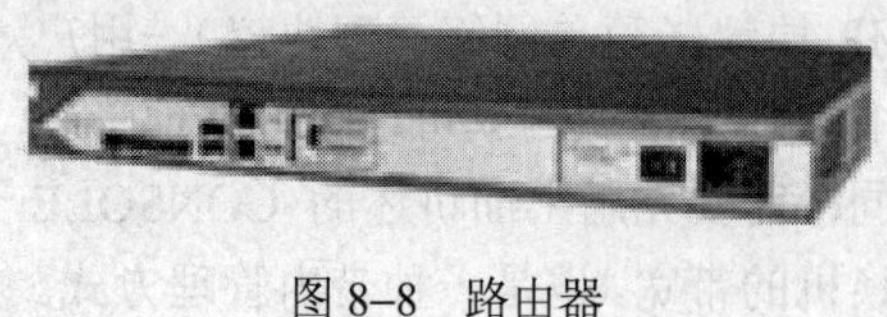

图 8–8 路由器

它能将不同网络或网段之间的数据信息进行翻译，使它们能相互读懂对方的数据，从而构成一个更大的网络，它与前面的几种设备不同，它不是应用于同一网络的设备，而是将多个网络互联的设备，属于网际设备，它具有隔离广播数据包的能力，它的每一个接口属于不同的广播域。路由器如图 8–8 所示。

8.7.1 发展历史

早在 40 多年前就已经出现了对路由技术的讨论，但是直到 20 世纪 80 年代路由技术才逐渐进入商业化的应用。路由技术之所以在问世之初没有被广泛使用主要是因为 80 年代之前的网络结构都非常简单，路由技术没有用武之地。直到最近十几年，大规模的互联网络才逐渐流行起来，为路由技术的发展提供了良好的基础和平台。

路由器（Router）是互联网的主要结点设备。路由器通过路由决定数据的转发。转发策略称为路由选择（routing），这也是路由器名称的由来。作为不同网络之间互相连接的枢纽，路由器系统构成了基于 TCP/IP 的国际互联网络 Internet 的主体脉络，也可以说，路由器构成了 Internet 的骨架。它的处理速度是网络通信的主要瓶颈之一，它的可靠性则直接影响着网络互连的质量。因此，在园区网、地区网、乃至整个 Internet 研究领域中，路由器技术始终处于核心地位，其发展历程和方向，成为整个 Internet 研究的一个缩影。因此，了解和掌握路由器在互连网络中的作用、地位及使用方法，对于网络技术研究、网络规划，网络建设和网络维护等都具有非常重要的意义。

路由器（Router）是用于连接多个逻辑上分开的网络，所谓逻辑网络是代表一个单独的网络或者一个子网。当数据从一个子网传输到另一个子网时，可通过路由器来完成。因此，路由器具有判断网络地址和选择路径的功能，它能在多网络互联环境中，建立灵活的连接，可用完全不同的数据分组和介质访问方法连接各种子网，路由器只接受源站或其他路由器的信息，属网络层的一种互联设备。它不关心各子网使用的硬件设备，但要求运行与网络层协议相一致的软件。路由器分本地路由器和远程路由器，本地路由器是用来连接网络传输介质的，如光纤、同轴电缆、双绞线；远程路由器是用来连接远程传输介质，并要求相应的设备，如电话线要配调制解调器，无线要通过无线接收机、发射机。

8.7.2 路由器的组成

Cisco 路由器属于全球知名品牌的路由器，下面以 Cisco 路由器为例来讲述路由器的组成。Cisco 的路由器与交换机在内部的基本硬件组成是大致相同的，同时其他品牌的路由器与 Cisco 路由器在硬件构造、软件功能等方面也极其相似，因此在这里我们就以 Cisco 路由器为例来讲述他们的组成情况。

路由器的种类和型号有许多种，但它们的基本硬件组成却大致相同的，与我们常用的电脑主机内部组成非常相似，它都由以下这些部件所组成：

1. 中央处理器（CPU）

CPU 用于解释执行路由器的操作系统 IOS 指令，用户输入的各种命令，以及根据路由表、MAC 地址表进行计算等。不同档次的设备，其 CPU 的处理能力不同，如 1600 系列的路由器的CPU就比3600系列路由器CPU性能差。

在早期的低端Cisco网络设备中，大多使用普通电脑相同的处理器，如700系列的路由器，采用的是Intel 80386的处理器，而现在则采用专用的CPU。

2. 存储器

Cisco的设备配有四种类型的存储器，分别如下：

（1）内存（RAM）：用于在启动路由器的互联网络操作系统（IOS）时的加载时的存储，启动后配置文件的载入存储，用户的输入信息的存储，路由器在运行过程中产生的数据如路由表、缓存等的存储等等，其功能相当于电脑的内存RAM，在路由器关电后这些信息都将丢失。

（2）只读存储器（ROM）：在ROM中存储的内容有开机自检程序（POST），系统引导程序（Bootstrap），路由器IOS的精简版本（RXBoot）和ROMMON。

POST：在开机时检查设备的硬件状态，与于电脑开机时的系统自检一样。

Bootstrap：用于确定从什么地方加载IOS，可以从TFTP、Flash或是从ROM中加载。

RXBoot：又称为迷你IOS，是一个袖珍的IOS，是正常IOS的分拆版本，它比ROMMON有更强的功能，具有更多的命令。

ROMMON：是一个命令集，一般用于在路由器的Flash中的IOS被破坏时，连接到TFTP服务器以恢复IOS。

（3）闪存（Flash）：用于保存路由器正常启动时使用的IOS。如果一个路由器中的闪存足够大，可以存储多个IOS以提供多重启动，闪存也可用来存储其他文件，并且根据路由器的类型不同，一台路由器可能有多块闪存。

（4）非易失性内存（NVRAM）：用于存储路由器的启动配置文件，也就是网络管理人员将路由器配置好后，这些配置的信息就是存储在NVRAM中，当电源关闭时，存在其中的配置文件也不会丢失，下次启动时，就是从NVRAM中读取配置该设备的信息。

3. 路由器端口

路由器端口是路由器与网络间的连接口，路由器通过线缆实现与网络相互连接，以Cisco 2501路由器为例介绍路由器面板上的常见的联网端口，如图8–9所示。

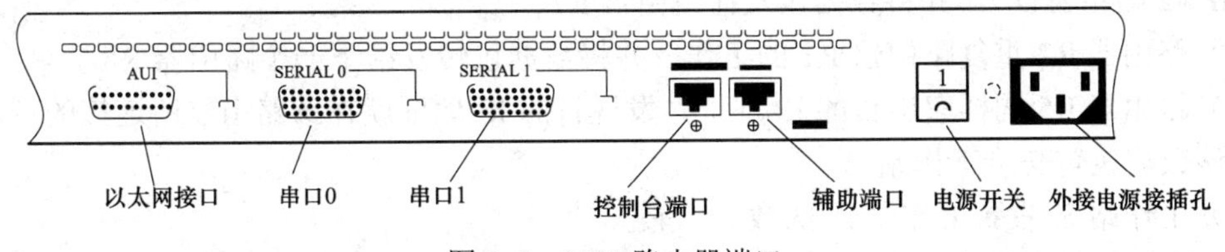

图8–9　2501路由器端口

（1）控制台端口（Console）。当用户首次对Cisco网络设备进行配置时，必须从Console端口开始。路由器的Console端口多为RJ-45端口，几本上每个Cisco网络设备都有一个Console端口，由于一个全新的设备里不带有任何IP地址，通过此端口与你的电脑上的超级终端相连后，在超级终端上就可以进行各种配置了，在这些配置中，最主要的是要配置IP地址，以及允许进行远程管理的设置，这样就可以通过其他接口连接到设备上进行远程配置了。

针对Cisco的各系列全新的路由器，如果你不作任何配置而直接将电脑或其他网络设备接到它的各端口上，是不能工作的。因此，路由器必须要先配置才能使用。

（2）辅助端口（AUX）。在前面使用 Console 端口进行了基本配置之后，可以使用调制解调器连接此辅助端口，进行远程配置，例如，一个公司有多个分公司在全国各地，该公司的网管可以通过将路由器接调制解调器后再与电话线相连，进行远程管理配置。

（3）串行接口。在路由器中，串行接口分为同步串口（Serial）和异步串口（ASYNC）。

Serial（高速同步串口）接口是一个具有 60 针的 D 型接口，这种同步串口速率很高，通过这种端口所连接的网络两端都要求实现同步。如图 8–9 所示，串行接口一般用于与广域网的连接。我们将在后面讲述在串口上的各种广域网上数据链路的封装协议：HDLC，PPP，FR 等。

ASYNC（异步串口）主要应用于与 Modem 相连接，实现与远程计算机通过公用电话网（PSTN）拨号接入（在实验室里可以接八爪线进行反向 telnet 配置）。

注意，一般情况下，我们在实验室里做实验时，串口也常常用于两台路由器相互连接来完成许多广域网的实验。

（4）以太网端口。Ethernet（以太网）端口是用于局域网连接的端口，在图 8–9 所示的端口是一个 AUI 的以太网端口，用于连接粗同轴电缆的一个端口。现在，我们常常使用的组网端口都是 RJ-45 的端口，这就需要一个将 AUI 端口转接成为 RJ-45 的适配器完成端口转换。

在 Cisco 的网络设备的以太网端口中，除了普通的 Ethernet 端口（10Mbit/s）外，Fast Ethernet（快速以太网）端口和 Gigabit（吉比特以太网）端口等，分别传输速度为 100Mbit/s 和 1000Mbit/s。

8.7.3 路由器的工作过程

下面以两台计算机之间通过路由器来转发数据为例，来简述路由器的工作过程。其中，假设主机 A 的 IP 地址为 198.3.4.9，主机 B 的 IP 地址为 199.8.6.12。

（1）主机 A 将主机 B 的地址连同数据信息以数据包的形式发送给路由器 R1。

（2）路由器 R1 收到主机 A 的数据包后，先从包头中取出地址，看到数据包中的源和目的 IP 不在同一个网络中，则需要对数据包进行路由转发，路由器 R1 根据路由表计算出发往主机 B 的最佳路径（这个最佳路径是根据路由器所采用的路由协议来计算的，这里假设使用的是 RIP v2 路由协议），并将数据包发往路由器 R2。

（3）路由器 R2 重复路由器 R1 的工作，并将数据包转发给下一个路由器 R5。

（4）路由器 R5 同样取出目的 IP 地址，发现目的 IP 地址就在该路由器所连接的网段上，于是将该数据包转交给工作站 B。

（5）工作站 B 收到工作站 A 的数据包，一次通信过程宣告结束。

路由器转发数据包的工作过程如图 8–10 所示。

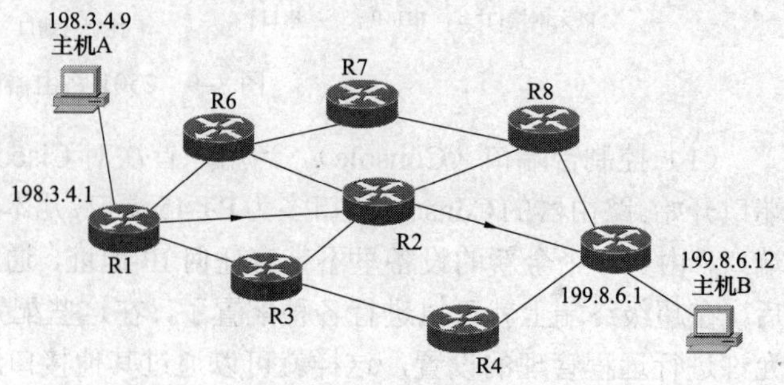

图 8–10 路由器转发数据包的过程

事实上，路由器除了上述的路由选择这一主要功能外，还具有网络流量控制功能。有的路由器仅支持单一协议，但大部分路由器可以支持多种协议的传输，即多协议路由器，例如，在同一台路由器上，既可配置RIP、也可配置OSPF、EIGRP等多种路由协议。由于每一种协议都有自己的规则，要在一个路由器中完成多种协议的算法，势必会降低路由器的性能。因此，支持多协议的路由器性能相对较低。在实际购买路由器时，可需要根据使用的实际环境，选择所需要的网络协议的路由器。

为了提高路由器的数据处理和传输能力，就把交换机的原理组合到路由器中，形成了交换路由器产品，使得路由器的通信能力得到提高，数据传输能力更快。

8.7.4 路由表

路由器用于异种网络互联或多个子网互联。路由器的主要工作就是为经过路由器的每个数据帧寻找一条最佳传输路径，并将该数据有效地传送到目的站点。那么，路由器怎样才能找到最佳路径呢？如前面所讲，路由器是根据所配置的路由协议来完成最佳路径的选择，不同的路由协议，其路由算法是不相同的，路由算法是路由器的关键所在。不同的路由算法都需要在路由器中保存着各种传输路径的相关数据，即路由表（Routing Table），供路由选择时使用。路由表中保存着子网的标志信息、网上路由器的个数和下一个路由器的名字等内容。路由表可以是由配置路由器的网络管理员固定设置好，也可以由路由器根据网络管理员所配置的路由协议自动产生，也可以根据网络的变化而自动修改。

由网络管理员固定设置的路由表称为静态路由表，由路由器上所配置的路由协议自动产生和修改的路由表称为动态路由表。

1. 静态路由表

什么是静态路由？静态路由是指由网络管理员手工配置的路由信息。当网络的拓扑结构或链路的状态发生变化时，网络管理员需要手工去修改路由表中相关的静态路由信息。静态路由信息在缺省情况下是私有的，不会传递给其他的路由器。静态路由一般适用于比较简单的网络环境。

静态路由表则是由系统管理员事先设置好固定的静态路由所产生的路由表称之为静态（static）路由表，静态路由表是在系统安装时就根据网络的配置情况预先设定的，不会随未来网络结构的改变而改变。

静态路由的优缺点：

优点：网络管理员易于清楚地了解网络的拓扑结构，便于设置正确的路由信息；使用静态路由的另一个优点是网络安全保密性高。动态路由因为需要路由器之间频繁地交换各自的路由信息，通过对路由表的分析可以得出网络的拓扑结构和网络地址等信息。因此，网络出于安全方面的考虑也可以采用静态路由。

缺点：大型和复杂的网络环境通常不宜采用静态路由，由于大型复杂的网络环境下，网络管理员难以全面地了解整个网络的拓扑结构，并且当网络的拓扑结构和链路状态发生变化时，路由器中的静态路由信息需要大范围地调整，这一工作的难度和复杂程度非常高。

2. 动态路由表

什么是动态路由？

组成路由表项各条路由是通过相互连接的路由器之间交换彼此信息，然后按照一定的算法优化出来的，而这些路由信息是在一定时间间隙里不断更新，以适应不断变化的网络，以随时获得最优的寻路效果。

为什么要使用动态路由？

虽然对于简单的网络，使用手工来设置路由信息也可以满足要求，但是随着网络的复杂性越来越大，所需要设置的路由数量也越来越多，即使是对于专业管理员来讲，也没有办法选择出最合适的路由设置；同时，当网络复杂性增加之后，网络的另一个重要的问题是可维护性，当网络出现故障时，网络应该具备自动的修复能力。如果采用静态的方法设置路由，网络的一个位置出现故障，必须由网络管理员手工更改相关路由设置才可以解决这个故障，系统越大，系统修复所需要的工作量越大，使用手工配置的静态路由达到比较好的路由选择是非常困难的，例如国际互联网，这基本没法用静态路由来实现其路由选择。而采用动态路由，则可通过所配置的动态路由协议自动检测出网络故障，自动改变路由表，使得这些错误不至于影响其他部分的网络正常工作。

IETF（Internet 工程任务组）制定了多种动态路由协议，其中用于自治系统（Autonomous System，AS）内部网关协议有开放式最短路径优先（Open Shortest Path First，OSPF）协议和寻路信息协议（Routing Information Protocol，RIP）。所谓自治系统是指在同一实体（如学校、企业或 ISP）管理下的主机、路由器及其他网络设备的集合。还有用于自治域系统之间的外部网络路由协议 BGP-4 等。

动态（Dynamic）路由表是路由器根据网络系统的运行情况而自动调整的路径表。路由器根据路由选择协议（Routing Protocol）提供的功能，自动学习和记忆网络运行情况，在需要时自动计算数据传输的最佳路径。

8.7.5 路由器的分类

路由器的分类方式有几种。

1. 按路由器的组成结构划分

路由器按组成结构，可分为固定端口路由器和模块化端口路由器。

（1）模块化端口路由器。这种路由器主要是指该路由器的接口类型及部分扩展功能是可以根据用户的实际需求来配置的路由器。在路由器的主板上有像电脑一样插槽，可以插入端口模块以增加路由器的接入端口。这些路由器在出厂时一般只提供最基本的路由功能，用户可以根据所要连接的网络类型来选择相应的模块，不同的模块可以提供不同的连接和管理功能。例如，绝大多数模块化路由器可以允许用户选择网络接口类型，有些模块化路由器可以提供 VPN 等功能模块，有些模块化路由器还提供防火墙的功能，等等。目前的多数路由器都是模块化路由器。

（2）固定端口路由器。固定端口路由器都是低端路由器，如 Cisco 2500 系列路由器。这类路由器是将端口直接做在主板上，不采用插槽来对端口实现增减的形式。这类路由器主要用于连接家庭或 ISP 内的小型企业客户。

2. 按应用规模划分

路由器用于互联网的各种级别的网络中，路由器按应用的规模，可分为接入路由器，企业级路由器，骨干级路由器三种。

（1）接入路由器。接入路由器用于连接家庭或 ISP 内的小型企业客户。接入路由器已经开始不只是提供 SLIP 或 PPP 连接，还支持诸如 PPTP 和 IPSec 等虚拟私有网络协议。这些协议要能在每个端口上运行。诸如 ADSL 等技术将很快提高各家庭的可用带宽，这将进一步增加接入路由器的负担。由于这些趋势，接入路由器将来会支持许多异构和高速端口，并在各个端口能够运行多种协议，同时还要避开电话交换网。

（2）企业级路由器。企业或校园级路由器连接许多终端系统，其主要目标是以尽量便宜的方法实现尽可能多的端点互连，并且进一步要求支持不同的服务质量。许多现有的企业网络都是由普通的交换机或网桥连接起来的以太网段。尽管这些设备价格便宜、易于安装、无需配置，但是它们不支持服务等级。而在网络中使用路由器，则可将网络分成多个碰撞域，并因此能够控制一个网络的大小。路由器还支持网络服务等级，允许将网络按需求划分成多个优先级别。

企业级路由器的每端口价格比较贵，并且在能够使用之前要进行大量的配置工作。因此，企业路由器能否应用在于是否提供大量端口且每端口的价格很低，是否容易配置，是否支持QoS。还要求企业级路由器有效地支持广播和组播，处理历史遗留的各种 LAN 技术，支持多种协议，如 IP、IPX 等，另外还要支持防火墙、包过滤以及大量的管理和安全策略以及 VLAN。

（3）骨干级路由器。骨干级路由器实现企业级网络的互联。对它的要求是速度和可靠性，而代价则处于次要地位。硬件可靠性可以采用电话交换网中使用的技术，如热备份、双电源、双数据通路等来获得。这些技术对所有骨干路由器而言差不多是标准的。骨干 IP 路由器的主要性能瓶颈是在转发表中查找某个路由所耗的时间。当收到一个包时，输入端口在转发表中查找该包的目的地址以确定其目的端口，当包越短或者当包要发往许多目的端口时，势必增加路由查找的代价。因此，将一些常访问的目的端口放到缓存中能够提高路由查找的效率。不管是输入缓冲还是输出缓冲路由器，都存在路由查找的瓶颈问题。除了性能瓶颈问题，路由器的稳定性也是一个常被忽视的问题。

3. 按不同的应用情景划分

这是一种很混杂的分类方式，主要是基于人们对路由器更为熟知的称呼方式来进行划分的。

（1）宽带路由器。宽带路由器是近几年来新兴的一种网络产品，它伴随着宽带的普及应运而生。宽带路由器在一个紧凑的箱子中集成了路由器、防火墙、带宽控制和管理等功能，具备快速转发能力，灵活的网络管理等特点。多数宽带路由器针对中国宽带应用优化设计，可满足不同的网络流量环境，具备满足良好的网络适应性和兼容性。宽带路由器集成了 10/100Mbit/s 宽带以太网 WAN 接口、内置多口 10/100Mbit/s 自适应交换机，方便多台机器连接内部网络与 Internet，可以广泛应用于家庭、学校、办公室、网吧、小区接入、政府、企业等场合。

（2）无线路由器。无线路由器就是带有无线覆盖功能的路由器，它主要应用于用户无线上网和无线覆盖。无线路由器一般有一个 WAN 口，用于与有线网络相连，另外还有几个以太网接口，用于有线上网，另外还有一根天线，用于发射无线信号。

市场上流行的无线路由器一般都支持专线 xDSL，Cable，动态 xDSL，PPtP 四种接入方式，它还具有其他一些网络管理的功能，如 DHCP 服务、NAT 防火墙、MAC 地址过滤等功能。例如在学校学生宿舍、校园，会议室、公司企业的办公室等都可使用无线路由器。

无线路由器如图 8–11 所示。

图 8–11　无线路由器

（3）独臂路由器。人们在使用二层交换机时，可根据需要将不同的用户划分到不同的VLAN中，为实现不同的VLAN间用户的相互通信，于是就出现了“独臂路由器”这个概念。其实这仅仅是一个概念，并不是说某个路由器就是独臂路由器。独臂路由器使得网内各个VLAN之间的通信可以用ISL关联来实现，VLAN之间的数据传输要进入先路由器处理，然后输出。如果是同一个VLAN内的报文将用不着通过路由器而直接在交换设备间进行高速传输。独臂路由器主要用于处理不同VLAN间数据的转发工作。如果网络中VLAN之间的数据传输量比较大，那么在路由器处将形成瓶颈。独臂路由器现在基本被第3层交换机取代。

（4）智能流控路由器。只有像思科、H3C、锐捷等公司生产的高档路由器才能用作智能流控路由器，智能流控路由器能够在自动地调整每个节点的带宽，这样每个节点的网速均能达到最快，不用限制每个节点的速度，这是其最大的特点。在电信的主干道上，通常使用智能流控路由器来实现网速的自动调节。

（5）动态限速路由器。动态限速路由器是一种能实时地计算每位用户所需要的带宽，精确分析用户上网类型，并合理分配带宽，达到按需分配，合理利用，还具有优先通道的智能调配功能，这种功能主要应用于网吧、酒店、小区、学校等。

（6）双WAN路由器。双WAN路由器具有物理上的2个WAN口作为外网接入，这样内网电脑就可以经过双WAN路由器的负载均衡功能同时使用2条外网接入线路，大幅提高了网络带宽。当前双WAN路由器主要有“带宽汇聚”和“一网双线”的应用优势，这是传统单WAN路由器做不到的。

8.7.6 三层交换机和路由器的区别

三层交换机同路由器一样，都可以工作在网络协议的第三层，起到路由功能的作用，同时三层交换机还可以几乎达到第二层交换的速度，并且价格相对较低。那么，是不是三层交换机就可以取代路由器呢？

在局域网上，不同VLAN之间的通信数据量很大，如果采用路由器来对每一个数据包进行路由处理，随着网络上数据量的不断增大，路由器将成为瓶颈。三层交换机的三层交换技术就是将路由技术与交换技术合二为一的技术，它在对第一个数据包进行路由后，它将会产生一个MAC地址与IP地址的映射表，当同样的数据流再次通过时，将根据此表直接从二层转发，而不是再次路由，从而消除了路由器进行路由选择而造成网络的延迟，提高了数据包转发的效率。

但是，路由器具有很多三层交换机无法比拟的自身特点，路由器不但具有路由转发功能，还具有防火墙、隔离广播，NAT、VPN，安全策略控制、与公网互联等功能，尽管在路由功能上，由于路由器上运行有很复杂的路由协议，其路由功能也要比三层交换机的功能强很多。

路由器可以被三层交换机所取代的地方有：处于同一个局域网中的各子网的互联，即对VLAN间互通的时候可以用三层交换机来代替路由器。

必须使用路由器的情况：局域网与公网互联以实现跨地域的网络互联时，这时路由器就不可缺少。使用路由器将网络划分为多个子网，通过路由器所具备的功能来有效进行安全控制策略，则可以避免这些问题。同时，三层交换机现在还不能提供完整的路由选择协议，而路由器则具备同时处理多个协议的能力。当连接不同协议的网络，像以太网和令牌环的组合网络，依靠三层交换机是不可能完成网间数据传输的。除此之外，路由器还具有第四层网络管理能力，这也是三层交换机所不具备的。所以，三层交换机并不等于路由器，也不可能完全取代路由器。

8.8 网关

网关（Gateway）又称网间连接器、协议转换器。网关是将不同传输介质，不同传输协议的网络实现网络互联，是最复杂的网络互联设备。网关既可以用于广域网互联，也可以用于局域网互联。网关是一种充当转换重任的计算机系统或设备。在使用不同的通信协议、数据格式或语言，甚至体系结构完全不同的两种系统之间，网关是一个翻译器。与网桥只是简单地传达信息不同，网关对收到的信息要重新打包，以适应目的主机的需求。同时，网关也可以提供过滤和安全功能。大多数网关运行在 OSI 的应用层。

网关这个概念很复杂，下面举例来帮助理解网关的含义。

1. 介质转换网关

这种网关的工作层次在数据链路层和网络层，用于完成不同传输介质的网络互联。

例如：要将一个以太网和一个令牌总线网相互连接起来，由于以太网的帧是按 IEEE 802.3 规范来定义的，而令牌总线的帧是按 IEEE 802.4 规范来定义的，其最大传输单元也就不同，因此需要通过网关将它们进行转换，能完成这种转换功能的网关就称为介质转换网关。

网桥、路由器都可以充当介质转换网关。其中路由器比网桥在进行不同介质的网络间转换时性能更好。

2. IP 网关

人们在给计算机配置 IP 地时，需要配置一个“默认网关”地址，如图 8–12 所示，为什么需要配置这个“默认网关”地址呢？

在网络中，不同的子网地址之间是不能直接相互通信的，必须使用 IP 网关进行转换，比如，两台分属于 192.168.1.0 网段和 172.16.1.0 网段的主机需要相互通信，就需要路由器作为它们的网关，因此为让不同子网内的主机相互通信的网关称为 IP 网关。在实际应用中，可在自己的电脑上输入的“默认网关”地址，这个地址可以是一个路由器的接口地址，此接口就是你的网关，意思是你电脑上的数据信息就是交由此接口，由它为你送达目的地，如图 8–13 所示。

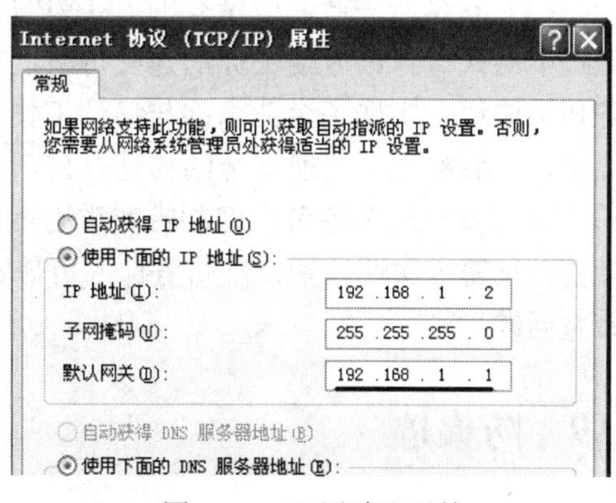

图 8–12 配置默认网关

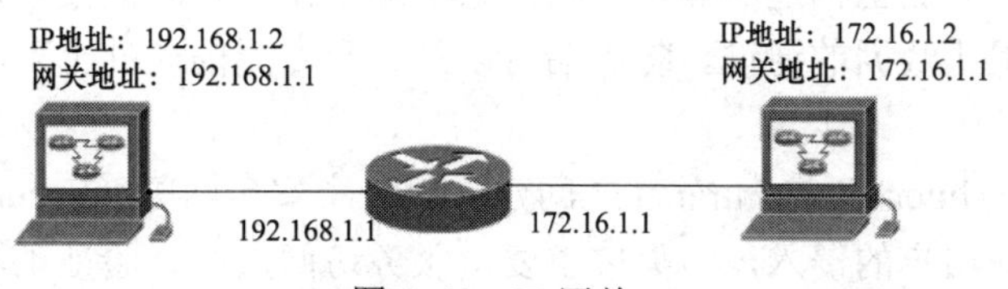

图 8–13 IP 网关

IP 网关可由路由器，三层交换机或者由一台计算机来充当，其作用就是帮助你把数据发送到目的主机。

3. 协议转换网关

协议网关通常在使用不同协议的网络区域间做协议转换。这一转换过程可以发生在 OSI 参考模型的第 2 层、第 3 层或 2、3 层之间。例如，在一个企业中，以前组建的 Netware 网络需要与现在新建的 Windows 网络相互通信，由于前者的网络通信协议是 IPX/SPX，而在 windows 网络中采用的网络通信协议是 TCP/IP，需要在这两种网络边界使用协议转换网关。

这种网关一般是安装有多种网络协议的计算机。

4. 认证网关

实施认证可以防止一些不具备合法身份的人员使用网络，节约网络资源。如果任何人都可以使用网络会加重网络负担，实施认证可以保护网络资源和网络安全。

例如，一用户向中国电信申请了一条 ADSL 宽带上网，在电信营运商内部，就设置有为用户进行认证计费的网关，每次用户上线进行 ADSL 拨号连接时，此网关就能对用户的用户名和口令的合法性进行认证，通过认证后，按不同的方式进行计费。

这种网关一般是安装有认证计费软件和相应数据库系统的计算机构成。

5. 安全网关

安全网关是各种技术的融合，对保护网络安全具有重要的作用，安全网络的应用范围从协议层过滤到复杂的应用层过滤。安全网关的功能特点：

（1）支持 ADSL、光纤等多种方式宽带接入方案，实现了灵活扩展带宽和廉价接入，为企业解决灵活扩展带宽和廉价接入的接入方案。

（2）在安全网关的产品中集成的如防火墙、防病毒、入侵检测、用户接入主动认证等功能，为企业提供全方位的局域网接入安全管理方案。

（3）安全网关产品中带有的 SSLVPN、IPSEC、PPTP、L2TP 等 VPN 功能，能够让用户通过一键式操作，方便快捷的建立价格低廉的广域网上专用网络，为企业提供广域网安全业务传输通道，实现了企业总部与移动工作人员、分公司、合作伙伴、产品供应商、客户间的连接，从而实现了快速安全的移动办公。

（4）安全网关还可以抑制带宽滥用，保障关键业务。通过安全网关的动态智能带宽管理功能，只需一次性设置，自动压抑占用带宽用户，轻松解决 BT、P2P 及视频影片下载等占用带宽问题。

8.9 防火墙

防火墙（firewall）指的是一个由软件和硬件设备组合而成、在内部网和外部网之间、专用网与公共网之间的界面上构造的保护屏障，它实际上是一种隔离技术，它跟据人们配置的安全规则，许可或阻止数据的通过。防火墙可以是一台专属的硬件也可以是架设在一般硬件上的一套软件系统。

使用防火墙可在 Internet 与 Intranet 之间建立起一个安全网关（Security Gateway），从而保护内部网免受非法用户的侵入，防火墙主要由服务访问规则、验证工具、包过滤和应用网关 4 个部分组成，内部网络中的计算机流入流出的所有网络通信和数据包均要经过此防火墙，如果不通过防火墙，公司内部的人就无法访问 Internet，Internet 上的人也无法和公司内部的人进行通信。防火墙具有很好的保护作用，非法入侵者必须首先穿越防火墙的安全防线，才能接触目标计算机；同时，在防火墙上还配置有多种不同保护级别，访问级别越高，访问限制越严格，例如高级别的保护可能会禁止一些服务，如视频流等。

8.9.1　防火墙的分类

目前防火墙的产品非常多，主要有以下几种划分类别的标准。

1. 按防火墙的技术划分

（1）包过滤防火墙。包过滤防火墙是以以色列的 Checkpoint 防火墙和 Cisco 公司的 PIX 防火墙为代表，它是通过网络管理员定义防火墙访问规则进行安全防护，它是一种 IP 数据包过滤器，运作在 TCP/IP 协议的网络层上。包过滤防火墙只允许符合指定规则的 IP 数据包通过，阻止不满足规则的 IP 数据包通过防火墙（病毒除外，防火墙不能防止病毒侵入）。防火墙如图 8–14 所示。

Checkpoint 防火墙　　PIX 防火墙　　Gauntlet 防火墙

图 8–14

包过滤防火墙进行正常工作的一切依据都在于过滤规则的制定与实施，但过滤规则往往不能满足众多网络用户的精细需求，并且它工作在网络层，不能分析高层协议中的数据，为特定服务开放端口存在着危险，可能会成为其他非法信息传输的安全隐患。

现在的包过滤防火墙能利用封包的多样属性来进行过滤，例如：来源 IP 地址、来源端口号、目的 IP 地址或端口号、服务类型（如 WWW 或是 FTP）。也能经由通信协议、TTL 值、来源的网域名称或网段等属性来进行过滤。

（2）应用代理防火墙。应用代理防火墙是以美国 NAI 公司的 Gauntlet 防火墙（如图 8–14 所示）为代表。是在 TCP/IP 堆栈的“应用层”上运作，用户使用浏览器时所产生的数据流或是使用 FTP 时的数据流都是属于这一层。应用代理防火墙可以拦截进出某应用程序的所有封包，并且阻止其他的封包（通常是直接将封包丢弃）。理论上，这一类的防火墙可以完全阻绝外部的数据流进到受保护的机器里。

应用代理防火墙最突出的特点是安全，由于它工作在最高层，可以对网络任何一层的数据流量进行筛选保护，而不像包过滤那样只对数据的网络层进行检测。由于它采用的是一种代理机制，可以为每一种应用服务建立一个专门的代理，使得内外网络的通信不是直接的，而须先通过代理服务器审核并由代理服务器与外部或内部网络进行连接，阻断了内外网络直接会话的机会。

应用代理防火墙的缺点是速度比较慢，会成为内外网络通信的瓶颈，给网络通信带来了负面影响。

2. 按防火墙的软、硬件形式划分

（1）硬件防火墙。上面所讲的两类防火墙都属于硬件防火墙，如图 8–14 所示，其外观与我们常见的集线器、交换机类似，只是接口少而已，分别用于连接内外网络。

（2）软件防火墙。由于硬件防火墙的价格较贵，不可能对普通的个人用户普及使用。为了满足广大个人用户对防火墙技术的需求，一些计算机网络安全厂商开发出了基于纯软件的防火墙，称为“个人防火墙”，之所以称为个人防火墙，是因为它安装在主机中，只对一台主机进行防护，而不是整个网络。如“天网”防火墙就是个人防火墙。另外，像其他一些网络安全软件中也集成有防火墙功能，如 360 杀毒软件、金山毒霸杀毒软件等也集成有防火墙功能。

3. 从防火墙的结构划分

从防火墙的结构划分，主要有单一主机防火墙、路由器集成式防火墙和分布式防火墙三种。

（1）单一主机防火墙。这是一种传统的防火墙结构，它独立于其他网络设备，位于网络边界。这种防火墙的硬件结构与普通计算机差不多，与普通计算机的主要区别是它集成了两个以上的以太网卡，用于连接不同的网络，在防火墙的硬盘中存储的是防火墙所用的软件，包括包过滤程序和代理服务程序、日志记录等。

（2）路由器集成式防火墙。随着防火墙技术的发展，原来作为单一主机的防火墙已发生了明显的变化，在许多中、高档的路由器中已集成子防火墙功能。例如 Cisco IOS 防火墙系列，用户可以用 Cisco IOS 防火墙来完成防火墙和功能，也可用来充当路由器使用，大大降低了网络设备购买成本。

（3）分布式防火墙。分布式防火墙与前两种防火墙不同，不再位于网络的边界，而是渗透于网络中的每一台主机，对整个内部网络的主机进行保护。分布式防火墙由安全策略管理服务器和客户端防火墙组成。

客户端防火墙上安装有集成功能的 PCI 防火墙卡，此卡具有网卡和防火墙双重功能，客户端防火墙工作在各个服务器、工作站、个人计算机上，根据安全策略文件的内容，依靠包过滤、特洛伊木马过滤和脚本过滤的三层过滤检查，保护计算机在正常使用网络时不会受到恶意的攻击，提高了网络安全性。

安全策略管理服务器则负责安全策略、用户、日志、审计等的管理。该服务器是集中管理控制中心，统一制定和分发安全策略，负责管理系统日志、多主机的统一管理，使终端用户“零”负担。

8.9.2 防火墙的基本特性

1. 内部网络和外部网络之间的所有数据流量都必须经过防火墙

这是防火墙能起到防护作用的前提。只有当防火墙是内、外部网络之间通信的唯一通道，才可以全面、有效地保护内部网络不受侵害。

根据美国国家安全局制定的《信息保障技术框架》，防火墙适用于用户网络系统的边界，属于用户网络边界的安全保护设备。所谓网络边界即是采用不同安全策略的两个网络连接处，比如用户网络和互联网之间连接、具有业务往来单位网络间连接、用户内部网络不同部门之间的连接等。防火墙的目的就是在网络连接之间建立一个安全控制点，通过允许、拒绝或重新定向经过防火墙的数据流，实现对进、出内部网络的服务和访问的审计和控制。

典型的防火墙体系网络结构如图 8–15 所示。

防火墙的一端连接企事业单位内部的局域网，而另一端则连接着互联网。所有的内、外部网络之间的通信都要经过防火墙。

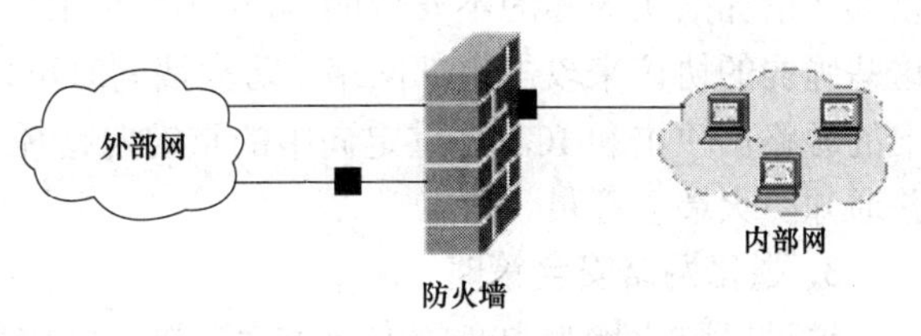

图 8–15　防火墙体系网络结构

2. 只有符合安全策略的数据流才能通过防火墙

防火墙最基本的功能是确保网络流量的合法性，并在此前提下将网络的流量快速的从一个网络转发到另一个网络上去。从最早的防火墙模型开始谈起，原始的防火墙是一台“双穴主机”，即具备两个网络接口，同时拥有两个网络层地址。防火墙将网络上的流量通过相应的网络接口接收上来，按照 OSI 协议栈的七层结构顺序上传，在适当的协议层进行访问规则和安全审查，然后将符合通过条件的报文从相应的网络接口送出，而对于那些不符合通过条件的报文则予以阻断。因此，从这个角度上来说，防火墙是一个类似于一个多端口的（网络接口≥2）转发设备，它跨接于多个分离的物理网段之间，并在报文转发过程之中完成对报文的审查工作。

3. 防火墙自身应具有非常强的抗攻击免疫力

这是防火墙之所以能担当企业内部网络安全防护重任的先决条件。防火墙处于网络边缘，它就像一个边界卫士一样，每时每刻都要面对黑客的入侵，这样就要求防火墙自身要具有非常强的抗击入侵本领。防火墙要具有这么强的抗攻击本领，防火墙操作系统本身是关键，只有自身具有完整信任关系的操作系统才可以谈论系统的安全性。其次就是防火墙自身具有非常低的服务功能，除了专门的防火墙嵌入系统外，再没有其他应用程序在防火墙上运行。当然这些安全性也只能说是相对的。

目前国内的防火墙几乎被国外的品牌占据了一半的市场，国外品牌的优势主要是在技术和知名度上比国内产品高。而国内防火墙厂商对国内用户了解更加透彻，价格上也更具有优势。防火墙产品中，国外主流厂商为思科（Cisco）、CheckPoint、NetScreen 等，国内主流厂商为东软、天融信、山石网科、网御神州、联想、方正等，它们都提供不同级别的防火墙产品。

8.9.3　防火墙的功能

1. 控制在计算机网络中不同信任程度区域间传送的数据流

防火墙具有控制信息在不同信任度区域间通信基本的功能，例如互联网就是一个没有信任的区域，而内部网络就是一个高信任的区域。防火墙用以避免安全策略中禁止的一些数据通过，这与古建筑中的防火墙功能相似。使用防火墙最终目标是在不同水平的信任区域间，根据最少特权原则，通过建立连通性模型，运行安全策略，达到安全数据流传递的功能。

防火墙对流经它的网络通信进行扫描，这样能够过滤掉一些攻击，以免其在目标计算机上被执行。防火墙还可以关闭不使用的端口。而且它还能禁止特定端口的流出通信，封锁特洛伊木马。它可以禁止来自特殊站点的访问，从而防止来自不明入侵者的所有通信。

2. 网络安全的屏障

一个防火墙能极大地提高一个内部网络的安全性，并通过过滤不安全的服务而降低风险。由于只有经过精心选择的应用协议才能通过防火墙，所以网络环境变得更安全。如防火墙可以禁止诸如众所周知的不安全的 NFS 协议进出受保护网络，这样外部的攻击者就不可能利用这些脆弱的协议来攻击内部网络。防火墙同时可以保护网络免受基于路由的攻击，如 IP 选项中的源路由攻击和 ICMP 重定向中的重定向路径。防火墙可以拒绝所有以上类型攻击的报文并通知防火墙管理员。

3. 强化网络安全策略

通过以防火墙为中心的安全方案配置，能将所有安全软件配置在防火墙上。与将网络安全问题分散到各个主机上相比，防火墙的集中安全管理更经济。例如在网络访问时，一次一密口令系统和其他的身份认证系统完可以不必分散在各个主机上，而集中在防火墙一身上。

4. 对网络存取和访问进行监控审计

如果所有的访问都经过防火墙，那么，防火墙就能记录下这些访问并作出日志记录，同时也能提供网络使用情况的统计数据。当发生可疑动作时，防火墙能进行适当的报警，并提供网络是否受到监测和攻击的详细信息。另外，收集一个网络的使用和误用情况也是非常重要的，这样可以清楚防火墙是否能够抵挡攻击者的探测和攻击，并且清楚防火墙的控制是否充足，网络使用统计对网络需求分析和威胁分析等而言也是非常重要的。

5. 防止内部信息的外泄

通过利用防火墙对内部网络的划分，可实现内部网重点网段的隔离，从而限制了局部重点或敏感网络安全问题对全局网络造成的影响。再者，隐私是内部网络非常关心的问题，一个内部网络中不引人注意的细节可能包含了有关安全的线索而引起外部攻击者的兴趣，甚至因此而暴露了内部网络的某些安全漏洞。使用防火墙就可以隐蔽那些透漏内部细节如 Finger，DNS 等服务。Finger 显示了主机的所有用户的注册名、真名，最后登录时间和使用 shell 类型等，Finger 显示的信息非常容易被攻击者所获悉。攻击者可以知道一个系统使用的频繁程度，这个系统是否有用户正在连线上网，这个系统是否在被攻击时引起注意等等。防火墙可以同样阻塞有关内部网络中的 DNS 信息，这样一台主机的域名和 IP 地址就不会被外界所了解。

6. 支持 VPN 服务

防火墙除了安全作用，还支持具有 Internet 服务特性的企业内部网络技术体系 VPN（虚拟专用网）。通过 VPN，可将一个企业在分布不同地域的局域网联成一个整体，可以省去专用通信线路，以及为信息共享提供了技术保障。

8.10 本章实验

路由器口令破解：

1. 实验目的

掌握 Cisco 路由器在忘记的设置密码的情况下，如何破解的方法。

2. 实验环境

（1）路由器。

（2）PC 机。

3. 实验步骤

（1）为路由器设置加密口令

Router＃conf　t

Router（config）# enable password cisco /*设置使能口令*/

Router（config）# enable secret cisco /*设置加密口令*/

Router（config）# line console 0

Router（config-line）#pass consolekey /*设置控制台口令*/

Router（config-line）#exit

Router（config）# line vty 0 15

Router（config-line）#pass vtykey /*设置远程登录口令*/

Router（config-line）#login

（2）密码破解过程

假设上述密码都被忘记的情况下：

1）重启路由器，启动过程中按下 Ctrl+Break 进入如图 8–16 所示的监视调试模式。

```
Self decompressing the image :
###########################################
monitor: command "boot" aborted due to user interrupt
rommon 1 >
```

图 8–16 进入监视调试模式

2）修改配置寄存器的值为 0x2142，rommon 2 >confreg ox2142，然后，rommon 3>reset 重新启动路由器，如图 8–17 所示。

```
rommon 2 > confreg 0x2142
rommon 3 > reset
System Bootstrap, Version 12.1(3r)T2, RELEASE SOFTWARE (fc1)
Copyright (c) 2000 by cisco Systems, Inc.
cisco 2620 (MPC860) processor (revision 0x200) with 60416K/5120K bytes of memor

Self decompressing the image :
####################
```

图 8–17 修改寄存器位并重启

3）将配置文件保存为运行文件，这是因为此路由器如果以前已作了配置信息，现在将之读取为正在运行的配置信息，然后再将配置寄存器的值改回 2102，然后再保存回配置文件，这样就不至于丢失以前的配置信息，如图 8–18 所示。

```
Router#copy startup-config running-config
Destination filename [running-config]?

418 bytes copied in 0.416 secs (1004 bytes/sec)
Router#
%SYS-5-CONFIG_I: Configured from console by console

Router#
```

图 8–18 拷贝 NVRAM 中的配置到 RAM 中

（4）接下来的重新设置各项口令。

（5）然后在全局模式下把配置寄存器的值改为 0X2102，然后保存

Router（config）# config-register 0x2102

Router（config）#exit

Router#wr

然后重新启动，这样以前的配置除了密码修改了，其他的都没变。

Router#relood

习 题 八

一、选择题

1. 下列说法正确的是（　　）。

   A. 交换式以太网的基本拓扑结构可以是星形的，也可以是总线型的。

   B. 集线器相当于多端口中继器，对信号放大并整形再转发，扩充了信号传输距离

   C. 路由器价格比网桥高，所以数据处理速度比网桥快

   D. 划分子网的目的在于将以太网的冲突域规模减小，减少拥塞，抑制广播风暴 ；

2. 下列说法正确的是（　　）。

   A. MODEM 仅用于把数字信号转换成模拟信号，并在线路中传输

   B. MODEM 是对传输信号进行 A/D 和 D/A 转换的，所以在模拟信道中传输数字信号时是不可缺少的设备

   C. MODEM 是一种数据通信设备 DTE

   D. 56kbit/s 的 MODEM 的下传速率比上传速率小

3. 下面哪种网络互连设备和网络层关系最密切？（　　）

   A. 中继器　　B. 交换机　　C. 路由器　　D. 网关

4. 下面哪种说法是错误的？（　　）

   A. 中继器可以连接一个以太网 UTP 线缆上的设备和一个在以太网同轴电缆上的设备

   B. 中继器可以增加网络的带宽

   C. 中继器可以扩展网络上两个节点之间的距离

   D. 中继器能够再生网络上的电信号

5. 可堆叠式集线器的一个优点是（　　）。

   A. 相互连接的集线器使用 SNMP

   B. 相互连接的集线器在逻辑上是一个集线器

   C. 相互连接的集线器在逻辑上是一个网络

   D. 相互连接的集线器在逻辑上是一个单独的广播域

6. 当网桥收到一帧，但不知道目的节点在哪个网段时，它必须（　　）。

   A. 再输入端口上复制该帧　　B. 丢弃该帧

   C. 将该帧复制到所有端口　　D. 生成校验和

7. 下面哪种网络设备用来连接异种网络？（　　）。

   A. 集线器　　B. 交换机　　C. 路由器　　D. 网桥

8. 下面有关网桥的说法，错误的是（ ）。
A. 网桥工作在数据链路层，对网络进行分段，并将两个物理网络连接成一个逻辑网络
B. 网桥可以通过对不要传递的数据进行过滤，并有效地阻止广播数据
C. 对于不同类型的网络可以通过特殊的转换网桥进行连接
D. 网桥要处理其接收到的数据，增加了时延

9. 在采用光纤作媒体的千兆位以太网中，配置一个中继器后网络跨距将（ ）。
A. 扩大 B. 缩小 C. 不变 D. 为零

10. 路由选择协议位于（ ）。
A. 物理层 B. 数据链路层 C. 网络层 D. 应用层

11. 具有隔离广播信息能力的网络互联设备是（ ）。
A. 网桥 B. 中继器 C. 路由器 D. L2 交换器

12. 在电缆中屏蔽的好处是（ ）。
A. 减少信号衰减 B. 减少电磁干扰辐射
C. 减少物理损坏 D. 减少电缆的阻抗

13. 下面有关网桥的说法，错误的是（ ）。
A. 网桥工作在数据链路层，对网络进行分段，并将两个物理网络连接成一个逻辑网络
B. 网桥可以通过对不要传递的数据进行过滤，并有效地阻止广播数据
C. 对于不同类型的网络可以通过特殊的转换网桥进行连接
D. 网桥要处理其接收到的数据，增加了时延

14. 不同的网络设备和网络互联设备实现的功能不同，主要取决于该设备工作在 OSI 的第几层，下列哪组设备工作在数据链路层？（ ）
A. 网桥和路由器 B. 网桥和集线器
C. 网关和路由器 D. 网卡和网桥

15. 在多数情况下，网络接口卡实现的功能处于（ ）。
A. 物理层协议和数据链路层协议 B. 物理层协议和网络层协议
C. 数据链路层协议 D. 网络层协议

16. 企业 Intranet 要与 Internet 互联，必需的互联设备是（ ）。
A. 中继器 B. 调制解调器
C. 交换器 D. 路由器

17. 下列只能简单再生信号的设备是（ ）。
A. 网卡 B. 网桥 C. 中继器 D. 路由器

18. 第三层交换技术中，基于核心模型解决方案的设计思想是（ ）。
A. 路由一次，随后交换 B. 主要提高路由器的处理器速度
C. 主要提高关键节点处理速度 D. 主要提高计算机的速度

19. 在采用双绞线作媒体的千兆位以太网中，配置一个中继器后网络跨距将（ ）。
A. 扩大 B. 缩小 C. 不变 D. 为零

20. 在 OSI 的（ ）使用的互联设备是路由器。
A. 物理层 B. 数据链路层
C. 网络层 D. 传输层

21. 下面不属于网卡功能的是（ ）。
A. 实现数据缓存 B. 实现某些数据链路层的功能
C. 实现物理层的功能 D. 实现调制和解调功能
22. 一台交换机的（ ）反映了它能连接的最大结点数。
A. 接口数量 B. 网卡的数量
C. 支持的物理地址数量 D. 机架插槽数
23. 在计算机局域网的构件中，本质上与中继器相同的是（ ）。
A. 网络适配器 B. 集线器
C. 网卡 D. 传输介质
24. 下列不属于第三层交换技术和协议的是（ ）。
A. IP 组播地址确定 B. IGMP
C. ICMP D. DVMRP
25. 以下哪个不是路由器的功能（ ）。
A. 安全性与防火墙 B. 路径选择
C. 隔离广播 D. 第二层的特殊服务
26. 当一个网桥处于学习状态时，它在（ ）。
A. 向它的转发数据库中添加数据链路层地址
B. 向它的转发数据库中添加网络层地址
C. 从它的数据库中删除未知的地址
D. 丢弃它不能识别的所有的帧
27. 下面关于 5/4/3 规则的叙述那种是错误的？（ ）
A. 在该配置中可以使用 4 个中继器 B. 整体上最多可以存在 5 个网段
C. 2 个网段用作连接网段 D. 4 个网段连接以太网节点
28. 以太网交换机可以堆叠主要是为了（ ）。
A. 将几台交换机难叠成一台交换机 B. 增加端口数量
C. 增加交换机的带宽 D. 以上都是
29. 路由器（Router）是用于连接（ ）逻辑上分开的网络。
A. 1 个 B. 2 个 C. 多个 D. 无数个

二、填空题

1. 在中继系统中，中继器处于________层。
2. 建立虚拟局域网的交换技术一般包括________、帧交换、信元交换三种方式。
3. 路由就是网间互联，其功能是发生在 OSI 参考模型的________层
4. 在 IEEE 802.3 的标准网络中，10Base-TX 所采用的传输介质是________。
5. 利用有线电视网上网，必须使用的设备是________。
6. FDDI 标准规定网络的传输介质采用________。
7. 网络中用交换机连接各计算机的这种结构物理上属于________结构。

三、问答题

1. 在局域网中，如何使用路由器实现网络互联？
2. 集线器、网桥、交换机、路由器分别应用在什么场合？它们之间有何区别？

3. 静态路由和动态路由的区别是什么？
4. 简述网桥与路由器的联系与区别？
5. 路由器的优点什么？路由选择采用了哪几种技术？
6. 列举互联网中六种常见网络设备，并简述其工作特点。
7. 什么是第三层交换机？它和路由有什么区别？

第 9 章　网 络 故 障 排 查

对网络性能的测试和对网络故障的排查将会贯穿于网络在建设和运行的整个过程，网络故障检测与维护在网络工程中一个非常重要的工作，网络的性能测试、网络故障判断以及网络故障的维护将是本章讲述的重点，通过本章的学习，为各位读者初步掌握网络故障排查的基础知识和基本原则，为以后在实际工程应用中打下良好的基础。

由于网络故障千变万化，引发故障的原因多种多样，因此，在学习本章时，应重点理解和掌握故障排除的原则，方法、步骤，同时结合实例学习故障排除技巧。最主要的是要尽可能多的深入掌握好网络各方面的知识，加深理解这些知识的应用场景，并且在实际工程中，不断的总结经验，不断提高自身的水平，才能真正成为优秀的网络运维管理人员。

学习目标

（1）了解网络故障诊断的原则和步骤。

（2）掌握 OSI/RM 各层网络故障的诊断与排查方法。

（3）理解网络案例分析过程。

（4）全面掌握网络故障诊断与排查的基础知识。

教学重点

OSI/RM 各层网络故障的诊断与排查方法、网络案例分析。

教学难点

全面掌握网络故障诊断与排查的基础知识、提升网络故障实际处理能力。

9.1　网络故障排查概述

9.1.1　网络运维必要性

现代的网络要求支持的应用更加广泛，网络建设随着应用需求的增加，多种业务的提供和各种先进技术的引入，使网络发展日趋复杂，主要表现在以下多个方面。

从网络的流量来看，包括数据、语音、视频等。

从网络的接入方式来看，包括有线接入、无线接入、光纤接入等。

从网络结构来看，包括二层、三层、二三层混合、VPN 技术等。

从网络使用的新技术来看，10Mbit/s 和 100Mbit/s 带宽以太网向千兆和万兆带宽以太网演变、具有 QoS 能力、更高的安全防范手段、IPv6 的支持等。

互联网络环境越复杂，意味着网络的连通性和性能故障发生的可能性越大，而且引发故障的原因也就更难确定。能够在日常工作中正确地维护网络，使得网络尽量不出现故障，并确保出现故障之后能够迅速、准确地定位问题并排除故障，是网络运维人员的基本职责。

在现代办公和生活中，人们越来越多的依赖网络处理日常的工作和事务，一旦网络故障不能及时修复，其所造成的损失可能很大甚至是灾难性的。这就使得在网络的运维工作中，不但要求运维人员对网络协议和技术有着深刻的理解，更重要的是要建立一个规范化、系统化的故障排除思想体系并应用于实际运维工作之中，从而将一个复杂的故障分解和缩减排错范围，达到及时快速的网络故障修复。

9.1.2　网络故障的分类

网络故障有三种分类方式：一是按网络故障发生所在的 OSI/RM 中的层次来划分；二是按网络故障产生的性质来划分；三是按网络故障产生的原因来划分。

1. 按 OSI/RM 的层次来划分

由于 OSI/RM 将网络分为了七层模型，按发生的网络故障属于哪一层次来划分，有物理层、数据链路层、网络层、传输层、会话层、表示层和应用层故障，根据有关资料的统计，网络按层次关系发生故障的可能性分布如图 9–1 所示。

然而，网络故障的产生往往会涉及多个层次，我们在处理网络故障时，不能只考虑某一个层次的故障，需要全面综合的分析处理。

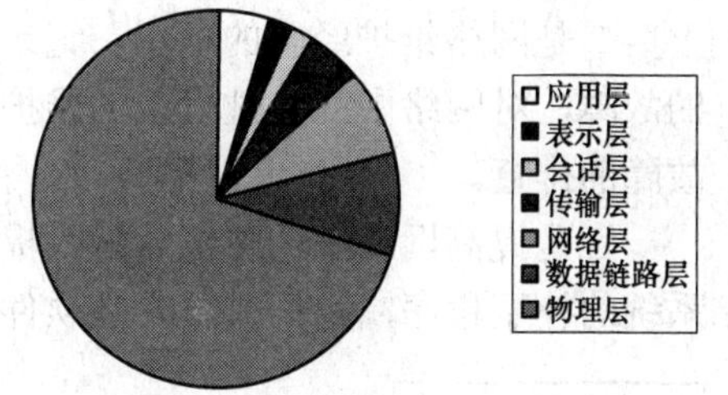

图 9–1　网络故障的层次分布

2. 按网络故障的性质来划分

网络故障按性质可分为物理故障和逻辑故障两类。物理故障指的是设备或线路损坏、插头松动、线路受到严重电磁干扰等情况；逻辑故障则一般是由网络相关的设备配置错误所引起的故障。

常见物理故障现象有电脑无法登录到服务器，电脑无法通过局域网接入互联网，电脑无法在网络内实现访问其他电脑上的资源。

引起物理故障原因包括：

（1）网卡驱动程序未安装，或未安装正确，或与其他设备有冲突。

（2）网卡硬件故障。

（3）网线、跳线或信息插座故障。

（4）集线器故障，或电源未打开。

（5）UPS 等供电设备故障。

常见的逻辑故障现象包括：电脑无法登录到服务器；电脑在“网上邻居”中既看不到自己，也无法在网络中访问其他电脑；电脑在“网上邻居”中能看到自己和其他成员，但无法访问其他电脑；电脑无法通过局域网接入到互联网。

引起协议故障原因主要是协议未安装或协议的配置不正确，因为实现局域网通信，需安装 NetBEUI 协议或者 TCP/IP 协议。

无论是物理故障，还是逻辑故障，都会导致网络的性能降低或是网络中断而不能访问。

3. 按网络故障的原因来划分

网络发生故障的原因有以下一些方面：

（1）网络管理员的误操作，误操作可能发生在网络层和传输层，一般是由于安装或配置协议和参数时产生的错误，也可能发生在物理层，这主要是在进行硬件设备的连接时产生的错误。

（2）存储器故障，最主要的原因是硬盘问题。

（3）计算机硬件故障，组成计算机本身的各种硬件产生的故障。

（4）软件故障，如网络操作系统的漏洞，黑客攻击，病毒破坏，软件缺陷等。

（5）网络设备故障，如线缆、连接器、网卡、交换机、路由器以及防火墙等故障。

（6）用户误操作，由于用户在使用时未按操作规程，从而引发的网络故障。

9.1.3　网络故障排查步骤

在网络的运维工作中，主要需要做好以下几个方面的工作：

一是需要获得网络建设时所产生的完整的组网文档，以供维护时查询。如系统需求分析报告、网络设计总体思路和方案、网路拓扑结构的规划方案、网络设备的配置情况、所使用网线的性能、网络的布线走向图、网络的 IP 分配情况，网络设备分布位置等。

二是网络维护经验的积累。记录网络运行的日志，尤其是一些高概率故障，一些危害大的故障，对网络中的关键设备的维护信息，这些都需要产生完善的维护文档，以有利于以后故障的排查。

三是提高网络安全防范意识，提高口令的可靠性，为网络中的每台主机加装最新的操作系统的补丁程序，根据需要安装软件或硬件防火墙，防黑客程序，以及病毒查杀软件等来防止可能出现的安全问题。

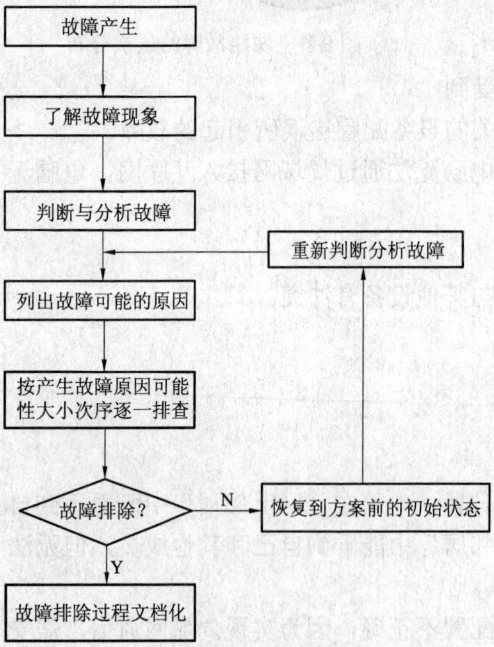

网络故障排除是一个系统化的工作，需要合理地一步步找出故障原因并解决，总体来说是遵循先软后硬的原则，但是具体情况要具体分析。排除故障的基本策略是将可能引起故障原因，收集有关故障现象的信息，根据运维人员的经验进行分析判断，罗列出所有可能的因素，并将这些可能的原因按可能性的大小进行排序，然后按次序逐一排查。在故障排查的过程中，可能会发现一些新的情况，需要再次调整排查策略。

有规划、有目的的故障排除方法更有助于解决网络故障，网络故障排查的处理流程如图 9–2 所示。

如何应用好上面的处理流程，这需要运维人员具备一定的专业知识和运维经验，下面将介绍关于网络故障排除的一些工具和命令的作用、功能和使用方法。

故障产生
了解故障现象
判断与分析故障
重新判断分析故障
列出故障可能的原因
按产生故障原因可能性大小次序逐一排查
故障排除？
N
恢复到方案前的初始状态
Y
故障排除过程文档化

图 9–2　网络故障排查处理流程

9.2　网络故障的排查

结合上一节的网络故障排查的流程和“网络故障分类”的相关方法，本节将按网络工作的层次，对网络故障排查的方法进行分析举例。

9.2.1　物理层故障诊断与排查

我们知道，网络出现故障最大的可能是在物理层上，其故障可能性占70%左右，因此，在进行网络故障排查时，首先应从物理层上着手进行分析判断。

物理层是OSI/RM中的最低一层，是以通信媒体为基础，实现系统与通信媒体的物理接口，实现在数据链路实体之间进行透明传输。

物理层的组件主要包括网络传输介质、连接器、网卡、集线器、收发器、接插面板以及介质转换器等。物理层故障概括起来主要包括以下几个方面。

1. 噪声干扰

噪声包括雷电、天气、电磁等，可能使得传输介质信号传输错误，在接收端难以从混杂了复杂噪声信号中提取出正确的数据。

解决噪声干扰的方法是增强抗拒干扰的能力。例如采用更高质量的双绞线，长距离传输采用光纤，更为良好的端接技术和接地技术等。

2. 信号衰减

数据在传输介质中其数据信号会随介质的长度而衰减，从而在接收端无法辨别有用数据。其解决方法是进行信号的放大和整形。

3. 物理组件端接不规范

现在端接的物理组件主要有RJ-45插座、RJ-45水晶头、DB-25到DB-9的转换器等，如果这些组件不规范将导致网络故障的产生，其解决的方法是按标准规范要求进和端接。

在日常网络维护中，线路故障的发生率是相当高的，线路故障通常包括线路损坏及线路受到严重电磁干扰。

如何判断是不是线路故障？如果是短距离的范围内，判断网线好坏简单的方法是将该网络线一端插入一台确定能够正常连入局域网的主机的RJ45插座内，另一端插入确定正常的HUB端口，然后从主机的一端Ping线路另一端的主机或路由器，根据通断来判断即可。如果线路稍长，或者网线不方便调动，就用网线测试器测量网线的好坏。如果线路很长，比如由电信部门等ISP提供的，就需通知线路ISP检查线路，看是否线路中间被切断。

对于是否存在严重电磁干扰的排查，我们可以用屏蔽较强的屏蔽线在该段网路上进行通信测试，如果通信正常，则表明存在电磁干扰，注意远离如高压电线等电磁场较强的物件。如果同样不正常，则应排除线路故障而考虑其他原因。

如何判断集线器或路由器等网络设备是否发生了物理故障，即是否发生了物理损坏而导致网络不通。通常最简易的方法是替换排除法，用通信正常的网线和主机来连接网络设备，如能正常通信，说明网络设备正常，否则再转换到集线器或路由端口排查是否是端口。当然很多时候也可以从网络设备联网端口的指示灯来看该网络设备是否正常。

9.2.2　数据链路层故障诊断与排查

在数据链路层上工作的网络设备有网卡、网桥和二层交换机等。在通过物理层故障的检测之后，如果问题还没有得到有效解决，那么就应该对数据链路层上的这些设备进行分析判断了。

数据链路层的故障判断分析方法有：根据网络设备上的指示灯来判断，对网卡进行测试，使用 ARP 协议来测试。

数据链路层上的网络设备一般都有指示灯来指示当前的工作状态：绿灯闪烁，表示该设备正在正常的数据收发，数据链路层正常，如果绿灯一直亮而不闪烁，说明设备可能正常但没有数据收发；如果是黄灯或红灯闪烁或长亮，说明该设备有故障；如果指示灯一直不亮，可能是通信线路有问题，或者没有接通电源，或者是网络硬件设备的电路已损坏。

现在工作在数据链路层的网络设备主要是网卡和交换机，而网桥已较少使用。针对交换机引发的网络故障，其排查故障时可参照先易后难，先软后硬，先链路后设备原则进行。

先易后难，是当交换机某端口与所连接的计算机发生通信故障时，其排查的顺序为：查看该故障端口工作状态（UP/DOWN）；将发生故障的网线连接到其他同类型和配置的端口进行替代检测；查看交换机的配置，是否访问列表等配置出错；查看该端口所连接的用户计算机网卡工作状态、驱动、IP 等是否正常；测试故障计算机整体链路，包括水平布线、配线架到交换机的跳线等的连通性。

先软后硬，是计算机无法连接网络时，先查看可能导致故障的“软”信息：交换机端口是否 UP，可使用 no shutdown 激活端口；交换机端口是否指定到正确的 VLAN；交换机端口的传输速率、双工模式设置是否正确；检查光纤端口，与网卡的速率和工作模式是否相同；网卡是否被禁用，网卡驱动是否正常安装，网卡 IP 地址是否正确等。在排查了“软”故障后，再检查可能导致故障的“硬”问故障：将网线连接至另一个能够正常工作的、同一 VLAN 的端口，查看网络通信能否正常恢复；测试整个物理链路是否畅通，如有问题，再逐段测试可能的链路故障，更换有问题的跳线（模块），重新打制配线架端口；更换计算机网卡及重新安装驱动、TCP/IP 协议、设置正确的 IP。

先链路后设备，由于网络设备的故障可能性相对较小，而网络链路由于接插件较多，故障的可能性较大，对网络故障排除“软”因素后，先测链路的连通性，再考虑交换机端口、插槽、模块、网卡等的故障。

网卡可能的故障主要有两类，即软故障和硬故障。硬故障即硬件本身损坏，一般来说需要更换硬件。网卡的软故障，是指网卡硬件本身并没有坏，通过升级软件或修改设置仍然可以正常使用。软故障主要包括网卡被误禁用、驱动程序未正确安装、网卡与系统中其他设备在中断或 I/O 地址上有冲突、网卡所设中断与自身中断不同、网络协议未安装以及病毒影响等。对无线网卡来说可能还有无线网卡的设置不正确，如 SSID、数据加密方式等。

ARP 是一个重要的 TCP/IP 协议，工作于数据链路层和网络层，并且用于确定对应 IP 地址的网卡物理地址。使用 ARP 命令，你能够查看本地计算机或另一台计算机的 ARP 高速缓存中的当前内容。此外，使用 ARP 命令，也可以用人工方式输入静态的网卡物理/IP 地址对，你可能会使用这种方式为缺省网关和本地服务器等常用主机进行这项作，有助于减少网络上的信息量。

使用 ARP 命令的语法规则如下：

arp[-a [InetAddr] [-N IfaceAddr]] [-g [InetAddr] [-N IfaceAddr]] [-d InetAddr [IfaceAddr]] [-s InetAddr EtherAddr [IfaceAddr]]

ARP 命令是在 cmd 模式下使用，如图 9–3 所示。

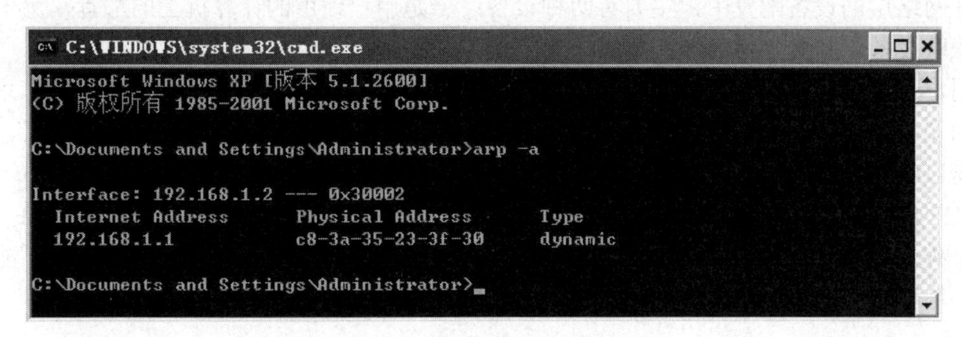

图 9–3 ARP 命令使用示例

下面是对上述主要参数作用的解释。

-a[InetAddr] [-N IfaceAddr]：显示所有接口的当前 ARP 缓存表。在图 9–3 中，ARP 缓存表中显示了本机的 IP 地址为 192.168.1.2，网关接口的 IP 地址（Internet Address）为 192.168.1.1，该接口的物理地址（Physical Address）为 c8-3a-35-23-3f-30，接口类型（Type）为 dynamic，表示 IP 地址与 MAC 地址的以应关系是动态对应的，而非静态 static 对应关系，动态对应关系表示这种对应关系可以被改变，而静态表示这个 IP 地址对应的 MAC 地址是不会被改变，如果担心受到 ARP 攻击，可以手动建立静态的网关 IP 地址和 MAC 地址的绑定关系，这样就建立了静态的以应关系，其 Type 将变为 static 了。

要显示特定 IP 地址的 ARP 缓存项，请使用带有 InetAddr 参数的 arp-a，此处的 InetAddr 代表 IP 地址。如果未指定 InetAddr，则使用第一个适用的接口。要显示特定接口的 ARP 缓存表，请将-N IfaceAddr 参数与-a 参数一起使用，此处的 IfaceAddr 代表指派给该接口的 IP 地址。-N 参数区分大小写。

-g[InetAddr] [-N IfaceAddr]：与-a 相同。

-d InetAddr [IfaceAddr]：删除指定的 IP 地址项，此处的 InetAddr 代表 IP 地址。对于指定的接口，要删除表中的某项，请使用 IfaceAddr 参数，此处的 IfaceAddr 代表指派给该接口的 IP 地址。要删除所有项，请使用星号（*）通配符代替 InetAddr。

-s InetAddr EtherAddr [IfaceAddr]：向 ARP 缓存添加可将 IP 地址 InetAddr 解析成物理地址 EtherAddr 的静态项。要向指定接口的表添加静态 ARP 缓存项，请使用 IfaceAddr 参数，此处的 IfaceAddr 代表指派给该接口的 IP 地址。

/?：在命令提示符下显示帮助。

注：InetAddr 和 IfaceAddr 的 IP 地址用带圆点的十进制记数法表示；EtherAddr 的物理地址由六个字节组成，这些字节用十六进制记数法表示并且用连字符隔开（比如，00-AA-00-4F-2A-9C）。

9.2.3 网络层故障诊断与排查

网络层也称作网络互联层或网际层，负责解决网络与网络间通信的问题，是将网络间的数据报独立地从源主机传送到目的主机，其中需要进行路由选择，拥塞控制等。在网络层上，其故障主要是配置方面的故障，如分配 IP 址、子网掩码、设默认网关、DNS 服务器、配置路由协议等产生的错误。

在网络层的设备配置中，主要有两种设备：一是用户使用的计算机上的配置，另一个是网络互联设备，主要是路由器和交换机的配置。

用户计算机的配置比较简单，在一台安装有 TCP/IP 协议的计算机上（在安装操作系统时会自动安装），在桌面的“网上邻居”右键，“属性”然后在联网的网卡中右键“属性”，在打开的窗口中选择“Internet 协议（TCP/IP）”，再选择“属性”，如图 9–4 所示。

在弹出的“常规”选项中选择“使用下面的 IP 地址”，如图 9–5 所示，然后输入 IP 地址、掩码、网关，以及后面的 DNS 服务器地址即可。这些地址如果配置有误，将会导致不能接入网络。这也是在产生网络故障时，在用户计算机上检查的一个重点。

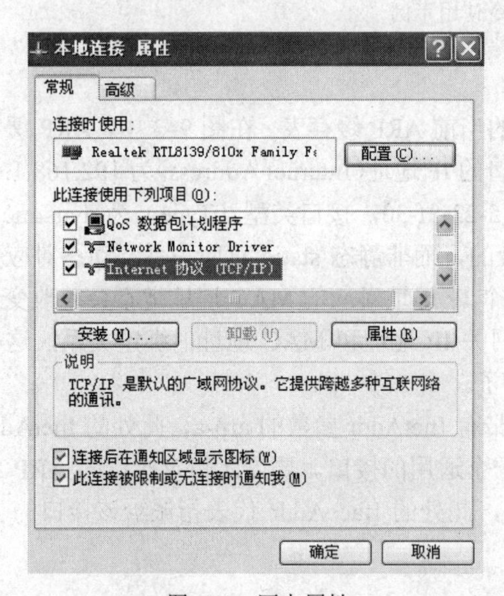

图 9–4 网卡属性

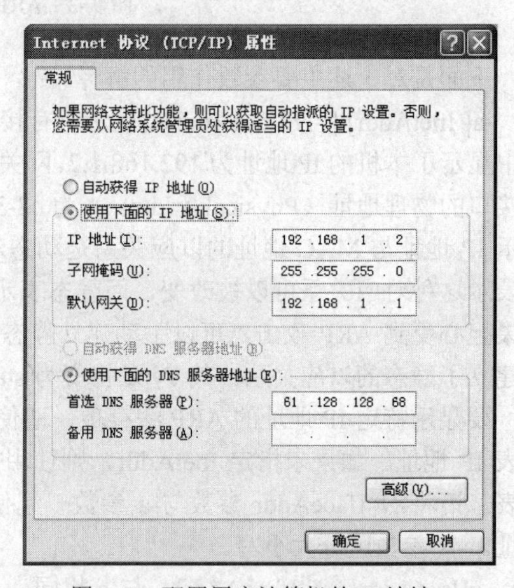

图 9–5 配置用户计算机的 IP 地址

针对网络互联设备产生的故障，其检查的难度则比较大，需要运维人员具有非常熟练的网络设备配置能力和故障检测能力。在网络故障诊断这一章节里，主要讲了故障检测常用的命令应用方法。而有关网络设备的配置，在第 10 章中将以案例形式讲述。

现在市面上的互联网络产品中，以美国思科的路由器和交换机最具代表性，思科网络设备支持很多故障检测命令，本书主要讲了以下几个最为常用、最为有效的故障诊断命令：ping、traceroute、show、clear 和 debug。

1. Ping 命令

ping 命令的功能是通过源站点向目标站点发出一个 ICMP Echo Request 报文，目标站点收到该报文后回一个 ICMP Echo Reply 报文，这样就验证了两个节点间网络层是否是连通的。

下面以图 9–6 为网络拓扑解释 ping 命令的用法。

在 Cisco 路由器上，Ping 命令的格式如下：

路由器名#Ping ip-address

如图 9–7 所示，由路由器 R1 向路由器 R2 的 e1/0 的 IP 发出的 Ping 命令。

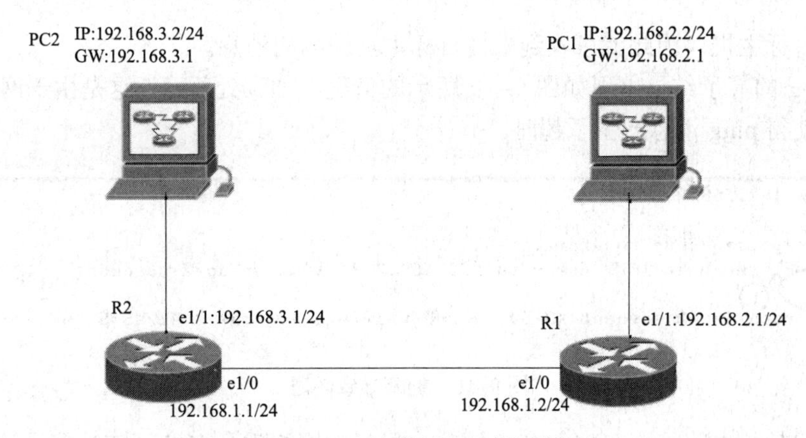

图 9–6 ping 命令举例使用的网络拓扑

```
R1#ping 192.168.1.1

Type escape sequence to abort.
Sending 5, 100-byte ICMP Echos to 192.168.1.1, timeout is 2 seconds:
!!!!!      ①
Success rate is 100 percent (5/5), round-trip min/avg/max = 52/92/132 ms
R1#
```

图 9–7 ping 命令成功

Ping 命令向 192.168.1.1（这是 R2 与 R1 相连接的端口 e1/0 的 IP 地址）发送了 5 个分组，R2 对这 5 个测试分组作了回应，在上图中①处以“!”形式显示表示 ping 成功了。

如果 ping 命令失败时，如图 9–8 所示。

```
R1#ping 192.168.1.1

Type escape sequence to abort.
Sending 5, 100-byte ICMP Echos to 192.168.1.1, timeout is 2 seconds:
.....      ①
Success rate is 0 percent (0/5)
R1#
```

图 9–8 ping 命令失败

如果超过了 2s 都没能能收到对端的回应消息，则图 9–8 中①处以“.”形式显示表示 ping 失败了。

另外，ping 的显示结果还有两种情况，如图 9–9 所示。

```
R2# ping 192.168.2.2

Type escape sequence to abort.
Sending 5, 100-byte ICMP Echos to 192.168.2.2, timeout is 2 seconds:
..!!!      ①
Success rate is 60 percent (3/5), round-trip min/avg/max = 40/45/52 ms
R2#
```

图 9–9 ARP 解析引起的超时

如图 9–9 所示，①处所显示的是在 ping 的时候，由于数据包要送达目标主机需要知道目标主机的 MAC 地址，此时就需要使用地址解析协议（ARP）去解析 MAC 地址，解析是要花时间的，导致前两个数据包超时，出现“.”提示；从第三个数据包开始解析成功后，数据包可成功到达目标主机，因此就可收到来自目标主机的响应消息。

如果 ping 的显示结果出现如图 9–10 所示的情况，如①处所示，这是由于网络链路中产生了拥塞，使得 ping 消息产生了超时。

```
R2# ping 192.168.2.2

Type escape sequence to abort.
Sending 5, 100-byte ICMP Echos to 192.168.2.2, timeout is 2 seconds:
.!!.!   ①
Success rate is 60 percent (3/5), round-trip min/avg/max = 40/45/52 ms
R2#
```

图 9–10　拥塞导致超时

前面讲的是基本的 ping 命令的使用方法，思科的网络设备 IOS 还支持扩展的 ping 命令，扩展 ping 命令具有更多的可选项，如图 9–11 所示。

```
Router2-----Created by Xiaofan
R2#ping
Protocol [ip]:
Target IP address: 192.168.2.1          ①
Repeat count [5]: 20
Datagram size [100]: 200
Timeout in seconds [2]: 4                   ②
Extended commands [n]: y
Source address or interface: 192.168.3.1
Type of service [0]:
Set DF bit in IP header? [no]:
Validate reply data? [no]:
Data pattern [0xABCD]:
Loose, Strict, Record, Timestamp, Verbose[none]:
Sweep range of sizes [n]:
Type escape sequence to abort.
Sending 20, 200-byte ICMP Echos to 192.168.2.1, timeout is 4 seconds:
Packet sent with a source address of 192.168.3.1
!!!!!!!!!!!!!!!!!!!!   ③
Success rate is 100 percent (20/20), round-trip min/avg/max = 8/17/72 ms
```

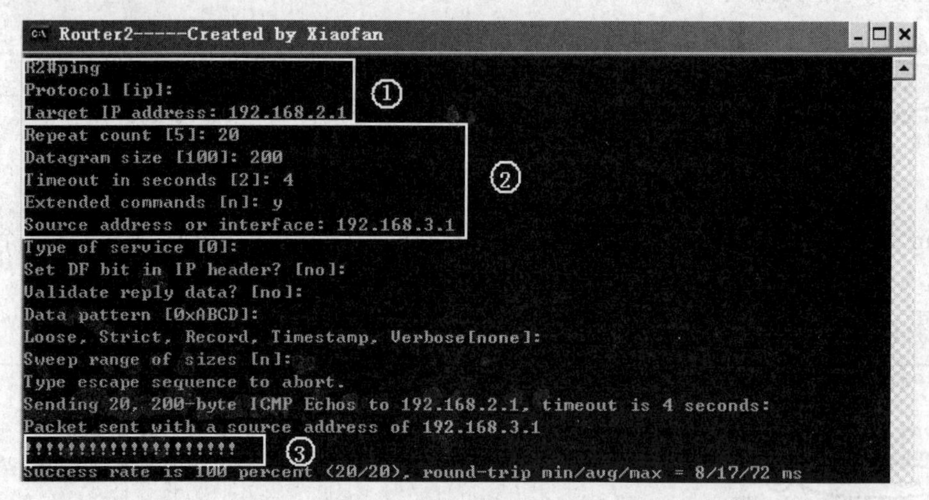

图 9–11　扩展的 Ping 命令

如图 9–11 所示，①处中，只输入 ping 命令，回车；提示“protocol [ip]:”这里是问 ping 使用的什么协议，默认是 IP 协议，直接回车即可；提示“Target IP address:”要求输入你要 ping 的对端端口，这里输入 R1 的 e1/1 端口的 IP 地址 192.168.2.1。

②处：“Repeat count [5]: ”要求输入回送请求数量，默认为 5（也就是我们常看到的 5 个“!”，在这里输入 20，其结果可从③处可见有 20 个“!”。

“Datagram size [100]:”要求输入 ping 分组有多少个字节，默认 100B，在这里输入的是 200。

“Timeout in seconds [2]: ”要求输入超时时长，即发生超时时需要等待的时间长度，默认为 2s，在这里输入的是 4。

“Extended commands [n]: ”询问是否继续扩展的命令提示，如果直接回车，表示不再看后面的提示了，这里输的是“y”。

“Source address or interface:”要求输入源 IP 地址，即你使用哪一个端口去 ping 对端的端口，这里输入的是 R2 的 e1/1 端口。

其他的询问提示，通常使用中不需要关注，可直接回车默认。使用扩展 ping 命令，通过设置 ping 包的个数和每个 ping 包的大小来观察是否有数据包丢失以及应答时间等，可以用于检测一条线路的性能。

2. Traceroute 命令

前面讲述了 ping 命令，是用于测试从源端到目的标的连通性问题，但如果有连通性问题时，ping 命令却不能告诉你在什么地方出了问题。Traceroute 命令就是用于检测网络路径上的某个路由器故障的，它是一个正确理解 IP 网络、路由原理、网络工程技术以及系统管理的重要工具。Traceroute 通过列出网络路径中的每台路由器来反应网络层的连通性问题。

根据图 9–12 来说明 traceroute 命令的使用过程。

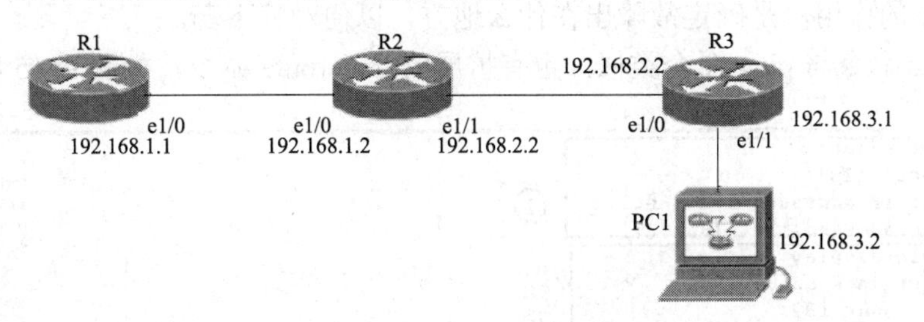

图 9–12 traceroute 命令拓扑

在路由器或 UNIX 操作系统中，其命令格式为 traceroute 目标 IP 地址；而在 windows 操作系统中，其命令格式为 tracert 目标 IP 地址。

根据上图，我们先看在 R1 中使用 traceroute 命令的过程，如图 9–13 所示。

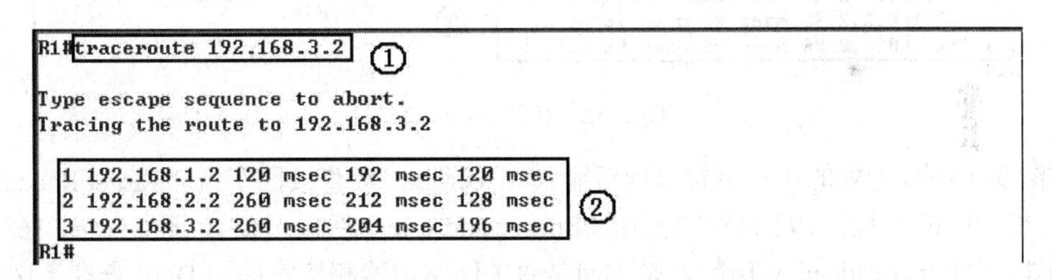

图 9–13 在 R1 上使用 traceroute 命令

在图 9–13 中，①处是从路由器 R1 发出到电脑 PC1 的测试命令，在这里是输入的是 PC1 的 IP 地址，如果你想要跟踪到达互联网上某个网站的路由信息，则应该在 traceroute 命令后面输入该网站的域名地址，例如跟踪到达 www.163.com 网站的路由，应输入：traceroute www.163.com（此命令也可以在用户模式下使用）；如果是在电脑 PC1 上发出到 R1 的测试，则命令为：tracert 192.168.1.1。

②处表示从路由器 R1 到 PC1 经历的路径：共 3 跳，每 1 行列出了 1 跳，从其中的 IP 地址可看出，第一跳是与 R1 相连的 R2，第二跳为 R3，第三跳是为目的地 PC1。

在②中 IP 地址的前面，有三个时间长度，Traceroute 通过发送 40B 的测试数据包到路径中的每一个主机，路径中的每一个主机返回其响应，由于路径上的每个设备都要测试 3 次，因此每一跳都有三个返回时间。如果没有看到②中所示的往返时间，而是“*”，表明在这个路径上，某个设备不能在给定时间内返回测试的应答消息，这种现象如图 9–14 中①处所示。

```
R1#traceroute 192.168.3.2

Type escape sequence to abort.
Tracing the route to 192.168.3.2

  1 192.168.1.2 176 msec 216 msec 132 msec
  2  *  *  *
  3  *  *  *   ①
  4  *  *  *
```

图 9–14　测试应答超时

在图 9–14 中，在从路由器 R1 通往 PC1 的路径上，数据在 192.168.1.2 之后，就没有消息返回了，可能的原因有线路问题、端口问题、IP 地址或路由协议未正确配置等原因。使用 traceroute 命令的作用，是确定故障出在什么地方，以便对症下药。

Traceroute 命令与 ping 命令类似，也有扩展的 traceroute 命令，如图 9–15 所示。

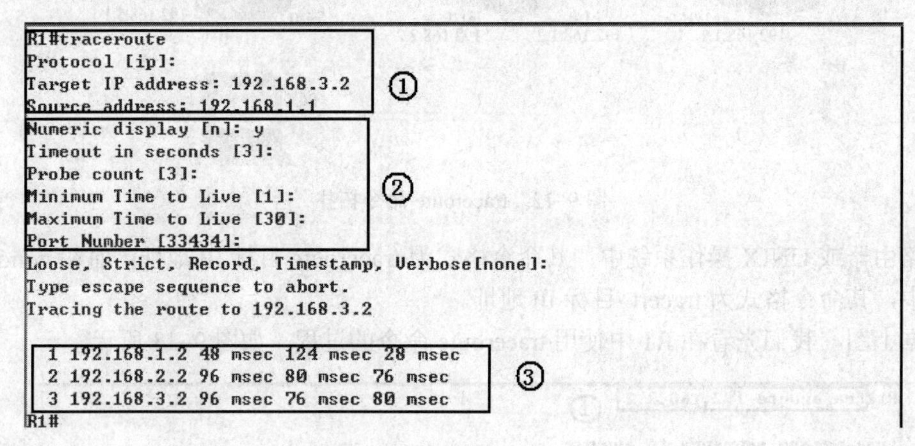

```
R1#traceroute
Protocol [ip]:
Target IP address: 192.168.3.2          ①
Source address: 192.168.1.1
Numeric display [n]: y
Timeout in seconds [3]:
Probe count [3]:                        ②
Minimum Time to Live [1]:
Maximum Time to Live [30]:
Port Number [33434]:
Loose, Strict, Record, Timestamp, Verbose[none]:
Type escape sequence to abort.
Tracing the route to 192.168.3.2

  1 192.168.1.2 48 msec 124 msec 28 msec
  2 192.168.2.2 96 msec 80 msec 76 msec   ③
  3 192.168.3.2 96 msec 76 msec 80 msec
R1#
```

图 9–15　扩展 traceroute

在图 9–15 中，①处的在提示符 R1#后输入“traceroute”后直接回车；在“Target IP address: ”后输入 PC1 的 IP 地址：192.168.3.2；在“Source address:”后输入源 IP 地址：192.168.1.1。

②处：“Numeric display [n]:”，是询问是否关闭路由器和接收站的 DNS 查询，这个功能一般都不需要，否则会花费你在量的时间去进行地址解析，这里回答“y”表示要关闭。

“Timeout in seconds [3]:”要求输入测试的超时时间，可选默认值 3s。

“Probe count [3]:”是询问每个设备需要测试的次数，默认是 3 次，例如：在这里输入 5，则每个设备测试 5 次。

“Minimum Time to Live [1]:”询问跟踪的路径的最小跳数，默认是从第一跳开始，如果在这里输入 2，则在③处的显示是从第 2 跳开始。

“Maximum Time to Live [30]:”询问跟踪的最大跳数，在工作中，可根据网络的大小，可将此数字改小一些，如果在路径中的某一跳出了问题，它将一直显示“*”直到 30 跳。当然，如果发现网络有问题，在 traceroute 命令测试过程中，也可以随时按组合键：ctrl-shift-6 退出测试。

“Port Number [33434]:”询问测试使用的端口号，默认值是 33434。

3. show 命令

show 命令用于查看路由器和交换机中配置信息，包括端口信息、版本信息、地址表信息等。本例以如图 9–16 为例进行讲解。

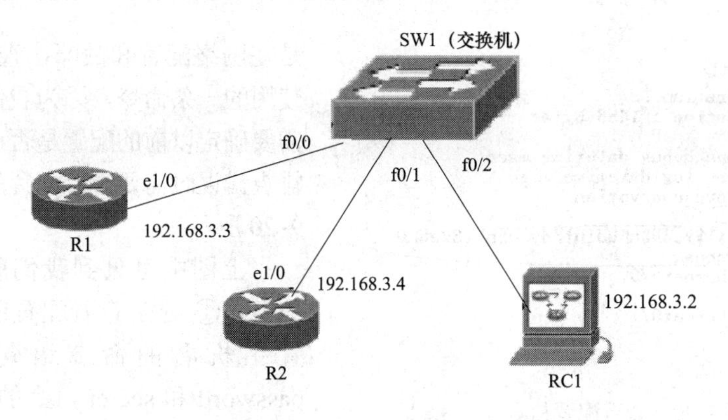

图 9–16 show 命令拓扑

在图 9–16 中，交换机 SW1 与两台路由器和一电脑 PC1 相连。在交换机上使用命令：show mac-address-table 查看 MAC 地址表时，如图 9–17 所示。

```
SW1#show mac-address-table ①
Destination Address  Address Type  VLAN  Destination Port
-------------------  ------------  ----  --------------------
cc00.0dfc.0000          Self          1     Vlan1   ②

SW1#
```

图 9–17 查看 MAC 表

在图 9–17 中，①处是查看 MAC 地址表的命令：show mac-address-table。

②处显示了交换机自己的 MAC 地址信息：有一个属于 VLAN1 的 MAC 地址，也就是用于代表此交换机的一个 MAC 地址。此时交换机还没有学习到其他设备的 MAC 地址。

在过了几秒钟之后，我们可再使用 show 命令查看 MAC 地址表，如图 9–18 所示。

```
SW1#
SW1#show mac-address-table
Destination Address  Address Type  VLAN  Destination Port
-------------------  ------------  ----  --------------------
cc00.0dfc.0000          Self          1     Vlan1
ca00.0de0.001c          Dynamic       1     FastEthernet0/1
ca00.0d0c.001c          Dynamic       1     FastEthernet0/0  ①

SW1#
```

图 9–18 查看 MAC 表

在图 9–18 中，①处可见，增加了两个 MAC 地址，其的端口是 f0/0 和 f0/1 两个端口，这里我们再使用 show interface e1/0 来查看一下与 f0/0 相连的 R1 的 e0/1 端口的 MAC 地址，如图 9–19 所示。

```
R1#show interfaces e1/0
Ethernet1/0 is up, line protocol is up      ①
  Hardware is AmdP2, address is ca00.0d0c.001c (bia ca00.0d0c.001c)
  Internet address is 192.168.3.3/24
```

图 9–19 R1 的 e1/0 端口的 MAC 地址

从图 9–19 中①处可见，在图 5–4 中交换机学习到的 MAC 地址 ca00.0d0c.001c 正是 R1 上 e1/0 端口的 MAC 地址。

在特权模式下，可以使用 show run 命令来查看存储在交换机 RAM 中的配置信息，这个命令

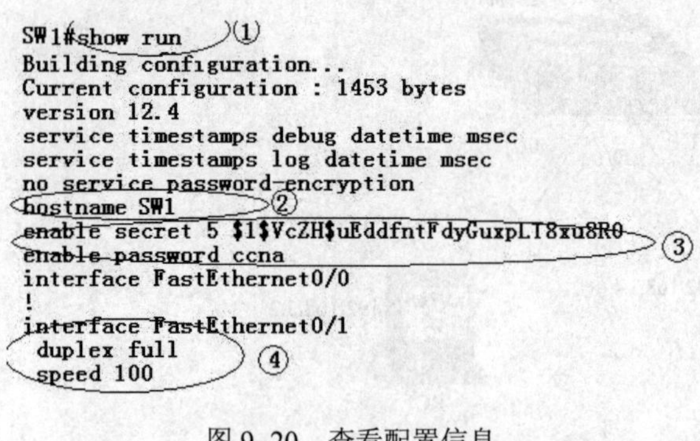

图 9–20　查看配置信息

是在网络配置和故障排查过程中经常需要使用的一条命令，因为我们在配置过程中，需要确定以前的配置是否已经完成，或是在排查错误时需要查看配置的相关信息，如图 9–20 所示。

上图中可见到我们所做的一些配置信息：① 处是查看配置的命令。② 是设置主机名的命令语句。③ 是设置 password 和 secret 口令的命令语句。④ 是在端口 f0/1 上所配置的双工与速率。

除上面的举例之外，还有其他一些 show 命令，在此列举部分如下。

（1）Show Version 命令是最基本的命令之一，它用于显示路由器硬件和软件的基本信息。因为不同的版本有不同的特征，实现的功能也不完全相同，所以，查看硬件和软件的信息是解决问题的重要一步。在进行故障排除时，我们通常从这个命令开始收集数据。

（2）show startup-config 可以查看保存在 NVRAM 中的配置文件。

（3）show ip interface 命令：此命令用于显示某端口的状态，配置的 IP 地址，子网掩码，广播地址，对端地址等。

（4）show interface 命令：此命令是用来显示路由器端口的参数，状态信息，统计信息。是经常在故障排除，故障查看时使用此命令。

如要要全面了解共有哪些 show 命令，可使用 show ？来查询，如 R1#show ?，路由器或交换机将列出所有的 show 命令及其功能简单说明。

注：在路由器和在交换机中，show 命令的功能是一样的。

4. Clear 命令

Clear 命令的作用是用于清空当前的统计信息以排除以前积累的数据的干扰。

Clear 命令中最主要的是 Clear 和 Clear counters 命令。对于端口收发的各计数器的刷新必须使用 Clear counters，可通过 show interface 命令来观察；对于端口硬件逻辑的刷新使用 Clear 来刷新，通过 show interface 命令来观察。

Clear 命令适用场合如下：

许多情况下，我们需要使用带参数的 Ping 命令来测试链路的连通性，同时在一段时间内 Ping 后，通过 Show interface 或 Show ip interface 命令来查看端口报文的收发及 CRC 校验等情况的正确与否，从而分析报文的收发在什么地方出现了问题。但 show 命令的显示值是自从路由器运行以来（或上次 Clear 后）的所有统计值，这个值是无法分析的。因此，实际我们需要进行的步骤为：首先使用 Clear 命令清空统计值，然后使用一系列 Ping 命令使路由器端口收发报文，最后使用 Show 命令来查看统计值。

例如：通过 SW1#Show interface FastEthernet 0/1 counters 观察到端口的统计数据，如果在观察到端口收发有了错误，但这些错误是否是最近产生的呢？可用 Clear counters interface FastEthernet 0/1 来进行刷新，再通过 Ping 一组报文测试路由器端口的收发，最后再使用 Show interface FastEthernet 0/1 counters 看结果统计。如果仍然显示发生错误，那么就需要分析原因进行故障排除了。

5. Debug 命令

Debug 命令是 Cisco 设备的 IOS 中功能极为强大的故障排除工具之一，与前面讲的命令如 show 命令、ping 命令、traceroute 命令等静态命令不同，debug 命令是一个动态的查看事件产生的命令，只要在某台设备上，针对某个功能开启 debug 的情况下，在此时间内的对此设备的操作都将被记录下来。

根据图 9–21 来说明 debug 命令功能。

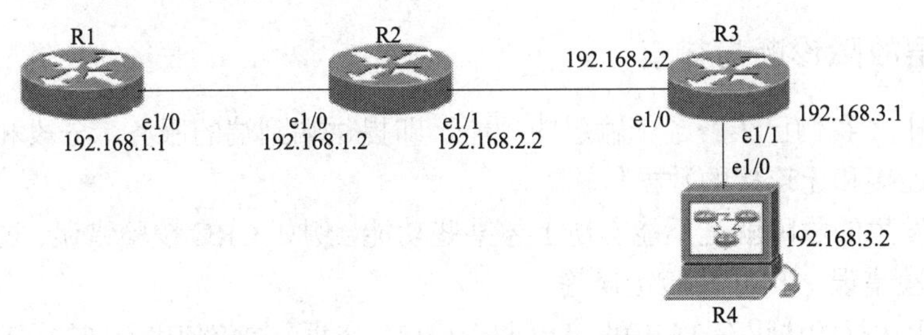

图 9–21　debug 命令举例使用的拓扑图

以 debug ip icmp 为例来说明 debug 命令的使用。在路由器 R2 上输入 debug ip icmp 后如图 9–22 所示。

```
R2#debug ip icmp ①
ICMP packet debugging is on
R2#                                                                     ②
*Jan  9 15:31:34.807: ICMP: time exceeded (time to live) sent to 192.168.1.1 (de
st was 192.168.3.2)
*Jan  9 15:31:48.039: ICMP: time exceeded (time to live) sent to 192.168.1.1 (de
st was 192.168.3.2)
*Jan  9 15:31:48.163: ICMP: time exceeded (time to live) sent to 192.168.1.1 (de
st was 192.168.3.2)
*Jan  9 15:32:26.791: ICMP: echo reply sent, src 192.168.2.1, dst 192.168.1.1
*Jan  9 15:32:26.927: ICMP: echo reply sent, src 192.168.2.1, dst 192.168.1.1
*Jan  9 15:32:27.023: ICMP: echo reply sent, src 192.168.2.1, dst 192.168.1.1
*Jan  9 15:32:27.039: ICMP: echo reply sent, src 192.168.2.1, dst 192.168.1.1
*Jan  9 15:32:27.071: ICMP: echo reply sent, src 192.168.2.1, dst 192.168.1.1
R2#                                                                     ③
R2#
```

图 9–22　debug 命令

在图 9–22 中，①处是在路由器 R2 上开启查看经过此路由器的 ICMP 分组的 debug 进程，这个命令只能在特权模式下开启。②处显示的是在路由器 R2 上开启了 debug 功能之后，在路由器 R1 上执行 traceroute 命令查看到路由器 R4 的路径信息，在第一跳经过的是路由器 R2 时所记录的 ICMP 事件信息，其中记录有时间，信息类型为 ICMP，源和目的 IP 地址。③处显示的是从路由器 R1 上 ping 路由器 R2 时所记录的 ICMP 事件信息。

通过上面的示例可见 debug 命令的实时性，debug 经常用于复杂的故障排除工作中。但是，debug 命令有一个很大的缺点：在开启 debug 之后，设备的性能将会受到很大的损失，此命令一般是在使用 show 命令不能解决问题时使用，并且不能在很繁忙的路由器上开启，否则将可能使其崩溃。Debug 进程在默认情况下是关闭的。

在开启 debug 时，可以在特权模式下开启：

R1#debug all

使用 debug 来对所有问题进行调试。

也可以针对特别的问题，开启具有针对性的 debug，如上例中，开启用于查看经过此路由器的 ICMP 分组的 debug 进程：

R1#debug ip icmp

使用 debug 命令，一旦故障解决之后，应立即关闭 debug 进程。在特权模式下：

R1#no debug all

或 R1#undebug all

来关闭所有 debug 进程。

9.2.4 传输层故障诊断与排查

在第 2 章中，我们已了解了传输层的功能，即提供端到端的服务、分段和重组报文、流量控制、面向连接和无连接的数据传输。

传输层上发生的故障就是不能实现上述某些功能，例如 CRC 校验错误、过大或过小数据包错误、IP 校验错误、TCP 校验错误等。

在传输层上运行的协议有 TCP 和 UDP 两个协议。这两个协议使用不同的端口为不同类型的应用提供不同的传输服务。下面讲述 TCP、UDP 和端口的相关概念和协议分析仪的使用方法。

1. TCP 协议

TCP 协议是一种可靠的协议，为了保证连接的可靠性，TCP 的连接需要一个称为“三次握手”的连接过程，如图 9–23 所示（后面将介绍使用 wireshark 工具分析 TCP 三次握手的过程）。

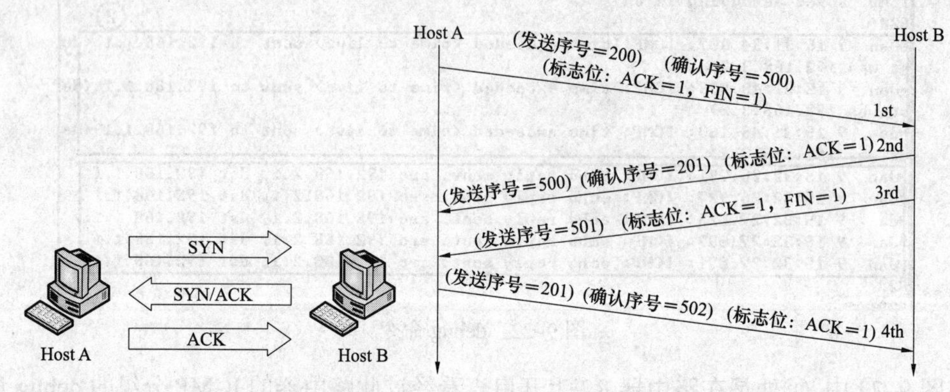

图 9–23　三次握手示意图

图 9–23 中，SYN 表示在连接建立时对需要进行同步的序号，ACK 表示应答字段标志。

2. UDP 协议

UDP（User Datagram Protocol，用户数据包协议），它是一种无联接的传输协议，称为不可靠的传输协议。在网络中它与 TCP 协议一样用于处理数据包。UDP 的缺点：不提供数据包分组、组装、不能对数据包进行排序。也就是说，当源主机的报文发送之后，是无法得知其是否安全完整到达目的主机的。

UDP 协议的主要作用是将网络数据流量压缩成数据包的形式。一个典型的数据包就是一个二进制数据的传输单位。每一个数据包的前 8 个字节用来包含报头信息，剩余字节则用来包含具体的传输数据。UDP 用来支持那些需要在计算机之间传输数据的网络应用，包括网络视频会议系统在内的众多的客户/服务器模式的网络应用都需要使用 UDP 协议。

在选择使用协议的时候，选择 UDP 必须要谨慎。在网络质量令人不十分满意的环境下，

UDP 协议数据包丢失会比较严重。但是，由于 UDP 的特性：它不属于联接型协议，因而具有资源消耗小，处理速度快的优点，所以通常音频、视频和普通数据在传送时使用 UDP 较多，因为它们即使偶尔丢失一两个数据包，也不会对接收结果产生太大影响。比如我们聊天用的 ICQ 和 QQ 就是使用的 UDP 协议。

UDP 协议具有如下的特性：

（1）UDP 是一个无连接协议，传输数据之前源主机和目的主机不需要建立连接关系，当需要传送数据时，UDP 就把来自应用程序的数据尽可能快地把它发送到网络上。在发送端，UDP 传送数据的速度仅仅是受应用程序生成数据的速度、计算机的能力和传输带宽的限制；在接收端，UDP 把每个消息段放在队列中，应用程序每次从队列中读一个消息段。

（2）由于传输数据不建立连接，因此也就不需要维护连接状态，包括收发状态等，因此一台服务机可同时向多个客户机传输相同的消息。

（3）UDP 信息包头很短，只有 8 个字节，相对于 TCP 的 20 个字节信息包头而言，额外开销很小。

（4）吞吐量不受拥挤控制算法的调节，只受应用软件生成数据的速率、传输带宽、源端和终端主机性能的限制。

（5）UDP 使用尽最大努力交付，即不保证可靠交付，因此主机不需要维持复杂的链接状态表（这里面有许多参数）。

（6）UDP 是面向报文的。发送方的 UDP 对应用程序交下来的报文，在添加首部后就向下交付给 IP 层。既不拆分，也不合并，而是保留这些报文的边界，因此，应用程序需要选择合适的报文大小。

虽然 UDP 是一个不可靠的协议，但它是分发信息的一个理想协议。例如，在屏幕上报告股票市场、在屏幕上显示航空信息等。UDP 也用在路由信息协议 RIP（Routing Information Protocol）中修改路由表。在这些应用场合下，如果有一个消息丢失，在几秒之后另一个新的消息就会替换它。UDP 广泛用在多媒体应用中，例如，Progressive Networks 公司开发的 RealAudio 软件，是在因特网上把预先录制的或者现场音乐实时传送给客户机的一种软件，该软件使用的 RealAudio audio-on-demand protocol 协议就是运行在 UDP 之上的协议，大多数因特网电话软件产品也都运行在 UDP 之上。

3. 端口

这里的端口是一种逻辑上的概念，不是物理端口，TCP 与 UDP 段结构中端口地址都是 16 比特，其编号范围是 0～65535，用于指明是哪个应用层的应用程序发出的数据包，以及接收方是哪个应用程序，例如访问网站时，发送方应用程序是浏览器，目标端口号是 80 端口，表明数据包是发给目标主机的 WWW 浏览服务的。对于这 65536 个端口号有以下的使用规定：

（1）端口号小于 256 的定义为常用端口，服务器一般都是通过常用端口号来识别的。任何 TCP/IP 实现所提供的服务都用 1～1023 之间的端口号，是由 IANA（The Internet Assigned Numbers Authority，互联网数字分配机构，是负责协调一些使 Internet 正常运作的机构）来管理的。

（2）客户端只需保证该端口号在本机上是唯一的就可以了。客户端口号因存在时间很短暂又称临时端口号。

（3）大多数 TCP/IP 实现给临时端口号分配 1024～5000 之间的端口号。大于 5000 的端口号是为其他服务器预留的。

针对传输层上的网络故障，有两种快速检测的方法，一是使用利用协议分析仪，另一个是使用端口扫描，下面分别讲述这两种方式。

4. 协议分析仪

使用协议分析仪诊断故障需要对第四层协议（TCP 和 UDP）的透彻理解。分析仪显示数据报的每一个要素以及相关协议的每一个部分。

下面使用 wireshark 工具分析 TCP 三次握手的过程为例，来讲述协议分析仪的使用方法。wireshark 是一种图形化工具。Wireshark 的前称是 Ethereal，是一个网络封包分析软件。网络封包分析软件的功能是撷取网络封包，并尽可能显示出最为详细的网络封包资料，采用开源代码。

注: 在大多数情况下，在针对网络管理和网络故障中，Sniffer pro 的应用也非常广泛，sniffer 是一款一流的便携式网管和应用故障诊断分析软件，不管是在有线网络还是在无线网络中，它都能够给予网络管理人员实时的网络监视、数据包捕获以及故障诊断分析能力。对于在现场进行快速的网络和应用问题故障诊断，基于便携式软件的解决方案具备最高的性价比，能够获得强大的网管和应用故障诊断功能。这里假设服务器 IP 是 192.168.1.104，提供 HTTP 服务，客户机的 IP 为 192.168.1.100，通过浏览器连接服务器上的 HTTP 服务。在启动 wireshark 前，我们可以在 wireshark 的过滤选项里填入 port 80 表示只对 80 端口的数据进行监视与捕捉。

第一次握手 wireshark 捕捉到的数据如图 9–24 所示。

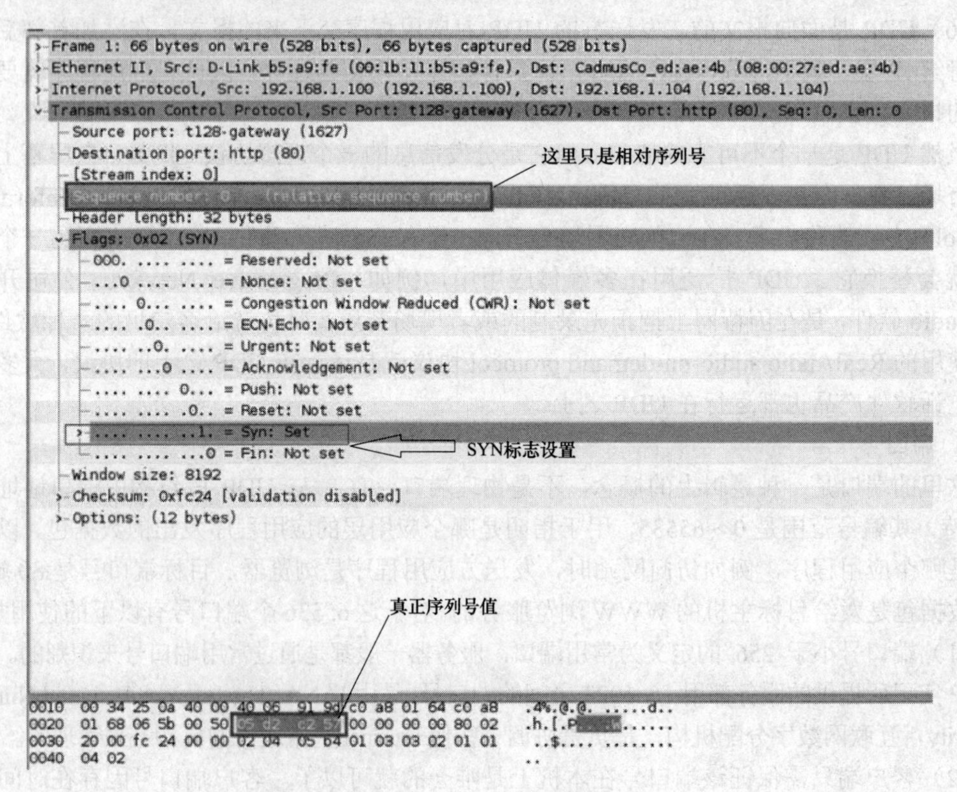

图 9–24 第一次握手数据

第一次握手由客户端向服务器发起，其中会设置 SYN 标志以及发送一个随机序列号。

第二次握手由服务器向客户端回应，捕捉到的数据如图 9–25 所示。

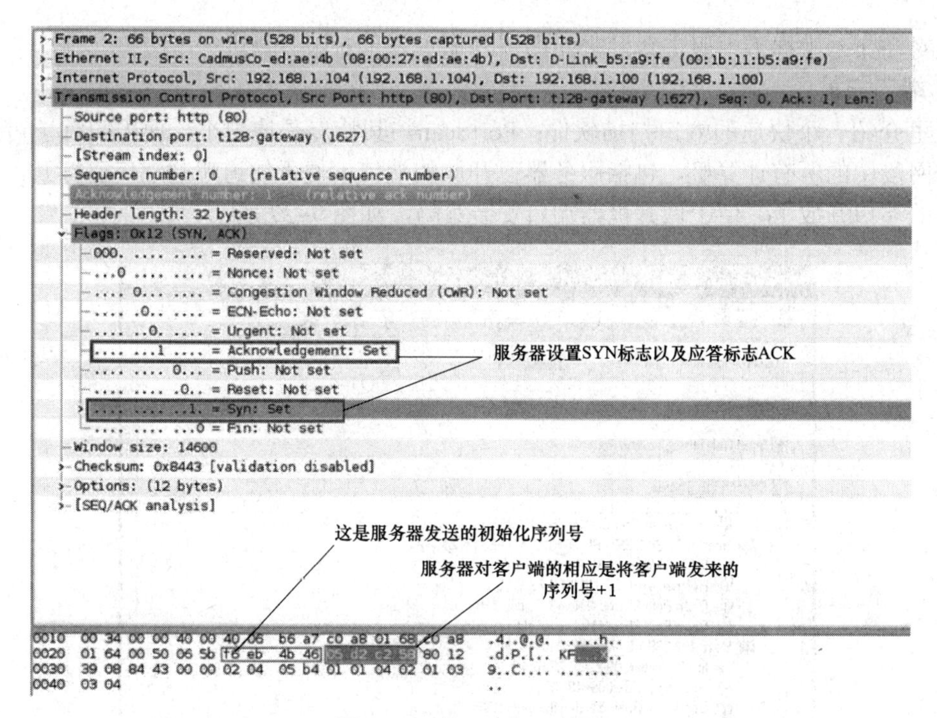

图 9–25　第二次握手数据

在第二次握手中，服务器通发送的包头中设置了 SYN 和 ACK 标志，同时将客户端发来的序列号加一作为对客户端的应答，另外还包含了自己的初始化序列号。

第三次握手为客户端响应服务器的应答，如图 9–26 所示。

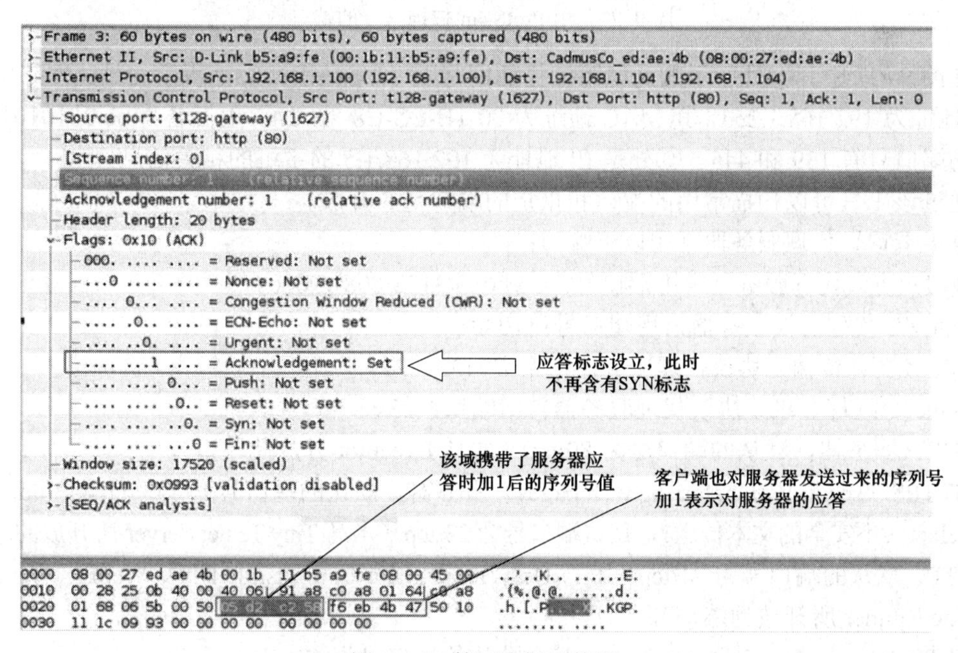

图 9–26　第三次握手数据

在最后一次握手中，客户端设置了应答服务器标志 ACK，注意此时不再设置 SYN 标志，最后还对在第二次握手中服务器发来的序列号加 1 表示对服务器进行了应答。

5. 端口扫描

这里介绍一个快速的端口扫描软件：PortScan。其特点是体积小，使用简练，可用于检测同一网段中的所有计算机，包括服务器已开放的端口，便于知道哪些端口已打开，有哪些不必要的端口开放了，便于做好机器端口安装策略，如图 9–27 所示。

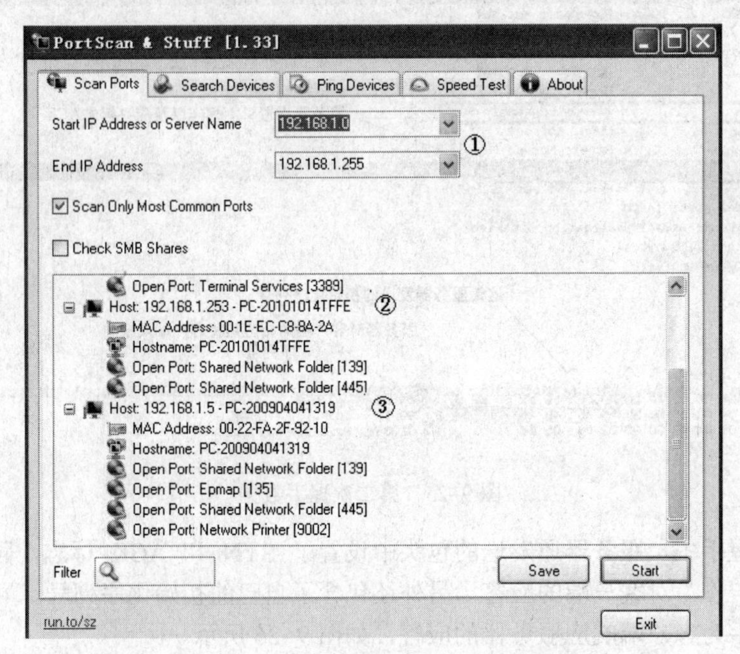

图 9–27　用 ProtScan 扫描打开的端口

在图 9–27 中，①处所示的是填写扫描的网络 IP 地址范围；②处所示的是此网络中的一台 IP 地址为 192.168.1.253，其 MAC 地址为 00-1E-EC-C8-8A-2A，主机名为 pc-20101014tffe，打开的端口号有 139 和 445。③处是 IP 地址为 192.168.1.5 的主机的相关信息。

通过该工具可以扫描常用的端口和指定的端口是否开放。

常用端口、代理服务器常用以下端口：

HTTP 协议代理服务器常用端口号：80/8080/3128/8081/9080。

SOCKS 代理协议服务器常用端口号：1080。

FTP（文件传输）协议代理服务器常用端口号：21。

Telnet（远程登录）协议代理服务器常用端口：23。

HTTP 服务器，默认的端口号为 80/tcp（木马 Executor 开放此端口）。

HTTPS（securely transferring web pages）服务器，默认的端口号为 443/tcp 443/udp。

Telnet（不安全的文本传送），默认端口号为 23/tcp（木马 Tiny Telnet Server 所开放的端口）。

FTP，默认的端口号为 21/tcp（木马 Doly Trojan、Fore、Invisible FTP、WebEx、WinCrash 和 Blade Runner 所开放的端口）。

TFTP（Trivial File Transfer Protocol），默认的端口号为 69/udp。

SSH（安全登录）、SCP（文件传输）、端口重定向，默认的端口号为 22/tcp。

SMTP Simple Mail Transfer Protocol（E-mail），默认的端口号为 25/tcp（木马 Antigen、Email

Password Sender、Haebu Coceda、Shtrilitz Stealth、WinPC、WinSpy 都开放这个端口）。

POP3 Post Office Protocol（E-mail），默认的端口号为 110/tcp。

WebLogic，默认的端口号为 7001。

Webshpere 应用程序，默认的端口号为 9080。

webshpere 管理工具，默认的端口号为 9090。

JBOSS，默认的端口号为 8080。

TOMCAT，默认的端口号为 8080。

WIN2003 远程登录，默认的端口号为 3389。

Symantec AV/Filter for MSE，默认端口号为 8081。

Oracle 数据库，默认的端口号为 1521。

ORACLE EMCTL，默认的端口号为 1158。

Oracle XDB（XML 数据库），默认的端口号为 8080。

Oracle XDB FTP 服务，默认的端口号为 2100。

MS SQL*SERVER 数据库 server，默认的端口号为 1433/tcp 1433/udp。

MS SQL*SERVER 数据库 monitor，默认的端口号为 1434/tcp 1434/udp。

QQ，默认的端口号为 1080/udp。

通过端口扫描后，可以发现哪些端口已经开放，并且根据具体使用情况，关闭那些不用的端口号，以进一步提升网络的安全，例如“冲击波”病毒就是利用 135 号端口进行攻击的，为了避免“冲击波”病毒的攻击，可以关闭 135 端口。

那么，如何关闭端口呢？下面介绍半闭端口的两种方法：Windows 系统的安全策略和防火墙软件。

第一种是通过 Windows 系统的安全策略来关闭。

（1）打开“控制面板”中的“管理工具”，打开“本地安全策略”，选中“IP 安全策略，在本地计算机”，在右边窗格的空白位置右击鼠标，弹出快捷菜单，选择“创建 IP 安全策略”，如图 9–28 所示。

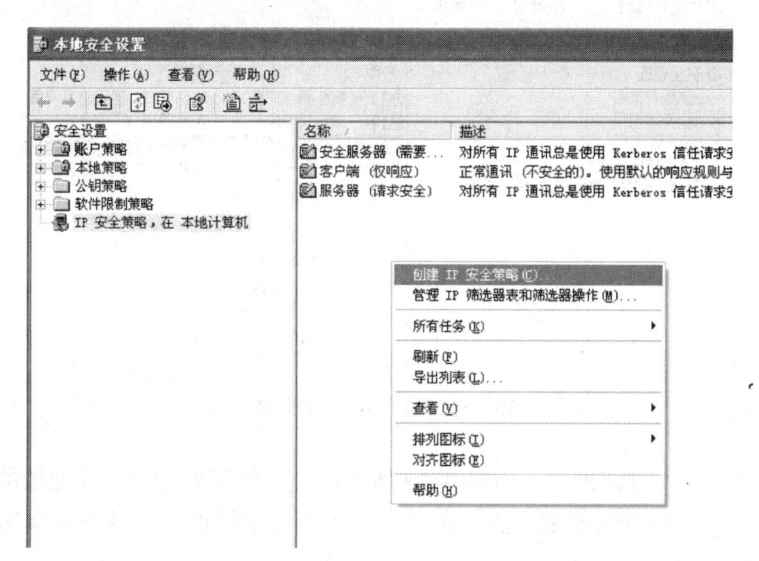

图 9–28　创建 IP 安全策略

然后在弹出的向导中单击“下一步”按钮，为新的安全策略命名；再单击“下一步”按钮，则显示“安全通信请求”画面，在画面上把“激活默认相应规则”左边的钩去掉，如图 9–29 所示。

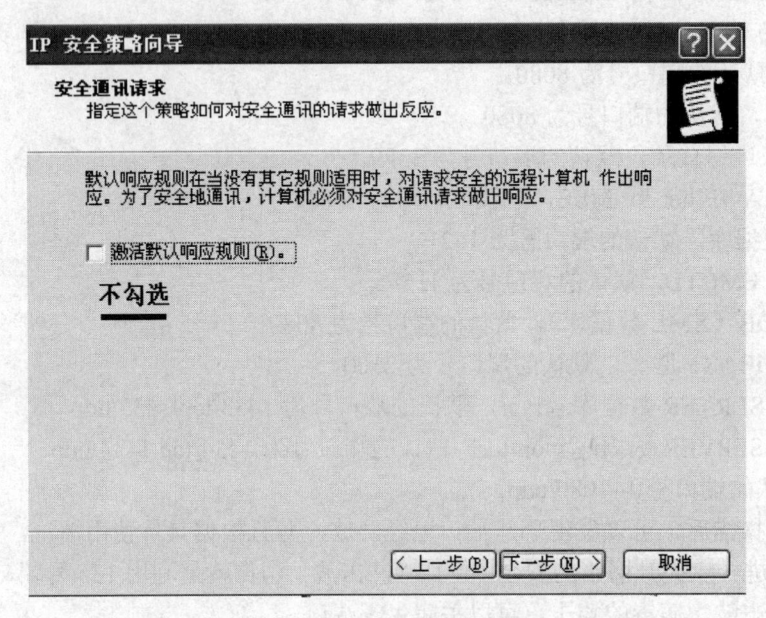

图 9–29 去掉“激活默认相应规则”左边的钩

然后单击“下一步”按钮，再单击“完成”按钮就创建了一个新的 IP 安全策略。

右击刚才创建的 IP 安全策略，如图 9–30 所示。

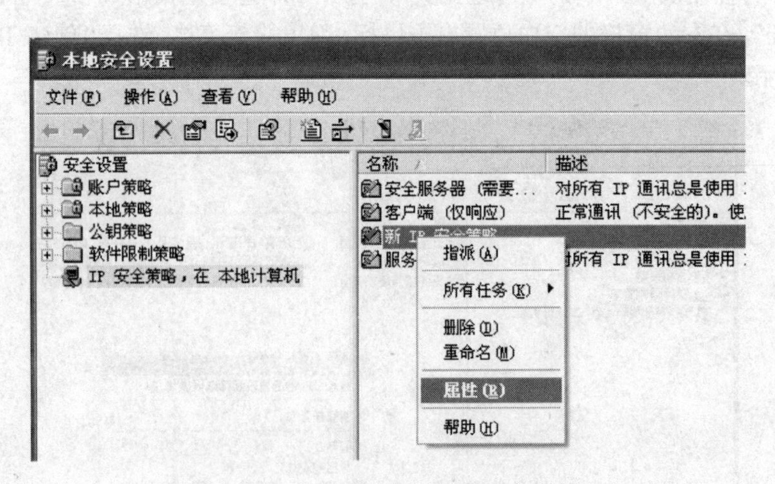

图 9–30 点新建的 IP 安全策略的属性

在弹出的“属性”对话框中，如图 9–31 所示，把“使用添加向导”左边的钩去掉，然后单击“添加”按钮添加新的规则，然后在弹出的“新规则属性”对话框，单击“添加”后，弹出图 9–32 所示界面。

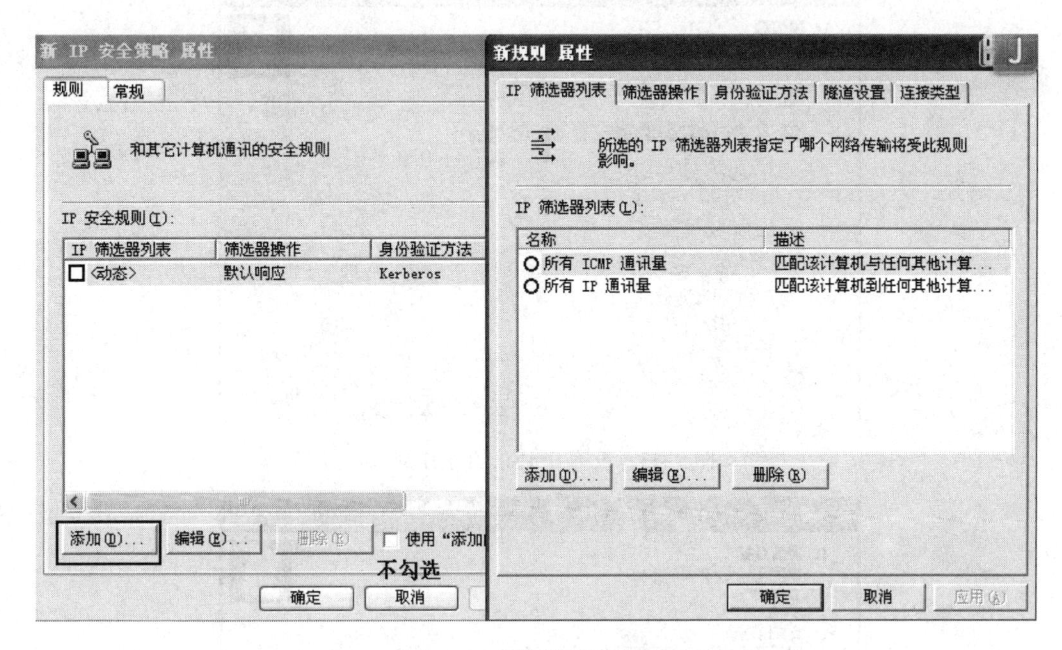

图 9–31　设置新规则属性

在图 9–32 中①处单击“添加”，再在②处单击“添加”，然后在③处单击“下一步”，出现如图 9–33 所示界面。在图 9–33 中，设置 IP 通信的源 IP 地址，这里允许任何 IP 地址作为源 IP 地址，因此选“任何 IP 地址”。然后单击“下一步”，选目标 IP 地址，这里选“我的 IP 地址”，即目标地址是本机的 IP 地址，如图 9–34 所示。

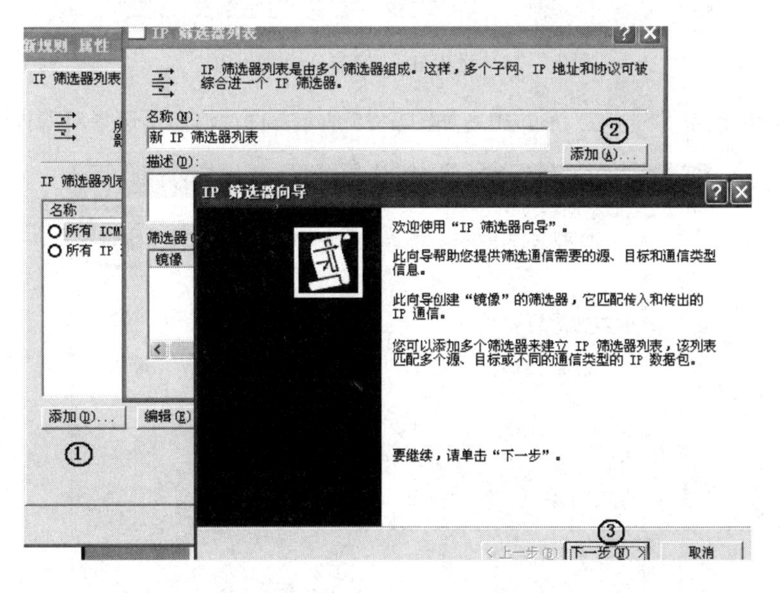

图 9–32　添加 IP 筛选器

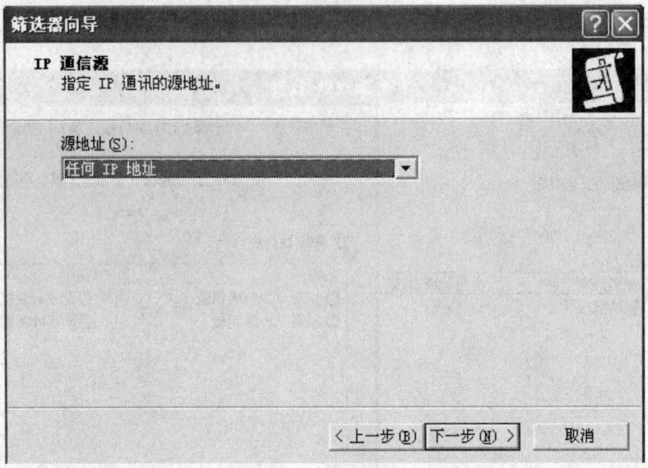

图 9–33　设置 IP 通信的源 IP 地址

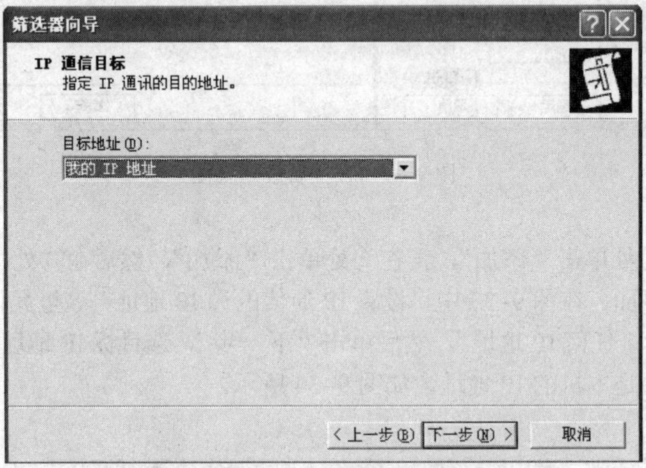

图 9–34　设置 IP 通信的目标 IP 地址

在图 9–34 中单击“下一步”后，出现如图 9–35 所示界面。这里是选择对哪种协议进行筛选。

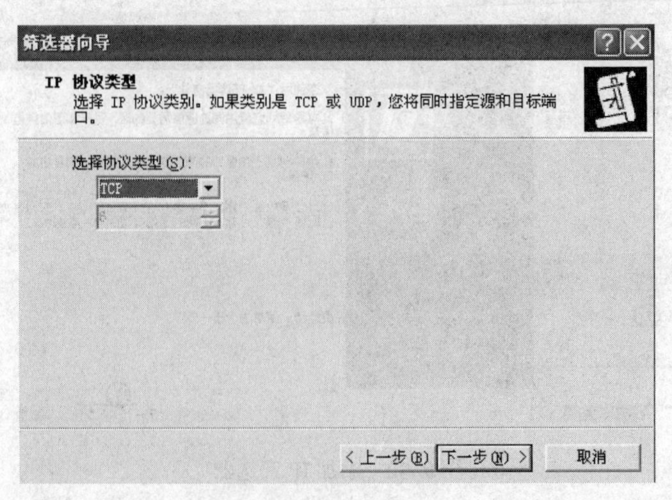

图 9–35　选协议类型

这里选择 TCP 后，单击“下一步”，出现如图 9–36 所示界面。

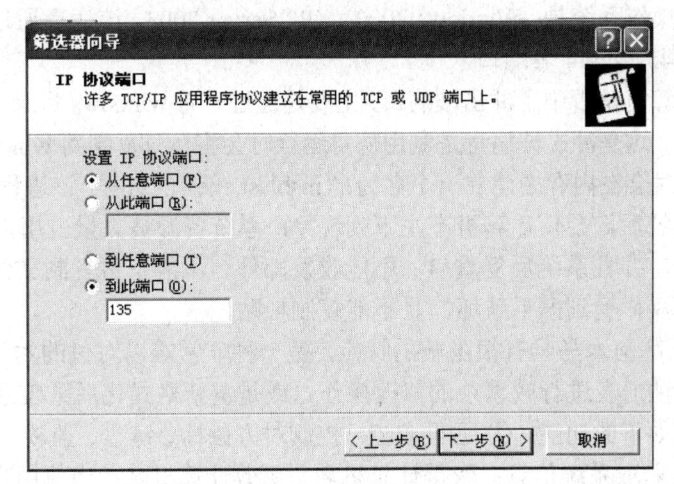

图 9–36 选择协议端口

然后在图 9–36 中，选择“从任意端口”和“到此端口”，并在“到此端口”下的文本框中输入 135，然后点下一步，出现如图 9–37 所示界面。

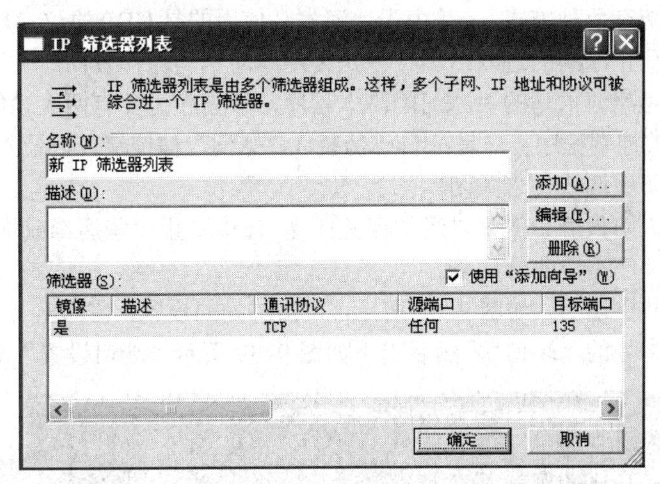

图 9–37 已建立好一个筛选器

这样就添加了一个屏蔽 TCP 135（RPC）端口的筛选器，它可以防止“冲击波”病毒的攻击，当然也阻止了外界通过 135 端口连上你的电脑。

（2）下面列举部分病毒一般使用的入侵端口：

1）震荡波病毒。震荡波病毒使用协议是 TCP，监听端口为 1023 和 5554，查看是否中了震荡波病毒的方法是查看系统进程，如进程中出现 avserve.exe 和 *****_up.exe，占用大量资源（其中*****为从 0～65535 之间的随机数字），它是使用随机的 IP 地址连接 445、1023、5554 端口达到入侵目的。

震荡波病毒最明显的外在特征：此病毒还会利用漏洞攻击 LSASS.EXE 进程，被攻击计算机的 LSASS.EXE 进程会瘫痪，Windows 系统将会有 1min 倒计时关闭的提示。

2）冲击波病毒。冲击波（Worm.Blaster）病毒是利用微软公司在 7 月 21 日公布的 RPC

漏洞进行传播的，只要是计算机上有 RPC 服务并且没有打安全补丁的计算机都存在有 RPC 漏洞，具体涉及的操作系统是：Windows 2000、XP、Server 2003。该病毒通过开放的 69、135、137、138、139、445、4444 等端口入侵。

如何确定是计算机是否中了冲击波病毒，主要是通过查看 windows 目录下是否有一个名为 msblast.exe 的文件，这是冲击波病毒是利用病毒运行时会将自身复制到 window 目录下的；另一个是该病毒运行时会在内存中建立一个名为："msblast.exe"的进程，该进程就是活的病毒体。

该病毒感染系统后，会使计算机产生下列现象：系统资源被大量占用，有时会弹出 RPC 服务终止的对话框，并且系统反复重启，不能收发邮件、不能正常复制文件、无法正常浏览网页，复制粘贴等操作受到严重破坏，且不能复制粘贴。

3）冰河木马。冰河木马具有很隐蔽的特点，是一种非常难以对付的木马，如果中了冰河木马，一般需要对注册表进行较繁杂的修改操作，或是重新格式化后重装系统。

冰河木马具有如下的功能：① 远程监控：控制对方鼠标、键盘、监视对方屏幕；② 记录各种口令信息；③ 获取系统信息：取得计算机名、更改计算机名、当前用户、系统路径、取得系统版本、当前显示分辨率；④ 限制系统功能：远程关机或重启计算机、锁定鼠标、锁定系统，导致系统死机、让对方掉线、终止进程、关闭窗口；⑤ 远程文件操作；⑥ 注册表操作；⑦ 发送信息；⑧ 点对点通信；⑨ 换墙纸。

对冰河木马预防有两种方式，一是由于冰河木马使用的是 UDP 协议，默认端口号是 7626，可以关闭此端口以防止冰河的进入；另一种是使用冰河木马原作者向广大网民免费奉献了一款专门用来对付各类冰河木马的"冰河陷阱"程序，该程序主要有两大功能：一是自动清除所有版本"冰河"被控端程序；二是把自己伪装成"冰河"被控端，记录入侵者的所有操作。

第二种是通过防火墙软件来关闭。

下面以瑞星个人防火墙为例来讲述如何关闭端口，以防止一些病毒或木马的攻击和入侵。在瑞星个人防火墙关闭端口非常简单。

打开瑞星个人防火墙后，如图 9–38 所示，点击①处的设置，在弹出"瑞星个人防火墙设置"界面中，点击②处的"端口"，然后出现如图 9–39 所示"端口设置"界面。

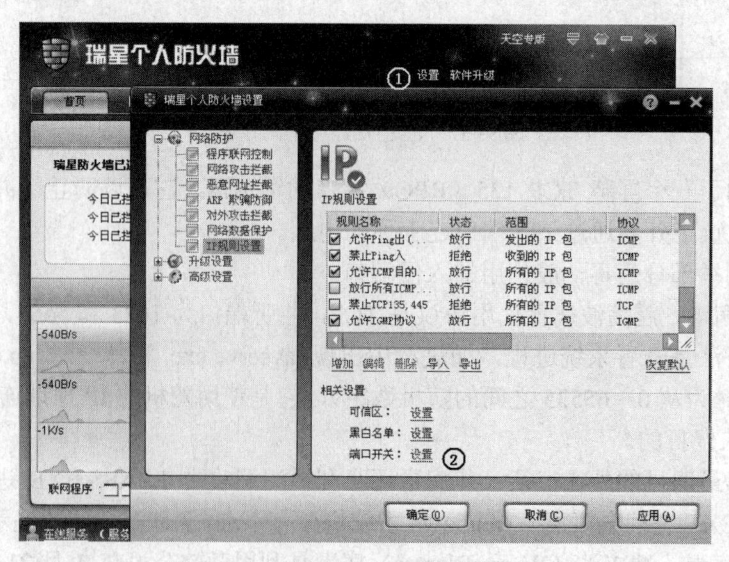

图 9–38 "瑞星个人防火墙设置"界面

在图 9–39 中，单击①处所示的“添加”，出现如图 9–40 所示界面。

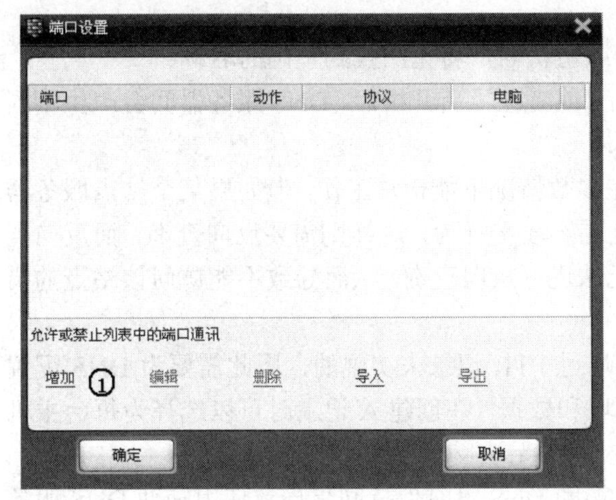

图 9–39　端口设置

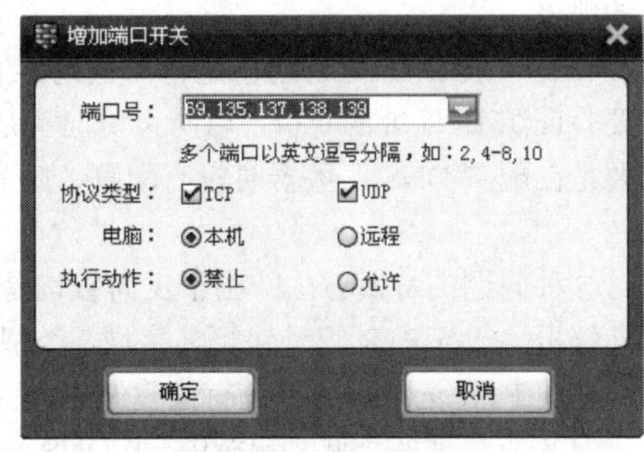

图 9–40　增加端口开关

在图 9–40 中，在“端口号”右边表格输入如 69、135、137、138、139、445 等端口号，然后单击“确定”，出现如图 9–41 所示界面。

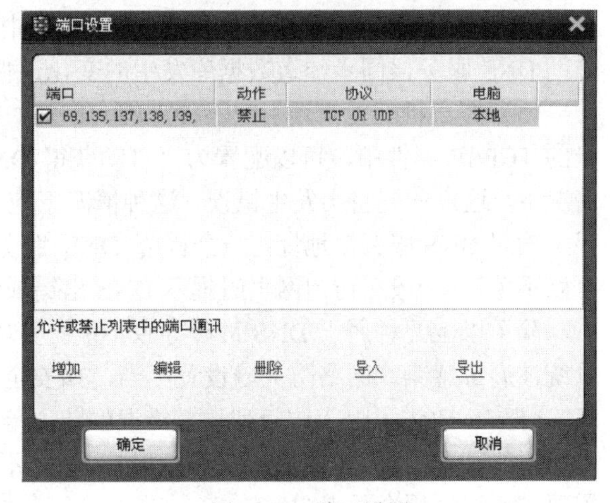

图 9–41　端口设置

在图 9–41 中，可以继续添加允许或拒绝的端口，也可以编辑、删除刚才添加的端口。作为网络管理员，可去继续熟悉一下关于瑞星个人防火墙的其他使用方法，以增加网络管理的手段，提高网络安全性。

9.2.5　网络高层故障诊断与排查

会话层、表示层、应用层这三层在 TCP/IP 中并没有被严格区分开来，由于在现代网络中，TCP/IP 已成为事实上的协议标准，因此，我们将这三层 TCP/IP 统称为网络高层或简称为应用层。

应用层上产生的故障主要就是在应用层上的几个应用协议所对应的应用服务的配置发生的故障，常用的应用服务有：DNS，域名解析；DHCP，动态主机配置；FTP，文件传输服务等。下面分别讲述这些服务的基础知识和产生故障的原因及排除方法。

1. DNS 服务故障

关于 DNS 的功能和配置，在第 5 章中讲过，用户在访问网络中的资源时，一般并不希望直接输入 IP 地址去访问，而是通过容易记忆的域名来访问。DNS 提供域名解析服务，它把人们易于记忆的地址，比如重庆大学的域名：http://www.cqu.edu.cn，解析为 IP 地址 202.202.0.35，人们在访问重庆大学网站时，一般能记住 http：//www.cqu.edu.cn，而很少有人使用 202.202.0.35 去访问，但是，计算机网络是采用 IP 地址来识别网站服务器的，这就需要有一种专门对域名与 IP 地址之间进行转换的服务器来完成此工作，这就是 DNS 服务器。

DNS 发生故障一般是由 DNS 服务器的配置错误引起的，有关 DNS 的配置过程，请参见第 5 章。引起 DNS 错误有以下一些方面：

（1）如果在配置时，错误地输入了域名或主机名，将无法找到正确的名称；

（2）DNS 服务器关机导致不能正常解析；或者在重新开机后，DNS 服务器间会产生不同步的现象。

（3）一般 DNS 查询通常是正向查询，在多数情况下能正常工作，但如果某个站点服务器需要验证源 IP 地址的身份，以防止访问者是黑客攻击行为，这样则需要反向查询，而反向查询要是在配置 DNS 服务器时没有配置，则无法进行反向查询，从而导致不能访问该站点的错误。

这种问题的解决方法：由于反向查询是通过 PTR 记录来实现的，因此需要为 DNS 配置反向解析。一条 PTR 记录包括名字域、类型域和数据，在创建 A 记录时可以选择为每台主机自动创建 PTR 记录，如果没有创建 PTR 记录，则无法反向查询。

（4）在管理多个域名解析中，主 DNS 与辅助 DNS 没有保持同步导致使用辅助 DNS 服务器查询的计算机不能正确发现域名的变化情况。

解决方法是在主 DNS 服务器的 SOA 记录中有一个序列号，需要增加该序列号，以使得辅助 DNS 服务器同步知道数据库发生的变化，保持随时与主 DNS 服务器同步。

（5）客户机配置错误引起不能上网，例如，在一个有 DHCP 服务的企业网内，客户机网卡的 TCP/IP 属性中，可以配置为“自动获得 DNS 服务器地址”，但如果没有 DHCP 服务的情况下，这样配置将会发生错误，这种情况下应该选“使用下面的 DNS 服务器地址”项，并手工输入 DNS 服务器地址：一个首选 DNS 服务器地址，一个备用 DNS 服务器地址（这个可以不填）。一般在访问网页时提示 DNS 出错或者不能访问网页的问题可以解决。

除了以上几种属于 DNS 故障导致不能打开网页之外，还有 IE 浏览器本身的问题、操作系统被病毒感染、网络防火墙设置不当，如安全等级过高（也包括浏览器的安全等级设置过高）、把 IE 放进了阻止访问列表、错误的防火墙策略等，导致无法打开网页、系统文件错误引起不能打开网页、CPU 占用率过高导致网页不能打开这些问题。在解决不能上网问题时，需要进行综合性全面考虑。

2. DHCP 服务故障

关于 DHCP 服务的功能和配置，在第 5 章中讲过，DHCP 服务使得工作站连接到网络后自动获取一个 IP 地址。配置 DHCP 服务的服务器可以为每一个网络客户提供一个 IP 地址、子网掩码、缺省网关、一个 WINS 服务器的 IP 地址以及一个 DNS 服务器的 IP 地址，这样减小管理员的工作量、避免输入错误和 IP 冲突、当网络更改 IP 网段时，不需要重新配置每台计算机的 IP 地址，由于是采用了 DHCP 自动分配 IP 地址，还提高了 IP 地址的利用率。

DHCP 服务故障主要有工作站不能正确获取 IP 地址和 IP 地址分配冲突两种情况，另外还可能是网络通信性能引起 DHCP 的故障。

针对工作站不能正确获取 IP 地址的问题，有可能是：工作站已手工设置了 IP 地址，而没有采用自动获取；或者 DHCP 服务数据库损坏，可卸载 DHCP 服务并重新安装后，现恢复数据库；或者是由于 DHCP 服务器必须要授权才能工作，所以在 DHCP 安装后需要授权；或者由于 DHCP 服务器的作用域中可供分配的 IP 地址已分配完了，可增加 DHCP 服务器的作用域或建立超级作用域以满足需要，等等。

IP 地址冲突的原因，一般是由于 DHCP 服务器重新安装后，以前由 DHCP 服务分配的 IP 地址还没有过期，仍在继续使用中，新安装的 DHCP 服务在分配地址时会产生冲突。

解决思路：这是由于新安装的 DHCP 服务器不知道哪些 IP 地址已被客户机使用，可以让它在向新申请 IP 地址的客户机分配 IP 地址之前，先去检查一下哪些 IP 地址已被使用。此检测过程是由服务器发出的检测指令。

解决方法：如图 9–42 所示，右键 DHCP 服务器名，“属性”“高级”，把冲突检测次数默认的“0”改为 1～5 间的某个值，这里改为 2。如果是 0 的话，表明 DHCP 服务器不去对冲突作检测，这样分出的 IP 地址容易发生与原已有的但没有过期的 IP 地址冲突，改为 2 后，表明由 DHCP 服务器在分发 IP 地址前去检测一下看欲分配的 IP 地址是否已被占用。

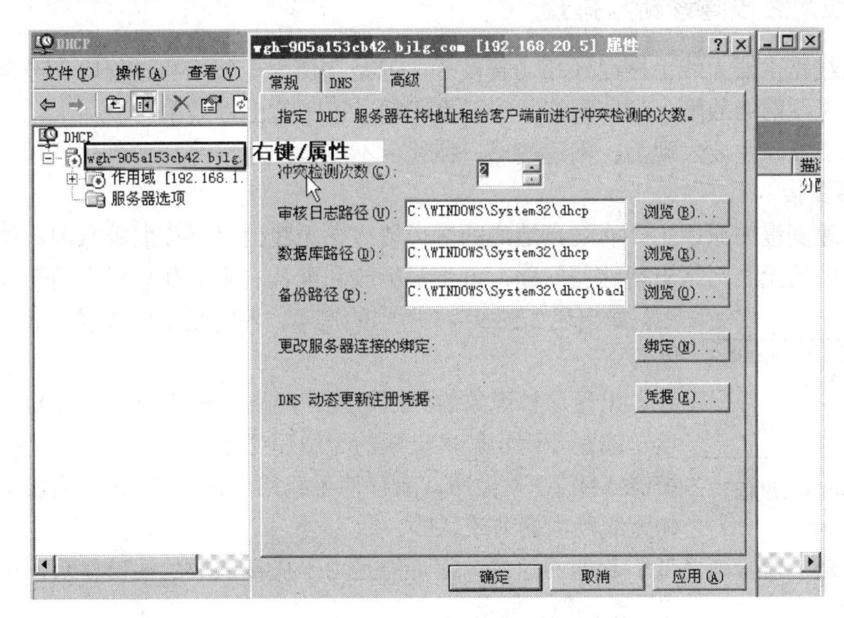

图 9–42　设置 DHCP 服务器的检测次数

3. FTP 服务故障

FTP 服务器，是在互联网上提供存储空间的计算机，它们依照 FTP 协议提供服务。有关 FTP 服务器的安装，FTP 服务器和客户端的配置在第 5 章已详细讲述过。

现列举一些在使用 FTP 服务时常出现的故障现象及解决方法。

（1）无法上传网页，FTP 故障提示“无法连接服务器”。

故障分析：出现这类故障可能是 FTP 客户端程序设置问题、客户上网线路问题或者是 ftp 服务器端问题。

解决方法：可在客户端使用 LeapFTP 软件来上传客户的网页，在“FTP 主机地址处”填写 IP 地址，如果客户上传时提示 socket 错误的话，可能是 leapFTP 软件的编辑菜单下的连接中防火墙使用了 pasv 模式，需要取消此选项即可连接主机。

（2）FTP 时已经通过身份验证，但不能列出目录。

故障分析：使用的上传软件的 FTP 客户端程序不应该选用 PASV mode 和 firewall setting

解决方法：可使用 LEAPFTP 软件，在站点管理器中点“高级”，不勾选“使用安全 PASV 模式”这个选项即可。

（3）为什么无法上传，提示连接时找不到主机？

故障分析：可能是域名解析有误。

解决方法：可以在 CMD 模式下 ping 域名，看是否能 ping 通，如果可以拼通，则在上传使用的软件中填写好你申请的上传的域名。如果不能 ping 通，则在上传使用的软件中填写 FTP 主机的 IP 地址。最好的方法是在上传时直接填 FTP 主机的 IP 地址。

（4）以前能向 FTP 主机上传文件，但现在不能上传了。

故障分析处理：如果在上传前与以往一样，没有作其他改动的话，可能是为 FTP 服务器设置的磁盘限额已达到最大，可以删除掉一些不用的过时的文件以留出更多的空余空间。

9.2.6 无线网络故障诊断与排查

通过无线路由器无线上网已经相当普及了，但是在使用无线网络过程中，经常会遭遇到各式各样的无线网络故障，这些网络故障严重影响了正常的上网效率。

无线网络故障主要表现为：网速变慢，掉线，不能自动连接等。

1. 网速变慢

引起网速变慢的原因主要有病毒造成的端口堵塞、无线信号强度弱等原因，如果发现以前能正常使用的无线网络出现这些问题，可将鼠标放到屏幕右下方任务栏上的无线连接标志上，如出现如图 9–43 所示的提示，表明是由信号强度低引起的网速度慢。

无线网络连接 18 (tenda)
速度: 39.0 Mbps
信号强度: 低
状态: 已连接上

图 9–43 信号强度低

出现这种现象的原因可能是距离无线路由器（或 AP）的距离偏远，或是障碍物较多造成的无线信号不好。解决方法是靠近无线路由器（或 AP）上网，或移动无线路由器（或 AP）摆放位置，或增加无线路由器（或 AP）。

如果不是由信号强度低引起的网速慢，很可能是由于病毒造成的端口堵塞，可对系统杀毒试试。

2. 掉线

引起掉线的原因主要有病毒、无线信号干扰、无线信号串扰、争用共享带宽、无线网卡的软硬件问题以及无线路由器质量问题等。

在排除病毒因素外，先看看是否有电器设备对无线信号有较大干扰，如微波炉、冰箱、蓝牙设备、大功率移动电话、无线电发射塔、电焊机、电车、变压器、电吹风等等，在无线网络出现掉线时，要注意和正在使用中的这些设备避开。

然后了解是否存在多个无线路由器或 AP，相同厂家无线路由器会使用相同的信道（如 TP-LINK 的无线路由器大多默认的是 6），这可能会造成无线信号的串扰引起掉线，对此可将无线路由器的信道值重新设为 1、6、11 三个不重叠信道来试一下。

在一个共享网络中，如果有人大量使用占用高带宽的互联网应用的 BT 等 P2P 下载软件下载也会造成的掉线。如有的话，网管可手动设置软件限速以控制带宽的占用率。

如果其他用户能正常使用无线网络，而只有个别用户无线上网时常掉线，那可能的原因是无线网卡的驱动程序或网卡质量存在兼容问题。解决方法是从网上下载无线网卡的最新驱动程序更新或更换无线网卡。

无线路由器的质量也是引起掉线的原因之一，如在夏季发生的掉线，就需要注意无线路由器的散热问题，目前很多家用宽带网络设备都为了节省成本而用料不足，比如外壳从散热性更好的铁壳换为塑壳，一些芯片或内存上本该加的散热片被取消等等，这些都可能会造成一些设备在夏天出现过热、死机，最终造成掉线。用户使用时可用风扇、空调等设备对这些设备加强散热，还有一定不能将几个网络设备垒叠在一起使用，这样的散热效果非常不好。

另外，如果无线设备上接入电脑的数量太多，超过一定的限度也可能引起无线路由器力不从心，导致经常掉线。

3. 不能自动连接

不能自动连接可能的原因有两个方面，一方面是无线路由器设置不正确，另一方面是客户机设置不正确。

无线路由器设置，如 TP-LINK 无线路由器，首先通过有线方式连接好后，在 IE 地址栏中输入 192.168.1.1，用户名和密码默认为 admin，确定之后进入设置界面。如果是通过单位的局域网某端口来连接此无线路由器，则配置很简单，大多数可采用默认设置即可，一般去一下配置 DHCP 服务和上网密码即可。如果是家庭用户申请的 ADSL 上网，其配置相对麻烦一些，但一般可参照无线路由器使用说明书即可顺利完成配置。如果不能自动连接，请检查如图 9–44 所示项的设置。将 WAN 端口设为“自动连接，在开机和断线后自动连接”。

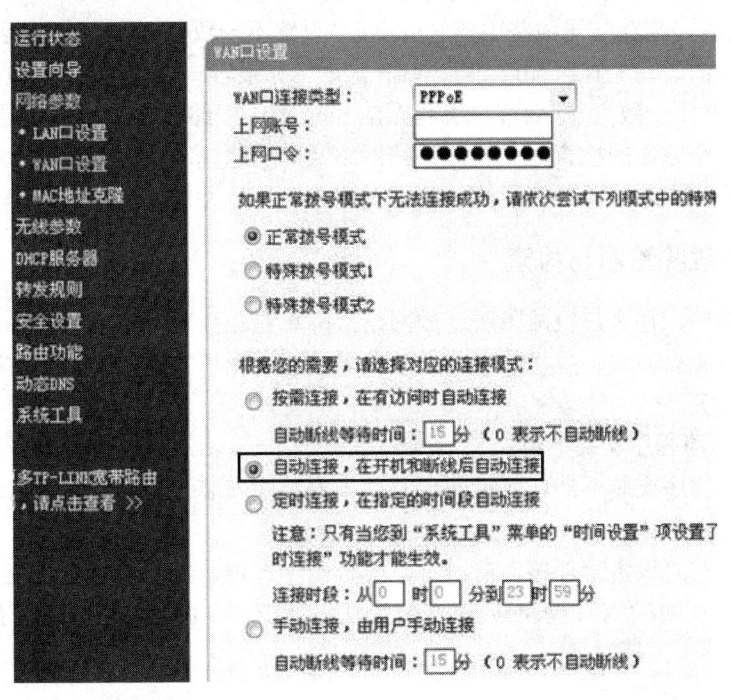

图 9–44 设置“自动连接”

在客户机上，在如图 9–45 所示界面中，勾选“当此网络在区域内时连接”。

不能自动连接还有除了上述原因处，还可能是由于客户机与无线路由器上的 DHCP 服务配置不一致、SSID 不匹配、WEP 密钥错误等引出的。

一般在无线路由器上都设置了 HDCP 服务功能，网段根据不同厂商的无线路由器不同而略有差别，可能是 192.168.0.0/24 网段，也可能是 192.168.1.0/24 网段。而在客户机上，应设置为自动获取 IP 地址，而不应去设置成其他网段的 IP 地址。

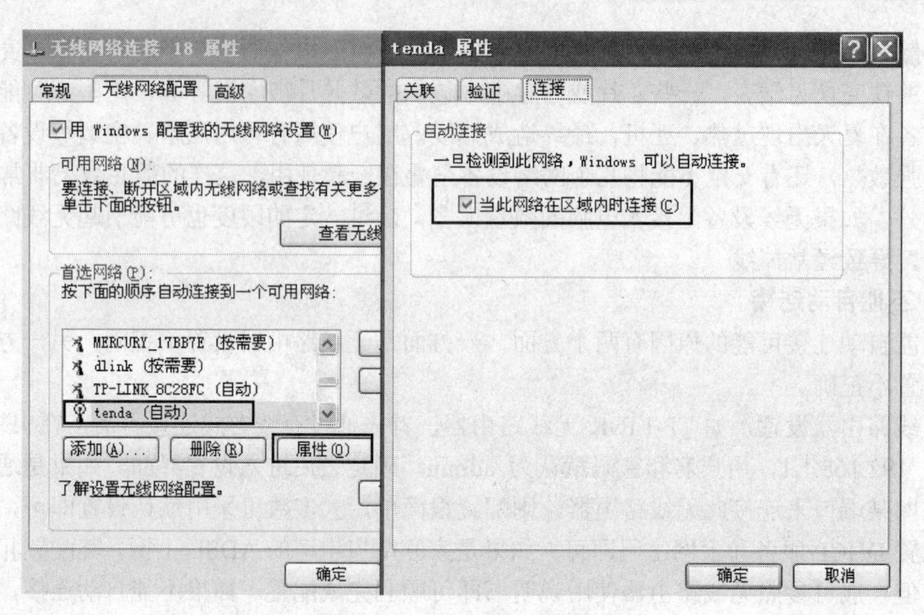

图 9–45 设置“自动连接”

如果客户机的 SSID 与无线路由器（或 AP）设置不一致，客户机也不能接入无线网络。

一般无线路由器在配置时都设置了 WEP 加密，如果客户机的 WEP 设置错误（与无线路由器设置的 WEP 不一致），那么客户机就无法 ping 通无线路由器，也就不能接入无线网络。

经过上述各个方面的检查，一般的无线网络故障问题基本都能够解决，但要是不能解决时可以使用替换法，逐一替换怀疑的设备，直到找出故障为止。

9.2.7 客户机故障诊断与排查

在网络故障中，在客户机故障所造成网络故障率是较高的，通常包括网卡的驱动程序安装不当、网卡设备有冲突、主机的网络地址参数设置不当、主机网络协议或服务安装不当和主机安全性故障等。

1. 网卡的驱动程序安装不当

网卡的驱动程序安装不当，包括网卡驱动未安装或安装了错误的驱动出现不兼容，都会导致网卡无法正常工作。

排查方法：在“设备管理器”窗口中，检查网卡选项，看是否驱动安装正常，若网卡型号前标示出现“！”或“X”，表明此时网卡无法正常工作。此时需要找到正确的驱动程序重新安装即可。

2. 网卡设备有冲突

网卡设备与主机其他设备有冲突，会导致网卡无法工作。

排查方法：网卡驱动盘大多附有测试和设置网卡参数的程序，分别查验网卡设置的接头类型、IRQ、I/O 端口地址等参数。若有冲突，只要重新设置，比如调整跳线，或者更换网卡插槽，让主机认为是新设备重新分配系统资源参数，一般都能使网络恢复正常。

3. 主机的网络地址参数设置不当

主机的网络地址参数设置不当是常见的主机逻辑故障。比如主机配置的 IP 地址与其他主机冲突，或 IP 地址根本就不在此网范围内，这将导致该主机不能连通。

排查方法：查看“网上邻居”属性中的连接属性窗口，查看 TCP/IP 选项参数是否符合要求，包括 IP 地址、子网掩码、网关和 DNS 参数。

4. 主机网络协议或服务安装不当

主机网络协议或服务安装不当也会出现网络无法连通。主机安装的协议必须与网络上的其他主机相一致，否则就会出现协议不匹配，无法正常通信，还有一些服务如“文件和打印机共享服务”，不安装会使自身无法共享资源给其他用户，“网络客户端服务”，不安装会使自身无法访问网络其他用户提供的共享资源。再比如 E-mail 服务器设置不当导致不能收发 E-mail，或者域名服务器设置不当将导致不能解析域名等。

排查方法：在“网上邻居”属性窗口查看所安装的协议是否与其他主机是相一致的，如 TCP/IP 协议，NetBEUI 协议和 IPX/SPX 兼容协议等。其次查看主机所提供的服务的相应服务程序是否已安装，如果未安装或未选中，请注意安装和选中之。注意有时需要重新启动电脑，服务才可正常工作。

9.3　网络故障案例分析

- **案例一　光纤连通性故障**

故障现象：某生产企业由于生产车间调整，网络布线也需要作相应的变动。在布线工程完毕后发现，某个车间的办公室都无法使用网络。

分析：根据整个车间都不能联网这一现象，首先判断，这不可能是车间里的某一台或一些计算机及相关的线路出了问题，而应该是与此车间的出口线路出了问题。此车间与本企业网络服务器相连的主干线路采用的是光缆，因此可推断最大的可能是光缆出了问题。

解决这程：对光缆的导通性进行测试：在光缆的一端用手电筒对直光缆进行照射，在光缆的另一端观察，没有发现有亮点出现，这证明光缆中的光纤在整改布线时已被折断。

网络故障的问题已被初步确定，接下来就是如何修复此故障。

首先使用了专业的光纤的测试仪器，光时域反射仪（OTDR），用来定位光纤折断的位置，然后再采用光纤熔接机对光纤进行熔接，然后进行连通性测试，结果正常，接入网络后整个车间的网络连接正常。光时域反射仪（OTDR）和光纤熔接机如图 9–46 所示。

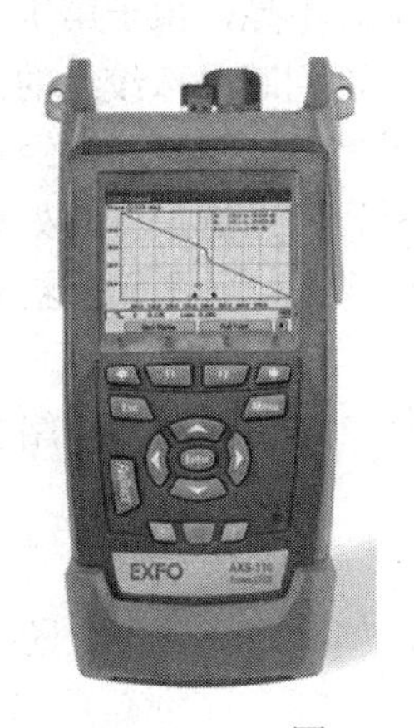

图 9–46　光时域反射仪和光纤熔接机

说明：此案例中，涉及一些专门的仪器和设备，如 OTDR 和光纤熔接机，这些仪器或设备一般都比较昂贵，只有在一些较大的专业的网络工程建设公司才配有这样的设备。特别是过程的工序比较复杂，并光纤熔接的过程比较复杂，需要非常小心的按操作步骤操作才能确保熔接的成功。

光纤故障的主要表现有以下几个方面：

（1）在光纤布线施工过程中，由于光纤的弯曲半径（要求大于光缆外径的 15 倍）过小导致折断，或在光纤运输过程中折断。

（2）在光纤链路中由于使用的光纤连接器过多导致链路衰减过大。

（3）连接器由灰尘，指纹或湿气引起接触不良。

（4）光纤熔接头不合格，如有空气。

（5）光发射功率不足导致信号减弱，传输距离减短。

（6）光纤超过规定长度引起的衰减，使得接收端的信号过小而不稳定，还有其他设备的安装，配置等引起的故障。

- **案例二　单机网络故障**

故障现象：在一家小公司中，有 5 台电脑的办公室里，所有电脑都采用双绞线接入一台交换机，然后共享一个 ADSL 宽带上网账号上网。某天有一台电脑不能通过 ADSL 上网了，在该电脑桌面右下角的网络连接图标上出现了“X”，而其他的电脑仍可以上网。

分析：其他电脑可以上网，说明 ADSL 上网链路是正常的，问题可能出在不能上网的电脑、与之相连的线路、线路与接口间松动以及与之相连的交换机端口上面这些方面。电脑出现故障的可能是网卡损坏、网络协议或驱动程序没安装好；线路故障的可能是与此电脑相连的双绞线接头损坏，或是线路中间断裂。

排查过程：根据物理层出现故障的概率最大，所以先查看是不是在通信线路、接头松动、或端口等出了问题。我们根据从易到难的原则进行排除。

首先看接头是否松动，略微用力把水晶头在电脑和交换机的两端分别插紧后发现故障依旧。

然后来检查看是不是与此电脑相连的交换机端口有问题，换接其他电脑的网线后，其他电脑可以上网，说明交换机端口没有问题。

接下来使用测线仪测试双绞线，发现测线仪的第 1 个灯不亮，由于第 1 个灯接的是双绞线水晶头的第 1 号线，就是用于数据发送的线路。因此可以判断是双绞线的问题。在重新按档准制作了水晶头后，经测试故障仍然没有消失。这说明是双绞线断路，经仔细清理整条双绞线后，发现中间某处已破损，那条“橙白”色的线已断裂。当然最好的处理方法是将整条线换掉，但这里由于双绞线长度较短，不存在信号衰竭的影响，于是就把这条已断的“橙白”色的钱直接接上后并包裹后，网络恢复正常工作。

如果不是网络线路的问题，还需要进一步从网卡硬件、网卡驱动、网络协议等进一步分析，直到找出故障为止。

关于双绞线的测试，主要测试以下几个内容：

（1）接线图测试，用于测试每个针脚的连通性问题，如断路，短路，跨接，反接，串扰等问题都可以测出来。

（2）近端串扰与远端串扰的测试，串扰是由相邻线路的电信号相互辐射干扰而形成，是从一个线对到另一个邻近线对传递的无用信号，如果此测试不能通过，则说明双绞线质量有问题。

（3）衰减测试，衰减指信号在传输过程中的能量损失，是双绞线的一个重要参数。

（4）链路长度测试，从计算机网卡到交换机端口的距离不能超这100m，如果是综合布线，从配线架到墙上信息插座的距离称为“永久链路”，“永久链路”不能超过 90m。链路长度限制如图9–47所示。

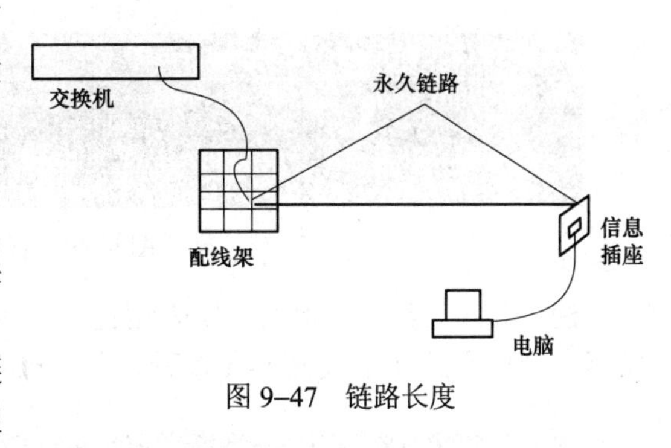

图9–47 链路长度

● **案例三 ARP攻击**

ARP（Address Resolution Protocol）欺骗是一种用于会话劫持攻击中的常见手法。地址解析协议（ARP）利用第2层物理MAC地址来映射第3层逻辑IP地址，如果设备知道了IP地址，但不知道被请求主机的MAC地址，它就会发送ARP请求。ARP请求通常以广播形式发送，以便所有主机都能收到，如图9–48所示。

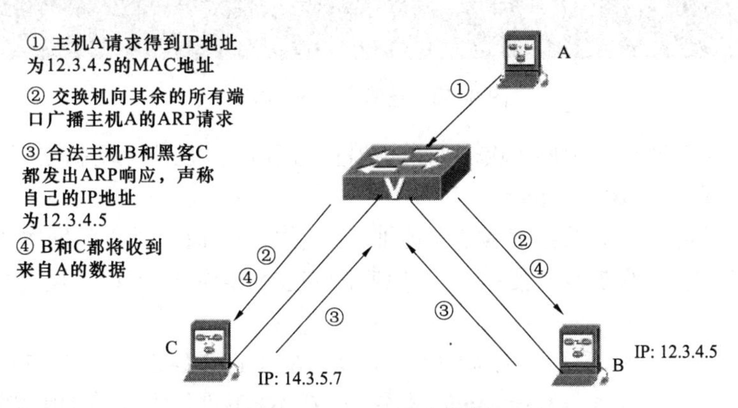

图9–48 ARP攻击过程

在图9–48的ARP攻击中，恶意黑客可以发送被欺骗的ARP回复，获取发往另一个主机的信息流。首先是主机A发出ARP解析请求，而ARP请求以广播帧的形式发送，以获取合法IP的MAC地址。

黑客C试图获取发送到这个IP的信息流，黑客C发出欺骗ARP响应，声称自己是IP地址就是12.3.4.5，把B的MAC地址向A响应，同时拥有合法IP的B也会用相同的MAC地址进行响应。

这样就使得交换机在MAC地表中有了与该MAC表地址相关的两个端口，发往这个MAC地址的所有帧被同时发送到了合法IP的B和和黑客C。

受到ARP攻击的现象：如果一台电脑上网时断时续，或提示连接受限、无法获得IP（针对动态获取IP的网络），交换机无法ping通，但指示灯状态正常。重启交换机后客户机可以上网，但过一会又会出现同样的情况。这种现象就是受到了ARP攻击，如何解决？

首先，在能上网时，进入MS-DOS窗口，输入命令：arp-a查看网关IP对应的正确MAC地址，将其记录下来。其过程如图9–49所示。

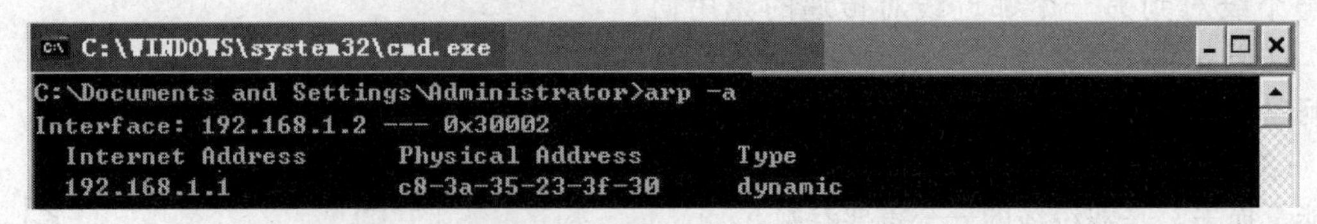

图 9–49 查看网关与 MAC

注：如果已经不能上网，则先运行一次命令 arp –d 将 arp 缓存中的内容清空，如图 9–50 所示。刚清空后立即用 arp –a 查看缓存信息时为空。

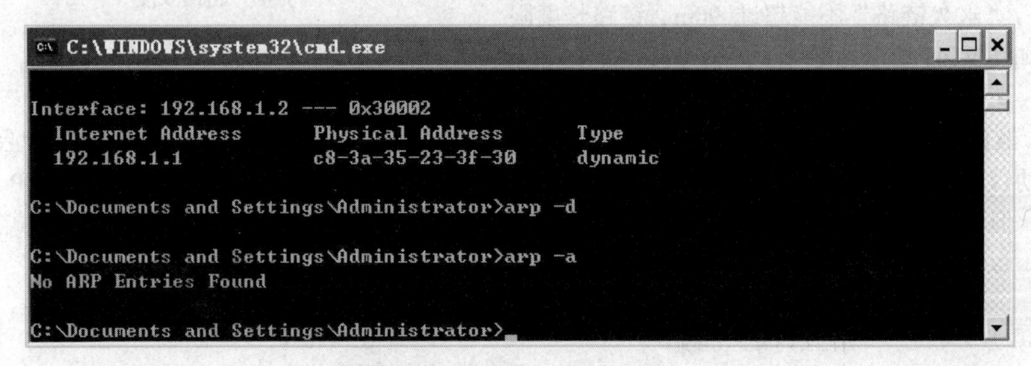

图 9–50 已清空了 arp 缓存

此时计算机可暂时恢复上网（攻击如果不停止的话），一旦能上网就立即将网络断掉（禁用网卡或拔掉网线），再运行 arp –a。

然后，如果已经有网关的正确 MAC 地址，在不能上网时，手工将网关 IP 和正确 MAC 绑定，可确保计算机不再被攻击影响。手工绑定可在 MS-DOS 窗口下运行以下命令：arp-s 网关 IP 网关 MAC。

在本例中，由图 9–49 可知，网关的 IP 为 192.168.1.1，MAC 为 c8-3a-35-23-3f-30，本机 IP 地址为 192.168.1.2，其类型为 dynamic 动态。在 CMD 下进行绑定，可将网关的 IP 与 MAC 对应关系变为 static 静态对应。手工绑定的命令为 arp-s 192.168.1.2 c8-3a-35-23-3f-30，如图 9–51 所示。

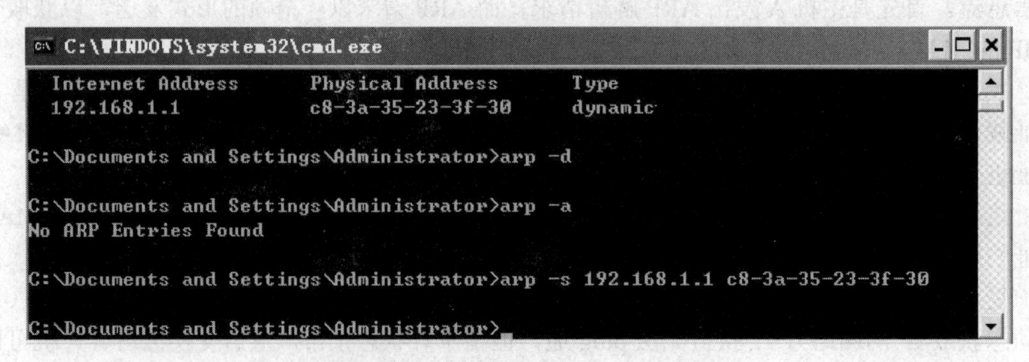

图 9–51 将网关的 IP 与 MAC 绑定

绑定完，可再用 arp –a 查看 arp 缓存，如图 9–52 所示。

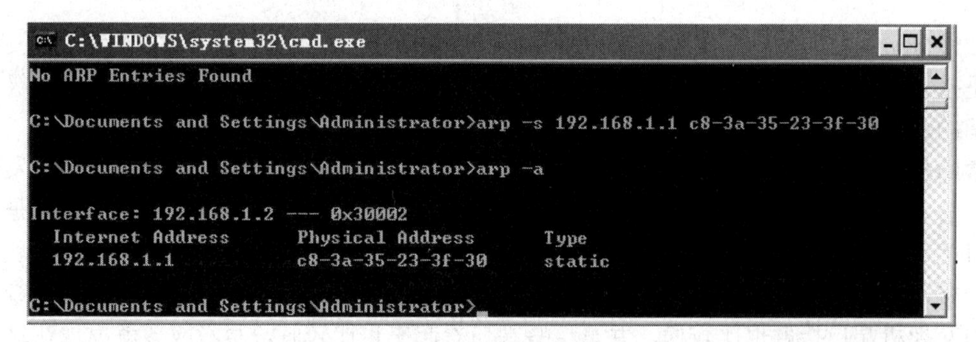

图 9–52　查看 ARP 缓存

这时，类型变为静态（static），就不会再受攻击影响了。但是，手工绑定在计算机关机重开机后就会失效，需要再绑定。此时，可以先新建一个批处理文件 arp.bat，然后把“arp-s 192.168.1.1 c8-3a-35-23-3f-30”这一行命令复制到 arp.bat 中，然后把它拖放到启动菜单中，每次启动计算机时即可自动运行，这样可以防止本机再遭受 ARP 攻击，如图 9–53 所示。

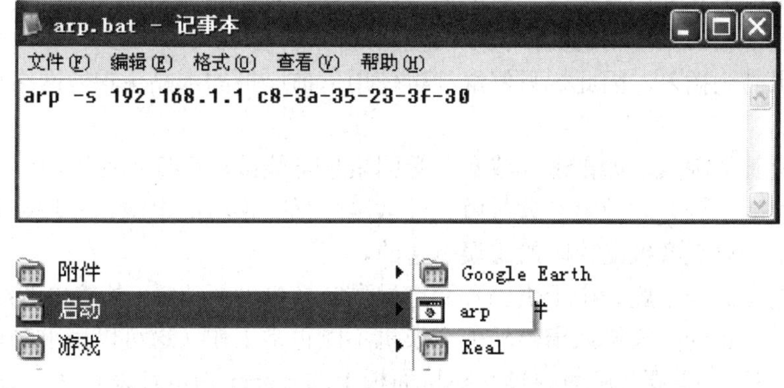

图 9–53　建立 arp.bat 并放入启动菜单

另外，在交换机上，也可以采用将端口与 MAC 地址绑定的方式来防止 ARP 攻击，结合在客户机绑定网关 IP 和 MAC 地址，采用这种双重绑定办法来预防 ARP 攻击。

但由于网管的工作量很大，且不能保证所有的用户都在自己的电脑上绑定网关 IP 和 MAC 地址，所以在处理 ARP 攻击的网络故障时，比较简便的方法有以下一些：

（1）在交换机上划分 VLAN，这样即使网络中存在 ARP 攻击，也仅影响该 VLAN 的用户，缩小受影响范围和查找范围。

（2）要求用户安装 ARP 防火墙。既可防止来自外部的 ARP 攻击，也可防止本机向外发送 ARP 攻击。一旦发现攻击及时与网管联系。例如可采取安装 ColorSoft 开发的 ARP 防火墙（原名 Anti ARP Sniffer）来预防 ARP 攻击，该软件通过在系统内核层拦截虚假 ARP 数据包以及主动通告网关本机正确的 MAC 地址，可以保障安装该软件的电脑正常上网，拦截外部对本机的 ARP 攻击和本机对外部的 ARP 攻击。

- **案例四　交换机端口故障**

故障现象：某企业在一新增的办公室中，有 6 台办公电脑接入网络，开始办公后发现，这些电脑在接入网络时，网络时断时续。而其他以前的办公室都能正常接入网络。

故障分析：由于是所有电脑都存在此现象，可以判断，基本上不是这些电脑本身的问题，也不是接入电脑的网线有问题。而应该是本办公室使用的交换机以及此交换机与上一级交换机之间的连线存在故障。

故障排除过程：由于是首先怀疑是上一级交换机的端口存在问题，但通过替换法发现，其他办公室仍能正常联网使用，可见上一级交换机端口不存在问题。然后考虑到可能是与本交换机相连的接入双绞线有问题，在换线连接后故障依旧。但是在换线的过程中，发现本交换机的接入端口与双绞线水晶头接触时比较松，同时也发现与本办公室电脑相连的双绞线水晶头与交换机端口接触也比较松，并且这些端口看起来也比较脏，故障应该就出现在这里，就是接触不良导致的。但为什么会出现这种故障呢？

针对交换机端口，可能产生故障有这样一些原因：

（1）交换机使用中，长时间没做清洁，在更换过程中，可能有灰尘等脏东西掉进端口中，从而导致接触不良，同是，插入的水晶头也可能被弄脏，也会导致接触不良。

（2）在插拔水晶头时，应用手按做水晶头翘起的胶片，自然拔出，如果用户猛拽，可能会导致交换机端口损坏。

（3）有的水晶头尺寸不合标准，有的偏大，在插入时破坏了交换机端口。在本例中就属于这种情况，这个办公室使用的交换机以前使用过，前一批水晶头偏大，导致交换机端口不能适应正常的水晶头插入，因此，只好继续再使用以前一批的水晶头重做网络后，故障得以排除；

另外，还有其他因素，如雷击，或潮湿等因素也可能破坏交换机的端口。

交换机的故障，分为硬故障和软故障，硬故障包括交换机的电源、模块、背板以及端口等；软故障则是指对交换机配置时的错误引起的。

交换机的电源故障一般是由于供电不稳定导致交换机电源故障，外接电源线老化，雷击，以及由各种原因引起的交换机风扇停转使交换机不能正常工作（这可以用手触摸交换机表面来感知温度来判断）。电源故障可通过交换机面板上的 power 指示灯来观察，绿色表示正常，熄灭则表示没工作。预防电源故障的方法：独立电源线供电；加 UPS 确保电压稳定；加装防雷措施等。

针对可网管交换机，可能由多种模块构成，如管理模块、扩展模块、堆叠模块等，一般情况下，这些模块工作不正常多是接触问题，出现故障时需检查是否有松动现象，另外还可能有连接线缆是否正常，以及这些模块的配置是否有误，如工作速率、奇偶校验、流控等，是否按该交换机的说明规定来配置。如果在上述情况都正确时，应该是模块本身出现了硬件故障，这种情况当然很少见，但一旦出现，则只能与交换机供应商联系解决了。

引起交换机的背板故障的主要因素有环境潮湿引起的电路板短路，或因散热不良引起元器件高温，雷击等产生的损坏。背板一旦出现损坏，也只能与交换机供应商联系解决了。

交换机的软故障，针对可管理交换机，可能配置 VLAN 不当、端口被禁止、STP 协议未使用、速度不匹配等引起的故障。要解决此类故障，需要熟练掌握交换机的配置知识。有关交换机的配置请参见第 8 章。

- **案例五　RIP 版本不一致**

故障现象：路由器不能接受到任何更新，从 R1 上的 1.1.1.0/24 网段无法 ping 到 R2 上的 2.2.2.0/24 网段，两台路由器的路由表中都没有 RIP 路由。拓扑图如图 9–54 所示。

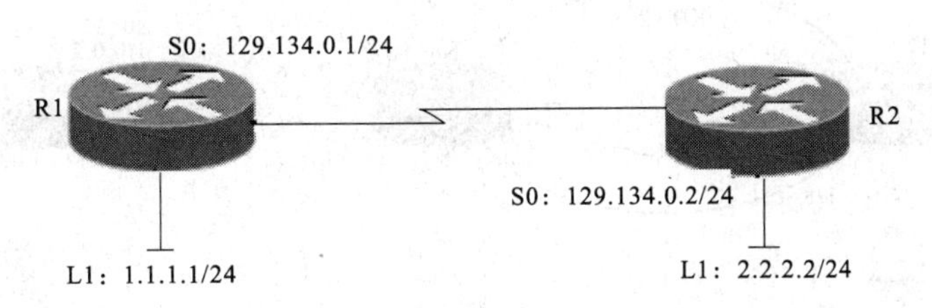

图 9–54 拓扑图

故障分析，由于路由器无更新，不能 ping 通，也没有 rip 路由，这种情况表明 R1 和 R2 没有学习到对方的路由，在确定连线无误的情况下，有可能是两个相连的端口有一个或两个没有打开（两环回接口不用打开，它永远都处于打开状态），或者是使用 RIP 的版本不一致引起不能相互路由学习。

故障解决：为确定究竟是什么原因，需使用 show run 命令来查看两路由器的配置信息，查看情况如图 9–55 所示。

```
R1#show run
interface Serial0
clock DTECLK1
link-protocol ppp
ip address 129.134.0.1 255.255.255.0
!
interface LoopBack1
ip address 1.1.1.1 255.255.255.0
!
rip
network 129.134.0.0
network 1.0.0.0!
```

```
R2#show run
interface Serial0
link-protocol ppp
ip address 129.134.0.2 255.255.255.0
rip version 2 ———————— 版本2
multicast
!
interface LoopBack1
ip address 2.2.2.2 255.255.255.0
!
rip
network 2.0.0.0
network 129.134.0.0!
```

图 9–55 查看路由器配置

从上图可知，R1 路由器的 RIP 版本为 RIP v1，而 R2 路由器的 RIP 版本为 RIP v2。这是由版本不同引起的路由故障，通过使用 show 命令可发现其配置情况。

- **案例六 ping 不通**

故障现象：某工程师又配置了一台路由器，然后执行 ping 命令访问 Internet 上某站点的 IP 地址，但没有 ping 通。再一次 ping 了 20 个报文（默认的 ping 是发送 5 个报文），仍旧没有响应。

故障分析与处理：发生这种故障，首先考虑是连通性问题，但是在通过检查，确定了所有的配置链路没有任何问题。然后又使用 ping 命令对对链路中的网关进行逐级测试，发现都可以 ping 通，但是响应的时间越来越长，最后一个网关的响应时间在 2s 左右。这可能是由于超时而导致显示为 ping 不通，因此，使用扩展 ping 命令，将超时时限设为 5 秒钟，发现可以 ping 通了。可见，其实在内网中的主机去访问 Internet 上的访站点是可以访问的，但由于 Internet 中的传输速度较慢，使用默认的 ping 命令时可能不能 ping 通。

- **案例七 主备链路问题**

故障现象：某校园网中，Rb 和 Rc 同属于一个运行 RIPv2 路由协议的网络，在通过 Rc 路由器接入的网络的师生，在访问文件服务器 5.0.0.2 时，反应网络的访问性能不好。网络拓扑如图 9–56 所示。

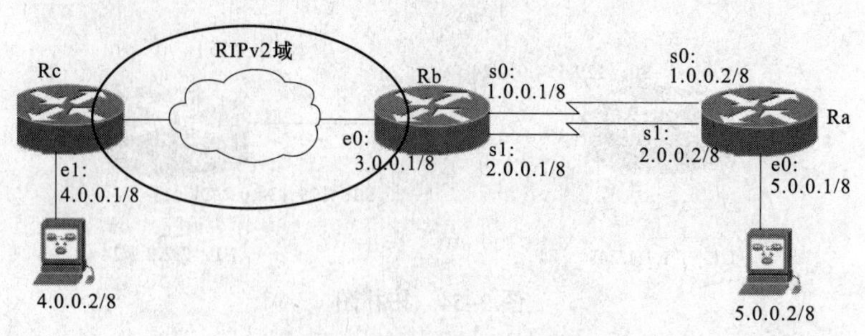

图 9-56 案例七拓扑图

故障分析：

在主机上 ping 5.0.0.2 显示如下：

C:\Documents and Settings\c>ping -n 6 -l 1000 5.0.0.2

Pinging 5.0.0.2 with 1000 bytes of data:

Reply from 5.0.0.2: bytes=1000 time=552ms TTL=250

Reply from 5.0.0.2: bytes=1000 time=5735ms TTL=250

Reply from 5.0.0.2: bytes=1000 time=551ms TTL=250

Reply from 5.0.0.2: bytes=1000 time=5734ms TTL=250

Reply from 5.0.0.2: bytes=1000 time=549ms TTL=250

Reply from 5.0.0.2: bytes=1000 time=5634ms TTL=250

上面的 Ping 显示出一个规律：奇数报文的返回时长短，而偶数报文返回时长很长（是奇数报文的 10 倍多）。可以初步判断奇数报文和偶数报文是通过不同的路径传输的。这需要使用 Traceroute 命令来追踪这不同的路径。在 Rc 上，Traceroute 远端 Ra 的以太网接口 5.0.0.1。

Rc(config)#traceroute

Target IP address or host: 5.0.0.1

Maximum number of hops to search for target [30]:10

Repeat count for each echo[3]:8

Wait timeout milliseconds for each reply [2000]:

Type esc/CTRL^c/CTRL^z/q to abort.

traceroute 5.0.0.1…

1 6 ms 4 ms 4 ms 4 ms 4 ms 4 ms 4 ms 4 ms 4.0.0.1

……

5 20 ms 16 ms 15 ms 16 ms 16 ms 16 ms 16 ms 16 ms 3.0.0.2

6 30 ms 278 ms 25 ms 279 ms 25 ms 278 ms 25 ms 277 ms 5.0.0.1

Rc(config)#

从上面的显示可看到，直至 3.0.0.2，UDP 探测报文的返回时长都基本一致，而到 5.0.0.1 时，则发生明显变化，呈现奇数报文时长短，偶数报文时长长的现象。于是判断，问题发生在 Rb 和 Ra 之间。

通过查询该校园网与外网连接的网络拓扑图，得知这两路由器间有一主一备两串行链路，主链路为 2.048Mbit/s（s0 口之间），备份链路为 128Kbit/s（s1 口之间）。网络管理员在此两路由器间配置了静态路由。使用 show run 命令查看 Ra 和 Rb 的配置，发现：

Rb 上有如下配置：

Rb（config）# ip route 5.0.0.0 255.0.0.0 1.0.0.2

Rb（config）# ip route 5.0.0.0 255.0.0.0 2.0.0.2

Ra 上有如下配置：

Ra（config）# ip route 0.0.0.0 0.0.0.0 1.0.0.1

Ra（config）# ip route 0.0.0.0 0.0.0.0 2.0.0.1

由于管理员配置时没有给出静态路由的优先级，这两条路由项的管理距离就同为缺省值1，于是就同时出现在路由表中，实现的是负载分担，而不能达到主备的目的，数据包经过带宽较小的备份链路时传输速度比主链路的慢，因此会现 ping 时的现象。

故障处理：

在 Rb 上进行如下更改：

Rb（config）# ip route 5.0.0.0 255.0.0.0 1.0.0.2（主链路仍使用缺省）

Rb（config）# ip route 5.0.0.0 255.0.0.0 2.0.0.2 100（备份链路的降低至 100）

Ra 上进行如下更改：

Ra（config）# ip route 0.0.0.0 0.0.0.0 1.0.0.1

Ra（config）# ip route 0.0.0.0 0.0.0.0 2.0.0.1 100

这样，只有当主链路发生故障，备份链路的路由项才会出线在路由表中，从而接替主链路完成报文转发，实现主备目的。

另外一种解决方法：在两路由器上运行动态路由协议，如 EIGRP、OSPF 等，不要运行 RIP 协议（因为 RIP 协议仅以 hop 作为 Metric 的），EIGRP、OSPF 会根据链路质量好坏，速度快慢计算出链路的优先级。

可见，ping 命令和 Traceroute 命令的相互配合来找到网络问题的发生点。尤其在一个大的组网环境中，维护人员可能无法沿着路径逐机排查，此时，使用 ping 和 Traceroute 来迅速定位出发生问题的线路或路由器就非常重要了。

- **案例八 debug 引起的故障**

故障现象：某电信局安装了锐捷路由器作为接入服务器的出口网关，一段时间运转良好。某日用户反映该设备明显速度变慢。执行 ping 操作，ping 对端路由器设备，所用时间为正常的 2 倍多。

故障分析与处理：分析可能有以下几种原因：线路质量不好、对端设备问题导致回应较慢、自身配置错误、网络繁忙、软硬件故障。

首先检查线路，没有发现问题；然后 ping 与之相连的其他路由器设备，故障依旧，说明对端设备无问题；比较以前运转良好时备份的 Running-config 文件，检查路由器上的配置，没有发现错误；并且当时并非上网高峰期，且只是变慢，而无丢包，应当不是网络负荷问题。

在该路由器检查日志信息，发现其中记录了大量的收发 IP 报文的信息，执行命令 show debugging 命令显示调试开关状态，发现该路由器的 debug ip packet 处于打开状态。由于设备需要记录每一个被转发的 IP 报文，大大降低了路由器的处理速度，导致变慢。

在使用 no debug all 命令关闭该 debug 开关后，故障排除。

- **案例九 路由器性能引起的网络故障**

故障现象：某企业在兼并了另一企业后发现，企业用户上网时网速变慢，并且经常掉线。

故障分析：首先考虑到是否是由于上网用户的增加，导致流量增大引起的，但得知在企业兼并后网络的出口带宽已增大，这不应该是网速变慢的原因。然后得知，该企业与外网相连的路由器仍然是以前使用的路由器，这极有可能就是问题的关键：路由器的性能不足引起的网络问题。如果路由器CPU利用率过高和路由器内存余量太小，导致网络服务的质量变差，比如路由器内存余量越小丢包率就会越高，转发数据包的速度变慢等。为了证明是不是由路由器性能引发的故障，可使用"show processes cpu"命令来查看路由器CPU的利用率，结果发现CPU利用率高达99%。

解决方法：将路由器升级，并扩大内存。

- **案例十 禁用QQ软件**

某装饰设计公司的主管发现，很多员工上班时都在暗自使用QQ软件聊天，严重影响了装饰设计的进度。

解决方案：可以在公司内网的每台计算机中安装如"飞鸽传书"之类的网络即时通信工具来取代QQ软件在内网各设计人员间的必要信息传输。QQ默认的端口号为1080/udp，在该公司的接入外网的代理服务器上，使用"瑞星个人防火墙"，将QQ使用的端口号和协议1080,UDP给禁用即可，这样确保员工不能再使用QQ聊天。如图9–57所示。

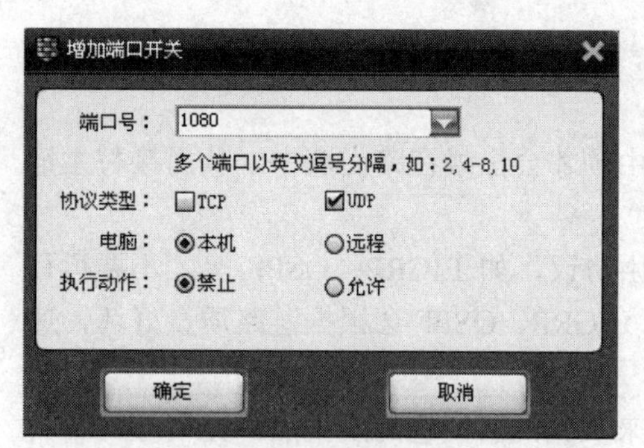

图9–57 禁用QQ的端口号

- **案例十一 打开网页错误的解决**

故障现象：某人在使用IE浏览器上网时，在地址栏中输入了"http://www.sohu.com：8080"浏览站点，结果如图9–58所示，出现不能打开网页的错误。

故障分析与解决：这是当客户端连接到不存在的服务器是，系统的TCP将拒绝这个连接请求，这里可能的原因是在地址栏中输入的地址端口8080是无效的，在www.sohu.com服务器上没有指定或没有打开这个8080端口来提供网站浏览服务。去掉后面的8080端口号后，即可正常访问。

- **案例十二 网络受黑客攻击的解决**

故障现象：某校园网在一天上午开始，发现与上网速度变得极为缓慢。而之前网速正常，也没有做过任何配置修改，物理位置也没有做过任务变动。

故障分析与解决：由于能上网，但网速变得很慢，这不可能是由与外网相连的线路断路引发的问题，这首先应考虑是否受到网络黑客攻击。

一个使网速变慢的黑客攻击，常见有这样一些攻击：Land攻击、Smurf攻击和 Fraggle攻击等。

在Land攻击中，一个特别打造的SYN包，它的原地址和目标地址都被设置成某一个服务器地址，此举将导致接收服务器向它自己的地址发送SYN-ACK消息，结果这个地址又发回ACK消息并创建一个空连接，每一个这样的连接都将保留直到超时掉，对Land攻击反应不同，许多UNIX实现将崩溃，NT变的极其缓慢（大约持续5min）。

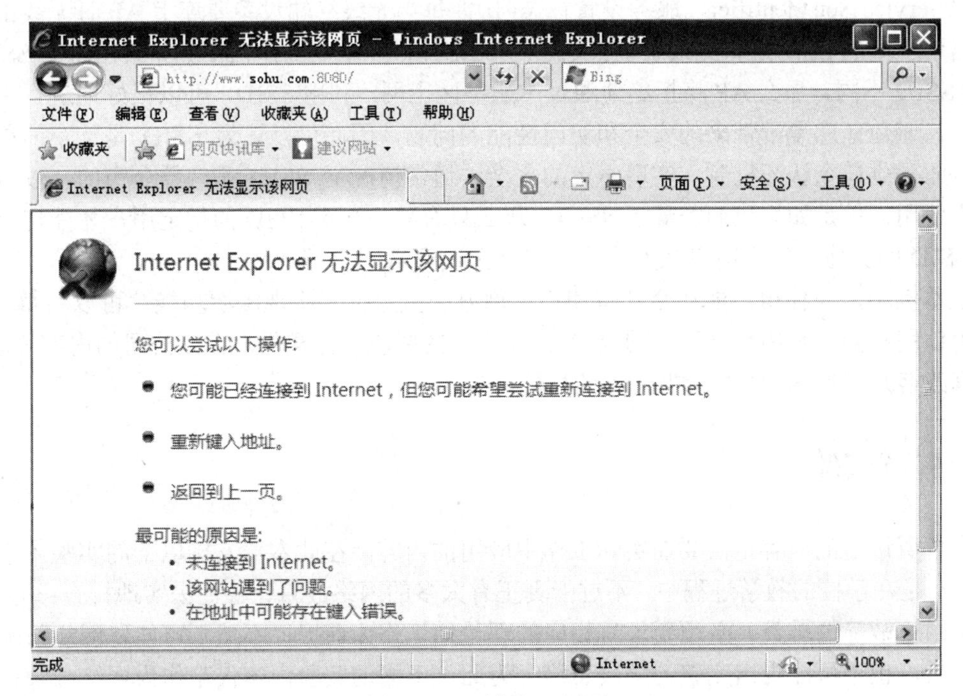

图 9–58　不能打开网页

Smurf 攻击：它是通过使用将回复地址设置成受害网络的广播地址的 ICMP 应答请求（ping）数据包来淹没受害主机的方式进行，最终导致该网络的所有主机都对此 ICMP 应答请求作出答复，导致网络阻塞，比 ping of death 洪水的流量高出一或两个数量级。更加复杂的 Smurf 将源地址改为第三方的受害者，最终导致第三方雪崩。

Fraggle 攻击：Fraggle 攻击对 Smurf 攻击作了简单的修改，使用的是 UDP 应答消息而非 ICMP。

针对这几种攻击的防御方法，在网络服务器和防火墙上进行一些相应的设置即可使网速恢复正常：其中防御 land 攻击的方法是在服务器上打上最新的补丁，或者在防火墙将那些在外部接口进入内容的流量中，将含有内部源地址滤掉，这些地址就是 10 网段、172.16 到 172.31 网段、192.168 网段；防御 Smurf 攻击的方法：一是为了防止黑客利用你的网络攻击他人，关闭外部路由器或防火墙的广播地址特性；二是为防止被攻击，在防火墙上设置规则，丢弃掉 ICMP 包；防御 Fraggle 攻击的方法是在防火墙上过滤掉 UDP 应答消息。

- **案例十三　SSID 不一致导致无法上网**

某公司的无线网络，在销售部办公室利用无线网络上网很正常，但是，一到会议室再使用无线网络，就不能利用无线网络上网了。

故障分析解决：产生这种故障现象可能的原因有距离太远、无线信号被挡、无线路由器故障、SSID 配置不当。首先判断是销售部办公室到会议室距离远或有墙挡住了无线信号吗，但查证后不是这个原因，因为在会议室也配有无线路由器；是否是由于会议室无线路由器故障引起的呢？结果也不是，因为管理员的笔记本在会议室能正常使用无线网络；最后查看两地方无线路由器的 SSID 配置，发现不一致。经过统一 SSID 后问题得以解决。

关于 SSID 意义：在每一个 AP（无线路由器）内都会设置一个服务区域认证 ID，这就是

SSID（Service Set Identifier，服务设置标志号），每当无线终端设备要连上 AP 时无线工作站必需出示正确的 SSID，与无线访问点 AP 的 SSID 相同，才能访问 AP；如果出示的 SSID 与 AP 的 SSID 不同，那么 AP 将拒绝他通过本服务区上网。利用 SSID，可以很好地进行用户群体分组，避免任意漫游带来的安全和访问性能的问题，因此可以认为 SSID 是一个简单的口令，从而提供口令认证机制，实现一定的安全。通常情况下 SSID 是广播公布的，以方便网络用户使用，但是如果我们隐藏了 SSID，那么只有事先知道 SSID 的指定用户才能连上，不知道 SSID 的其他非指定用户就无法连入这个无线网络。

在本例中，为使用户能在会议室和销售部办公室等位置实现漫游功能，可以将每个 AP 设置为使用相同的 SSID、相同的加密方式和不同的频段。这样用户在该公司的内部移动时，无需修改客户端的 SSID 号也能正常接入无线网络。

9.4 本章实验

本章所讲述的内容是需要在实际工作中应用的内容，在此本章安排以下的实验出于两个目的，一是在学校的教学过程中，不过能真正有太多的网络故障让各位去实地排查；另一个，要学生网络故障的排查，必须要求有相应的理论知识作为前提，不然不可能以网络故障作深入的分析，也不可能提出完整的解决思路。为此，下面的实验内容仅是作为网络故障排查的一角，希望各位在此基础上能掌握更多更全的网络故障排查基本功。

1. 基础知识

见本章讲述内容。

2. 实验目的

掌握互联网络设备故障排查最常用的几个命令 ping、traceroute、show、clear 和 debug 命令的作用和用法。

实验拓扑

3. 实验使用拓扑

如图 9–59 所示。

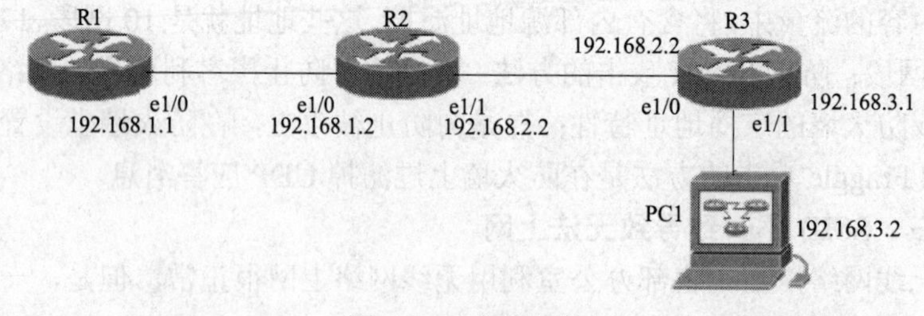

图 9–59 实验拓扑

4. 实验要求

分别按本章所讲述的知识，搭建上述网络拓扑，熟悉上述命令的使用。

5. 实验步骤

本章中对上述命令的使用方法均有较详细的讲解，请参照前面所讲知识完成上述命令的实验练习，建议没有实验条件的读者可按第 10 章习题的提示去搭建实验环境。

习 题 九

一、选择题

1. 驻留在多个网络设备上的程序在短时间内同时产生大量的请求消息冲击某 Web 服务器，导致该服务器不堪重负，无法正常响应其他合法用户的请求，这属于（　　）。

A. 上网冲浪　　B. 中间人攻击　　C. DDoS 攻击　　D. MAC 攻击

2. TCP/IP 协议中不一定需要设置的是（　　）。

A. IP 地址　　B. 子网掩码　　C. 默认网关　　D. 备用的 DNS 服务器

3. 将服务器在局域网中隐藏起来是指（　　）。

A. 其他人不能访问我的 IP 地址　　B. 在局域网中看不到服务器名

C. 隐藏端口　　D. 关闭服务

4. 对于光纤的特性，下列说法正确的是（　　）。

A. 因为光纤传输的是光信号，因此传输信号无衰减

B. 因为光速很快，光纤的传输速率是无极限的

C. 光纤传输的是光信号，因此抗干扰能力比较强

D. 光纤传输距离无极限

5. OSI 模型中的一条重要的故障排除原则是每一层（　　）。

A. 都相对独立

B. 有嵌入的冗余机制来排除来自其他层的错误

C. 运行都依赖于它的上一层

D. 运行都依赖于它的下一层

6. 在网络 202.115.144.0/21 中可分配的主机地址数是（　　）。

A. 1022　　B. 1024　　C. 4096　　D. 2046

7. 下列哪个命令能查出路由器的内存大小？（　　）

A. show version　　B. show interface

C. show ip　　D. show ip route

8. 在缺省配置的情况下，交换机的所有端口（　　）。

A. 处于直通状态　　B. 属于同一 VLAN

C. 属于不同 VLAN　　D. 地址都相同

9. 关于 5 类双绞线的特性，下列说法错误的是（　　）。

A. 最大传输速率为 100Mbit/s　　B. 节点间的最大传输距离为 100m

C. 双绞线传输信号有衰减　　D. 传输过程中 8 根线都在工作

10. 解决网络问题的过程中哪个步骤需要询问用户，以便了解解决问题所需的信息（　　）。

A. 收集信息　　B. 界定故障现象

C. 列举可能导致故障的原因　　D. 排查原因

11. 关于网卡与 IP 地址的关系说法，正确的是（　　）。

A. 网卡和 IP 地址没有关系　　B. 网卡和 IP 地址是一一对应的关系

C. 一块网卡可以绑定多个 IP 地址　　D. Windows 9x 不能绑定多个 IP 地址

12. 以下不是应用防火墙的目的有（　）。

A. 限制他人进入内部网络

B. 过滤掉不安全的服务和非法用户

C. 防止入侵者接近用户的防御设施

D. 为访问者提供更为方便的使用内部网络资源

二、填空题

1. 在路由器中，要查看已配置的路由信息，应该输入＿＿＿＿＿。

2. 实现由 MAC 地址查找 IP 地址的协议是＿＿＿＿＿＿；而实现由 IP 地址查找 MAC 地址的协议是＿＿＿＿＿＿。

3. 在配置路由器中，要查看已配置的路由信息，应该输入＿＿＿＿＿＿。

4. ＿＿＿＿＿是指设置在不同网络或网络安全域之间的一系列部件的组合。

5. 防火墙很难解决＿＿＿＿＿＿对网络的安全问题，即防外不防内。

6. ＿＿＿＿命令用于查看当前有哪些地址已经和你的计算机建立了连接。

7. 判断是否发生了物理损坏而导致网络不通，通常最简易的方法是＿＿＿＿＿＿。

8. ＿＿＿＿＿＿命令用于检测网络路径上的某个路由器故障。

9. ＿＿＿＿＿＿命令用于查看路由器和交换机中配置信息，包括端口信息、版本信息、地址表信息等。

10. 在 OSI 的各层中，＿＿＿＿＿＿层出现故障的可能性最大。

三、简答题

1. 简述 ipconfig/release 和 ipconfig/renew 命令的作用。

2. 如何诊断是否是由 DNS 解析引起的网络故障？

3. 如何禁用 445 端口号？

4. 描述网络故障排查步骤。

5. 如何判断是不是由线路故障引起的网络故障？

第 10 章　网 络 工 程 案 例

本章以某民办高校的校园网建设工程项目作为本书内容的回顾与总结。

在本章讲述网络工程案例中，包括：需求分析、技术方案设计、IP 地址规划、网络设备配置、网络服务器配置、网络安全设备配置几个部分。当然，由于篇幅有限，不可能对整个网络工程建设过程中的所有细节进行完整的展现，必定会从技术角度和工程重要程度上对部分内容进行详略处理。通过本章的学习，将会使读者对网络工程的建设过程有一个较完整较全面的理解和掌握，从而为实施真正的网络工程项目打下坚实的基础。

学习目标

（1）了解网络工程建设过程。

（2）掌握交换机的基本配置方法。

（3）掌握路由器的基本配置方法。

（4）掌握防火墙的基本配置方法。

（5）掌握服务器的基本配置方法。

教学重点

网络工程需求分析；网络工程方案设计；网络设备配置方法。

教学难点

网络设备配置方法。

10.1　需求分析

10.1.1　用户需求分析

1. 总体需求

设计一个网络，首先要为用户分析目前面临的主要问题，确定用户对网络的真正需求，并在结合未来可能的发展要求的基础上选择、设计合适的网络结构和网络技术，提供用户满意的高品质服务。

网络在日常教学办公环境中起着至关重要的作用，校园网的运作模式会带来大量动态的 WWW 应用数据传输，会有相当一部分应用的主服务器有高速接入网络的需求。这就要求网络有足够的主干带宽和扩展能力。同时，一些新的应用类型，如网络教学、视频直播等，也对网络提出了支持多点广播和宽带高速接入的要求。

除上述考虑外，还要注意到由于逻辑上业务网和管理网必须分开，所以建成后校园网应能提供多个网段的划分和隔离，并能做到灵活改变配置，以适应教学办公环境的调整和变化。

2. 详细需求

（1）网络应用需求。

1）Internet 访问。

2）建设校园网站。

3）VOD 点播。

4）网络安全管理。

5）电子邮件和电子公告。

（2）网络管理需求。

1）虚拟网络的划分：在校园网内按机构划分虚拟局域网，可以有效限制网间广播，控制网间访问，提高网络安全性。

2）虚拟网管理：集中配置与管理虚拟局域网，提高管理效率。

3）网络检测：通过网络管理软件可以对全网的网络设备进行有效的，全方位的集中检测与配置管理。

（3）网络结构需求分析。

采用分层网络结构，分为核心层、分布层和接入层三层结构，核心层是全网控制和管理的中心，提供一个高速的网络通信平台，负责全校各机构间的高速通信传输，核心层具有容量大，处理能力强，能完成虚拟网间的路由交换，具有链路备份功能，高速对外接口等；分布层是由全校各机构组成，负责汇聚管理本机构内的流量；接入层是面向普通用户的层次，位于每幢楼的楼层，将普通用户的网络访问流量向上传输到分布层。

10.1.2 系统设计思想

建设校园网络，本着少花钱多办事的原则，充分利用有限的投资，在保证网络先进性的前提下，选用性能价格比最好的设备，校园网建设应该遵循先进性、开放性、可靠性和可用性、兼容性、实用性、安全性以及可扩展性的原则。

1. 先进性

以先进、成熟的网络通信技术进行组网，支持数据、语音、视像等多媒体应用。在资金许可的情况下，采用先进并标准化的技术与设备，发挥网络最佳的集成效能，保证在相当长一段时间内系统整体处于先进水准。

2. 开放性

网络协议采用符合 ISO 标准及其他标准，如：IEEE、EIA/TIA、ANSI 等制定的协议，采用遵从国际和国家标准的网络设备。开放是系统得以生存的基础。一个开放的系统可以包容各种技术，包括成熟的技术和先进的技术。

3. 可靠性和可用性

校园网络建成之后，对学院的生存发展有着重要的意义，其对可靠性的要求也必定越来越高。相应地在网络设计时，必须强调网络系统的备份与冗余，要求网络有较好的容错能力，整个网络能够可靠地不间断工作，以确保系统的稳定运作。选用高可靠的产品和技术，充分考虑系统在程序运行时的应变能力和容错能力，确保整个系统的安全与可靠。

4. 兼容性

选用符合国际发展潮流的国际标准的硬件设备，以便系统具有可靠性强、可扩展和可升级等特点，保证今后可迅速采用网络发展出现的新技术，同时为现存不同的网络设备、小型机、工作站、服务器和微机等设备提供入网和互联手段。

5. 实用性

应用是网络建设的目的。网络设计的实用性建立在对用户需求的仔细理解基础上，避免出现组建的网络只是简单堆砌一些网络技术。从实用性出发，着眼于近期目标和长期的发展，选用先进的设备，进行最佳性能组合，利用有限的投资构造一个性能最佳的网络系统。

6. 安全性

在接入 Internet 的情况下，必须保证网上信息和各种应用系统的安全。在网络设计时，需考虑多级安全防范措施，包括路由器过滤、防火墙隔离，数据的加密传输等多种方法组合防护，根据不同的需要进行不同的网络安全设计，最大限度地保护整个网络系统的安全。

7. 可扩展性

网络设计应具有良好的扩展性和升级能力，选用具有良好升级能力和扩展性的设备。在以后对该网络进行升级和扩展时，必须能保护现有投资。应支持多种网络协议、多种高层协议和多媒体应用。对于用户来讲，需求是不断变化着的，要兼顾目前的业务需求和今后较长时期的业务发展需要，即设计时必须留有恰如其分的余量，使系统具有良好的可扩展性和升级能力，确保在今后需求变化时，结构上不做或只做很小的改动。

10.2 技术方案设计

10.2.1 网络方案设计

1. 内部网络传输速率设计

内部网络采用三层设计。网络主干系统实现千兆通信，桌面计算机实现 10/100Mbit/s 入网。核心层到汇聚层采用千兆连接，汇聚层到接入层采用百兆连接。按通常考虑，数据信息点的接入用交换 10/100Mbit/s 自适应以太网端口接入，以便能较经济的提供较高的带宽。整个方案设计的目的是建设一个集数据传输和备份、多媒体应用、语音传输、OA 应用和 Internet 访问等于一体的高可靠、高性能的宽带多媒体校园网。

2. 与 ISP 连接设计

采用 Cisco7206 路由器，并配置防火墙功能，完成对外千兆接入 Internet。

3. 综合布线设计

从核心交换设备到各分院、楼、系、宿舍的汇聚层设备采用单模光纤实现千兆连接，从每幢楼的设备间到每层楼的配线间的楼层交换机采用多模光纤构成垂直子系统，从每层楼的配线架到各接入点采用六类 UTP 构成水平子系统，所有网络布线接插设备、网络跳线等都满足千兆数据传输需求。

4. 中心机房及各设备间设计

中心机房及各设备间设计的建设均符合国家相关标准，设置完备的供电系统和接地系统，具有防雷、防火、防水等相关措施及保障。

5. 网络设备选型说明

边界路由器 1　　Cisco 7206。
核心层交换机 2 台　　Catalyst 6509。
汇聚层交换机 16 台　　Catalyst 4006。
接入层交换机 120 台　　Catalyst 2948。
接入层交换机 250 台　　ZXR10 1024。
戴尔服务器 4 台　　PowerEdge R710。
戴尔服务器 4 台　　PowerEdge R720。
戴尔服务器 1 台　　PowerEdge R910。
PC 机若干。
其他材料根据所需而定。

10.2.2　网络结构图

1. 网络分布图

该校的校园网络，从 1 号楼到 15 号楼，其网络分布如图 10–1 所示。

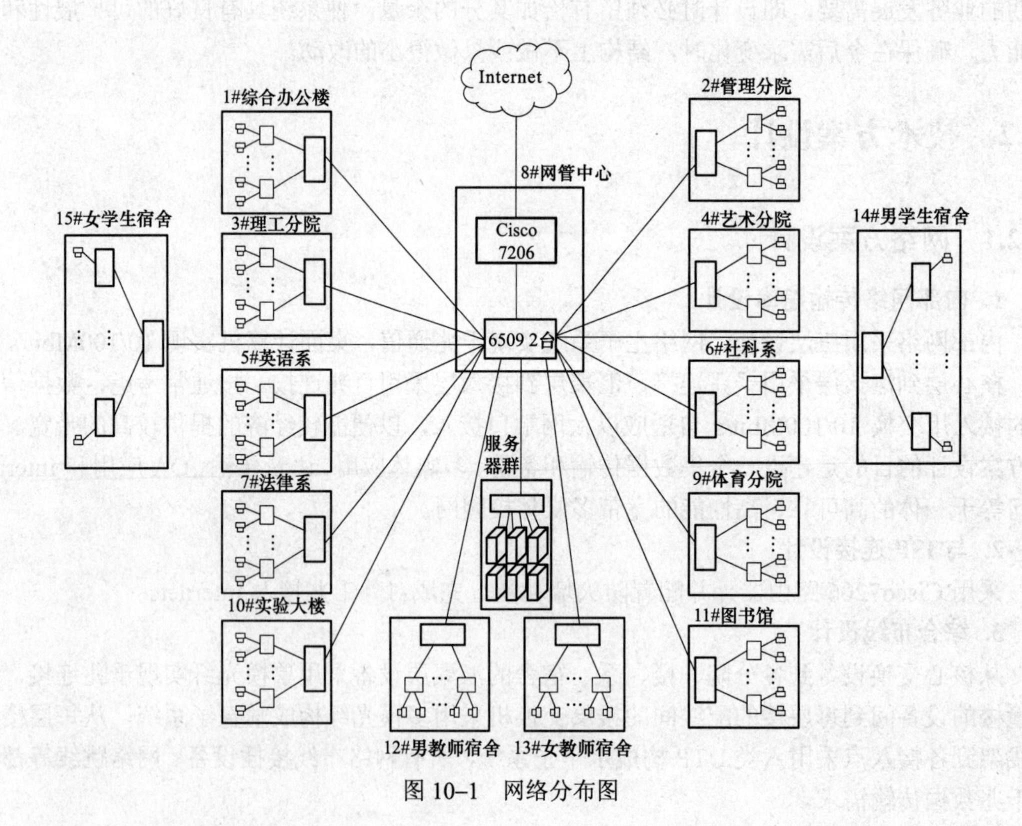

图 10–1　网络分布图

2. 网络拓扑示意图

由于网络规模较大，为了使拓扑图表现更为清晰，因此只给出了部分网络拓扑图，形成如图 10–2 所示的网络拓扑示意图，其余部分拓扑图可以此基础上扩展。

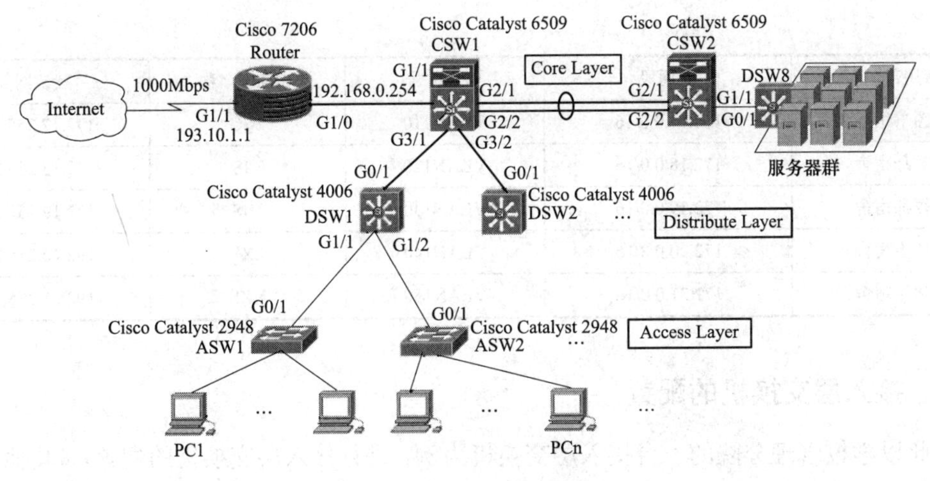

图 10–2　网络拓扑示意图

10.3　校园网的规划与配置

本节包括 VALN 及 IP 地址的规划、接入层交换机的配置、分布层交换机的配置、核心层交换机的配置、边界路由器的配置等。

10.3.1　VLAN 及 IP 地址规划

本校园网的 IP 地址全部采用静态分配的方法，师生在接入校园网前，应将上网计算机的网卡地址上报给网络中心，便于进行 IP 地址的分配和管理。网络中心负责校园网 IP 地址的日常维护工作，包括用户申请 IP 地址的审批、IP 地址和网卡地址的绑定、IP 地址的监管和网络故障检测、管理 IP 地址的自动分配等。

在本网络工程建设期，为整个校园网的 IP 地址作为表 10–1 的规划。

表 10–1　　VLAN 及 IP 地址规划

应用部门	IP 网段	VLAN 号	VLAN 名称	默认网关
管理 VLAN	192.168.0.0/24	VLAN1		192.168.0.254
管理分院	192.168.1.0/24	VLAN10	GLFY	192.168.1.254
理工分院	192.168.2.0/24	VLAN20	LGFY	192.168.2.254
艺术分院	192.168.3.0/24	VLAN30	YSFY	192.168.3.254
英语系	192.168.4.0/24	VLAN40	YYX	192.168.4.254
社科系	192.168.5.0/24	VLAN50	CKX	192.168.5.254
法律系	192.168.6.0/24	VLAN60	FLX	192.168.6.254
体育分院	192.168.7.0/24	VLAN70	TYFY	192.168.7.254
网管中心	192.168.8.0/24	VLAN80	WG	192.168.8.254
综合办公楼	192.168.9.0/24	VLAN90	ZH	192.168.9.254
实验大楼	172.16.0.0/16	VLAN100	SYDL	172.16.255.254

续表

应用部门	IP 网段	VLAN 号	VLAN 名称	默认网关
图书馆	172.17.0.0/16	VLAN110	TSG	172.17.255.254
男教师宿舍	172.18.0.0/16	VLAN120	LJS	172.18.255.254
女教师宿舍	172.19.0.0/16	VLAN130	NJS	172.19.255.254
男学生宿舍	172.20.0.0/16	VLAN140	LXS	192.20.255.254
女学生宿舍	172.21.0.0/16	VLAN150	NXS	192.21.255.254

10.3.2 接入层交换机的配置

在此以学校管理分院的一台接入层交换机为例，进行接入层交换机的配置。(其他接入层交换机的配置方法与此相似)。

接入层交换机采用的是 Catalyst 2948G，此类交换机具有 48 个 10/100BaseTX 或 10/100BaseFX 端口，这 48 个端口用于与用户 PC 机相连，能达到 100Mbit/s 的速度；还具 2 个 1000BaseX（GBIC）端口，用于与分布层交换机的连接。

1. 为接入层交换机命名为 ASW1

Switch>enable

Switch#config t

Switch（config）#hostname ASW1

2. 将交换机设置加密口令 wgh

ASW1（config）#enable secret wgh

当用户在普通用户模式而想要进入特权用户模式时，需要提供此口令（在此处设的口令为 wgh)。此口令会以 MD5 的形式加密，因此，当用户查看配置文件时，无法看到明文形式的口令。

3. 设置登录交换机时的口令 cisco

ASW1（config）#line vty 0 15

ASW1（config-line）#login

ASW1（config-line）#password qdbiq

对于一个已经运行着的交换网络来说，交换机的带内远程管理为网络管理人员提供了很多的方便。但是，出于安全考虑，在能够远程管理交换机之前网络管理人员必须设置远程登录交换机的口令。“line vty 0 15”指在远程终端上可同时打开 0～15 共 16 个远程连接；“logging”是启用登录交换机时验证用户身份功能；“password qdbiq”是设远程管理时需输入的口令为 qdbiq。

4. 设置终端线超时时间

ASW1（config-line）#line vty 0 15

ASW1（config-line）#exec-timeout 10

ASW1（config-line）#line con 0

ASW1（config-line）#exec-timeout 10

为了安全考虑，可以设置终端线超时时间。在设置的时间内，如果没有检测到键盘输入，

IOS 将断开用户和交换机之间的连接。在此设置登录交换机的控制台终端线路及虚拟终端线的超时时间为 10min，在 10min 内如果此终端没有键盘输入则自动断开，下次需重新登录才能使用。

5. 设置禁用 IP 地址解析特性

ASW1（config-line）#no ip domain-lookup

在交换机默认配置的情况下，当输入一条错误的交换机命令时，交换机会尝试将其广播给网络上的 DNS 服务器并将其解析成对应的 IP 地址。利用命令 no ip domain-lookup，可以禁用这个特性。

6. 设置启用消息同步特性

ASW1（config）#line con 0

ASW1（config-line）#logging synchronous

ASW1（config-line）#exit

有时，用户输入的交换机配置命令会被交换机产生的消息打乱。可以使用命令 logging synchronous 设置交换机在下一行 CLI 提示符后自动复制用户的输入。

7. 配置接入层交换机 ASW1 的管理 IP 和默认网关

ASW1（config）#interface vlan 1

ASW1（config-if）#ip address 192.168.0.3 255.255.255.0

ASW1（config-if）#no shut

ASW1（config）#ip default-gateway 192.168.0.254

配置接入层交换机 ASW1 是 OSI 参考模型的第 2 层设备，即数据链路层的设备。因此，给接入层交换机的每个端口设置 IP 地址没意义。但为了使网络管理人员可以从远程登录到接入层交换机上进行管理，必须给接入层交换机设置一个管理用 IP 地址。这种情况下，实际上是将交换机看成和 PC 机一样的主机。

给交换机设置管理用 IP 地址只能在 VLAN1 中进行。管理 VLAN 所设计的子网是：192.168.0.0/24，这里将接入层交换机 ASW1 的管理 IP 地址设为：192.168.0.3/24，并用 no shut 激活 VLAN1。

8. 配置 ASW1 为 VTP 客户机

ASW1（config）#vtp domain wgh

ASW1（config）#vtp mode client

从提高配置效率的角度，在本校园网配置中使用了 VTP 技术。将分布层交换机 DSW1 设置成为 VTP 服务器，其 VTP 管理域名为 wgh（此处所配的管理域名应与 VTP 服务器上配置的管理域名相同），其他交换机设置成为 VTP 客户机。在具有相同 VTP 管理域名的情况下，所有配置为 VTP 客户机的交换机将从 VTP 服务器中学习到所有 VLAN 信息。这里接入层交换机 ASW1 将通过 VTP 获得在分布层交换机 DSW1 中定义的所有 VLAN 的信息。

9. 配置访问层 ASW1 的端口速率和端口工作模式

ASW1（config）#interface range fastethernet0/1-48

ASW1（config-if-range）# speed 100

ASW1（config-if-range）# duplex full

可以设定某端口根据对端设备双工类型自动调整本端口双工模式，也可以强制将端口双工模式设为半双工或全双工模式。在了解对端设备类型的情况下，建议手动设置端口双工模式。如图所示，设置访问层交换机 AccessSwitch1 的所有端口均工作在全双工模式。

10. 配置访问层交换机 ASW1 的访问端口 1～48

ASW1（config-if-range）#interface range fastethernet0/1-48

ASW1（config-if-range）#switchport mode access

ASW1（config-if-range）#switchport access vlan 10

ASW1（config-if-range）#exit

访问层交换机 ASW1 为终端用户提供接入服务，由于此交换机所有端口均属于 VLAN10，因此，可用“interface range fastethernet0/1-48”命令进行整体配置。

11. 设置快速端口

ASW1（config）#interface range fastethernet0/1-48

ASW1（config-if-range）#spanning-tree portfast

默认情况下，交换机在刚加电启动时，每个端口都要经历生成树的四个阶段：阻塞、侦听、学习、转发。在能够转发用户的数据包之前，某个端口可能最多要等 50s 的时间（20s 的阻塞时间+15s 的侦听延迟时间+15s 的学习延迟时间）。对于直接接入终端工作站的端口来说，用于阻塞和侦听的时间是不必要的。为了加速交换机端口状态转化时间，可以设置将某端口设置成为快速端口（Portfast）。设置为快速端口的端口当交换机启动或端口有工作站接入时，将会直接进入转发状态，而不会经历阻塞、侦听、学习状态。在此将 ASW1 的所有端口设为快速端口。

12. 设置主干道端口

ASW1（config-if）#interface GigabitEthernet 1/1

ASW1（config-if）#switchport mode trunk

接入层交换机 ASW1 是通过 G1/1 端口上连到分布层交换机 DSW1 的 G0/3，这两端口相连的链路将成为主干道链路，在这条链路上将运输多个 VLAN 的数据。在此设置 G1/1 端口为主干道端口。

10.3.3 分布层交换机的配置

在此以学校管理分院的一台分布层交换机 DSW1 为例，进行分布层交换机的配置（其他分布层交换机的配置方法与此相似）。

1. DSW1 的基本参数

Switch>en

Switch#config terminal

Switch（config）#hostname DSW1

DSW1（config）#enable secret wgh

DSW1（config）#line console 0

DSW1（config-line）#logging synchronous

DSW1（config-line）#exec-timeout 10

DSW1（config-line）#line vty 0 15

DSW1（config-line）#password qdbiq

```
DSW1（config-line）#login
DSW1（config-line）#exec-timeout 10
DSW1（config-line）#exit
DSW1（config）#no ip domain-lookup
DSW1（config）#interface vlan 1
DSW1（config-if）#ip address 192.168.0.2 255.255.255.0
DSW1（config-if）#no shutdown
DSW1（config-if）#exit
DSW1（config）#ip default-gateway 192.168.0.254
```

配置分布层交换机的基本配置参数、管理 IP 和默认网关等，其含义与接入层相同，在此不再逐条解释。

2. 在分布层交换机 DSW1 上定义 VLAN

```
DSW1（config）#vlan 10
DSW1（config-vlan）#name GLFY
DSW1（config-vlan）#EXIT
DSW1（config）#vlan 20
DSW1（config-vlan）#name LGFY
DSW1（config-vlan）#exit
DSW1（config）#vlan 30
DSW1（config-vlan）#name YSFY
DSW1（config-vlan）#EXIT
DSW1（config）#vlan 40
DSW1（config-vlan）#name YYX
DSW1（config-vlan）#exit
DSW1（config）#vlan 50
DSW1（config-vlan）#name CKX
DSW1（config-vlan）#EXIT
DSW1（config）#vlan 60
DSW1（config-vlan）#name FLX
DSW1（config-vlan）#EXIT
DSW1（config）#VLAN 70
DSW1（config-vlan）#name TYFY
DSW1（config-vlan）#EXIT
DSW1（config）#vlan 80
DSW1（config-vlan）#name WG
DSW1（config-vlan）#EXIT
DSW1（config）#vlan 90
DSW1（config-vlan）#name ZH
DSW1（config-vlan）#exit
```

```
DSW1（config）#vlan 100
DSW1（config-vlan）#name SYDL
DSW1（config-vlan）#EXIT
DSW1（config）#vlan 110
DSW1（config-vlan）#name TSG
DSW1（config-vlan）#EXIT
DSW1（config）#VLAN 120
DSW1（config-vlan）#name LJS
DSW1（config-vlan）#EXIT
DSW1（config）#vlan 130
DSW1（config-vlan）#name NJS
DSW1（config-vlan）#EXIT
DSW1（config）#VLAN 140
DSW1（config-vlan）#name LXS
DSW1（config-vlan）#EXIT
DSW1（config）#VLAN 150
DSW1（config-vlan）#NAME NXS
DSW1（config-vlan）#EXIT
DSW1（config-if）#interface GigabitEthernet t0/1
DSW1（config-if-range）#switchport mode trunk
DSW1（config-if-range）#interface range GigabitEthernet 1/1 - 2
DSW1（config-if-range）#switchport mode trunk
……
```

为学校每个机构（包括院系、住处、部门）分别定义 VLAN，其中 VLAN 80 属于网管中心，是网络管理员和学校服务器群所在的 VLAN。

定义了 G0/1 和 G1/1-2 三个千兆端口作为干道端口，用于传输各 VLAN 数据。其中 G0/1 端口采用单模光纤向上连接到核心层交换机的 G3/1 端口，G1/1 和 G1/2 采用多模光纤与各楼层接入层交换机相连。其余端口的配置方法与此类似。

3. 配置分布层交换机 DSW1 的管理域名和 VTP 模式

```
DSW1#config t
DSW1（config）#vtp domain wgh
DSW1（config）#vtp mode server
```

VTP 管理域名和 VTP 模式在配置接入层交换机 ASW1 时已作为解释，要求其 VTP 管理域名相同。

4. 激活 VTP 剪裁功能

```
DSW1（config）#vtp pruning
```

默认情况下干道传输所有的 VLAN 用户数据。当交换网络中某台交换机的所有端口都属于同一 VLAN 的成员时，没有必要接收其他 VLAN 的用户数据。这时，可以激活主干道上的 VTP 剪裁功能。当激活了 VTP 剪裁功能以后，交换机将自动剪裁本交换机没有定义的 VLAN

数据。

在相同的VTP管理域中，只需要在VTP服务器上激活VTP剪裁功能，所有其他交换机也将自动激活VTP剪裁功能。

5. 配置每个VLAN中的网关地址

```
DSW1#config t
DSW1（config）#interface vlan 10
DSW1（config-if）#ip address 192.168.1.254 255.255.255.0
DSW1（config-if）#no shutdown
DSW1（config-if）#interface vlan 20
DSW1（config-if）#ip address 192.168.2.254 255.255.255.0
DSW1（config-if）#no shutdown
DSW1（config-if）#interface vlan 30
DSW1（config-if）#ip address 192.168.3.254 255.255.255.0
DSW1（config-if）#no shutdown
DSW1（config-if）#interface vlan 40
DSW1（config-if）#ip address 192.168.4.254 255.255.255.0
DSW1（config-if）#no shutdown
DSW1（config-if）#interface vlan 50
DSW1（config-if）#ip address 192.168.5.254 255.255.255.0
DSW1（config-if）#no shutdown
DSW1（config-if）#interface vlan 60
DSW1（config-if）#ip address 192.168.6.254 255.255.255.0
DSW1（config-if）#no shutdown
DSW1（config-if）#interface vlan 70
DSW1（config-if）#ip address 192.168.7.254 255.255.255.0
DSW1（config-if）#no shutdown
DSW1（config-if）#interface vlan 80
DSW1（config-if）#ip address 192.168.8.254 255.255.255.0
DSW1（config-if）#no shutdown
DSW1（config-if）#interface vlan 90
DSW1（config-if）#ip address 192.168.9.254 255.255.255.0
DSW1（config-if）#no shutdown
DSW1（config-if）#interface vlan 100
DSW1（config-if）#ip address 172.16.0.254 255.255.0.0
DSW1（config-if）#no shutdown
DSW1（config-if）#interface vlan 110
DSW1（config-if）#ip address 172.17.0.254 255.255.0.0
DSW1（config-if）#no shutdown
DSW1（config-if）#interface vlan 120
```

DSW1（config-if）#ip address 172.18.0.254 255.255.0.0
DSW1（config-if）#no shutdown
DSW1（config-if）#interface vlan 130
DSW1（config-if）#ip address 172.19.0.254 255.255.0.0
DSW1（config-if）#no shutdown
DSW1（config-if）#interface vlan 140
DSW1（config-if）#ip address 172.20.0.254 255.255.0.0
DSW1（config-if）#no shutdown
DSW1（config-if）#interface vlan 150
DSW1（config-if）#ip address 172.21.0.254 255.255.0.0
DSW1（config-if）#no shutdown

6. 配置分布层 DSW1 的三层交换功能

DSW1（config）#ip routing

分布层交换机 DSW1 需要为网络中的各个 VLAN 提供路由功能，这需要启用分布层交换机的路由功能。

7. 定义通往 Internet 路由

DSW1（config）#ip route 0.0.0.0 0.0.0.0 192.168.0.254

定义通往 Internet 的路由。这里定义了一条缺省路由命令，下一跳地址是 Internet 接入路由器的以太网接口 G1/0 的 IP 地址 192.168.0.254。

8. 无类网络与零子网的配置

DSW1（config）#ip subnet-zero
DSW1（config）#ip classless

为了实现对无类别网络（Classless Network）以及全零子网（Subnet-zero）的支持，在充当 3 层交换机的分布层交换机 DSW1，还需要进行无类网络与零子网的配置。

9. 配置分布层的其他交换机

分布层的其交换机与 DSW1 非常类似，在此不再赘述。

10.3.4 配置核心层交换机

本校园网的核心层交换机采用的是 Catalyst 6509 企业级交换机，属于 Layer 3 千兆交换机，用此交换机构建的主干网双中心结构，可以提供高速网络中心所必需的高可靠性，可靠安全高速交换带宽。作为思科重要的智能多层模块化交换机，Catalyst 6506 有双电源，带宽大于 30Gbit/s，能提供 12 个 Gbit/s 接口的多模光纤端口，这使它能够提供安全的端到端融合网络服务，关于 Cisco Catalyst 6500 系列交换机的主要特性见表 10–2。

表 10–2 Cisco Catalyst 6500 系列交换机主要特性

特性	Cisco Catalyst 6500 系列
系统特性	
机箱配置	整个系列有 3 槽、6 槽、9 槽、9 个垂直插槽和 13 槽 5 种机箱配置之分
背板带宽	提供了 32Gbit/s 共享总线，256Gbit/s 交换矩阵，或者 720Gbit/s 交换矩阵

续表

特性	Cisco Catalyst 6500 系列
第三层转发性能	Supervisor 1 MSFC 引擎提供 15Mp/s 转发性能，Supervisor 2 MSFC 引擎提供 210Mp/s 转发性能；Supervisor 720 引擎提供 400Mp/s 转发性能
冗余部件	采用电源（1+1）、交换矩阵（1+1）冗余配置，可更换时钟和风扇架
高可用性特性	支持网关负载均衡协议，热备备路由协议，跨多模块，以太网通道，快速生成树协议，多生成树协议，每 VLAN 快速生成树和快速收敛的第三层协议
最高端口密度	
10/100/1000Mbit/s 以太网	576 个端口，都支持馈线电源
10/100Mbit/s 快速以太网	1152 个端口，都支持馈线电源
100-BASE-FX 千兆位以太网	288 个端口
1Gbit/s 以太网	194 个端口
10Gbit/s 以太网	32 个端口

1. 核心层交换机基本参数配置

Switch>en
Switch#config terminal
Switch（config）#hostname CSW1
CSW1（config）#enable secret wgh
CSW1（config）#line console 0
CSW1（config-line）#logging synchronous
CSW1（config-line）#exec-timeout 10
CSW1（config-line）#line vty 0 15
CSW1（config-line）#password qdbiq
CSW1（config-line）#login
CSW1（config-line）#exec-timeout 10
CSW1（config-line）#exit
CSW1（config）#no ip domain-lookup
CSW1（config）#interface vlan 1
CSW1（config-if）#ip address 192.168.0.1 255.255.255.0
CSW1（config-if）#no shutdown
CSW1（config-if）#exit
CSW1（config）#ip default-gateway 192.168.0.254

以上基本配置与接入层和分布层交换机相似，在此不再多逐条语句说明。

2. 配置 VTP 及激活 VTP 剪裁功能

CSW1（config）#vtp mode client
CSW1（config）# vtp domain wgh
DSW1（config）#vtp pruning

配置核心层交换机 CSW1 为 VTP 客户机，VTP 域名为 wgh，启用修剪功能。

3. 配置核心层交换机端口参数

CSW1（config）#interface gigabitethernet1/1

CSW1（config-if）#switchport mode access

CSW1（config-if）#switchport access vlan 1

CSW1（config-if）#spanning-tree portfast

CSW1（config-if）#interface range gigabitethernet3/1-2

CSW1（config-if-range）#switchport mode trunk

核心层交换机 CSW1 使用端口 G1/1 与边界路由器 Cisco 7206 的内网端口 G1/0 相联，并通过端口 G3/1～2 向下连接到分布层交换机 DSW1 和 DSW2 的 G0/1 端口，将此两个端口均设为干道端口。

4. 配置链路聚合

CSW1（config）#interface port-channel1

CSW1（config-if）#switchport

CSW1（config-if-range）#interface range gigabitethernet2/1-2

CSW1（config-if-range）#channel-group 1 mode desirable non-silent

CSW1（config-if-range）#no shut

为使核心层主干道的吞吐速度以及实现冗余设计，将核心层交换机 CSW1 的 G2/1～2 两个千兆端口实现链路聚合，以实现 2000Mbit/s 的传输通道与另一台核心层交换机 CSW2 相联。

5. 配置核心层交换机 CSW1 的路由功能

CSW1（config）#ip routing

CSW1（config）#ip route 0.0.0.0 0.0.0.0 192.168.0.254

核心层交换机 CSW1 需要为网络中的各个 VLAN 提供路由功能，这需要启用路由功能。同时，还需要定义通往 Internet 的路由。这里使用了一条缺省路由命令，下一跳地址是就应该是 Cisco 7206 的内网端口 G1/0 的地址。

6. 无类网络与零子网的配置

CSW1（config）#ip subnet-zero

CSW1（config）#ip classless

为了实现对无类别网络（Classless Network）以及全零子网（Subnet-zero）的支持，在核心层交换机 CSW1 和 CSW2 上也需要进行无类网络与零子网的配置。

7. 配置核心层的其他交换机

核心层的其他交换机与 CSW1 的配置方法非常类似，在此不再赘述。

10.3.5 配置接入广域网的路由器

在本校园网的设计中，广域网接入是由路由器 Cisco7206 来完成的。Cisco7206 插入了一个千兆以太网模块，两个千兆以太网端口 G1/0 和 G1/1。其中 G1/0 端口用于与内网的连接（与核心层交换机 CSW1 的 G1/1 端口相连），G1/1 端口连接到支持千兆通信的光收发器上，经光收发器连接光纤接入 Internet。路由器的作用主要是在 Internet 和校园网内网间路由数据包，同时在主要的路由任务外，利用访问控制列表（Access Control List，ACL），还可以用来完成以自身为中心的流量控制和过滤功能并实现一定的安全防护功能。

1. 配置路由器基本参数

采用思科7206路由器，基本参数的配置步骤如下：

Router>enable

Router#config t

Router（config）#hostname R

R（config）#enable secret wgh

R（config）#line con 0

R（config-line）#logging synchronous

R（config-line）#exec-timeout 10

R（config-line）#line vty 0 4

R（config-line）#password qdbiq

R（config-line）#login

R（config-line）#exec

R（config-line）#exec-timeout 10

R（config-line）#exit

R（config）#no ip domain-lookup

这些基本参数的功能和含义与前面配置交换机时类似，在此不再逐条赘述。

2. 配置边界路由器R的各接口参数

R（config）#interface gagi1/0

R（config-if）#ip address 192.168.0.254 255.255.255.0

R（config-if）#no shutdown

R（config-if）#interface gagi1/1

R（config-if）#ip address 193.10.1.1 255.255.255.248

R（config-if）#no shutdown

设置边界路由器的G1/0和G1/1两个端口的IP地址、子网掩码。

3. 配置边界路由R的路由功能

R（config）#ip route 0.0.0.0 0.0.0.0 giga1/1

对R路由器要定义两个方向上的路由：到校园网内部静态路由以及到外网上的缺省路由。到外网的缺省路由从路由器R的接口g1/1发出。

R（config）#ip route 192.168.0.0 255.255.240.0 192.168.0.1

R（config）#ip route 172.16.0.0 255.248.0.0 192.168.0.1

到校园网内部的路由条目可以经过路由汇总形成2条路由条目。

4. 配置接入路由器R上的NAT

由于目前IP地址资源非常稀缺，对不可能给校园网内部的所用户都分配一个公有IP地址，为了解决所有工作站访问Internet的需要，必须使用NAT（网络地址转换）技术。本校园网向当地ISP申请了15个IP地址。其中一个IP地址193.10.1.1已被分配给了Internet接入路由器的串行接口，另外12个IP地址：193.10.1.2～193.10.1.15用作NAT。NAT的配置可以分为以下几个步骤：

1）定义NAT内部、外部接口。

R（config）#interface Giga1/0

R（config-if）#ip nat inside

R（config）#interface giga1/1

R（config-if）#ip nat outside

2）为服务器定义静态地址转换。

R（config）#ip nat inside source static 192.168.8.2 193.10.1.2

R（config）#ip nat inside source static 192.168.8.3 193.10.1.3

R（config）#ip nat inside source static 192.168.8.4 193.10.1.4

R（config）#ip nat inside source static 192.168.8.5 193.10.1.5

R（config）#ip nat inside source static 192.168.8.6 193.10.1.6

R（config）#ip nat inside source static 192.168.8.7 193.10.1.7

R（config）#ip nat inside source static 192.168.8.8 193.10.1.8

R（config）#ip nat inside source static 192.168.8.9 193.10.1.9

R（config）#ip nat inside source static 192.168.8.10 193.10.1.10

192.168.8.2—192.168.8.10 共 9 个 IP 地址，固定分配给 9 台校园网的服务器。然后通过静态地址转换，使之在被公网用户访问时保证其安全性和高效性。

3）定义允许进行 NAT 的工作站的内部局部 IP 地址范围。

R（config）#ip access-list 1 permit 192.168.0.0 0.0.15.255

R（config）#ip access-list 1 permit 172.16.0.0 0.7.255.255

定义访问列表 1 所包含的地址范围。这里有两类网段，一类是 192 开头的 C 类网络，另一类是以 172 开头的 B 类网络。将这两类网络经过路由汇聚后形成两条以上路由条目。

4）定义地址池，并完成转换。

R（config）#ip nat pool wgh 193.10.1.11-193.10.1.15 255.255.255.240

R（config）#ip nat inside source list 1 pool wgh overload

定义地址池，命名为 wgh，包含外网有效地址 5 个；然后将访问列表 1 中的地址通过地址超载功能转换到公网中。

5. 配置接入路由器 R 上的 ACL

1）对外屏蔽简单网管协议。

R（config）#access-list 101 deny udp any any eq snmp

R（config）#access-list 101 deny udp any any eq snmptrap

R（config）#access-list 101 permit ip any any

R（config）#interface giga1/1

R（config-if）#ip access-group 101 in

利用 SNMP 协议，远程主机可以监视、控制网络上的其他网络设备，其服务类型有 SNMP 和 SNMPTRAP。

2）对外屏蔽远程登录协议 telnet。

R（config）#access-list 101 deny tcp any any eq telnet

R（config）#access-list 101 permit ip any any

R（config）#interface giga1/1

R（config-if）#ip access-group 101 in

telnet是一种不安全的协议类型，用户在使用telnet登录网络设备或服务器时所使用的用户名和口令在网络中是以明文传输的，很容易被网络上的非法协议分析设备截获。其次，telnet可以登录到大多数网络设备和UNIX服务器，并可以使用相关命令完全操纵它们。这是极其危险的，因此必须加以屏蔽。

3）对外屏蔽其他不安全协议。

R（config）#access-list 101 deny tcp any any range 512 514

R（config）#access-list 101 deny tcp any any eq 111

R（config）#access-list 101 deny udp any any eq 111

R（config）#access-list 101 deny tcp any any range 2049

R（config）#access-list 101 permit ip any any

R（config）#ip access-group 101 in

不安全协议主要有sun os文件共享协议端口2049，远程执行（rsh）、远程登录（rlogin）和远程命令（rcmd）端口512、513、514，远程过程调用（SUNRPC）端口111。

4）针对DOS攻击的设计。

R（config）#access-list 101 deny icmp any any eq echo-request

R（config）#access-list 101 deny udp any any eq echo

R（config）#interface giga1/1

R（config-if）#ip access-group 101 in

R（config-if）#interface giga1/0

R（config-if）#no ip directed-broadcast

DOS攻击（Denial of Service Attack，拒绝服务攻击）是一种非常常见而且极具破坏力的攻击手段，它可以导致服务器、网络设备的正常服务进程停止，严重时会导致服务器操作系统崩溃。

5）保护路由器自身安全。

R（config）#line vty 0 4

R（config-line）#access-class 2 in

R（config-line）#exit

R（config）#access -list 2 permit 192.168.8.0 0.0.0.255

作为内网、外网间屏障的路由器，保护自身安全的重要性也是不言而喻的。为了阻止黑客入侵路由器，必须对路由器的访问位置加以限制。应只允许来自网管中心所在子网即192.168.8.0/24的IP地址访问并配置路由器。

10.4 服务器配置

10.4.1 服务器模块的分析

服务器模块用来对校园网的用户提供各种服务，在本校园网中，服务器与核心层交换机，以及网络管理，均设定在网管中心进行安置。学校所有的服务器被划分到VLAN 8中构成服务器群进行管理，服务器群通过分布层交换机 DSW8 的端口 G0/1 与核心层交换机 CSW2 的端口 G1/1 相连。

校园网提供的服务（服务器）包括 WEB 服务器，DNS、目录服务器，文件服务器，邮件服务器，数据库服务器，打印服务器，DHCP 服务器，流媒体服务器，网管服务器共 9 台服务器。

校园网的所有服务器均选用 DELL 服务器，其中 WEB 服务器的访问量最大，所需求的机型配置也要求较高，因此选用企业级 DELL PowerEdge R910 服务器作为硬件机型；而文件服务器、邮件服务器、数据库服务器、流媒体服务器这四种服务也相对其余的四种服务更高，因此选配置较高的 DELL PowerEdgeR710 作为其硬件机型。其余的四种服务选用 DELL PowerEdgeR720 作为硬件机型。

关于服务器名称、相应的服务软件及硬件机型等配置情况，见表 10–3。

表 10–3　服务器模块设计

服务器编号	服务器名称	服务软件	硬件机型	IP 地址
Ser1	WEB 服务器	IIS6.0	PowerEdge R910	192.168.8.2
Ser2	DNS、目录服务器	Active Directory	PowerEdge R720	192.168.8.3
Ser3	文件服务器	SERV-U 5.0	PowerEdge R710	192.168.8.4
Ser4	邮件服务器	Magic Winmail Server	PowerEdge R710	192.168.8.5
Ser5	数据库服务器	SQL Server 2000	PowerEdge R710	192.168.8.6
Ser6	打印服务器	—	PowerEdge R720	192.168.8.7
Ser7	DHCP 服务器	DHCP Server	PowerEdge R720	192.168.8.8
Ser8	流媒体服务器	—	PowerEdge R710	192.168.8.9
Ser9	网管服务器	CiscoWorks 2000	PowerEdge R720	192.168.8.10

10.4.2　服务器配置

在此以流媒体服务器的配置为例，来讲述服务器的配置过程。

流媒体指以流方式在网络中传送音频、视频和多媒体文件的媒体形式。相对于下载后观看的网络播放形式而言，流媒体的典型特征是把连续的音频和视频信息压缩后放到网络服务器上，用户边下载边观看，而不必等待整个文件下载完毕。

由于流媒体技术的优越性，该技术广泛应用于视频点播、视频会议、远程教育、远程医疗和在线直播系统中。

1. 流媒体服务器的规划

流媒体服务器的硬件机型：DELL PowerEdgeR710。

流媒体服务器的 IP 地址：192.168.8.9。

2. 服务器软件的安装与配置过程

首先安装 Windows 组件，安装完成后，安装 Windows Media 编码器（使用 Windows Media 编码器，可以将文件扩展名为 wma，wmv，asf，avi，wav，mpg，mp3，bmp 和.jpg 等文件

转换成为 Windows Media 服务使用的流文件)，到微软官方网站上下载 Windows Media 编码器的简体中文版来完成安装。

然后运行 Windows Media 编码器，即可进行文件格式的转换，对实况进行编码，以及对视频点播服务器进行配置和创建点播发布点等。在校园网中就可以通过单击相关的超级链接来访问相应的公告文件或相关网页，实现视频或音频的点播。

3. 将服务器接入校园网

根据图 10–2 所示的网络拓扑示意图，将此服务器接入网管中心的分布层交换机的一个千兆端口上。（网管中心的交换机的配置方法与分布层交换机 DSW1 相似，注意需要将其配置为 VTP Client 模式）

限于篇幅，其余各种服务器的安装、配置步骤以及运行维护方法，这里不再赘述，感兴趣的读者可以参看本书第 5 章及其他有关书籍。

10.5 本章实验

1. 实验目的

掌握防火墙的配置基本方法。

2. 实验环境与工具

（1）要求具有 Cisco PIX 525 防火墙一台。

（2）企业园区网络环境。

说明：对大多数读者而言，在学习阶段基本上不可能达到上述实验条件，建议可通过现在流行的模拟器软件（如 DynamipsGUI）进行模拟配置以熟悉防火墙的配置方法。

3. 实验步骤

在本实验中，以本章网络工程案例为背景，加入 Cisco PIX 525 防火墙。Cisco PIX 525 防火墙布置的拓扑图如图 10–3 所示。在 PIX525 防火墙上插接两块千兆网卡 G1 和 G2。分配的 IP 地址如图 10–3 所示。

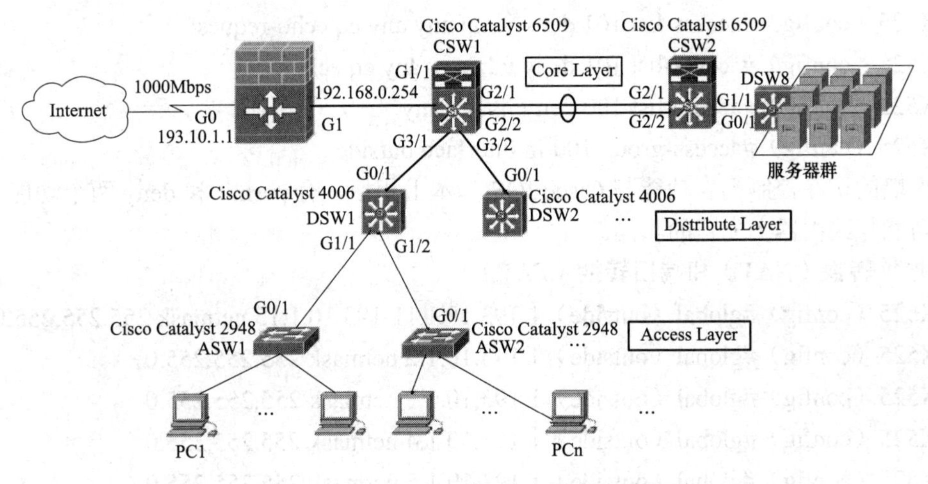

图 10–3 Cisco PIX 525 防火墙布置拓扑图

配置步骤：

1. 激活以太端口

```
PIX525>enable
PIX525#config t
PIX525（config）#interface gigabitethernet0 auto
PIX525（config）#interface gigabitethernet1 auto
```

2. 命名端口与安全级别

```
PIX525（config）#nameif gigabitethernet0 outside security0
PIX525（config）#nameif gigabitethernet0 outside security100
```

3. 配置以太端口 IP 地址

```
PIX525（config）#ip address inside 192.168.0.254 255.255.255.0
PIX525（config）#ip address outside 193.10.1.1 255.255.255.0
```

4. 配置远程访问

```
PIX525（config）#telnet 192.168.0.254 255.255.255.0 inside
PIX525（config）#telnet 193.10.1.1 255.255.255.0 outside
```

5. 配置访问列表

```
PIX525（config）#access-list 100 permit ip any host 193.10.1.2 eq www
PIX525（config）#access-list 100 permit ip any host 193.10.1.4 eq ftp
PIX525（config）#access-list 101 deny udp any any eq snmp
PIX525（config）#access-list 101 deny udp any any eq snmptrap
PIX525（config）#access-list 101 permit ip any any
PIX525（config）#access-list 101 deny tcp any any range 512 514
PIX525（config）#access-list 101 deny tcp any any eq 111
PIX525（config）#access-list 101 deny udp any any eq 111
PIX525（config）#access-list 101 deny tcp any any range 2049
PIX525（config）#access-list 101 permit ip any any
PIX525（config）#access-list 101 deny icmp any any eq echo-request
PIX525（config）#access-list 101 deny udp any any eq echo
PIX525（config）#access-list 100 deny ip any any
PIX525（config）#access-group 100 in interface outside
```

防火墙的访在控制列表功能与 Cisco IOS 基本上相似，有 permit 和 deny 两个功能，上述各语句功能与路由器上配置的相同。

6. 地址转换（NAT）和端口转换（PAT）

```
PIX525（config）#global（outside）1 193.10.1.11-193.10.1.15 netmask 255.255.255.0
PIX525（config）#global（outside）1 193.10.1.2 netmask 255.255.255.0
PIX525（config）#global（outside）1 193.10.1.3 netmask 255.255.255.0
PIX525（config）#global（outside）1 193.10.1.4 netmask 255.255.255.0
PIX525（config）#global（outside）1 193.10.1.5 netmask 255.255.255.0
PIX525（config）#global（outside）1 193.10.1.6 netmask 255.255.255.0
```

PIX525（config）#global（outside）1 193.10.1.7 netmask 255.255.255.0

PIX525（config）#global（outside）1 193.10.1.8 netmask 255.255.255.0

PIX525（config）#global（outside）1 193.10.1.9 netmask 255.255.255.0

PIX525（config）#global（outside）1 193.10.1.10 netmask 255.255.255.0

PIX525（config）#nat（outside）1 0.0.0.0 0.0.0.0

NAT 跟路由器基本是一样的，首先必须定义 IP Pool，提供给内部 IP 地址转换的地址段，接着定义内部网段。

使用语句：PIX525（config）#nat（outside）1 0.0.0.0 0.0.0.0 的作用是将内部全部地址都转换出去。

有些主机必须单独占用一个 IP 地址，例如上面的 193.10.1.2-193.10.1.10，都是单独对应给某一服务器。而其余的公网 IP，必须解决多个内网用户同时共享一个 IP，这就需要使用 PIX525（config）#global（outside）1 193.10.1.11-193.10.1.15 netmask 255.255.255.0 这样的转换语句完成内外网地址映射。

7. 显示配置与保存配置

显示配置：PIX525#show config

保存配置：PIX525#write memory

习 题 十

1. 学习 DynamipsGUI 模拟软件的使用方法，其使用说明请参见百度文库资料，资料网址：http://wenku.baidu.com/view/5b51f4a10029bd64783e2c83.html（推荐在学习阶段使用此软件进行网络设备的配置练习）。

2. 通过 DynamipsGUI 软件构成本章所讲述的工程环境完成网络设备配置阶段的练习。

习 题 答 案

习题一

一、选择题

1～5 C A B A B　6～10 D B B A C

二、填空题

1. 计算机　通信　　2. ARPAnet　　3. 资源共享　　4. 局域网　城域网
5. 总线型　　6. 100MHz　　7. UTP
8. 单模光纤　多模光纤　单模光纤　　9. 开放式系统互联参考模型
10. 地理位置　通信设备　资源共享

三、问答题（略）

习题二

一、选择题

1～5 B D C B C　6～10 C B C C C

二、填空题

1. PDU　2. PDU　3. 数据链路　4. 网络接口层　5. 应用层

三、问答题（略）

习题三

一、选择、填空题

1. B C D G H　分析：选项A：C类地址的主机位为0，表示网络号；选项E：C类地址的主机位为255，表示广播地址；选项F：第一个字节为300，超过了取值范围0～255。

2. C　分析：20位长的掩码，关键字节应是第三字节，步长为 $2^{24-20}=2^4=16$，第三字节的43在32～48这一段内，该地址的子网号为189.45.32.0，广播地址为189.45.47.255，因此该地址为单播地址。

3. 239　分析：可先转换成二进制1000111001，再转换成十六进制10，0011，1001=>239。

4. C　分析：一个A类网络中，主机位长24位，减去全0和全1的两个不能分配的IP地址，因此为 $2^{24}-2$ 个主机地址。

5. A C　分析：答案B中，第一个字节为240，转化为二进制后为11110000，使得子网掩码中1和0不能连续，所以不正确；答案D中，242转化为二进制后为11110010，与B一样的错误，因此要注意，即使是子网掩码的最后一个字节，也不是任意数字都可用来作掩码的。

6. 16个　分析：C类网络的网络号部分为24比特，划分后的子网掩码长度为28比特，因此有28–24=4比特是使用了主机号部分的高比特位来划分的子网，可划分 $2^4=16$ 个子网。

7. D　分析：B类网络号长16位，此子网掩码长度为19位，因此有3位是使用了主机号的高比特位来划分子网，因此有 $2^3=8$ 个子网。

8. C　分析：此子网掩码长度为21，表示有11位主机位，因此有 $2^{11}-2$ 个IP地址。

9. C 分析：一个子网中有 580 个 IP 地址，需要此子网中的主机位数是 $2^9<258<2^{10}$，可见需要 10 位主机位才能满足，则子网掩码长度为 33−10=22。

10. C 分析：由于子网掩码为 27 位长，所以关键字节为第四字节，步长为 $2^{33-27}=2^5=32$，第四字节的 123 在 96～128 段内，因此，子网地址是 159.24.48.96。

11. A 分析：21 位长的子网掩码，关键字节为第三字节，步长 $2^{24-21}=2^3=8$，第三字节的 46 在 40～48 段内，广播地址是下一个子网号减 1，下一个子网号为 121.32.48.0，因此该地址的广播地址为 121.32.47.255。

12. A E H 分析：首先判断出 168.46.162.240/20 这个 IP 地址落在哪一个段内：20 位长的掩码，关键字节是第 3 字节，因此，每段长 $2^{24-20}=2^4=16$，在 162 附近找两个能整除 16 的数，其中一个大于 162，一个小于 162，这两个数为 160 和 176，因此，162 落在 160～176 段内，现在来看，前两个字节为 168.46，第三字节落在 160～176 内的 IP 地址：有 A、E、H 三个。注意，E 和 H 两个 IP 地址也是合法的 IP 地址。

13. C D 分析：答案 A 中第三分组的 J020 不合法，十六进制的取值没有 J；答案 B 中有两个“: :”是不合法的，这样不能确定一个 IPv6 地址。

14. A 分析：一定要记住，在 IPv6 中不再有 IPv4 中的广播地址类型了。

二、解答题（略）

习题四

一、选择题

1～5 A C D C C 6～10 A D A A D

二、填空题

1. 几十千 2. 数据链路 3. 逻辑链路控制（LLC） 4. 规程特性
5. 100 6. 专用服务器结构 7. 基带传输 8. IEEE 802.3z
9. 100 10. 虚拟局域网 11. 端口

三、问答题（略）

习题五

一、选择题

1～5 D B A D B 6～10 B C B C D 11～12 B D

二、填空题

1. EFS 加密系统 2. 服务器（成员服务器、独立服务器） 域控制器
3. Active Directory 用户和计算机 Active Directory_域和信任关系
4. 域用户 5. 全局组 本地域组 6. 禁用
7. 自带 8. ipconfig 9. Users
10. DNS 11. administrator

三、思考题（略）

习题六

一、选择题

1～5 B A B B C 6～10 A C C A C

二、填空题

1. 不同　2. 永久　交换　3. 基群　4. 53　48
5. 16　6. 广电　7. 电缆调制解调器　8. 路由器
9. VDSL　10. ISDN 数字电话机

三、问答题（略）

习题七

一、选择题

1～5 DADAD　6～10 BDBBA

二、填空题

1. ISP　Telnet　Telnet　2. 论坛　3. MIME
4. 用户名@邮件服务器名　5. IMAP　6. anonymous/任意 E-mail 地址
7. 协议　8. ftp

三、问答题（略）

习题八

一、选择题

1～5 BBCBB　6～10 CCBBC　11～15 CBBDA　16～20 DCCAC
21～25 DCBCD　26～29 BDDC

二、填空题

1. 物理　2. 端口交换　3. 网络　4. 双绞线
5. cable modem　6. 光纤　7. 星形

三、问答题（略）

习题九

一、选择题

1～5 CDCCD　6～10 DABDC　11～12 CD

二、填空题

1. show running config　2. RARP ARP　3. show run
4. 防火墙　5. 内部人员　6. netstat-n
7. 替换排除法　8. Traceroute　9. show
10. 物理

三、简答题（略）

习题十（略）

参 考 文 献

[1] [美]Jeff Doyle，Jennifer Carroll. TCP/IP 路由技术[M]. 葛建立，吴剑章，译. 北京：人民邮电出版社，2007.

[2] [美]Cisco Systems 公司. CCNP2 远程接入[M]. 颜凯，杨宁，李育强，等，译. 北京：人民邮电出版社，2007.

[3] [美]Richard Deal. CCNA 学习指南[M]. 邢京武，何涛[M]. 北京：人民邮电出版社，2006.

[4] 吴功宜. 计算机网络[M]. 北京：清华大学出版社，2006.

[5] 陈平平，陈懿. 网络设备与组网技术[M]. 北京：冶金工业出版社，2006.

[6] 施游，张友生. 网络规划设计师考试全程指导[M]. 北京：清华大学出版社，2009.

[7] 刘晓辉. 网络设备[M]. 北京：机械工业出版社，2007.

[8] 雷振甲. 网络工程师教程[M]. 北京：清华大学出版社，2010.

[9] 陈学平，朱毓高. Windows Server 2003 配置与应用[M]. 北京：化学工业出版社，2011.